藍紅星 主編

人力資源管理

財經錢線

前 言

在彼得·德魯克教授於1954年提出「人力資本」的概念之後，越來越多的經濟學家開始研究人力資源對經濟發展的戰略意義，甚至有人認為它是經濟發展的決定性因素。美國經濟學家舒爾茨斷言：「改善窮人福利的決定性生產要素不是空間、能源和耕地，決定性要素是人口質量的改善和知識的增進。」（舒爾茨：《人的投資：人口質量經濟學》，1981年英文版，第4頁）英國經濟學家哈比森也表述了同樣的觀點。他說：「人力資源……是國民財富的最終基礎。資本和自然資源是被動的生產要素；人是累積資本、開發自然資源、建立社會、經濟和政治組織並推動國家向前發展的主動力量。顯而易見，一個國家如果不能發展人民的技能和知識，就不能發展任何別的東西。」（哈比森：《作為國民財富的人力資源》，1973年英文版，第3頁）

著名管理學家湯姆·彼得斯指出：企業或事業唯一真正的資源是人，管理就是充分開發人力資源以做好工作。在21世紀的今天，企業之間的競爭實質上是人才的競爭，誰能夠獲取優秀的人才，並能夠對現有人才進行有效激勵、合理使用和開發，誰就能夠在激烈的競爭中取勝。人力資源管理得到了學術界以及企業界空前的重視。

從宏觀上看，在歷經了30多年的市場化改革之後，人力資源管理已經成為中國社會政治、經濟生活中不可或缺的重要內容，人力資源管理部門的職能也正在由傳統的人事行政管理職能轉變為戰略性人力資源管理職能。然而，對於中國這樣一個人口大國來說，要進一步發揮其人力資源優勢，就必須對國內人力資源的發展現狀及問題進行研究，並在此基礎上，有針對性地提出人力資源的發展戰略與政策。

從微觀上看，無論是在政府公共部門管理還是在企業管理中，人力資源對其效率的提高和競爭力的增強都起著日益重要的作用。不過儘管人們普遍認識到人力資源管理的重要性，但在人力資源的成本投入與開發上、在是否為人力資源提供一個較為寬鬆的氛圍上以及在對不同人力資源崗位的績效考核上都存在不少的問題。究其原因，還是在於對人力資本的特性缺乏根本的瞭解。

人力資源管理作為人力資源管理專業和工商管理類專業的核心課程，必然要求內容具有較強的可操作性和實務性。我們在總結多年教學和研究經驗的基礎上，結合當前普通高等教育改革發展趨勢，編寫了這本《人力資源管理》教材。本書以「以人為本」和「組織目標實現」協調發展為主線，並結合當前企業人力資源管理的實踐，將人力資源管理的基本理論與實際操作相結合。為使本書成為不同背景學習者以及企業員工的一本好用又易懂的培訓教材，我們在編寫的過程中努力運用理論與實際相結合

的方法，在內容的取捨與安排上力爭做到體系完整而又突出重點，試圖通過本書來系統地介紹人力資源管理的基本理論、方法和技能。本書具有如下幾個特點：

1. 知識的系統性。本書按照企業人力資源管理的工作流程將全書分為十二章，各個章節有機結合，由淺入深、全面系統、簡明扼要地闡述了人力資源管理的理論與方法。

2. 內容的科學性。本書在內容上力求做到：一方面要求學生從記憶和理解層面掌握人力資源管理的基本理論；另一方面要求學生從應用層面掌握人力資源管理的操作方法和操作流程。

3. 體例的實用性。本書每章先以一個相關的簡短的案例開頭，引發學生（讀者）的求知欲和學習興趣；每章的小結、思考題，便於學生（讀者）鞏固和加深學習效果，章後的案例討論，有利於培養學生（讀者）運用所學知識發現、分析和解決問題的能力。

4. 案例的前沿性。本書的每章的導入案例和章後的案例討論，都是作者結合企業當前的最新實踐，精心挑選和加工，具有典型性和前沿性的特點。

　　由於時間倉促及編者水準有限，書中難免有不足和疏漏之處，敬請有關專家學者和廣大讀者批評指正。

編　者

目 錄

第一章　人力資源管理導論 ………………………………………… (1)
　第一節　人力資源與人力資源管理 ……………………………… (3)
　第二節　人力資源管理的產生與發展 …………………………… (5)
　第三節　人力資源管理的目標與職能 …………………………… (9)
　第四節　組織與人力資源管理 …………………………………… (12)

第二章　人力資源管理主要理論 …………………………………… (18)
　第一節　人性假設理論 …………………………………………… (19)
　第二節　人力資本理論 …………………………………………… (25)
　第三節　人本管理理論 …………………………………………… (31)

第三章　人力資源戰略與規劃 ……………………………………… (40)
　第一節　人力資源規劃概述 ……………………………………… (41)
　第二節　人力資源需求與供給預測 ……………………………… (47)
　第三節　人力資源規劃的基本程序 ……………………………… (54)
　第四節　企業勞動定額定員管理 ………………………………… (60)

第四章　工作分析與工作設計 ……………………………………… (64)
　第一節　工作分析概述 …………………………………………… (65)
　第二節　工作分析的方法 ………………………………………… (73)
　第三節　工作分析結果 …………………………………………… (77)
　第四節　工作設計 ………………………………………………… (80)

第五章　招聘與配置 ………………………………………………… (85)
　第一節　招聘概述 ………………………………………………… (86)
　第二節　招聘過程 ………………………………………………… (87)
　第三節　招聘渠道 ………………………………………………… (93)
　第四節　甄選 ……………………………………………………… (97)
　第五節　應聘過程 ………………………………………………… (107)

第六章　薪酬管理 …………………………………………………… (113)
　第一節　薪酬概論 ………………………………………………… (114)

1

第二節　薪酬設計 …………………………………………… (131)
　　第三節　薪酬分配 …………………………………………… (145)
　　第四節　薪酬管理效果評價 ………………………………… (153)

第七章　績效管理 …………………………………………… (165)
　　第一節　績效管理概述 ……………………………………… (166)
　　第二節　績效管理的技術方法 ……………………………… (171)
　　第三節　績效管理的基本流程 ……………………………… (184)
　　第四節　績效管理系統的評價與導入 ……………………… (196)

第八章　培訓管理 …………………………………………… (206)
　　第一節　員工培訓概述 ……………………………………… (207)
　　第二節　培訓的需求分析 …………………………………… (211)
　　第三節　培訓計劃的制定 …………………………………… (222)
　　第四節　培訓的組織與實施 ………………………………… (225)
　　第五節　培訓效果的評估與反饋 …………………………… (230)
　　第六節　新員工導向培訓 …………………………………… (233)

第九章　職業生涯規劃與管理 ……………………………… (238)
　　第一節　職業生涯規劃 ……………………………………… (239)
　　第二節　職業生涯管理 ……………………………………… (244)
　　第三節　職業生涯發展 ……………………………………… (250)

第十章　人員素質管理 ……………………………………… (259)
　　第一節　概述 ………………………………………………… (260)
　　第二節　勝任力模型的構建 ………………………………… (269)
　　第三節　勝任力模型在人力資源管理中的應用 …………… (276)

第十一章　人力資源成本管理 ……………………………… (292)
　　第一節　人力資源成本概述 ………………………………… (292)
　　第二節　人力資源成本的計量 ……………………………… (296)
　　第三節　人力資源成本的核算 ……………………………… (302)

第一章　人力資源管理導論

【學習目標】

● 重點掌握人力資源和人力資源管理的概念。

● 熟悉人力資源管理的目標與職能以及組織戰略、組織文化、組織結構與人力資源管理的關係。

● 瞭解人力資源管理產生與發展的歷史。

【導入案例】

寶潔：人才是我們最寶貴的財富

內部培訓

在寶潔人才培養體系中，培訓機制是非常重要的組成部分，也是寶潔口碑最好的制度之一。在培訓方式上，寶潔採用混合式培訓，包括在職培訓、課堂式培訓、網上培訓、遠程培訓等。在職培訓是其中最核心的部分，包括直接經理制、導師制等。

1. 直接經理制

直接經理制，即明確指定的直接經理對下屬一對一的培養與幫助。每一位員工從剛進公司開始，就會有一位直接經理對其工作進行指導，這是一對一的真正的商業培訓，培訓的內容甚至會包括拜訪客戶的語氣、每一件小事的處理等。

2. 導師學員

導師制（Mentoring）以類似師徒制的運作方式，經歷雙向選擇的過程之後，「導師」（Mentor）會將自己的實際經驗傳授給「學員」（Mentee），傾聽學員生活的困惑與苦惱以及遇到的困難，同時以自身的經驗告訴學員在公司裡的注意事項、公司文化的細節以及如何去開展工作等，並不斷地從旁指點與扶持。

3. 豐富多彩的培訓

寶潔的不同部門會建立不一樣的培訓內容和體系。這些培訓包括對於新員工工作技能培訓、員工職位升遷或者變更後的相應培訓。寶潔公司建立了各級「寶潔學校」，針對不同階段的需求為員工提供各種精心設置的課程。

內部提升制

寶潔公司是當今為數不多的採用內部提升制的企業之一。內部提升制已經成為寶潔企業文化的顯著表現形式之一，是寶潔用人制度的核心，也是寶潔取得競爭優勢的一個重要源泉。隨著寶潔公司的成長而一道成長的員工的自豪感和主人翁意識保持和增強了公司的凝聚力。

與內部提升制密切相關的另一項制度是寶潔的輪崗制度，即員工能夠在足夠的工作

年限之後改變工作崗位，到不同的部門或者不同的區域繼續工作，即跨國輪崗或跨部門輪崗。在輪崗問題上公司會尊重員工的想法，並努力提供更多的機會來實現其個人選擇。

人才支持制度

作為激勵機制的重要組成部分，寶潔具有非常有競爭力的薪酬體系和員工福利待遇。在某種程度上，寶潔員工擁有許多其他公司沒有辦法提供的「工作方式選擇權」，即可以選擇是否執行彈性制度，包括自由選擇上班時間、自由決定是否參與員工持股計劃、自由選擇在家工作一天等。

讓員工更自由

工作制度上的彈性和人性化是寶潔在人才培養上能取得成功的重要原因之一。目前寶潔採取上下班時間彈性化的管理方式，只要能夠保證從上午十點到下午四點的核心工作階段，具體上下班時間並無限制。另外，2007年起寶潔實施了「在家工作」政策，工作超過兩年的員工，在工作性質允許的情況下每週可以選擇一天在家上班。「個人離開」假期也是寶潔的一大福利。凡在公司工作一年以上的職員，可以因個人的任何理由，每三年要求一個月，或者每七年要求三個月「個人離開」。這些制度，在契合寶潔整體文化的同時，也在整個人力資源市場上領導性地創造了一種更具彈性、更自由、更容易讓員工發揮創造力和想像力的氛圍。

讓員工更主動

員工持股計劃作為股權激勵的一種，其實早已成為現代企業商業競爭的手段之一。早在19世紀末，寶潔公司就開始實施利潤分享計劃，2002年，寶潔中國計劃將這項員工福利項目引入，經過五年的努力，這項計劃終於在2007年年底獲得批准，並使得寶潔成為第一家獲此許可的外資企業。從2008年4月開始，寶潔在華的正式員工可以按自願原則，選擇基本工資的1%~5%用於投資購買公司股票。員工持股作為寶潔的一項全球性計劃，提供給美國本土以外的寶潔員工，目的是幫助那些不在美國當地的員工購買寶潔在美國的股票，讓他們一同分享公司的成長，讓員工的主人翁意識變得更強。

讓員工更快樂

寶潔希望讓員工感受到工作的快樂，並且，快樂地工作。在寶潔內部設有水果吧供員工在空閒的時候就來這裡購買。在下班之後，公司還在辦公區域的會議室舉辦瑜伽培訓等，員工可以免費參加，其他時間段依次安排有氧健身操、拉丁舞、街舞等。更有異常受歡迎的按摩室，讓員工在工作之餘可以享受到完全放鬆的一刻。

讓員工更溫暖

寶潔一直深信：只有照顧好員工，員工才能照顧好客戶。只有真誠地對待同事，才能創造好的工作氛圍，這一點，寶潔不僅提供了包括社會保險、商業保險、公司的重大疾病支持項目在內的三重醫療保障以及高額的住房公積金和住房補貼等多項福利措施，更在公司內部形成了互相幫助、共同進步的良好氛圍。

（資料來源：根據寶潔公司網站整理　　）

討論題

結合導入案例，談談寶潔公司為什麼會如此重視對員工的管理？

第一節　人力資源與人力資源管理

一、人力資源

1. 人力資源的涵義

對於一個組織而言，它的運作離不開資源。不同的學者對資源有不同的說法，目前主要有兩種觀點，一種是四大資源說，即人力資源、物質資源、資本資源、信息資源；另一種是三大資源說，即物質資源、資本資源、人力資源。不管哪一種說法，最重要的還是人力資源，因為其他資源作用的發揮都離不開人。正如毛澤東所說的，世間一切事物中，人是第一個寶貴的，一切物的因素只有通過人的因素才能加以開發利用。

人力資源是一種資源，有的學者根據資源的一般性界定，認為人力資源也有廣義與狹義之分。狹義的人力資源是指一個社會經濟單位可開發利用的，未經其勞動加工改造過的現存的各種形態的勞動力的總和。對於一個社會經濟單位來說，任何未經其勞動加工改造過的現存勞動力，只要能為其所用，而不管這種勞動力是自然生成的簡單勞動力，還是經過其他單位勞動加工過濾過的複雜勞動力（人力資本），都是其可利用的人力資源，其中包含有其他單位投資生成的複雜勞動力。廣義的人力資源包括資源利用者自己投資培養（勞動加工過濾）的複雜勞動力，即人力資本。結合其他學者有關人力資源的定義，本書認為人力資源指的是能夠推動經濟和社會發展的人的智力與體力的總稱。

2. 人力資源的特徵

人力資源與其他資源具有共同的特徵，如使用價值、共享性、可測量性、可開發性及需要管理與配置等，但是人力資源也具有其本身所屬的特性。

（1）社會性

處於不同社會、不同時代、不同文化背景的人具有不同的價值觀、生活方式和思維方法，其在開發過程中受到政治、經濟、文化等多種因素的影響。

（2）不可剝奪性

人力資源屬於每個活生生的個人，在人力資源的使用過程中，必須尊重人。也就是說，企業在實現人力資源管理的過程中，必須遵守國家的有關法律法規，尊重員工的基本權益，從而調動員工的勞動積極性。這是人力資源與其他資源的本質區別之一。

（3）能動性

自然資源在開發的過程中，完全是處於被動的地位，而人力資源則不同，它具有能動性，即是指認識世界和改造世界中有目的、有計劃、積極主動的有意識的活動能力。意識存在於人的頭腦中，人只能用語言表達它，用文字記錄它，而不能用它直接作用於客觀事物，雖然只靠單純的意識不會引起客觀事物的變化，但是意識卻有一種本領，那就是其作為一種無形的力量，會不停地告訴人們，應當做什麼以及怎樣去做。

在實踐中，意識總是指揮著人們使用一種物質的東西去作用於另一種物質的東西，從而引起物質具體形態的變化，這種力量就是人力資源的主觀能動性。

（4）人力資源的時效性

人力資源的時效性是指這種資源如果長期不用，就會荒廢和退化。許多研究表明，人在工作中其現有的知識技能如果得不到運用和發揮，會導致其積極性的消退和技能的下降，造成心理壓力。

二、人力資源管理

人力資源管理這一管理學中的新領域，是從20世紀下半葉開始提出來的，其後隨著經濟和社會的發展，這一概念不斷得到豐富和發展。可以說，不同學者對人力資源管理的內涵有不同的理解。

北京大學張一馳教授認為，人力資源管理包括一切組織中的對員工構成直接影響的管理決策及其實踐活動。

天津大學何娟教授認為，人力資源管理是以提高勞動生產率、工作生活質量和取得經濟效益為目的而對人力資源進行獲取、保持、評價、發展和調整等一系列管理的活動。

中國人民大學教授孫健敏認為，人力資源管理包括兩個方面的內容，即宏觀人力資源管理和微觀人力資源管理。宏觀人力資源管理是指在全社會範圍內，對人力資源的計劃、配置、開發和使用的過程；微觀人力資源管理是指特定組織中對人力資源獲取、整合、保持、開發、控制與調整等方面所進行的計劃、組織、協調和控制等活動，即通過規劃、招聘、甄選、培訓、考核、報酬等各種技術與方法，有效地運用人力資源來達到組織目標的活動，其實質是對人的管理。

清華大學管理學院教授張德認為，人力資源開發與管理是指運用現代化的科學方法，對與一定物力相結合的人力進行合理的培訓、組織與調配，使人力、物力經常保持最佳比例，同時對人的思想、心理和行為進行恰當的誘導、控制與協調，充分發揮人的主觀能動性，使人盡其才，事得其人，人事相宜，以實現組織的目標。

綜合以上各種觀點，本書認為，人力資源管理是組織為了實現既定的目標，對組織中的人力資源進行有效開發與管理的活動，這些活動包括工作分析、人力資源規劃、員工招聘、員工培訓、績效管理、薪資福利管理、勞動關係管理、員工職業生涯管理等。

在知識經濟時代，組織的人力資源管理在整個組織工作中發揮著越來越重要的作用，是組織獲取核心競爭力的源泉。市場是處於不斷變化之中的，競爭不容企業有絲毫的懈怠，產品成本的降低、質量的提高也不是無限的，競爭的優勢不僅僅在於成為成本的領先者或者擁有差異化的產品，更重要的是能夠開發企業的特殊技能或核心能力。要擁有這樣的能力，就意味著組織必須依賴有學習和創新能力的員工，因為他們身上具有一種適應環境發展要求的能動性。因此，可以說企業核心競爭力和競爭優勢的根基在於組織人力資源管理過程中的人力開發。離開了組織人力資源的開發，組織的核心競爭力便會成為無本之木、無源之水，組織的競爭優勢就難以為繼。對人力資

源的開發，在很大程度上已經成為組織成功與否的關鍵。但是，並不是人力資源的所有特性都可以成為競爭優勢的源泉。只有當這種資源和能力被市場認可時，人力資源才可以由潛力轉化為現實的競爭優勢。有效的人力資源管理恰恰是與企業核心競爭力的培育密切結合而進行的，組織核心競爭力的形成與增強奠定了堅實的人力資源的基礎。

第二節　人力資源管理的產生與發展

關於人力資源管理活動可以追溯到非常久遠的年代，中國歷史上就有很多知人善任的例子，但是真正意義上的人力資源管理卻是近代工業革命之後的事。

一、國外人力資源管理的發展歷程

關於人力資源管理理論的發展階段，學術界有代表性的觀點主要有四類：六階段論、五階段論、四階段論和三階段論。

華盛頓大學學者弗倫奇（French）（1998）從歷史背景出發把人力資源管理的發展分為六個階段，即科學管理運動階段、工業福利運動階段、早期工業心理學階段、人際關係運動時代、勞工運動時代和行為科學與組織理論時代。

著名管理學家羅蘭（Rowlande）和費里斯（Ferris）則把人力資源管理的發展歷史分為五個階段，即工業革命時代、科學管理時代、工業心理時代、人際關係時代和工作生活質量時代。這五個階段中有四個階段與弗倫奇的劃分相同，而工作生活質量就是員工對自己在工作環境中的生理和心理健康狀況的知覺，工作生活質量的核心是參與，比如利潤分享計算、斯坎隆計劃、全面質量管理等。

四階段論以科羅拉多大學的卡肖（Cascio）為代表，他從功能的角度將人力資源管理的發展分為檔案保管階段、政府職責階段、組織職責階段和戰略夥伴階段。

三階段論以福姆布龍（Fombru）、蒂奇（Tichy）和德蘭納（Devanna）為代表，他們根據人力資源管理在組織中的地位與作用，把人力資源管理劃分為三個階段，即操作性角色時代、管理性角色時代和戰略性角色時代。此外，中國學者孫健敏把人力資源管理劃分為初級階段、人事管理階段和人力資源管理階段。

二、中國人力資源管理的發展歷程

自中共的十一屆三中全會以來，中國改革開放不斷深入，市場經濟體制不斷完善。回首 30 多年來的發展歷程，無論是企（事）業單位還是政府部門，都在經歷著來自「人力資源管理」這一新理念的衝擊，並積極探索更有利於組織持續、健康發展的創新性人力資源管理模式和方法。中國勞動人事科學教學與科研的成果，正在以旺盛的生命力向人們展示著其對於各類組織重要的戰略價值和實踐意義。

1. 人事管理階段（1978—1992 年）

人事管理與中國長期的計劃經濟體制密切相關。在計劃經濟體制下，人才流動受

到了嚴格的政策限制，企業用人年功制、競爭選拔憑資歷、工資分配平均化，致使員工的積極性、主動性難以被完全調動。從事人力資源管理工作的人事部也大多只是做一些流程性極強的事務性工作，甚至被人們看作企業不折不扣的「總後勤」，人事經理就是部門高級辦事員，至今仍然有人認為人力資源部是沒有任何技術含量、專用於安排閒雜人員的地方。

2. 喚起人力資源管理意識的階段（1993—1998 年）

隨著中國市場經濟的不斷完善，如何招人、用人、留人成為企業關注的焦點。在這一階段，高層管理者主導著企業人力資源管理的發展方向，而人事部則處於被動聽從的地位，但此時中國的人力資源管理意識已經被喚起，許多企業將人事部的門牌換成了人力資源部，人事管理開始向人力資源管理轉型。此階段的標誌性事件是，中國人民大學1993年在中國率先開辦了人力資源管理專業，將人力資源作為一項專門課程來研究。

3. 人力資源管理的形成階段（1999—2002 年）

隨著人事經理到人力資源經理的角色轉換，人力資源經理初步形成了相對完整的理論體系，企業初步建立了以招聘、培訓、績效等為內容的人力資源構架。但受到人力資源的技能水準、企業管理者的素質等條件的限制，人力資源管理基本上還處於初步形成和摸索的過程。儘管如此，人力資源管理從被動接受到主動出擊，在觀念和意識上還是有所提高，並成為形成未來人力資源管理的重要階段。

4. 人力資源的戰略管理階段以及國際人力資源管理階段（2003 年至今）

中國加入世界貿易組織（WTO）後，國外跨國公司紛紛進入中國，戰略人力資源管理和國際人力資源管理成了關鍵問題。於是，人力資源管理者終於可以「名正言順」地進入企業的戰略管理層。至此，人力資源經理就完成了從高級辦事員到戰略合作夥伴的角色轉換。

三、中國人力資源管理的發展趨勢

由中國發展研究中心所屬中國企業評價協會、中國發改委所屬中國人力資源開發研究會聯合主辦的「第三屆中國人力資源管理成果評價發布暨年度人力資源管理大獎」（CEHRA，賽拉）頒獎典禮、峰會和收穫的成果，是當今中國人力資源管理發展的一個縮影，標誌著中國人力資源管理在八個方面的轉變，預示了當今中國人力資源管理的發展趨勢。

1. 由事務管理到戰略管理的轉變

中國人民大學博士生導師、華夏基石管理諮詢集團董事長彭劍鋒為第三屆中國人力資源管理大獎十佳企業作點評時指出，從目前中國一些企業的人力資源部門在併購過程的實踐來看，一部分先進企業的人力資源管理，其功能已經發生了根本性的變化。中國的人力資源管理也正從事務管理階段向戰略管理階段轉變。對於這些併購企業來

講，人力資源部門的核心工作都是圍繞著併購戰略來進行的，這樣就使得人力資源管理在併購重組過程中能夠獲得先機，在併購重組的方案出抬之前，就可以確保人力資源管理能夠真正支撐起企業的各項業務體系。

2. 由配角到主角的轉變

國家發展與改革委員會對外經濟研究所所長張燕生指出，當前中國企業在國際化進程和國際化人才需求上有四個方面的轉變：

第一，中國企業正在從以往參與全球化生產體系的配角，向探索和建立屬於中國自己的全球生產體系的主角角色轉變。中國企業最缺少的不是資金、技術和市場，而是與這個發展階段相適應的高端國際化專業人才。

第二，中國企業開始從為全球生產體系提供加工組裝或為跨國公司生產附加值不高的配件產品，向建立中國企業自身全球生產體系轉變。隨之而來的是需要一批能在全球進行研發、生產、銷售的國際化經營人才。

第三，中國企業的國際化活動正在從以往的靠勞工輸出向產業化、國際化經營轉變。而中國企業到國外經營，最為缺乏的則是需要全球化的中高端技術和管理人才。

第四，中國企業正在從世界加工組裝中心到中國組裝，到中國製造，再到中國創造轉變。要完成這一系列的轉變，我們急需跨文化的創意人才，也就是與軟實力相關的國際化人才。

3. 從經驗管理到科學管理的轉變

國務院發展研究中心人力資源管理研究培訓中心副主任林澤炎在演講中指出，當前中國企業的人力資源管理正處於從經驗式的管理階段向規範化、制度化的科學管理階段轉變。以往大多數中國企業主要是靠經驗管理，即使有規章制度也常常因領導者的更替而改變。隨著中國改革開放向縱深發展，中外交流範圍的擴大以及外國先進企業管理理論和管理經驗的引進和傳播，讓越來越多的企業認識到這種傳統的經驗式管理的弊端和不適應，讓他們開始認識到科學管理的重要性，看到了建立規章制度的必要性和可行性。應該說，中國企業摒棄傳統的經驗式管理向科學管理的轉變是歷史的進步，儘管不是世界上最先進的，但也是大大地前進了一步。

4. 從重視顯在人才向潛在人才儲備的轉變

國務院國有資產監督管理委員會宣傳局金思宇處長在點評時指出：從一部分企業的人力資源開發與管理工作實踐來看，目前中國很多企業已經從重視顯在人才的培養、激勵和使用，向潛在人才的培養和儲備轉變。這種轉變預示著，企業的領導者不僅要具有國際化的視野和思維，而且要將人力資源看成是一個動態的、可發展的、投資升值的一種資本的科學態度。企業只有把人力資源當做第一資源和可持續發展的動力，才能從根本上保證企業長期持續穩定地發展。他們運用人才評價中心技術、人才加速儲備庫等先進理念和模式，在核心員工、科技領軍人才、管理幹部及後備人才、接班人的培養等人力資源方面，傾註了大量的智慧，有組織、有計劃、分步驟地實施潛在人才培養計劃，積極地對企業的人力資源進行二次開發和持續「造血」，為企業培養和儲備了未來發展中所急需的各種技術人才和管理人才。

5. 從人力資源管理向知識管理轉變

彭劍鋒在演講時指出，當前企業人力資源管理已經從以往關注人力資源的開發和管理，向如何進行知識管理轉變。企業不僅要強調留人，更重要的是留智和留心。如何把企業研發、生產、經營過程中累積起來的屬於整個企業所有的知識、技術、專利和管理智慧及時地收集整理和管理好，標誌著企業人力資源管理進入了一個嶄新的階段，即知識管理階段。

6. 中國企業開始由關注自身向關注以人為本轉變

中國人才研究會副會長、中國人事科學研究院原院長王通訊在演講中說，從全球大型跨國公司的發展歷史來看，一個企業不但要努力做大做強，更要做偉大的企業，才能基業常青。只有那些擁有核心競爭力的企業，才能真正做到大而強，也只有變大、變強，才能持久。偉大的企業不僅規模大、人員多、技術先進、實力強，而且還能做得久遠，凡是在歷史上留下足跡的企業家，他們的每一項創新、每一項貢獻，都是包含著對人的關懷。企業之所以負有社會責任，是因為強者有責任來幫助弱者，也只有這樣，這個世界才能夠和諧。他認為，企業「偉大」的內涵是對人的關懷，否則再強大也與偉大無緣。

7. 從引進西方模式向融合中國傳統轉變

金思宇表示，中外著名企業都重視研究運用中國傳統文化的先進管理思想來加強企業管理。《論語》中有一句名言，「工欲善其事，必先利其器」，意思是要把事情辦好，必須先把工具磨鋒利。如果運用到現代企業管理當中，那就是要培養優秀的人才，必須對人力資源進行再投資。宋代政治家王安石寫過一篇文章叫《心賢》，裡面有一句話，「古以認賢識能而興」，意思是國家重用有德的人才就能興旺，捨棄賢才而獨斷專行就會衰亡。一個企業如果不重視人才，同樣是難以制勝的。

清華大學經濟管理學院教授、中國人力資源管理資深專家張德同時表示，中國古代傳統文化博大精深，中國企業家至少可以從《論語》、《老子》和《孫子兵法》這三本書中學到很多管理企業的智慧和方法。他自己在教學中就運用了很多這方面的知識。先人留下的智慧是非常寶貴的，對企業管理也是很有用的。他希望有抱負的中國企業家要認真思考在企業管理的實踐中如何更多地運用老祖宗的管理智慧和經驗。

8. 由人力資源觀向人力資本觀轉變

中國企業評價協會魯志強理事長指出，中國人力資本對經濟增長的貢獻率大體是35%，而發達國家人力資本對經濟的貢獻率大體是75%，差距高達40個百分點。這就提醒我們每一個研究和關注人力資源問題的專家和管理人員，要正視這個差距。同時，我們也要看到差距就意味著我們的潛力，意味著我們國家今後努力的重點，也意味著我們人力資源管理領域的重點。

著名經濟學家劉福垣在大會上指出，人力資本是人力資源的資本化，是承載了資本關係的人力資源，是企業資本的一部分，即同固定資本相對的可變資本；人力資本價值是勞動力價值的貨幣表現，即人力資源的價格，以此為基礎，可以對中國人力資源和人力資本的價值進行粗略估算；人力資本經營是企業資本管理和營運的核心和靈魂的理念，應該從國家、企業、個人三個層面來經營人力資本。

第三節 人力資源管理的目標與職能

一、人力資源管理的目標與職能概述

1. 人力資源管理的目標

張一馳認為，人力資源管理具有兩個方面的目標，即廣義目標與狹義目標。廣義目標即充分利用組織中的現有資源，使組織生產水準達到最高；狹義目標即幫助各個部門的直線經理更加有效地管理員工，即人事部門通過人事政策的制定和解釋，通過忠告和服務達到這兩個目標。具體目標如下所示：

（1）建立員工招聘和選擇系統，以便能夠啟用到最符合組織需要的員工。

（2）最大化每個員工的潛質，既服務於組織的目標，又確保員工的事業發展和個人尊嚴。

（3）保留那些通過自己的工作績效幫助組織實現組織目標的員工，同時排除那些無法對組織提供幫助的員工。

（4）確保組織遵守政府關於人力資源管理方面的法令和政策。

2. 人力資源管理的職能

人力資源管理具有如下職能：

（1）獲取

獲取這一職能主要是通過工作分析和人員測評，選拔出與組織中的職位最為匹配的任職人員的過程。這一過程包括工作分析、人員招聘等。

（2）整合

整合這一職能是指通過培訓教育，實現員工個體的再社會化，使其具有與企業一致的價值觀，認同企業文化，遵循企業理念，最終成為組織人的過程。

（3）保持

保持包括保持員工工作積極性和保持員工隊伍相對穩定性兩個方面的內容。這一過程主要體現在薪酬管理和績效考核等方面。

（4）開發

開發是指提高員工知識、技能以及能力等各方面的資質，實現人力資本保值增值的過程。這一過程包括日常工作指導、技能知識培訓等一系列活動。

（5）評價與調整

評價與調整是指對於工作行為表現以及工作達成結果情況作出評價和鑒定的過程，這一職能主要體現在績效管理方面。

3. 人力資源管理的基本職能關係

人力資源管理的各個職能不是孤立的、無關的，它們是緊密聯繫的。人力資源的各級管理者必須意識到，在某一方面的決策將會影響到其他方面。因此，人力資源主管更應系統地、全面地看待這些職能，處理好與之相關的工作，儘管它們可能在實際

中的表述並不一致。

4. 直線經理與人力資源經理在人力資源管理職能方面的分工

直線經理與人力資源經理的分工如表1－1所示。

表1－1　　　　　　　　直線經理與人力資源經理的分工表

職能	直線經理的任務	人力資源經理的任務
獲取	提供職務分析、職務描述及職務要求的有關資料與數據，使本部門的人力資源計劃與組織的戰略相一致；對職務申請人進行面試，結合審閱人事部門提供的資料，對錄用與委派做出決定	工作分析的組織與文件編寫；人力資源計劃的制訂；監督人員招聘、選拔、錄用、委派，使之符合有關法律和政策；職務申請人背景調查；體檢；記錄和保管人事檔案
保持	與下屬面談，對下屬進行指導和教育；保持信息通暢；化解矛盾；提倡集體協作、職工參與；尊重下屬；公平對待，按勞分配	設計合理的溝通渠道和原則；制定合理的工資獎酬系統及各種福利、醫療保健制度；為職工各種需求提供服務；處理勞工關係
發展	在職培訓；指導職工制訂個人發展計劃；給下屬提供工作反饋，進行工作再設計	制訂培訓計劃；培訓的組織與管理；提供職業發展諮詢
評價	績效評價；職工士氣調查	設計績效評價系統和士氣評價系統；對評價進行指導和服務
調整	紀律維持；對升降、調遷、懲罰和解雇做出決定	落實直線幹部的規定，提供離退休諮詢

二、人力資源管理的重要性

「科教興國」、「全面提高勞動者的素質」、「創新型社會」等國家的方針政策，實際上談的是一個國家、一個民族的人力資源開發管理。在一個組織中，只有求得有用人才、合理使用人才、科學管理人才、有效開發人才等，才能促進組織目標的達成和個人價值的實現，而這些都有賴於人力資源的管理。現代管理理論認為，對人的管理是現代企業管理的核心。現代人力資源管理對企業的意義，至少體現在以下幾個方面：

1. 有利於促進生產經營的順利進行

企業擁有三大資源，即人力資源、物質資源和財力資源。物質資源和財力資源的利用是通過與人力資源的結合來實現的，只有通過合理地組織勞動力，不斷協調勞動力之間、勞動力與勞動資料和勞動對象之間的關係，才能充分利用現有的生產資料和勞動力資源，使它們在生產經營過程中最大限度地發揮其作用，形成最優的配置，從而保證生產經營活動有條不紊地進行。

2. 有利於調動企業員工的積極性，提高勞動生產率

企業中的員工，他們有思想、有感情、有尊嚴，這就決定了企業人力資源管理必須設法為勞動者創造一個適合於他們的勞動環境，使他們樂於工作，並能積極主動地把個人勞動潛力和智慧發揮出來，為企業創造出更有效的生產經營成果。因此，企業

必須善於處理好物質獎勵、行為激勵以及思想教育工作三方面的關係，使企業員工始終保持旺盛的工作熱情，充分發揮自己的專長，努力學習技術和鑽研業務，不斷改進工作，從而達到提高勞動生產率的目的。

【小資料】

同濟大學面向全球公開招聘 7 位院長

為全面建設世界一流大學，同濟大學將面向全球公開招聘 7 位院長。招聘截止日期為 2007 年 10 月 31 日。

這 7 個學院分別是醫學院、生命科學與技術學院、材料科學與工程學院、法政學院、機械工程學院、外國語學院、傳播與藝術學院。

記者 31 日從同濟大學獲悉：此次招聘的 7 位院長須具備相應學科的專業背景，具有博士學位及正高級專業技術職務，學術上有較高造詣，有一定的教育行政管理和學科建設管理經歷，具有較強的教學、科研能力和組織能力。

「面向全球招聘院長是同濟大學用人機制改革的一個具體體現」。同濟大學黨委副書記周祖翼表示，2003 年，同濟大學首次打破傳統的用人機制，開始探索對學院院長、系主任實施全球公開招聘制度。2005 年後，這一試點推廣至教授、副教授的招聘工作上。至今，同濟大學每年將有 1/3 的教授由海內外人員應聘擔任，極大地推動了同濟大學教學與科研水準的發展。

同濟大學創建於 1907 年，是教育部直屬重點大學，是首批被國務院批准成立研究生院，並被列入國家「211 工程」和「985 工程」重點建設的高水準大學之一，是一所擁有理、工、醫、文、法、哲、經濟、管理、教育等九大學科門類的綜合性大學。

（資料來源：http：//learning. sohu. com/20070901/n251901359. shtml）

3. 有利於減少勞動耗費，提高經濟效益並使企業的資產保值

經濟效益是指進行經濟活動所獲得的與所耗費的差額。減少勞動耗費的過程，就是提高經濟效益的過程。所以，合理組織勞動力，科學配置人力資源，可以促使企業以最小的勞動消耗取得最大的經濟成果。在市場經濟條件下，企業的資產要保值增值，爭取企業利潤最大化，價值最大化，就需要加強人力資源管理。

4. 有利於現代企業制度的建立

科學的企業管理制度是現代企業制度的重要內容，而人力資源的管理又是企業管理中最為重要的組成部分。一個企業只有擁有第一流的人才，才能充分而有效地掌握和應用第一流現代化技術，創造出第一流的產品。不具備優秀的管理者和勞動者，企業的先進設備和技術只會付諸東流。提高企業現代化管理水準，最重要的是提高企業員工的素質。可見，注重和加強對企業人力資源的開發和利用，搞好員工培訓教育工作，是實現企業管理由傳統管理向科學管理和現代管理轉變不可缺少的一個環節。

5. 有利於建立和加強企業文化建設

企業文化是企業發展的凝聚劑和催化劑，對員工具有導向、凝聚和激勵的作用。優秀的企業文化可以增進企業員工之間團結和友愛，減少教育和培訓的經費，降低管

理成本和營運風險，並最終使企業獲取巨額利潤。

第四節　組織與人力資源管理

一、組織

1. 什麼是組織

巴納德認為，組織是一個有意識地對人的活動或力量進行協調的關係，是兩個以上的人自覺協作的活動或力量所組成的一個體系。

2. 組織的一般共性

組織的一般共性如下：

（1）有構成組織的人。
（2）組織中的每個人都有自己特定的任務。
（3）這些任務在性質上和數量上相互協調。
（4）通過協作實現產品價值的增加和服務效用的擴大。
（5）產品和服務。

二、組織戰略與人力資源管理

組織戰略是指組織的長遠目標以及為實現這些目標而確定的主要行動路線與方法。組織戰略的實施需要各職能戰略的配合，如人力資源戰略、成本戰略、產品戰略等。企業戰略決策與人力資源管理活動的關係如表1-2所示。

表1-2　　　　　　　企業戰略決策與人力資源管理活動表

公司戰略決策	對人力資源管理活動的要求
增添新生產設備	對職工培訓，使其掌握新操作技術
建成新廠	部分職工調往新廠；就地招聘與選拔新職工；組織職工培訓
採用低成本競爭戰略	調整獎酬制度；對職工進行教育，使其瞭解實行新措施的理由；對職工進行技術培訓，使其掌握新的節料、節能、增效技術
產品走出國門，銷往海外市場	選拔和培訓海外銷售人員；調整獎酬制度使其適應海外情況
兼併其他企業以實現擴展目標	在被兼併企業原有職工中進行選擇、留用、培訓，安置剩餘人員；調整獎酬系統，使標準統一

三、組織文化與人力資源管理

組織文化是企業在內外環境中長期形成的以價值觀為核心的行為規範、制度規範和外部形象的總和。組織文化具有時代性、高度概括性、穩定性等特徵。

組織文化形式包括深層組織文化，如企業價值觀、企業最高目標、企業精神、經營管理風格、企業風氣、企業道德；中層組織文化，如一般制度，包括經理負責制、

崗位責任制、職代會；特殊制度，包括慶功會、高層領導走訪重要顧客；企業風俗，如書畫比賽、體育比賽、集體婚禮、升旗儀式、廠慶活動；表層組織文化，如企業標誌、標準色、廠容廠貌、廠區綠化、車間與辦公室布置以及產品特色、廠服廠歌廠旗、體育設施、企業公關禮品與紀念品、企業宣傳媒體與溝通方式等。

組織文化對人力資源管理具有重要的作用，主要表現在以下幾個方面：
(1) 利用組織文化昇華企業的經營理念。
(2) 利用組織文化吸引和選拔優秀人才。
(3) 利用組織文化優化員工的培訓。
(4) 利用組織文化完善考核與評價體系。
(5) 利用組織文化建立有效的激勵機制。
(6) 利用組織文化營造公平公正的環境。
(7) 利用組織文化強化與員工的溝通。
(8) 利用組織文化對員工進行內在約束，包括制度約束和道德規範兩種。

四、組織結構與人力資源管理

1. 組織的五大基本組成部分

根據新組織結構學派的組織理論，一個組織主要有五大基本組成部分：戰略高層、工作核心層、直線中層、技術專家結構和輔助人員。

(1) 戰略高層：組織的高層領導集團，對組織全面負責，設立、推動組織的戰略目標。

(2) 工作核心層：由組織的基層部門組成，直接從事產品生產或服務。

(3) 直線中層：由各部門的中層直線經理或負責人構成，他們的作用在於連接戰略高層和工作核心層。

(4) 技術專家結構：由組織中的職能人員組成，他們的作用不是直接參加生產或服務過程，而是運用自己的專門知識和技能，幫助上述三個層面提高效率和效益。

(5) 輔助人員：又稱支持人員。他們不直接同組織的生產或經營發生聯繫，而是以自己的活動去支持上述四個層面，使他們的工作能夠正常地進行，如房屋維修等。

2. 職能式組織結構下的人力資源管理定位

一個採用職能式的組織結構，是自上而下按照職能進行同類合併，形成按專業劃分的部門。例如，主管研發的副總裁負責所有的產品技術研發活動，所有的研發人員都被安排在研發部工作。其他職能，如市場、生產、人力資源等也是如此。

因此，採用職能式組織結構的組織中的人力資源部，其基本定位可以概括為「服務加領導」。

此種結構下的人力資源部，作為唯一的人力資源工作單位，需要負責全部的人力資源管理工作。因此，一方面它需要為所有的員工提供項目眾多的常規性、一般性的人力資源管理，也就是其服務的定位；另一方面，由於其專業性及在整個組織中具有相當高度的權威性，因此它擁有足夠的力量來推動、執行人力資源管理的職能目標。所以，人力資源部能夠在為組織提供全面人力資源服務的同時，提供具有深度的人力

資源管理的領導。也就是要有意識地為組織努力營造靈活、快速反應的管理風格，促進創新，防止組織僵化，以克服這種組織所特有的缺點，充分發揮人力資源部內部的規模效益，充分體現自己的專家角色。

由於此種組織結構下的管理相對較為簡單，人力資源管理的定位較為明顯，因此這裡不再贅述。

3. 事業部式組織結構下的人力資源管理定位

相當多的從事多種經營的組織，都選擇了事業部式組織結構，例如惠普、施樂等。這種組織結構有時也被稱為產品部式結構或戰略經營單位。其一般是進行多樣化經營的組織，根據單個產品、服務、產品組合、主要工程或項目、地理分佈、商務或利潤中心來組織事業部。事業部實行決策分權制。

因此，採用事業部式組織結構的組織中的人力資源部，其基本定位可以概括為：劃分層次，上層定位於研發、指導以及幹部管理，下層定位為提供服務和實務管理。

劃分工作層次是必然的結果。這是因為，一方面事業部式的組織結構在客觀上已經存在多個人力資源工作單位，並存在於不同部分中，因此客觀上已經自然而然地形成不同層次；另一方面，這也是事業部式組織結構本身所固有的缺點決定的。

因此，為了緩解這些缺陷所帶來的問題，採用事業部式組織結構的組織也應有意識地對人力資源管理工作進行分層，以便開展不同層次的工作。由於各個事業部都設有自己的人力資源工作部門，因此，這些部門應該是為自己的事業部提供具體而貼近實際工作需要的服務和實務管理，例如工作流程的優化等。其工作對象為其事業部內的全體員工，在要求上應該是對本事業部內所產生的人力資源管理問題做出及時、快速、周到的處理與反饋。

此外，總部級的人力資源管理部門應針對上述組織結構的缺點，定位於對人力資源管理工作的基礎性研究與開發，對組織採用的人力資源管理的理念、方法等提出改良、完善的對策。其目的或使命，是在於通過其人力資源管理（簡稱 HR）的研發工作，降低組織實行此種組織結構的風險，使整個組織獲益。這種定位，一方面是因為客觀因素，主要表現在：其一，總部與事業部的距離很遠，在速度上難以實現快速反應；其二，由於同時面對多個事業部，必然會遭遇眾口難調的局面。所以，設置在總部的人力資源部，已無法為全體員工提供一般性、常規性的服務。另一方面，由於人力資源管理工作者都被分散到各個事業部，因而整個組織喪失了在人力資源管理上的規模經濟。而規模經濟恰恰是進行深入研究所需要的非常重要的前提。同時這種分散性導致每個人力資源工作者都不得不用有限的精力應付每天的日常工作，而沒有時間來思考、總結工作中遇到的問題，尤其是理論性的思考。因此，總部人力資源部應該承擔起這種思考的責任，彌補這種規模經濟的不足，然後通過指導將思考總結的經驗反饋給組織及各事業部。

總部人力資源部的第二個定位就是要加強對組織中層幹部的管理。由於直線中層，也就是各事業部的主要負責人，對整個組織的影響非常大，因而對這部分人員的人力資源管理工作就會顯得尤為重要。雖然各事業部的負責人都有相當大的自主權，並且有自己的人事部為之服務，但一方面由於其下屬人力資源部還要面向其內部的廣大員

工，另一方面，其出發點是站在自己事業部的角度，缺乏全局性的考慮，彼此之間在觀念上差異較大，所以，事業部的人力資源部門的服務帶有較大的局限性。再者，各事業部負責人的管理思路與管理水準與公司決策高層的要求之間還存在一定的差距或差異，因此，也需要通過正式的渠道進行思想和意志的整合。故而相比之下，總部人力資源部恰恰可以超越其局限性，提供相當高度且理由充分的人力資源服務。因此，這一定位是十分必要的。

4. 矩陣式組織結構下的 HR 定位

矩陣式組織結構是另一種十分常見的組織結構，其應用已有 30 多年，國際商用機器、福特汽車等公司都曾成功地運用過該組織機構。採用這種組織結構的組織，會存在兩條相互結合的劃分職權的路線：職能與產品。

無論是哪種演化形式，矩陣式組織結構都存在一個平衡問題。這不僅包括兩種職權之間的平衡，還包括矩陣中關鍵角色的平衡。因此，此種組織結構下的人力資源部，其定位就是致力於平衡。這種定位主要集中體現在以下兩個方面：

一是加強組織內部的溝通與人際關係引導。由於這種組織結構的信息量很大，信息流又很複雜，因此，必須對所有員工進行正規化、專門化的訓練，才能保證這種結構的正常運行。這樣做，一方面是幫助員工更好地理解這種組織結構，更為有效地處理各種信息及解開二元權力模式下的困惑；另一方面，也是為了引導員工正確對待工作中發生的問題，減少衝突，防止有人對這種二元結構的不良利用。因此，人力資源部作為滲透到各個項目或產品的職能，應該定位於積極引導、推動開放溝通的角色。

二是要加強對關鍵矩陣角色的人力資源管理。由於矩陣式組織結構比單一職權結構複雜得多，因此，它的正常運轉需要一系列的全新管理與執行技能，這也是關鍵矩陣角色不容忽視的作用。換句話說，關鍵矩陣角色的狀態，直接決定著這種組織結構的成敗。這些關鍵角色包括高層領導者、矩陣主管和有雙重主管的員工。人力資源部通過自己的工作，必須確保這些關鍵角色由勝任者來承擔，或是使之達到勝任的要求。

當然，以上定位僅是考慮了組織結構類型這一個因素。在實際工作中，組織人力資源管理的定位還會受到其他諸多因素的影響，如組織領導人的管理理念和風格、組織的經營戰略、組織類型等因素。但是，有一點不能否認，組織選擇了某種組織結構時，就如同選擇了房屋的整體結構設計，其內部各個組成部分的地位即已確定，後來所做的只能是一定前提下的微調。如果在主觀上強行進行實質性的修改，例如，使承重牆體缺失，必然會導致災難性的結果。

本章小結

在所有資源中，人力資源是最重要的資源。人力資源指的是能夠推動經濟和社會發展的人的智力與體力的總稱，具有社會性、不可剝奪性、能動性和時間性等特點。

人力資源管理是組織為了實現既定的目標，對組織中的人力資源進行有效開發與管理的活動。這些活動包括工作分析、人力資源規劃、員工招聘、員工培訓、績效管理、薪資福利管理、勞動關係管理、員工職業生涯管理等。其發展經歷了不同的階段。

人力資源管理具有獲取、整合、保持、開發、評價與調整等職能。

人力資源管理在對整個組織的生存和發展起著重要作用。組織戰略、組織文化、組織結構對人力資源管理有著重要的影響。

思考題

1. 什麼是人力資源，它具有什麼樣的特徵，你對這些特徵有何認識？
2. 談談你對人力資源重要性的認識，舉例說明。
3. 如果你是人力資源經理，你如何把組織文化運用到人力資源管理中？
4. 如果你是直線經理，你如何配合人力資源部的工作？

案例分析

一起人才流動的「官司」

上海鋼琴廠的三名技術人員被鄉鎮企業「挖走」，該廠的吳廠長和嚴書記為此十分煩惱，坐立不安。

浙江省桐廬縣洛舍鄉工業公司眼看近幾年鋼琴市場走俏，供不應求，鋼琴價格由每臺1400元漲到2800元。根據中小學生學彈鋼琴的趨勢，鋼琴價格今後看來會有增無減，因此決心創辦鋼琴廠。該廠廠房和資金均可解決，單缺精通鋼琴製作的技術人員。經多方打聽，得知有幾位浙江同鄉在上海鋼琴廠擔任技術員，想動員他們來廠為家鄉工業作貢獻。鄉黨政領導研究後，決定派羅鄉長前往上海去找這幾個人聯繫。

羅鄉長通過同鄉找到了在上海鋼琴廠工作的何樂、張平以及李明，四人一商談，一拍即合。羅鄉長不僅答應向每人提供月薪2500～3000元，而且幫助解決住房和家屬戶籍，還給每人提供7萬元生活保證金；同時在第一臺鋼琴試製成功後，每人還可獲得2000元獎金；待形成生產能力後，還將從利潤額中提取1%作為分成。

何樂、張平、李明三人都是上海鋼琴廠的生產技術骨幹，他們辭職出走，除了優厚的待遇誘惑外，每人還有其他的原因。

何樂，現年50歲。他於1953年進廠，工作了30多年，才是一個助理工程師。他單身在上海，妻子和子女均在紹興農村。30多年夫妻兩地分居的問題長期得不到解決。他渴望夫妻團圓，全家和和美美地一起生活。當他聽羅鄉長說，洛舍鄉要辦鋼琴廠，需要技術人員，不僅待遇優厚，還能幫助他解決住房和家屬戶籍問題時，他欣然同意去洛舍鄉鋼琴廠工作。

張平，現年52歲，浙江寧波人。他進廠也有30多年，在「文革」前曾任本廠技術檢驗科科長。自「文革」開始下放車間勞動，至今未很好地發揮他應有的作用。另外，他與現任一位副廠長期存在隔閡，關係不夠融洽，多年來雙方一直不講話。他一直想調換工作環境，在有生之年施展自己的才能。當羅鄉長來邀請他到洛舍鄉鋼琴廠工作時，儘管他的家小均在上海，他還是一口答應了。

李明是一名青年技術人員，現年30歲，上海人。1975年進廠就跟何樂師傅學手藝。他業務上肯鑽研，幾年來進步較快，成為生產技術骨幹。由於他沒有文憑、沒有學歷，職稱不能解決，晉升希望也很小。當聽說洛舍鄉鋼琴廠要人時，他也願意前往，他認為到浙江農村開創新事業，更符合自己的性格和興趣；工作雖然比較艱苦，但經濟待遇優厚；何況他與何、張關係處得不錯，也樂意與他們在一起工作。

　　何、張、李三人與羅鄉長談好後，立即分別向廠領導打了辭職申請報告。報告首先送給吳廠長，吳廠長立即與黨委嚴書記商量。吳廠長擔心三名生產技術骨幹一走，會使該廠9英尺三角鋼琴這一重點科研生產項目受到影響；同時三人辭職出走在全廠職工中會產生一股「衝擊波」，如果職工們，特別是有技術的職工都群起仿效，尋找待遇優厚的去處，那全廠的生產任務如何能完成？黨政領導都不同意批准他們辭職，並決定派員去浙江，與有關部門交涉，要求送還被「挖」走的技術人員。

　　浙江有關部門卻認為這幾位技術人員從大上海到技術力量奇缺的家鄉扶助鄉鎮企業，人才的流向是合理的；洛舍鄉創辦鋼琴廠是為了滿足人民文化生活需要服務，緩和市場壓力，應該說是做了件好事；三名技術人員在原廠沒被重用，到鄉鎮企業後備受信任，分別擔任副廠長、廠長助理和檢驗科長，工作積極性都被調動起來了，他們應有選擇工作單位的權利等。真是「公說公有理，婆說婆有理」，兩地「官司」持續一年多。

　　何樂等人得知廠領導不同意辭職申請以後，便毅然離開上海鋼琴廠，到洛舍鄉鋼琴廠上班去了。他們與當地職工一起艱苦奮鬥，不到10個月的時間，研製了8臺「伯樂」牌的立式鋼琴。這批鋼琴不僅吸收了國外鋼琴的優點，而且還作了多方改進和創新。在浙江省有關主管部門主持召開的產品鑒定會上，「伯樂」牌鋼琴受到上海音樂學院鋼琴系主任吳山軍等20多位專家和教授的稱讚。該廠準備從第二年起正式投產，年計劃產量為300臺。

　　上海鋼琴廠經多方交涉，毫無結果，最後迫不得已貼出布告：對何樂三人的廠籍作除名處理。

討論題

　　1. 羅鄉長採用了哪些人力資源管理方法來吸引人才？試用激勵理論說明這些方法為什麼能起到吸引人才的作用。

　　2. 你認為上海鋼琴廠廠領導處理何、張、李三人的辭職申請報告的方法妥當嗎？如果你是吳廠長，要留住「人才」，你將採取怎樣的對策？

第二章 人力資源管理主要理論

【學習目標】

- 瞭解各種人性管理理論的基本觀點及其評價。
- 掌握人力資本的涵義與類型，熟悉人力資本理論的主要觀點。
- 理解人本管理的涵義和基本原則。

【導入案例】

惠普公司長盛不衰的秘訣

惠普公司是世界上最大的電腦公司之一。早在1997年，其計算機產品的營業收入就占其總收入的80%以上，僅次於IBM。惠普公司也是全球著名的電子測試測量儀器公司，擁有29,000種各類電子產品。惠普的工廠和銷售部門分佈於美國28座城市以及歐洲、加拿大、拉丁美洲和亞太地區。到底是什麼支持著惠普公司取得了今天的成就呢？

公司創始人休利特相信，員工們都渴望把工作干得出色、干得有創造性，只要為他們提供適當的環境，他們就能做到這點。體貼和尊重每個人，承認個人的功績是公司的一大傳統。多年前，公司就不實行上下班計時制了，最近又推行了一項靈活的工作時間方案：為每位員工提供了一種能夠按個人生活習慣來調整時間的機會。公司還實施了獨具特色的「實驗儀器完全開放政策」，這項政策不僅允許工程技術人員自由使用實驗設備，而且還鼓勵他們把設備帶回家裡去自行使用。這項政策實施後，大大激發了技術人員的研發熱情，為公司的科學研究和產品創新奠定了良好的基礎，積蓄了強大的實力。

正是公司尊重員工的文化大大激發了員工工作的動力，這也是公司長盛不衰的秘訣。

討論題

在這個案例中，休利特的人性假設是什麼？這種組織文化體現了一種什麼樣的管理模式？

人力資源管理理論是人們從管理實踐中概括出來的、有條理地反應人力資源管理客觀規律的學說。人力資源管理理論是在管理實踐的基礎上產生的，它對促進對人力資源的科學管理具有指導作用。人力資源管理涉及許多領域，在經濟學、管理學、政治學、法學、心理學、社會學等眾多學科中，都有許多與人力資源管理相關的理論。人力資源管理理論是隨著經濟學、管理學等理論的出現而逐漸形成的。由於人力資源

管理的主體和核心都是人，所以，近現代人力資源管理中形成了若干關於人的重要理論，這些理論主要有人性假設理論、人力資本理論和人本管理理論。瞭解和掌握這些理論，對深刻認識人力資源與人力資源管理，科學地進行人力資源管理具有重要意義。

第一節　人性假設理論

所謂人性，一般是指人身上具有的特性和屬性。但不同的時期、不同的人對人性的看法有所不同。在人性理論發展史上，思想家們往往從人的自然屬性、社會屬性或理智屬性等不同方面來探討人性。人性是一個由多種屬性組成的複雜系統，並隨著社會實踐的發展而發展，具有具體、歷史的特點。

人力資源管理作為一門管理科學，其最重要的假設就是關於人性的認識。每一個管理決策和管理措施的背後都一定有某些關於人性本質以及人性行為的假定。人性假設就是把人在社會中所具有的屬性和規定性從具體的人中抽象出來，並從理論的高度加以分析和研究的關於人的本質的學說。人性假設理論主要有「經濟人」假設、「社會人」假設、「自我實現人」假設、「複雜人」假設、「決策人」假設和「文化人」假設等。人性假設理論是人力資源管理的重要理論基礎之一。不同的人性假設在管理實踐中體現為不同的管理理念、管理模式、管理行為和管理風格。

一、「經濟人」假設

「經濟人」也稱「理性經濟人」、「唯利人」或「實利人」。「經濟人」假設起源於古典經濟學創始人——英國經濟學家亞當・斯密的勞動交換的經濟理論。亞當・斯密認為人的行為動機來源於經濟誘因，工作就是為了取得經濟報酬，人的行為以自身利益最大化為原則。為此，需要用金錢與權力、組織機構的操縱和控制，使員工服從並為此效力。美國管理學家麥格雷戈將亞當・斯密的這種人性假設概括為 X 理論。

1.「經濟人」假設的基本觀點

麥格雷戈等人認為，人具有以下特點：

（1）人天生不喜歡工作，只要有可能，他們就會逃避工作。所以人的本質是一種被動的因素，要受組織的左右、驅使和控制。

（2）人去工作基本上是受經濟性的刺激。不管是什麼事情，只要能向他們提供最大的經濟收益，他們就會去幹。

（3）員工的感情是非理性的。因此，必須加以防範，以免干擾人們對自己利害的理性權衡。

（4）組織的設計方式要能夠綜合併控制人們的感情，即要控制住人們的那些無法預計的品質。

2.「經濟人」假設的管理策略

根據「經濟人」的上述特點，在對「經濟人」進行管理時，應採取以下策略：一是組織是用經濟性獎酬來獲取員工的勞動與服從；二是管理的重點主要在於高效率的

工作效益，員工的感情和士氣方面則是次要的；三是如果員工工作效率低、情緒低落，解決辦法就是重新審查組織的獎酬的刺激方案，並加以改變。

3. 對「經濟人」假設的評價

「經濟人」假設的提出改變了當時放任自流的管理狀態，含有科學管理的成分，促進了科學管理體制的建立，同時將管理的注意力引入到了對人力、物力使用效率的研究中，具有積極的意義。但是「經濟人」假設也有以下不足的方面：

（1）「經濟人」假設是以享樂主義哲學為基礎的，它把人看成是非理性的、天生懶惰而不喜歡工作的「自然人」。這是與馬克思主義關於人的本質是社會關係總和的觀點相對立的。

（2）「經濟人」假設的管理模式是以金錢為主的機械的模式，否認了人的積極主動、勇擔責任、善於思考的一面。他們認為由於人是天性懶惰的，因此必須用強迫、控制、獎勵與懲罰等措施，以便促使他們達到組織目標。

（3）「經濟人」假設認為大多數人缺少雄心壯志，只有少數人是起統治作用的。因而把管理者與被管理者絕對地對立起來了。

二、「社會人」假設

「社會人」（也稱「社交人」）假設的基礎是人際關係學說，最早是在美國社會心理學家梅奧主持的霍桑實驗（1924—1932年）結論的基礎上所進行的總結。霍桑實驗研究的最大意義，在於它使大家注意到社會性需求的滿足往往比經濟上的報酬更能激勵人們。與「經濟人」相比，「社會人」更重視工作中與周圍人的友好關係，指明人除了物質外，還有社會需要，人們要從社會關係中尋找樂趣。

1. 「社會人」假設的基本觀點

「社會人」假設的基本觀點如下：

（1）從根本上說，人是由社會需求而引起工作的動機的，並且通過同事的關係而獲得認同感。

（2）工業革命與工業合理化的結果，使工作本身失去了意義，因此能從工作上的社會關係去尋求意義。

（3）員工對同事們的社會影響力，比對管理者所給予的經濟誘因控制更為重視。

（4）員工的工作效率隨著上司能滿足他們社會需求的程度而改變。

2. 「社會人」假設的管理策略

從「社會人」的假設出發，採取不同於「經濟人」假設的管理措施，主要有以下幾點：

（1）管理人員不應只注意完成生產任務，而應把注意的重點放在關心人和滿足人的需要上。

（2）管理人員不能只注意指揮、監督、計劃、控制和組織等，而更應重視協調員工間、員工與領導間的關係，培養員工的歸屬感和整體意識。

（3）在實際獎勵時，獎勵應以集體為主，個人為輔。

（4）管理人員的職能也應有所改變，他們不應只局限於制訂計劃、組織工序、檢

驗產品，而應在員工與上級之間起聯絡人的作用。一方面，要傾聽員工的意見和瞭解員工的思想感情；另一方面，要向上級呼籲，反應員工的需求。

（5）提出「參與管理」的新型管理方式，即鼓勵讓員工和下級不同程度地參加企業決策的研究和討論。

3. 對「社會人」假設的評價

隨著社會生產力的發展，企業之間競爭的加劇和企業勞資關係的緊張，使得管理者開始重新認識「人性」問題。從「經濟人」到「社會人」假設是管理思想的一大進步，它實現了從以工作任務為中心的管理到以員工為中心的管理。儘管如此，「社會人」假設也存在不可擺脫的局限性。「社會人」假設偏重非正式組織的作用，否定了「經濟人」假設的管理作用，忽視員工的經濟需要，挫傷了員工的工作積極性。但是，可以肯定一點，「社會人」假設的管理措施，對我們今天企業管理和制定獎勵制度有一定的參考意義。非正式組織的概念的提出也為企業管理提出了一個新的研究領域。

三、「自我實現人」假設

「自我實現人」假設是美國管理學家、心理學家馬斯洛在 20 世紀 50 年代末提出的。後來，麥格雷戈總結並歸納了馬斯洛等人的觀點，結合管理問題，將其概括為 Y 理論。

1. 「自我實現人」假設的基本觀點

「自我實現人」假設的基本觀點如下：

（1）工作中的體力和腦力的消耗就像游戲和休息一樣自然。厭惡工作並不是普通人的本性。工作可能是一種滿足（自願去執行），也可能是一種處罰（只要可能就想逃避），到底怎樣，要看可控制的條件而定。

（2）外來的控制和處罰的威脅不是促使人們努力達到組織目標的唯一手段。人們願意實行自我管理和自我控制完成應當完成的目標任務。

（3）致力於實現目標是與實現目標聯繫在一起的報酬在起作用的。報酬是各種各樣的，其中最大的報酬是通過實現組織目標而獲得個人自我滿足、自我實現的需求。

（4）普通人在適當條件下，不僅學會了接受職責，而且還學會了謀求職責。逃避責任，缺乏抱負以及強調安全感，通常是經驗的結果，而不是人的本性。

（5）大多數人，而並非少數人，在解決組織的困難問題時都能發揮較高想像力、聰明才智和創造性。

（6）在現代工業化社會的條件下，普通人的智能潛力只能得到部分的發揮。

2. 「自我實現人」假設的管理策略

（1）管理重點的變化

「經濟人」的假設是重視物質因素和工作任務，輕視人的作用和人際關係，「社會人」的假設是重視人的作用和人際關係，而把物質因素放在次要地位，「自我實現人」的假設又把注意的重點從人的身上轉移到工作環境上，主張創造一種適宜的工作環境、工作條件來調動人的熱情，使人們能夠在這種環境下充分挖掘自己的潛力，充分發揮自己的才能，也就是說能夠充分地自我實現。

（2）管理者的職能改變

從「自我實現人」的假設出發，管理者的主要職能既不是生產的指導者，也不是人際關係的調節者，而是生產環境與條件的訪問者和設計者。他們的主要任務在於如何為發揮人的智力創造適宜的條件，減少和消除職工自我實現過程中所遇到的障礙。

（3）獎勵制度的改變

「經濟人」的假設依靠物質刺激調動職工的積極性，「社會人」的假設依靠搞好人際關係來調動職工的積極性，這些都是從外部來滿足人的需要，而且主要滿足人的生理、安全和歸屬需要。而「自我實現人」假設的獎勵重視內部激勵，即重視員工個人能力的提高及才能的施展，形成自尊、自重、自主、利他、創造等自我實現的需要，來調動員工的積極性。

（4）管理制度的變化

從自我實現人的假設來看，管理制度也要作出相應的改變。總的來說，管理制度應保證職工能充分地表露自己的才能，達到自己所希望的成就。主動下放管理權限，制定出決策參與制度、提案制度等滿足自我實現的需要，認為員工也是企業管理的一分子。

3. 對「自我實現人」假設的評價

對「自我實現人」假設的評價如下。

（1）「自我實現人」的假設是資本主義高度發展的產物。機械化生產條件下，工人的工作日益專業化，把工人束縛在狹窄的工作範圍內。工人只是重複簡單、單調的動作，看不到自己的工作與整個組織任務的聯繫，工作的士氣很低，影響產量和質量的提高。正是在這種情況下，才提出了「自我實現人」假設即 Y 理論，並採取了相應的管理措施，如工作擴大化、工作豐富化等。

（2）從理論上來看，「自我實現人」的理論基礎是錯誤的。人既不是天生懶惰的，也不是天生勤奮的，此外，人的發展也不是自然成熟的過程。「自我實現人」的假設認為人的自我實現是一個自然發展過程，人之所以不能充分地自我實現，是由於受到環境的束縛和限制。實際上，人的發展主要受社會影響，特別是受社會關係影響的結果。

（3）當然，我們在批判其錯誤觀點的同時，也絕不能忽視借鑑其中有益的成分。例如，如何在不違反集體利益的原則下為基層員工和技術人員創造較適當的客觀條件，以利於充分發揮個人的才能。又如，把獎勵劃分為外在獎勵和內在獎勵，與我們所說的物質獎勵和精神獎勵有一定的類似，可以吸取其中對我們有用的獎勵形式。再如，這種假設中包含著企業領導人要相信員工的獨立性、創造性的涵義等。

四、「複雜人」假設

「複雜人」假設是 20 世紀 60～70 年代初由組織心理學家沙因等提出的假設。根據這一假設，提出了一種新的管理理論，與之相應的是超 Y 理論。超 Y 理論具有權變理論的性質，是由摩爾斯、洛斯奇分別對 X 理論和 Y 理論的真實性進行實驗研究後提出來的。他們認為，X 理論並非一無用處，Y 理論也不是普遍適用，應該針對不同的情況，選擇或交替使用 X 理論、Y 理論，這就是超 Y 理論。

1.「複雜人」假設的基本觀點

「複雜人」假設的基本觀點如下：

（1）人懷著各種不同的需要和動機加入工作組織，但最主要的需要乃是實現其勝任感。

（2）勝任感人人都有，它可能被不同的人用不同的方法去滿足。

（3）當工作性質和組織形態適當配合時，勝任感是能被滿足的（工作、組織和人員間的最好配合能引發個人強烈的勝任動機）。

（4）當一個目標達到時，勝任感可以繼續被激勵起來，當目標已達到，新的更高的目標就又產生了。

2.「複雜人」假設的管理策略

「複雜人」假設的管理策略如下：

（1）人的需要是分成許多類的，並且會隨著人的發展階段和整個生活處境的變化而變化，即人的需要與他所處的組織環境有關係，在不同的組織環境與時間、地點會有不同的需求。

（2）由於需要和動機彼此作用並組合成複雜的動機模式、價值觀和目標，所以人們必須決定自己要在什麼樣的層次上去理解人的激勵。

（3）員工們可以通過他們在組織中的經歷獲得新的動機。這就意味著一個人在某一特定的事業生涯中或生活階段上的總的動機模式和目標，乃是他的原始需要與他的組織經歷之間一連串複雜作用的結果。

（4）每個人在不同的組織中或是在同一組織內不同的下屬部門中，可能會表現出不同的需要。一個在正式組織中受到冷遇的人，可能在工會中或非正式工作群體中，找到自己的社交需要和自我實現的需要。

（5）人們可以在許多不同類型的動機的基礎上，成為組織中生產效率最高的一員，全心全意地參加到組織中去。

（6）員工們能夠對多種互補的管理策略做出反應，這要取決於他們自己的動機和能力，也決定於工作任務的性質。換句話說，不會有什麼在一切時間對所有的人都能起作用的唯一正確的管理策略。

3.對「複雜人」假設的評價

「複雜人」假設強調因人而異、靈活多變的管理，包含著辯證思想，這對改變中國傳統企業的機械式管理有很大突破。但它也有局限性，同樣不能機械地照搬照抄。首先，這種人性假設過分強調個性差異，而忽視了個體的共性。其次，該假設往往過分強調管理措施的應變性、靈活性，不利於管理組織和制度的相對穩定。

五、「決策人」假設

「決策人」假設是西蒙在一系列有關決策理論的論文和著作中提出來的。「決策人」假設是把人的行為放在特定的組織背景下並充分考慮人的生理心理特點（主要是信息處理能力）來進行分析的。它把對人活動的目的和手段看成可在一定範圍內加以調節的變量。它的著眼點不是從單個人的效率因果鏈來追溯，而是群體合理決策中的

行為協調。

1. 「決策人」假設的管理理論

（1）理性是有限的

組織成員的理性限度表現在：執行任務的能力有限，正確決策的能力有限。也就是說，由於環境的約束和人類自身能力的限制，人們不可能知道關於未來行動的全部備選方案和有關事件的不確定性，也無力計算出所有備選方案的實施後果。

（2）尋求滿意解

心理學研究表明，個人的慾望水準不是固定不變的，它可以隨著體驗的變化而升降。在好方案多的良性環境下，慾望提高；在惡劣環境下，慾望則下降。因此，決策者對於應當尋找一個好到什麼程度的方案，就會視具體情況定位在一定的慾望水準；一旦發現了符合其慾望水準的備選方案，會結束搜索，選定該方案。西蒙稱人的這種選擇方式為「尋求滿意解」。

（3）組織是一個「誘因和貢獻」平衡系統

組織成員的協作意願取決於由協作而得到的誘因（組織提供獎酬）和為協作而作的貢獻（個人投入的時間、精力和服務）之間的比較結果。只有當貢獻小於或等於誘因時，組織成員才願意協作，組織才能得以存續和發展。

決策人假設理論提醒管理者重視員工的比較決策思維，對員工的激勵不能千篇一律，應對員工所屬類型進行分類，制定因人而異的激勵策略，以達到最大的激勵效果。

2. 對「決策人」假設的評價

「決策人」假設的出現，標誌著管理理論的一次重要轉向：由提高效率為中心轉變為以合理決策為中心。西蒙的著名命題「管理即決策」，正是對這種轉向的簡明概括。這種轉向無論在實踐還是理論上都有著重要意義。就實踐而言，它提示企業組織（乃至一般社會組織）要充分關注組織的生存環境，努力尋找使適應環境的組織決策與組織中個人決策相協調的管理模式。就理論而言，它提示企業組織要充分關注自身所擁有的信息條件，在採集、存儲、加工、使用信息方面既能提供適當信息，又能保護組織自身及組織成員的注意力這種「稀有資源」。應當說，這種轉向與工業經濟從前期重視勞動分工發展到後期重視市場機制大體相應。

六、「文化人」假設

1. 「文化人」假設的提出

文化為人所創造，又反過來塑造人。德國哲學家卡西爾在其著作《人論》中認為，人除了具有與其他生物共有的感受系統和效應系統之外，還具有第三個系統——「符號系統」。「符號系統」即指人類社會的各種文化現象，包括語言、神話、宗教、藝術和科學等。因此，人是「符號的動物」，符號是「人的本性之提示」，文化則是「人的本性之依據」。哲學始終走在時代的前面，並為人類的實踐提供指導。認識到人是「文化人」，管理者著力進行企業文化建設，對員工進行文化激勵，以滿足員工的文化需求，如與員工分享企業最高目標或宗旨，分享共同的經營理念和價值觀，形成良好的企業倫理，塑造獨特的企業精神，培養企業需要的態度和行為方式，實施貫行規章制

度等。企業文化理論是現代經濟和社會發展的產物。

2.「文化人」假設的管理策略

「文化人」假設的管理策略如下：

（1）企業對員工實行長期或終身雇傭制，使員工與企業同甘共苦，並對員工實行定期考核和逐步提級晉升制度，使員工看到企業對自己的好處，因而積極關心企業的利益和企業的發展。引導員工自覺地把個人理想、信念、價值觀融入到企業價值觀和企業發展目標之中，弘揚企業精神。

（2）企業經營者不僅要讓員工完成生產任務，而且要注意員工培訓，培養他們能適應各種工作環境的需要，成為多專多能的人才，從而積蓄企業的內部人才資源，也為有志於得到提升的人員提供機會。

（3）管理過程既要運用統計報表、數字信息等鮮明的控制手段，也要注意對人的經驗和潛在能力進行誘導。

（4）企業決策採取集體研究和個人負責的方式，由員工提出建議，集思廣益，由領導者作出決策並承擔責任。

（5）上下級關係融洽、平等。管理者對員工要處處關心，讓員工多參與管理。通過員工代表大會等形式，加大員工參與企業管理的力度，提高企業管理的透明度，增強員工參與管理的意識，增強企業凝聚力，充分調動員工的積極性和創造性。

（6）大膽引進沒有經驗的新人員。只有不斷創新適合企業特點且富有特色的活動載體，才能不斷深化企業文化建設。

3. 對「文化人」假設的評價

「文化人」假設既是管理思想發展的內在邏輯必然，也是人性本質特徵的科學反應，同時還是時代實踐對現代企業家成長的必然要求。「文化人」假設的提出，並不是對以往人性假設的否定，而是辯證的揚棄，它不否認人們對經濟利益和其他需求的追求以及由此帶來的人性驅動。但是，人性的主要面貌是「創造人」、「學習人」、「自覺人」、「主體人」等，而在這一切稱謂中，「文化人」是其最集中最合適最科學的選項。當然，企業文化建設是一項系統工作，要富有成效地抓好企業文化建設，通過建設共同價值觀，規範、凝聚和激勵組織全體成員的思想行為，才能最大限度地激發組織成員內在的創造力量和無限潛力。

第二節　人力資本理論

人力資本是通過對人進行投資而在人身上所形成的資本。西方人力資本理論的產生及演變，先後經歷古典政治經濟學的人力資本思想、新古典經濟學的人力資本思想、現代人力資本和當代人力資本理論的發展階段。人力資本理論是當前經濟理論界研究的熱點。在國外主要是出於對以知識經濟為背景的「新經濟」增長問題的研究，在國內則是出於在買方市場條件下，尋求中國經濟的持續增長途徑的需要。人力資本理論的不斷完善，使人在物質生產中的決定性作用得到迴歸。

一、人力資本思想的歷史起源

1. 關於人的經濟價值的思想

人力資本理論形成於20世紀60年代，然而在這之前有關人力資本的概念和思想卻經歷了一個漫長的萌生和演化過程。美國學者馬克盧普曾經指出，關於人力資本的思想至少可以追溯到300多年以前。近現代經濟學中第一個明確地將人視為資產，並試圖估算其經濟價值的是英國古典政治經濟學家威廉‧配第，他在其著作《賦稅論》中提出了「勞動是財富之父，土地是財富之母」的著名論斷。此外，配第還熱衷於用「數字、重量和尺度」等量具來表述其觀點，從而促使他去計算人口的經濟價值。

2. 比較明確地提出人力資本概念

古典經濟學的代表亞當‧斯密是第一個明確地提出人力資本概念的經濟學家。1776年，亞當‧斯密就把勞動者的才能與生產工具、生產性建築、土地改良並列視為社會的固定資本。他在《國富論》中提道：學習是一種才能，須受教育，須進學校，須做學徒，所費不少。這樣費去的資本，好多已經實現並固定在學習者的身上。這些才能，對於他個人固然是財富的一部分，對於他所屬的社會，也是財富的一部分。工人增進熟練的程度，可和便利勞動、節省勞動的機器和工具同樣看作是社會固定資本。學習的時間裡，固然要花費一筆費用，但這筆費用可以得到償還，同時也可以取得利潤。顯然，亞當‧斯密已經把人的勞動能力歸結為人力資本的範疇，並肯定在經濟上對人力資本進行投資是有利的。斯密的這些傑出思想對後來的人力資本理論發展具有重要的意義，在人力資本思想發展史上佔有重要的地位。正因為如此，當代一些著名的人力資本理論家如舒爾茨、明塞爾等人，都認為斯密是人力資本理論的重要先驅。

二、人力資本的內涵與類型

1. 人力資本的內涵

關於人力資本的概念，學者們長期無法獲得統一。由於對概念的理解不同，人們在論述諸如人力資本特徵、企業激勵制度、企業剩餘分配制度安排等重要方面就不可避免地引起很多的爭論。主要的觀點有如下一些：

舒爾茨在1960年出任美國經濟學會會長時發表了題為《論人力資本投資》的演講，系統地闡述了人力資本理論。舒爾茨也因此被奉為「人力資本理論之父」，並獲得1979年度的諾貝爾經濟學獎。舒爾茨主要是從經濟發展特別是農業發展的角度來研究人力資本理論的。舒爾茨說過，人力資本是「人民作為生產者和消費者的能力」、「人力資本是由人們通過對自身的投資所獲得的有用的能力所組成的」、「人力資本，即知識和技能」。他還說：「我們之所以稱這種資本為人力的，是由於它已經成為人的一部分，又因為它可以帶來未來的滿足或收入，所以將其稱為資本。」舒爾茨把資本區分為「人力資本」和「常規資本」，即以往經濟學中的「物質資本」。

貝克爾在堅持人力資本就是人的才能的基礎上，強調人的這種能力將對其「未來貨幣收入和心理收入」產生重要影響，他認為「人力資本是一種非常不能流動的資產」。貝克爾的一個重要貢獻就是區分了「通用知識的人力資本」和「專用知識的人

力資本」。

此外，還有學者從微觀和宏觀的角度對人力資本進行了定義，如把「人力資本定義為個人的生產技術、才能和知識」（薩洛，1970）；「人力資本可以寬泛地定義為居住於一個國家內人民的知識、技術及能力之綜合，更廣義地講，還包括首創精神、應變能力、持續工作能力、正確的價值觀、興趣、態度以及其他可以提高產出和促進經濟增長的質量因素」（M. M. 麥塔，1976）。

2. 人力資本的類型

(1) 健康人力資本

由於人力資本存在於人體之中，因此人的體能、精力、健康狀況與生命週期都可以直接影響到一個人的人力資本投資效率和收益率以及人力資本生產效率的發揮。健康生存既是人類努力實現的目標，同時也是人類追求自身最大效用與福利的一種前提條件或手段。

健康資本主要是通過醫療、衛生、營養、保健以及閒暇休息等途徑獲得的。健康資本的意義在於它是其他形式人力資本存在與效能正常發揮的先決條件。在精力充沛、身體健康的條件下，一個人所具有的人力資本的效能才能得到最大程度的發揮。健康投資效益，通常可以用兩方面的指標來表示：一是關於健康狀況本身改善的指標，諸如患病率、死亡率、平均預期壽命等；二是關於健康狀況改善導致生產能力增進的指標，例如健康投資的生產率，它指的是增加健康投資以後的勞動者由於增加了無病工作時間和單位時間內的工作效率而比以前多創造的收入，此收入增量代表了對健康投資的收益，它也可以被視為健康投資對經濟增長的貢獻。

(2) 知識人力資本

「知識人力資本」，簡稱為知識資本，它是人力資本的重要內容和表現形式。知識人力資本是指一個人所具有的可以直接用於生產商品與服務的知識，它具有市場交換價值和較高的收益率。廣義的知識人力資本的「知識」還包括技術。技術和知識可以物化在機器設備的「硬件」中，也可以物化在「軟件」中，這種狀態的技術和知識還不能成為人力資本，而是可以商業化的資源或要素，只有當技術和知識物化在活的人體中，並且能夠提供相應的服務或生產出新的技術與知識商品時，才是人力資本。知識人力資本主要是通過專業學習、在職培訓等途徑獲得的。這類資本也可以按技術與知識差別劃分為更為具體的類型。

(3) 能力人力資本

人的能力有一般能力和特殊能力之分。個體的能力差異對行為活動過程及後果有重要解釋意義，因而心理學把它作為個性心理特徵的重要方面加以研究。心理學的主要研究對象是人的一般能力，即表徵人的感覺、知覺、記憶、想像和思維的認識過程、喜怒哀樂的情感過程及有意識地能動地改變客觀對象的意志過程的能力。它是人在認知、情感和意志活動過程表現出來的能力，如觀察力、記憶力、注意力、想像力、思維力及學習力等，可簡要概括為智力或認知能力。人的特殊能力，即從事某種專業活動的技能以及發現新問題、新東西，創造新事物的創造能力或創新能力。人力資本理論假定人的能力是客觀的、多維的和多層次的、可變的、能動的和具有經濟價值的。

可以把能力人力資本細分為一般能力型人力資本、技能型人力資本、管理能力型人力資本和應對失衡能力型人力資本等。

三、人力資本理論的形成與發展

1. 人力資本理論的形成

雖然在二三百年前，許多經濟學家就有關於人力資本思想的闡述，但一直到20世紀30年代人力資本理論的雛形才漸漸形成。在這一時期，從威廉·配第、亞當·斯密到 L. 杜布林、A. J. 洛特卡等眾多經濟學家和統計學家都有關於人力資本思想的研究，這些研究主要體現在六個方面：關於人的經濟價值；關於人力資本的概念和涵義；關於人力資本投資的思想；關於人力資本投資收益的思想；關於人力資本與收入差別關係的思想；關於人力資本與生命週期關係的思想。現代人力資本理論正是在這些思想和研究成果中萌芽與發展的。

然而就在20世紀20~30年代，在人力資本理論呼之欲出的情況下，西方許多經濟學家卻將目光轉移到當時大爆發的經濟危機之中，失業和商業週期波動等問題成為當時的焦點。凱恩斯理論和凱恩斯學派一時間成為了經濟學的主流，並大大推動了經濟學的發展，這似乎中斷了經濟學家們在人力資本理論領域的研究。但隨著第二次世界大戰結束、歐洲重建、德日的興起和眾多經濟之謎的湧現，這些因素一方面使經濟學遭遇到重重的困難和挑戰，另一方面也為經濟學家們指明了研究的方向，提出了具體的任務，從而為人力資本理論的發展創造了新的機遇。經濟學家們在尋求解決這些「經濟之謎」的同時，紛紛開始了有關人力資本的研究。正是在這樣的背景下，20世紀50年代末和60年代初，人力資本理論在舒爾茨、貝克爾、明塞爾的努力下破土而出，終於確立並逐步形成。

（1）宏觀理論基礎的確立

舒爾茨是在經濟增長領域構建起人力資本理論框架的第一人，他於20世紀50年代初連續發表了《關於農業生產、產出與供給的思考》、《教育與經濟增長》、《人力資本投資》等重要文章，這些都成為了現代人力資本理論的奠基之作。1960年，他的《論人力資本投資》的演講曾引起理論界的巨大震動。在這次演講中他明確地闡述了人力資本的概念與性質、人力資本投資的內容與途徑、人力資本對經濟增長的作用等重要思想和觀點。舒爾茨認為，經濟的發展主要取決於人的質量，而不是取決於自然資源或資本存量，人力資本是推動社會進步的決定性因素；同時他系統地闡明了人力資本的內涵，即人力資本是體現於勞動者身上的智力、知識和技能的總和，是資本的一種形態，人力資本的取得同樣需要消耗資本，通過一定方式投資而掌握了知識和技能的人力資源才是最有價值的資源。最後，他還指出對人的投資所帶來的收益率超過了對一切其他形態的資本的投資收益率。他認為：「改進窮人的福利的關鍵因素不是空間、能源和耕地，而是提高人的質量，提高知識水準。」

（2）微觀理論基礎的確立

諾貝爾經濟學獎得主、美國芝加哥大學經濟學教授——加利·S. 貝克爾是人力資本理論的另一位創始人。貝克爾早在20世紀60年代初就在家庭生產理論和時間價值與

分配理論等領域做過重要的研究，並發表了《生育率的經濟分析》、《時間分配理論》等文章。貝克爾認為，所有用於增加人的資源並影響其未來貨幣收入和消費的投資為人力資本投資，對於人力的投資主要是教育支出、保健支出、國內勞動力流動的支出或用於移民入境的支出等形成的人力資本；人力資本投資具有較長的時效性，因此投資時既要考慮短期收益，又要考慮長期收益；在職培訓是人力資本投資的重要內容；收集信息、情報資料也是人力資本投資的內容之一，同樣具有經濟價值；唯一決定人力資本投資量的最重要因素是投資收益率；一個人的收入水準因年齡的增長而增加，在同齡組的人口中，一個人的受教育程度越高，其收入水準也越高，給父母帶來的效用或滿足也較大。他認為「子女被視為耐用品，基本上屬於耐用消費品，它給父母帶來收入」，從而進一步構建了人力資本理論的微觀經濟基礎，並被視為現代人力資本理論最終確立的標誌。至此一個具有重要影響的新的經濟學理論和經濟學分析工具——現代人力資本理論形成了。

2. 人力資本理論的發展

人力資本理論創立後，引起了人們的關注和眾多經濟學家的研究興趣。總的來說可以分為以下兩個發展階段：

（1）第一個發展階段（20世紀60年代初至80年代中期）

隨著人力資本理論研究的不斷深入和完善，許多經濟學家和各類科研院所研究出了許多成果，分別在人力資本投資、人力資本投資收益等方面極大地推動了人力資本理論的發展。

首先，在人力資本投資方面，舒爾茨、貝克爾等從理論和實際兩個方面深入研究了教育、職工培訓、流動和信息等人力資本投資形式與途徑。有些研究成果還直接被一些國家和地區所借鑑，如東南亞20世紀60～70年代的飛速發展就和加大人力資本投資特別是教育投資是分不開的。D. 奧內爾的研究顯示，1967—1985年教育對GDP增長的貢獻率，發展中國家高達64％。

其次，在人力資本投資的收益方面，20世紀60～70年代研究主要集中在個人與社會的經濟收益方面，也涉及一些非經濟方面的影響，如貝克爾、劉易斯等對人口質量、家庭、婚姻和生育等方面影響的研究。除此以外，雅各布·明塞還提出了教育投資模型，貝克爾提出了在職培訓模型，本·拉斯、羅森、海利等還提出了人力資本投資與收益生命週期模型，這些都是人力資本理論所取得的重要進展。

最後，在人力資本與經濟增長關係方面，許多學者從要素、效率的生產功能分析人力資本對經濟增長的機理；也有研究者從知識效應和外部效應分析人力資本在經濟增長中的作用機制。舒爾茨等以美國為實例分析了人力資本對經濟增長的作用。通過研究使得人力資本理論更具科學性，同時還擴大了人力資本理論應用的空間，並得到了廣泛的傳播和充分的肯定。在人力資本理論的擴展方面包括可持續發展研究、經濟增長與經濟發展研究、收入分配研究、貧困問題研究、就業與職業流動研究、國際貿易研究、科學與技術開發研究、人口增長率與生育率變動研究、人口遷移與流動研究、婚姻與家庭研究及社會性別研究等。新的分支學科主要有教育經濟學、衛生經濟學和人力資源會計學等。

（2）第二個發展階段（20世紀80年代後期至今）

20世紀80年代人力資本理論的研究又出現了一次高潮，使人力資本理論跨上了一個新的理論高度。這一時期的代表人物是 P. M. 羅默和 R. E. 盧卡斯，他們在20世紀80年代後期分別發表了《收益遞增與長期增長》和《論經濟發展機制》的文章，使「內生性經濟增長」問題成為西方經濟學家們研究的熱點，並在此基礎上形成了「新發展經濟學」。

這個時期不少經濟學家都把目光擴展到發展中國家的經濟發展上，並建立了許多「增長模型」。其中具有代表性的有羅默的「收益遞增模型」、盧卡斯的「兩資本模型」等。在建立的模型中，他們把人力資本視為最重要的內生變量，特別強調人力資本存量和人力資本投資在內生性經濟增長和從不發達經濟向發達經濟轉變過程中的首要作用。這些研究都充分揭示了人力資本投資水準及其變化對各國經濟增長率和人均收入水準趨勢的影響，進而確定人力資本和人力資本投資在經濟增長和經濟發展中的關鍵作用。

四、人力資本理論的主要觀點

人力資本理論的初創時期，至少有三位經濟學家做出了重要的貢獻。一個是美國經濟學家舒爾茨結合經濟增長問題的分析明確提出了人力資本的概念，闡述了人力資本投資的內容及其對經濟增長的重要作用；一個是雅各布·明塞爾在對有關收入分配和勞動市場行為等問題進行研究的過程中開創了人力資本收入分配的方法；一個是美國經濟學家貝克爾從其關於人類行為的一切方面均可以訴諸經濟學分析的一貫方法論出發，將新古典經濟學的基本工具應用於人力投資分析，提出了一套較為系統的人力資本理論框架。自現代人力資本理論誕生之後，逐漸發展成為現代經濟學的重要內容。歸納起來，人力資本理論可分為三個重要領域：人力資本增長論、人力資本分配論和人力資本產權論。

1. 人力資本增長論

經濟增長問題歷來是經濟學家們關注和研究的熱點之一，也是人力資本投資決策宏觀研究的主要內容。現代增長理論是由索洛、斯旺和米德等人在20世紀50年代奠定的。他們對傳統的「資本累積型」的增長理論提出了挑戰，並提出「技術進步決定經濟增長」的觀點，從而開創了新古典經濟增長理論。舒爾茨提出的人力資本增長論進一步補充、發展了技術進步決定論，並提出了「知識效應」和「非知識效應」的概念。它們以直接或間接的方式促進經濟的增長，消除資本和勞動要素邊際遞減的影響，從而保持經濟的長期增長。

2. 人力資本分配論

明塞爾在1957年完成的題為《個人收入分配研究》的博士論文中指出，美國個人收入的差別與受教育水準有著密切的關係。這篇論文之所以具有重要的歷史地位，原因是：自配第、斯密以來，經濟學家已經認識到個人收入之間的差別與個人的能力水準密切相關，但是基於當時的歷史條件和生產力水準，人們更為關注的是物質要素的收入分配的差別，更多的是從人的先天差別和家庭狀況的角度去認識。明塞爾認識到

必須從人的後天差別入手，提出個人收入的增長和個人收入分配平均化趨勢的根本原因是個人受教育水準的提高，是人力資本投資的結果。明塞爾還認為，人在其生命週期的每一時刻都在進行人力資本投資決策。那些選擇較多人力資本投資的人與選擇較少人力資本投資的人相比，年輕時收益水準要少些，到一定時候會趕上後者的收益水準，之後則會超過後者。威利斯於1978年還提出了個人收益結構理論，深化了明塞爾的研究。

3. 人力資本產權論

在經濟學上，第一次把人力資本及其產權引進理解現代企業制度的是斯蒂格勒和弗里德曼。他們指出，大企業的股東擁有對自己財務資本的完全產權和控制權，他們通過股票的買賣行使其產權，而經理擁有對自己管理知識的完全產權和支配權，他們在高級勞務市場上買賣自己的知識和能力。因此，股份公司不是所有權和控制權的分離，而是財務資本和經理知識這兩種資本及其所有權之間的複雜合約。

第三節　人本管理理論

人本管理是建立在人本主義的基礎之上的。它將人本主義的理念和方法滲透到管理的各項工作中，以實現人的自由而全面的發展。現代管理理論認為，「人」天生具有形成並實現自身目標的內在動力。人生的價值和工作的意義，其實也正在於不斷形成和實現心中的目標，並在形成和實現目標的過程中促進自我進步和社會發展。因此，現代組織中的人本管理，其核心意義也就在於把組織中的人當做「人」本身來看待，而不僅僅是當做一種生產要素或資源。從「資本管理」過渡到「人本管理」，是一次管理方式的轉變，也是一次管理理念的轉變，在本質上更是一次徹底的管理創新。人本管理核心是通過自我管理來使員工駕馭自己、發展自己，進而達到全面而自由地發展，實現企業和個人的雙贏。

一、人本主義

進入19世紀中葉以來，人本主義思想得到了重大的發展，出現了各種不同的流派。其一是以費爾巴哈為代表的生物學人本主義，他說，「一切的追求，至少一切健全的追求都是對於幸福的追求」，強調人在生物學意義上對自然界、他人和社會的依賴。費爾巴哈的人本學唯物主義由於沒有把人看做現實社會中的人，而單純地把人理解為自然的人，他看不到人的社會性，看不到人對現實社會的能動作用。其二是以叔本華、尼采、柏格森、薩特、弗洛伊德為代表的非理性的人本主義，把人提到哲學的中心地位，對人的非理性因素作了揭示，強調人與生存環境的矛盾等，但他們卻忽視了人的自然屬性。其三是以馬克思為代表的人本主義。1844年馬克思在《黑格爾法哲學批判・導言》中就提出了一個著名的命題「人是人的最高本質」，「人的根本就是人的本身」，人的全面發展是實現才能、潛力、活動方式、個性的解放的全面發展的，它實現了由必然王國向自由王國的飛躍。馬克思所設想的共產主義的最高目標就是為了人向

真正的人復歸。「這種共產主義，作為完成了的自然主義，等於人道主義，而作為完成了的人道主義，等於自然主義」。馬克思認為人性是人特有的屬性，包括自然屬性、社會屬性和精神屬性。因此馬克思的人本主義包括三部分：一是人與自然關係的合理解決，包括人（類）主體地位的確立、科學主義精神的弘揚；二是人與社會的關係、人與人的關係的合理解決，包括合理的個人主義和集體主義原則；三是人與人自身的關係，包括人自身物質享受和精神追求的協調發展。

人本主義的實質就是讓人領悟自己的本性，不再倚重外來的價值觀念，讓人重新信賴、依靠體制估價過程來處理經驗，消除外界環境通過內化而強加給他的價值觀，讓人可以自由表達自己的思想和感情，由自己的意志來決定自己的行為，掌握自己的命運，修復被破壞的自我實現潛力，促進個性的健康發展。

二、人本管理的涵義

人本管理就是以人為本的管理。它把人視作管理的主要對象，尊重個人價值，全面開發人力資源，運用各種激勵手段充分調動和發揮人的積極性和創造性，突出人在管理中的地位，實現以人為中心的管理。具體來說，其主要包括如下幾層涵義：

1. 依靠人——全新的管理理念

在過去相當長的時間內，人們曾經熱衷於片面追求產值和利潤，卻忽視了創造產值、創造財富的人和使用產品的人。在生產經營實踐中，人們越來越認識到，決定一個企業、一個社會發展能力的，主要並不在於機器設備，而在於擁有知識、智慧、才能和技巧的人。人是社會經濟活動的主體，是一切資源中最重要的資源。歸根究柢，一切經濟行為都是由人來進行的。人沒有活力，企業就沒有活力和競爭力。因而必須樹立依靠人的經營理念，通過全體成員的共同努力，去創造組織的輝煌業績。

2. 開發人的潛能——最主要的管理任務

生命有限，智慧無窮，人們通常都潛藏著大量的才智和能力。管理的任務在於如何最大限度地調動人們的積極性，釋放其潛藏的能量，讓人們以極大的熱情和創造力投身於事業之中。解放生產力，首先就是人的解放，人的解放最為根本的是人的潛能的開發。

3. 尊重每一個人——企業最高的經營宗旨

每一個人作為大寫的人，無論是領導人，還是普通員工，都是具有獨立人格的人，都有做人的尊嚴和做人的應有權利。無論是東方還是西方，人們常常把尊嚴看做比生命更重要的精神象徵。一個有尊嚴的人，他會對自己有嚴格的要求，當他的工作被充分肯定和尊重時，他會盡最大努力去完成自己應盡的責任。

此外，作為一個企業，不僅要尊重每一名員工，更要尊重每一位消費者、每一個用戶。因為一個企業之所以能夠存在，是由於它們被消費者所接受、所承認，所以應當盡一切努力，使消費者滿意並感到自己是真正的上帝。

4. 塑造高素質的員工隊伍——組織成功的基礎

一支訓練有素的員工隊伍，對企業是至關重要的。每一個企業都應把培育人，不斷提高員工的整體素質作為經常性的任務。尤其是在急遽變化的現代，技術生命週期

不斷縮短，知識更新速度不斷加快，每個人、每個組織都必須不斷學習，以適應環境的變化並重新塑造自己。提高員工素質，也就是提高企業的生命力。

5. 實現人的全面發展——管理的終極目標

改革的時代，必將是億萬人民精神煥發、心情舒暢、勵精圖治的時代，必將為人的自由而全面發展創造出廣闊的空間。進一步說，人的自由而全面的發展，是人類社會進步的標誌，是社會經濟發展的最高目標，從而也是管理所要達到的終極目標。

6. 凝聚人的合力——組織有效營運的重要保證

組織本身是一個生命體，組織中的每一個人不過是這有機生命體中的一分子。所以，管理不僅要研究每一成員的積極性、創造力和素質，還要研究整個組織的凝聚力與向心力，形成整體的強大合力。從這一本質要求出發，一個有競爭力的現代企業，就應當是齊心合力、配合默契、協同作戰的團隊。如何增強組織的合力，把企業建設成現代化的有強大競爭力的團隊，也是人本管理所要研究的重要內容之一。

三、人本管理思想的演變

「以人為本」的思想由來已久。可以說，伴隨著人類的產生，就產生了對人的管理問題。人類所有的管理活動都離不開人，物質財富的創造、科技的進步、組織乃至社會經濟的發展，歸根究柢都是以人為動力並且都要服務於人的發展。因此，伴隨著社會經濟的發展，人本管理的思想也在不斷地豐富發展。

1. 中國古代人本管理思想

中國五千年文明史，其中蘊涵著深厚的人本主義思想。人本主義思想的萌芽可以追溯到先秦時期，儒家、道家、法家、兵家多有論及與人有關的治國、為政、教育、用人、治民、選才的論斷和思想，其中儒家是最能反應中華民族人本主義精神的。「己所不欲，勿施於人」，「己欲立而立人，己欲達而達人」，這就說明不僅要把人當人看，更要尊重人，推己及人，將心比心，要站在他人的角度、從他人的立場出發來考慮事情，而且任何人的人格和意志都是不容侵犯的。不僅如此，孔子還強調了人的主體精神，「人能弘道，非道弘人」，這是儒家對人本觀念的詮釋。儒家人本思想對後世產生了深遠的影響。其貫穿人本管理思想的主線是：要求君主重民、愛民，不可輕民，採取有利於人民社會地位改善與提高的政策，強調民為治國之本；在經濟上要裕民、富民，並以此作為治國之道；政治上主張施行仁政。這些民本思想及其實施有利於社會的穩定，有利於生產力的發展和社會的進步。

2. 西方人本管理思想的產生與發展

（1）古典管理理論中的人本管理思想

古典管理理論的代表人物是弗雷德里克・W. 泰勒和亨利・法約爾。泰勒科學管理中的人本管理思想可以歸結為三個方面：激勵、管理環境優化和重視文化管理作用。泰勒認為，科學管理原理的個別薪酬制只是提高員工積極性的從屬要素之一，而不是提高員工積極性的唯一動力。他提出，領導的權力要與員工共享：「員工提出的改進建議，不管是辦法，或是工具，都應該受到各種形式的鼓勵，對員工的這種建議，應給予充分的榮譽。」同時，泰勒除重視「舒適的盥洗室、食堂、講演廳、免費聽課、夜

校、幼兒園、棒球場和體育場、鄉村視野促進會和互助會」等硬環境的建設外，還認識到環境建設對管理的重要性。他注重溝通，目的是建立良好的人際關係。他認為應充分理解員工的觀點，逐步消除員工的疑問，加深接觸，擴大溝通。他強調人性化管理，認為要創造寬鬆的環境。

古典管理理論的「組織理論學派」代表人物法約爾則認為，任何組織的活動都存在共同的管理問題，因此人們在管理實踐中必然要遵循一系列一致的原則。法約爾根據自己的經驗總結了14條管理原則，並指出，原則雖然「可以適應一切需要」，但它們是「靈活的」。「在管理方面，沒有什麼死板的和絕對的東西，這裡全部是尺度問題。」原則的應用「是一門很難掌握的藝術，它要求智慧、經驗、判斷和注意尺度。由經驗和機智合成的掌握尺度的能力是管理者的主要才能之一」。為此，法約爾要求管理者必須具有「管理人的藝術、積極性、道德性需要、領導人員的穩定性、專業知識和處理事務的一般知識」，著重強調了管理者的作用和「必須考慮到人類的本性」。

（2）人際關係學說中的人本管理思想

繼古典管理理論之後，20世紀30年代開始，管理科學進入行為科學階段。行為科學正式確立了人本管理在管理中的地位。但行為科學發端於人際關係學說，其代表人物是梅奧。1933年梅奧發表了《工業文明中的人類問題》一書，揭開了人際關係學說的序幕。梅奧通過實驗發現，工作小組中的非正式關係對人的工作態度有影響，人的工作態度又對個人的勞動生產率水準有影響。據此，梅奧提出了「社會人」的人性新假設，也就是從這一階段開始，人本管理正式浮出水面，這一假設的確立和相關理論的進展，使後來的管理理論研究和企業管理實踐都發生了重大變化。

（3）行為科學中的人本管理思想

在梅奧人際關係學說之後，管理科學進入行為科學階段。行為科學是專門研究人類行為的產生、發展和變化規律，以預測、控制和引導人的行為，達到充分發揮人的作用、調動人的積極性的目的的科學。它可以分為個體行為研究中的人本理論、群體行為研究中的人本理論和領導行為研究中的人本理論。個體行為研究是行為科學的主要內容。行為科學研究的出發點是，人的行為是由動機導向的，而動機是由需要引起的。關於個體行為科學的研究，代表性的觀點有馬斯洛的需要層次論、赫茨伯格的雙因素論、弗洛姆的期望理論。群體行為研究是人際關係理論的繼續，該理論除了研究正式群體與非正式群體特徵外，還研究了個體之間相互關係及作用、群體間溝通與衝突解決等問題。具有代表性的理論有亞當斯的公平理論、阿吉里斯的個人與組織的融合與團體動力理論、沙因和盧克的心理契約理論。隨著管理研究的深入，管理學家們發現領導行為對員工個體積極性的發揮有著重要影響，開始關注領導行為問題，領導者對員工的假定及由此引發的行為對員工有較大影響，其中對人本管理理論研究做出較大貢獻的有麥格雷戈的X理論和Y理論、沙因的注重員工的滿足感和領導的人際關係以及威廉大內的Z理論。

（4）現代管理思想中的人本管理思想

第二次世界大戰後，特別是20世紀60年代以來，企業經營的環境發生了重要變化，環境分析越來越成為企業經營與管理的一個重要變量。正是以此為背景，管理領

域也出現了多種流派並行的局面。美國管理學家孔茨把這種狀況稱為「管理理論的叢林」，我們統稱為現代管理流派。在這些流派學術思想中，也蘊涵了許多人本管理思想，有的是對人本管理的發展，有的是運用人本管理理論做出的實踐總結，其中比較突出的有巴納德的社會系統學派、德魯克的經驗主義學派、歐文的人本管理實踐。

3. 人本管理的基本原則

人本管理是將以人為本的管理理念和管理對策滲透到企業的各項生產經營管理活動之中，讓人本管理統領企業的一切工作。企業中的人本管理，就是首先確立人在管理過程中的主導地位，繼而圍繞著調動企業中人的主動性、積極性和創造性去展開企業的一切管理活動。企業中的人本管理的目標，就是通過以人為本的企業管理活動和以盡可能少的消耗獲取盡可能多的產出的實踐來鍛煉人的意志、腦力、智力和體力，通過競爭性的生產經營活動，達到完善人的意志和品格，提高人的智力，增強人的體力，使人獲得超越於生存需要的更為全面的自由發展。為使企業的一切工作取得預期目標，讓設想得以實現，人本管理應遵循以下一些基本原則：

(1) 把對人的管理放在首位

把對人的管理放在首位，首先應該重視人才，求賢若渴。無論是一個國家還是一個企業，如果要在經濟上高速發展，就必須注重開發高素質人才。日本索尼公司之所以譽滿全球，其中一個重要的原因是重視人才開發。他們的主要做法是：尊重和鼓勵人發揮其才幹——選賢任能——始終發揮人的最大作用而高度信任他們，始終允許人去發揮各自的才幹。企業只要樹立以人為本的觀念，並以「精誠所至，金石為開」的精神去尋求和網羅各路精英，企業在激烈的競爭中就能應付自如，做強、做大也就有了堅實的基礎。

其次，應慧眼識珠，選賢用能。一位外國老板曾說過這樣一句話：「老板應將40%或更多的時間用在選人和用人上。」美國的藍色巨人 IBM 公司的成功經驗就是用不恭順的人，用帶刺的人。一個集團、企業的下屬員工的才能和智慧能否充分發揮，關鍵取決於領導的識才用人。開明的經營者總是善於因事選人、論才施用，讓員工在適當的崗位上盡情施展才華。

最後，應以心易心，和善待人。古人曾以「人敬我一尺，我敬人一丈」來表達待人處世之道。巨人集團史玉柱在公司起步時，常常與員工一起加班加點，吃快餐面，喝自來水，一熬就是幾個通宵。「巨人」集團倒下之後，仍有四十多人不僅不拿工錢，反而用自己的錢為公司辦事，同甘共苦三年整，終於使巨人再度站立起來，巨人也因此被人稱為「中國誠信第一人」。

概言之，人本管理是企業員工的活動，對這種活動的管理，必然要求把對人的管理放在首位。以人為本，尊重是前提，信任是動力，善待是關鍵。

(2) 重視人的需要，以激勵為主

人本管理必須研究企業成員的個性需要，研究人的期望對其行為的驅動作用，研究激勵對企業員工行為導向所具有的影響力。遵循「重視人的需要，以激勵為主」的原則，應側重於使企業成員受尊敬、獲得自我滿足感。要建立健全物質激勵為主、多種激勵並存的機制，逐步形成年薪、紅利、期權和福利相結合的分配制度，體現經營

者收入與經營業績掛勾、基本收入與風險收入相結合、近期收入和中長期收入相結合的原則；強調外在報酬與內在報酬並舉，使員工在獲得更多物質激勵的同時能夠關注企業提供給他的工作挑戰、晉升空間、工作環境、項目團隊、培訓機會、社會地位、成就感等內在收益，激發和調動員工的積極性、主動性和創造性。如美國長期奉行人才吸引戰略：重新修訂了移民法，對高層人才實行「綠卡制」給予入籍優惠；廣泛招收外國留學生，並向他們大力宣傳美國式的價值觀和生活方式，鼓勵他們留居美國；通過借、聘外國人才，向他們許諾提供世界最優的工作條件、高薪待遇等。但有些企業還沒有建立一個使知識升值、讓智力高價的利益激勵機制，分配上仍舊實行「大鍋飯」。一個企業缺乏對員工的激勵機制，在管理上幾乎成了一潭死水，只有遵循「重視人的需要，以激勵為主」的原則，才能使企業更快、更好地發展。

（3）創造更好的培訓、教育條件和手段

一個欲立於不敗之地的企業必然注重人才、愛護人才，創造更好的培訓、教育條件和手段，造就出更多推動企業發展和社會進步的「棟梁」之才。

無數事實表明，企業要進步、要發展，人才是根本，培訓、教育是基礎，而領導重視則是關鍵。要加大培訓、教育經費的投入力度。應在企業中建立起合理有效的員工培訓管理體制。企業領導應根據企業自身的生產發展，制訂出本企業的職工培訓教育長遠規劃，並納入議事日程，作為職代會報告的重要內容之一予以報告審議。要確保培訓教育經費達到國家標準，即員工工資總額的1.5%，以保證軟、硬件設施建設的需要，進一步提高教學質量。再就是要盡快建立起自己的培訓基地和教育中心，培訓基地和教育中心要建立起與企業發展相適應的員工培訓檔案，為因人按需施教提供可靠的依據。

要完善培訓教育體系，應採取切實可行的措施。一是開展全方位培訓。因為企業需要的人才是多種多樣的，如科技、管理、行銷、公關、信息人才等。企業應根據不同的層次、類型、要求，採取不同的途徑和不同的模式，全方位地培養自己所需的人才。這樣，才能使企業的生產經營環環緊扣，有條不紊，以整體素質的優勢參與市場競爭。二是開展專項培訓。企業圍繞生產經營，開展專項技術培訓。如結合崗位需要開展技能培訓等。三是抓好高層次的培訓。如在工人技術尖子中進行「高技藝」的培訓，以促進企業的生產、經營、管理向深度和廣度發展。四是抓好複合型人才的培訓。培訓一專多能的複合型人才，為企業進入國際市場，實施外向的、規模的、多元的發展提供有力保障。因此，要開展合成培訓，提高人才的綜合技能，以適應搞活企業、全方位開拓市場的需要。

總之，企業僅僅依賴工作環境、生活環境的變化來改變人們的思想、心理和行為，這將是一個自發而緩慢的過程，而通過教育和培訓則可以積極地、能動地影響和改變人的認知結構和行為方式。因此，創造更好的培訓、教育條件和手段，就成為人本管理遵循的重要原則。

（4）注重人與企業共同發展

一般來說，企業目標與個人目標有所不同，因為企業是人的集合而不是單個的人。作為營利性經濟組織，企業還有拓展市場、贏得利潤、擴張規模、增強抗競爭風險能

力和實力等目標。但現代社會中的企業，其上述指標體系已完全不同於10年、20年、30年以前的指標體系了。因此，企業發展的手段和措施也有所不同，其重要標誌就是人與企業共同發展。

要想促進人與企業共同發展，必須完善企業的權力結構、溝通結構和角色結構，創造學習型組織，激發人的潛能並使之成為組織發展的內在動力。企業要對員工的未來負責，應尊重員工對自己職業及人生的設計，給予個人發展空間；要結合企業文化把個人發展與企業發展凝聚在一起，構築更大的空間讓優秀人才在企業平臺上充分釋放個人能量，促進符合企業發展理念的職業經理人健康成長，實現雙贏和多贏。每個企業的企業文化有所不同，但是與現代經濟相適應的企業文化的基本內容是一致的，主要包括：下級對上級忠誠，員工對企業忠誠，企業對社會忠誠；強調團隊精神，企業中任何人自我價值的實現都有賴於人員之間的相互協作，任何成績的取得都是集體智慧的結晶；強調品德自律，管理人員應具備較高的道德水準和品行修養，應不斷日省其身，自我修正。

學習型組織是以個人學習為基礎，任何企業都有條件創建學習型組織。它與企業的類型、企業的經營狀況無關，卻直接決定於企業領導特別是最高領導的理念、意識及行動能力。每個員工可結合自己的特點，學習政治理論，學習科技，學習外語，學習計算機，學習反應當代世界的新知識。把學習當做加強和提高自身素質的一次良好機會，遵循人與企業共同發展的原則，必將促進企業成員的參與性和創造性，從而推進企業的人本管理。

只有遵循人本管理的基本原則，才能將以人為本的管理理念和管理對策滲透到企業的各項生產經營管理活動之中，讓人本管理統領企業的一切，使企業的一切工作取得預期效果。

本章小結

人性是指人身上所具有的特性和屬性。人性與管理密切相關，管理中對人性的探討形成了人性管理理論。

管理中的人性假設主要包括「經濟人」假設、「社會人」假設、「自我實現人」假設、「複雜人」假設、「決策人」假設和「文化人」假設。基於人性假設觀點的不同，形成了不同的管理策略，每一種管理策略都各有其特點。

人力資本是蘊涵在人身上的知識、技能、經驗和健康等的總和，是通過對人進行投資而形成的，主要包括健康人力資本、知識人力資本和能力人力資本。人力資本理論形成於20世紀50年代末至60年代初，它的發展經歷了兩個階段。人力資本理論的主要觀點有人力資本增長論、人力資本分配論和人力資本產權論。

人本管理是建立在人本主義的基礎之上的。人本管理就是以人為本的管理，它把人視作管理的主要對象，尊重個人價值，全面開發人力資源，運用各種激勵手段充分調動和發揮人的積極性和創造性，突出人在管理中的地位，實現以人為中心的管理。

人本管理的基本原則主要包括：把對人的管理放在首位；重視人的需要，以激勵為主；創造更好的培訓、教育條件和手段；注重人與企業共同發展。

思考題

1. 試評價各種人性管理理論的基本觀點。
2. 人力資本的涵義與類型分別是什麼？
3. 人力資本理論的主要觀點有哪些？
4. 人本管理應遵循哪些基本原則？

案例分析

香港新鴻基集團的「大家庭式」管理

企業家們常常號召職工「以廠為家」、「以公司為家」，試圖以此來增加企業的凝聚力，為企業創造更好的效益。但真正能讓職工感到企業是自己的「家」，卻沒有那麼容易。這要求企業家真正在企業營造出「大家庭」的環境。

香港新鴻基證券有限公司是1969年由馮景禧所創辦的。該公司在日成交數億港元的香港證券市場上佔有30%的份額，公司年盈利額達數千萬元，馮景禧的個人財產達數億美元，成了稱雄一方的「證券大王」。「新鴻基」之所以能創造出世界證券業少有的佳績，主要得益於馮景禧的「大家庭」式的經營管理哲學。「新鴻基」執行董事譚寶信介紹說：「在馮景禧的掌管下，公司形成了一股難以形容的奇妙力量，這樣的氣氛能夠激發員工的創造性。在這裡工作，成就肯定比別的機構大。」實際情況正如譚寶信所說，馮景禧的「大家庭」式的經營哲學，不但使本國職工感到和諧，而且也使外籍職工感到「大家庭」的溫暖。這樣，一種神奇的力量就自然形成，這種力量之大是難以形容的。為了實施「大家庭式」的經營哲學，在管理方法上，馮景禧十分重視人的作用，強調發揮人的創造性。他曾聲明，服務行業的資產就要靠管理，而管理是靠人去執行的。

新鴻基集團不以擁有巨額資產為榮，而以擁有一大批有知識、有能力、有膽量、善於運用大好時機、敢於接受挑戰的人才隊伍為驕傲。馮景禧的管理哲學和用人藝術，既有西方人的科學求實精神，又有東方人和諧情趣的氣氛；既有美國現代化管理原則，又有日本人的以感情為核心的人際關係，熔東西方優點於一爐。在管理原則上，他十分強調團結的力量，注重全公司上下的團結一致。他在經營業務的大政方針決定之前，總是廣開言路，尤其是重視反面意見，然後加以集中，再向全體員工解釋宣傳，使大家齊心協力。他在實施公司的決策時儼然是一位「鐵血將軍」，而在體諒下屬時又儼然是一個寬厚的長者。如果有哪個職工向他辭職，他首先會詢問是否有虧待他的地方。如有，就誠懇道歉、改正，並全力挽留。因為他知道，失去一個人容易，但培養一個

人難。在管理作風上，他注重以身作則，平易近人。為了使員工心情愉快，他還刻意創造一種「大家庭」式的生活氣氛，如組織業餘球賽，在週末組織員工用公司的遊艇觀賞海景，親自參與員工的「國語」學習等。現有不少企業的職工「吃裡爬外」，對企業不負責任，「大家庭式」的管理，不失為醫治這種病症的良方。

討論題

1. 馮景禧是如何提高新鴻基證券有限公司的凝聚力的？
2. 你從該案例中得到什麼啟示？

第三章　人力資源戰略與規劃

【學習目標】

- 重點掌握人力資源規劃的定義、基本問題、層次及人力資源信息系統。
- 熟悉人力資源規劃的內容、程序及人力資源預測技術。
- 瞭解人力資源規劃的目標、必要性及彈性人力資源規劃。

【導入案例】

××公司的人力資源規劃

　　近年來××公司常為人員空缺所困惑，特別是經理層次人員的空缺常使得公司陷入被動的局面。××公司最近進行了公司人力資源規劃。公司首先由四名人事部的管理人員負責收集和分析目前公司對生產部、市場與銷售部、財務部、人事部四個職能部門的管理人員和專業人員的需求情況以及勞動力市場的供給情況，並估計在預測年度，各職能部門內部可能出現的關鍵職位空缺數量。

　　上述結果用來作為公司人力資源規劃的基礎，同時也作為直線管理人員制定行動方案的基礎。但是在這四個職能部門裡制定和實施行動方案的過程（如決定技術培訓方案、實行工作輪換等）是比較複雜的，因為這一過程會涉及不同的部門，需要各部門的通力合作。例如，生產部經理為制定將本部門 A 員工的工作輪換到市場與銷售部的方案，則需要市場與銷售部提供合適的職位，人事部作好相應的人事服務（如財務結算、資金調撥等）。職能部門制定和實施行動方案過程的複雜性給人事部門進行人力資源規劃也增添了難度，這是因為，有些因素（如職能部門間的合作的可能性與程度）是不可預測的，它們將直接影響到預測結果的準確性。

　　××公司的四名人事管理人員克服種種困難，對經理層的管理人員的職位空缺做出了較準確的預測，制定了詳細的人力資源規劃，使得該層次上人員空缺減少了 50%，跨地區的人員調動也大大減少。另外，從內部選拔工作任職者人選的時間也減少了 50%，並且保證了人選的質量，合格人員的漏選率大大降低，使人員配備過程得到了改進。人力資源規劃還使得公司的招聘、培訓、員工職業生涯計劃與發展等各項業務得到改進，節約了人力成本。

　　討論題

　　為什麼公司進行了人力資源規劃後使公司的人力資源工作取得如此大的進步和改善？

人力資源規劃處於整個人力資源管理活動的統籌階段，它為下一步的人力資源管理活動制定了目標、原則和方法。好的人力資源管理規劃不但能使企業得到需要的人力資源，而且能使企業的人力資源管理得到合理有效的利用和發揮。

第一節　人力資源規劃概述

任何企業為實現其戰略目標，在發展過程中都必須要有與其目標相適應的人力資源配置，但不斷變化的組織內部和外部環境又會對人力資源配置產生不同程度的影響。因此，必須對企業人力資源的需求和供給進行科學的預測和規劃，才能實現組織發展與人力資源的相互匹配，進而實現組織的可持續發展。

一、人力資源規劃的內涵

人力資源規劃，又稱人力資源計劃，是指企業根據發展戰略的要求，科學地預測與分析組織在不斷變化的環境中人力資源的需求和供給狀況，並據此制定必要的政策和措施以確保企業在適當的時間、適當的崗位上獲得所需要的人力資源（包括數量和質量兩方面），並能滿足組織和個人需求的過程。

人力資源規劃的實質是一種人事政策，是決定組織的發展方向，並在此基礎上確定組織需要什麼樣的人力資源來實現企業最高管理層所確定的目標。人力資源規劃的概念主要有以下四層涵義：

（1）人力資源規劃為企業未來的生產經營活動預先準備人力資源，是企業整體戰略規劃的重要組成部分。它是以組織的戰略目標為依據的，當組織的戰略目標發生變化時，人力資源規劃也將隨之發生變化。

（2）一個組織所處的內外部環境是在不斷變化的，這種動態的變化過程會對人力資源的需求和供給產生持續的影響，將使組織的人力資源政策也處於不斷地變化和調整之中。人力資源規劃就是要對這些變化進行合理的預測和分析，以確保組織在近期、中期和長期都能獲得必要的人力資源。

（3）組織應制定必要的人力資源政策和措施，以確保對人力資源需求的及時滿足，政策要正確而明晰。例如，針對內部人員的調動、補缺、晉升、辭職、外部招聘、開發培訓以及獎懲等措施都要切實可行，否則就無法確保組織人力資源規劃的實現。

（4）人力資源規劃既要實現組織的目標，又要滿足員工個人的利益。組織人力資源規劃還要創造良好的條件，充分發揮組織中每個人的主觀能動性和創造性，提高工作效率，進而提高組織效率，實現組織目標。

與此同時，組織也要關心員工個人物質、精神和業務發展等方面的利益和要求，並幫助他們在實現組織目標的同時實現個人的目標，只有兩者兼顧，才能吸引和招聘到組織所需要的人才，滿足組織對人力資源的需求。

二、人力資源規劃的作用

人力資源是企業最具決定性、最活躍的要素資源，是企業生存發展的第一資源。因此，人力資源規劃對於企業各項具體的人力資源管理活動，不僅具有先導性和全局性，它還能根據組織的變化不斷地調整人力資源政策和措施，指導人力資源管理活動有效地進行。具體而言，人力資源規劃的作用主要體現在以下幾個方面：

1. 確保企業發展過程中對人力資源的需求

任何企業都處於一定的內外部環境系統之中，影響這一系統的因素總是在不斷地變化，而各種因素對組織人力資源供求狀況的作用程度又不同，有一些因素會產生很大的影響；另外，不同的企業、不同的生產技術條件，對人力資源的數量、質量和結構等要求是不一樣的。例如，在知識經濟的時代背景下，市場競爭日趨激烈，產品的更新換代速度不斷加快，一項新技術的研究、應用和產業化週期大為縮短，這就使得企業需要不斷地開發新產品，引進新技術，才能保證在市場競爭中立於不敗之地。企業一方面可以節省大量的勞動力，另一方面也要求對在職員工進行適當的再培訓，以適應新技術條件下工作對人的需要以及人對工作的適應。因此，企業如果不能事先對內部的人力資源狀況進行全面系統的分析，採取有效的措施來提高現有員工的素質或吸引外部較高素質的人才，企業就會不可避免地出現人力資源短缺的狀況，從而影響正常的生產活動。

對於技能要求不高的普通工作，企業可以在短時期內從勞動力市場上招聘到需要的員工，或對現有員工進行簡單的有目的的培訓即可滿足工作的人力需求。但對於技能要求較高的技術工作和管理工作來說，這類人才在企業的生產中起決定性作用，如果短缺，會給企業帶來重大的損失。

另外，組織內部的因素也在不斷地變化，如崗位調動、退休、辭職、辭退或職務的升降等因素，將會導致人力資源數量、質量和結構等方面的變化，同樣也需要對人力資源規劃進行適時的調整，以確保企業對人力資源的需求。

2. 有利於企業戰略目標的制定和實現

任何企業在制定戰略目標和發展規劃時，首先考慮的問題是企業自身所擁有的各種資源，尤其是人力資源。實踐證明，如果有科學的人力資源規劃，就有助於高層管理者瞭解組織內部現有人力資源狀況、各種人才餘缺情況以及一定時期內部抽調、培訓或對外招聘的可能性，從而成功地進行相應的決策。也就是說，一方面，人力資源規劃要以企業的戰略目標和發展規劃為依據；另一方面，人力資源規劃又有利於戰略目標和發展規劃的制定，並最終促進企業總體目標和長遠規劃的順利實現。

3. 有助於調動員工的積極性和創造性

現代人力資源規劃要求在實現組織發展目標的同時，要滿足員工個人多層次的需求。員工明確了自己在工作中需求的可滿足程度以及自己在企業中的發展方向和努力方向，才能在工作中表現出主動性和創造性；否則，在員工對自己和組織的目標或結果不確定時，他們的積極性和創造性就會受到不同程度的削弱和抑制，一定程度上會嚴重影響組織的工作效率。而人員流失特別是有才能的人員流失會使人力資源的供求

關係日益失衡，甚至形成人才流失的惡性循環。

4. 使人力資源管理活動有序化

人力資源規劃是人力資源管理活動的基礎，它由總體規劃和各分類執行規劃構成，為管理活動（如確定各種崗位人員需求量和供給量、調整職務和任務、培訓等）提供可靠的信息和依據，以保證人力資源管理活動的科學性和有序化。如果沒有有效的人力資源規劃，那麼，企業什麼時候需要補充人員，補充哪個層次的人員，如何避免各部門人員提升機會的不均以及如何組織培訓等，都會出現很大的隨意性和混亂。

5. 可降低人力資源成本，提高人力資源的利用效率

組織效益就是有效地配備和使用組織的各種資源，以最小的成本獲取最大的收益和產出。企業人力資源成本中最大的支出項目是工資支出，而工資總額在很大程度上取決於組織中的人員分佈狀況，即企業中人員在不同職務和不同級別上的數量狀況。一般來說，當企業處於創立發展的初期，企業員工的人均工資相對較低，人力資源成本也較低；當組織進入成熟期後，整體規模相應擴張，員工職務提高，人員的平均工資將增加，企業的人力資源成本必將上升，考慮到競爭激烈、通貨膨脹以及安排失業員工的費用增加等因素，人力資源成本可能會大大超過企業的負擔能力。如果沒有人力資源規劃，不對企業的人員變化、結構和職務佈局等進行合理的預測分析，並作出相應的調整，將會導致企業經營效益的下降，影響企業戰略目標的實現。因此，要通過人力資源規劃，對現有的人員結構進行分析和適當的調整，並找出影響人力資源有效利用的瓶頸，把人力資源成本控制在合理的水準範圍內，使人力資源效能能得到充分的發揮。這無疑是組織實現可持續發展不可缺少的重要環節。

6. 有利於協調人力資源管理計劃

人力資源規劃作為企業的戰略性決策，是企業制定各種具體人事政策的基礎。人事政策對企業管理活動影響很大，如晉升政策、培訓政策、人員的調配政策等，而且調整起來也很複雜，涉及方方面面的問題。為了使企業人力資源政策準確合理，就需要提供準確無誤的人力資源供求信息。例如，一個企業在未來某一段時間內，缺乏某類有經驗的員工，而這類員工的培訓又不可能在短期內實現，那麼企業該如何處理這種情況呢？如果從外部招聘，需花很多的費用，而且所招聘的人員未必能在短時間內熟悉和勝任工作。如果企業自己培養，就需要提前培訓，還需要考慮到受訓人員流失的可能性等。所以企業必須通過制訂人力資源規劃、人員招聘計劃、員工培訓開發計劃、薪酬計劃和激勵計劃等，使人力資源管理的各種具體計劃能夠相互協調。

三、人力資源規劃的分類

按照規劃時間的長短，人力資源規劃可以分為短期規劃、中期規劃和長期規劃。短期規劃是指1年或1年內的規劃，這種規劃任務具體、要求明確。長期規劃是指時間跨度為5年或5年以上的具有戰略意義的規劃，它為企業的人力資源的發展和使用狀況明確了目標、任務和基本政策。中期規劃一般為1~5年的時間跨度，其目標、任務的明確程度介於長期與短期兩種規劃之間。當然，這種時間的劃分不是絕對的。有些企業的短期規劃、中期規劃和長期規劃可能比上面所說的更長，而某些企業的長期

規劃、中期規劃和短期規劃會比較短。企業應該制訂短期規劃、中期規劃或長期規劃，主要取決於企業所面臨的不確定性的大小、經營環境的穩定程度以及企業人力資源的要求、人力資源規劃期限與經營環境的關係等。

表3-1列出了不確定性與規劃期的發展的關係。

表3-1　　　　　　　　　　　　不確定性與規劃期的發展表

短期規劃：不確定性/不穩定性	長期規劃：確定/穩定
出現很多新競爭者 社會經濟環境迅速變化 不穩定的產品/服務需求 變動的政治和法律環境 企業規模比較小 管理水準落後（危機管理）	強大的競爭地位 漸進的社會、政治和技術方面的變化 有效的管理信息系統 穩定的產品/服務需求 管理水準先進

按照性質分類，人力資源規劃還可分為總體規劃和具體計劃。總體規劃屬於戰略規劃，它是指規劃期內人力資源總目標、總政策、總步驟和總預算的安排；具體計劃是戰略規劃的分解，包括人員補充計劃、配備計劃、使用計劃、培訓開發計劃、薪酬計劃等。這些具體的業務計劃都是由目標、任務、政策、步驟及預算等要素組成的，從不同方面保證人力資源總體規劃的實現。

四、人力資源規劃的內容

人力資源規劃的內容主要分為總體規劃和各項具體業務計劃。總體規劃是指根據企業戰略確定的組織在規劃期內人力資源開發和利用的總體目標和配套政策的總體籌劃安排。各項具體業務計劃是總體規劃的展開和具體化，如人員補充計劃、人員使用計劃、培訓開發計劃、退休解聘計劃等。這些具體的業務計劃都是由目標、任務、政策、步驟及預算等要素組成的，具體見表3-2。

表3-2　　　　　　　　　　　　人力資源規劃的內容表

計劃類別	目　標	政　策	步　驟	預　算
總規劃	總目標：績效人力資源總量、素質、員工滿意度	基本政策（如擴大、收縮、改革、穩定）	總體步驟：（按年安排）如完善人力資源信息系統等	總預算：××萬元
人員補充計劃	類型、數量對人力資源結構及績效的改善等	人員標準、人員來源、起點待遇等	擬定標準、廣告宣傳、考試、錄用、培訓上崗	招聘、選拔費用
人員使用計劃	部門編製、人力資源結構優化及績效改善、職務輪換	任職條件、職務輪換範圍及時間	略	按使用規模、類別、人員狀況決定工資、福利預算

表3－2(續)

計劃類別	目　標	政　策	步　驟	預　算
培訓開發計劃	素質與績效改善，培訓類型與數量，提供新人員，轉變員工勞動態度	培訓時間的保證、培訓效果的保證	略	教育培訓總投入、脫產損失
配備計劃	後備人員數量保持，改善人員結構，提高績效	選拔標準、資格、試用期、提升比例、未提升人員安置	略	職務變化引起的工資變化
薪酬計劃	離職率降低，士氣提高，績效改善	工資政策、激勵政策、反饋、激勵重點	略	增加工資、預算
勞動關係計劃	減少非期望離職率，雇傭關係改善，減少員工投訴與不滿	參與管理、加強溝通	略	法律訴訟及相關費用
退休解聘計劃	編製、人力資源成本降低、生產率提高	退休政策、解聘程序等	略	安置費、資遣費、人員重置費用

1. 人員補充計劃

人員補充計劃是指企業根據組織實際運轉情況，合理地預測職位的空缺情況，並制定出必要的政策和措施，確保組織能及時地獲得所需要的人力資源。

人員補充計劃可以改變企業內部的人力資源配置與既定目標不相適應的狀況，改變企業組織內部人力資源結構不合理的狀況。作為人力資源總體規劃的一個組成部分，人員補充計劃與人力資源的其他各項具體計劃關係密切，因此，應盡可能與其他計劃配套進行，才能實現預期的總目標。補充計劃要求管理者在錄用員工時，應該用系統和發展的眼光看問題，如要考慮到若干年後員工的使用情況。

2. 人員使用計劃

人員使用計劃的主要任務是晉升和輪換。晉升計劃是根據企業管理層次結構的要求和人力資源的分佈狀況，制定相應的人員提升政策。輪換計劃是為實現工作豐富化、提高員工的創新熱情和能力、培養員工多方面的素質，而制訂的對員工工作崗位進行定期變換的計劃。晉升表現為工作崗位的垂直上升，輪換則表現為員工崗位的水準波動。

對組織而言，及時地把有能力的人提升到與其能力相匹配的職位上，對於增強企業的整體實力、調動員工的工作積極性，都有著重要的影響和巨大的推動力。

從員工角度來看，通過晉升，不僅為自身提供了充分發揮個人才能和潛力的機會及條件，可滿足其多種需要，還意味著該工作責任和工作壓力的增加。當工作中更大的責任和更大的自我實現一旦結合起來時，就會產生巨大的工作動力，使企業獲得更大的利益。

晉升計劃一般由晉升比率、平均年資、晉升時間等指標定量地描述，各指標的調整會使晉升計劃發生改變，直接影響到員工的工作積極性和創造性。例如降低晉升率，

就意味著員工的晉升機會相對減少，而晉升年資的延長將意味著員工將在目前所在級別上工作更長的時間，會使員工更注重工齡而不是工作業績，重視量的方面要多於質的方面。

3. 培訓開發計劃

培訓開發計劃是為了企業中、長期發展所需補充的空職而事先制訂的人才儲備計劃，也是為了更好地使人與工作相適應而進行的一系列的籌劃工作。例如美國著名的IBM公司曾經為了適應事業的發展，對逐級推薦產生的5000多名有晉升前途的員工分別制訂了培訓計劃，並根據可能產生的職位空缺和出現的時間，分階段有目的地進行培訓，這樣當職位出現空缺時，相應的人才已經準備好了，這對公司的發展起到了非常重要的作用。

企業通過培訓開發，一方面可以使員工更好地適應正在從事的工作，另一方面也為組織未來發展所需要的職位準備了後備人才。培訓開發計劃與晉升計劃、配備計劃和個人發展計劃密切相關。無目的的個人培訓往往針對性不強，如果將企業的培訓開發計劃與晉升計劃、補充規劃有機地結合起來，就可以增強培訓的目的性，同時也讓員工看到培訓的好處和希望，從根本上調動員工參加培訓的積極性。一般來說，組織的培訓計劃要在晉升之前完成。

4. 配備計劃

配備計劃就是指通過有計劃地安排企業內部員工進行橫向流動來實現組織內部的員工在未來職位上的分配。

配備計劃表示在組織中、長期內處於不同的職務、部門或工作類型的人員的分佈狀況，是確定組織人員需求的重要依據。某種職務上的人員需要同時具備其他類型職務的經驗知識時，需要進行有規劃的橫向流動。由於更高級別的職務對人員素質的要求相對較高，如果流動量小或流動頻率低，會使具備潛力的員工不能夠快速地適應工作環境，也就滿足不了對人員素質的要求。當企業人員過剩時，通過配備計劃可以改變工作分配方式，解決組織中工作負荷不均的問題。

5. 薪酬計劃

薪酬計劃是指為確保企業的人力資源戰略與企業的經營狀況保持在一個合理的水準上，對員工的薪酬所進行的計劃。這項計劃的內容包括績效標準及其衡量方法、薪酬結構、工作總額、工資關係、福利項目等。企業未來工資總額取決於員工的分佈狀況，不同的分佈狀況往往對應著不同的人力資源成本。企業通過薪酬計劃，適當地控制擴大的幅度，減少中高層次職位的數量，在一定條件下就會明顯地降低工資總額。另外通過改變工作的分配方式，減少技術工種的職位數，增加數量工種的職位數，也能夠達到降低工資總額的目的。所以，如果事先沒有詳細的工資計劃，不能有效地控制人力資源成本，那麼企業的整體目標就會受到重大的影響。

6. 退休解聘計劃

企業每年都會有一些人因為達到退休解聘的年齡或合同期滿等原因而離開企業，在經濟不景氣、人員過剩時，有的企業還採取提前退休解聘等特殊手段裁減人員，從而降低人力資源成本，提高組織的生產效率。

7. 勞動關係計劃

勞動關係計劃主要是為了降低非期望離職率，改善雇傭關係，降低員工投訴率及不滿。

第二節　人力資源需求與供給預測

人力資源預測是人力資源規劃的重要環節，也是制定人力資源規劃的重要依據。人力資源預測就是根據人力資源供求關係做出判斷和分析，最後綜合組織內外的因素影響，通過人力資源規劃，平衡人力資源供求之間的矛盾。人力資源預測包括需求預測和供給預測。

一、人力資源需求預測

對人力資源需求的預測是以與人員需求有關的某些因素為基礎，根據企業發展戰略規劃和內外條件選擇合適的預測技術，然後對未來某個時期企業對人力資源需求的數量、質量和結構進行預測。

1. 人力資源需求預測的影響因素

在對人力資源的需求進行預測時，應充分考慮以下因素對需求預測的數量、質量以及結構的影響：

（1）未來的生產經營任務和發展目標對人力資源的需求。

（2）預期的員工流動比率。它是指由於辭職、解聘、退休或人員流動（跳槽）等原因引起的職位空缺規模。

（3）生產技術水準的提高和組織管理方式的革新對人力資源需求的影響。

（4）提高產品、服務質量或進入新市場的決策對人力資源需求的影響。

（5）企業的財務資源對人力資源需求的約束。根據未來人力資源總成本，可以推算人力資源的最大需求量。

2. 人力資源需求預測的方法

人力資源需求預測主要有以下幾種方法：

（1）管理人員判斷法

管理人員判斷法是由企業的各級管理人員，根據自己工作中的經驗和對企業未來業務量增減情況的直覺考慮，自下而上地確定未來所需人員的方法。具體做法是：先由各職能部門的基層管理人員根據自己的經驗和對部門在未來各時期業務量增減情況的估計，提出本部門各類人員的需求量，再由上一級管理者估算平衡，最終由最高管理層組織對人力資源需求進行總體預測和決策，然後由組織的職能部門（通常是人力資源部門）制訂出具體的執行方案。

管理人員判斷法是一種粗略的、簡便易行的人力資源需求預測方法，主要適用於短期預測，若用於中、長期預測，則相當不準確。但若企業規模小、結構簡單、生產經營穩定、發展較均衡時，也可用來預測中、長期的人力資源需求。

（2）德爾菲法

德爾菲法又稱專家會議預測法，是從20世紀40年代末的美國蘭德公司的「思想庫」中發展出來的一種常用的主觀判斷預測方法。這種方法是由有經驗的專家，對某些問題的分析或管理決策進行直覺判斷與預測，主要依賴於預測者個人的知識、經驗和分析判斷能力。專家可以是來自第一線的管理人員，也可以是高層管理者；既可以是企業內部的，也可以是外聘的。專家的選擇基於他們對所研究問題的瞭解程度。

德爾菲法的具體操作步驟為：首先選擇20位左右熟悉人力資源問題的專家組成一個預測小組，並為他們提供相關的背景資料；其次，提出一系列有關人力資源預測的具體問題，以匿名問卷的形式請專家們以書面形式作答，使專家們在背靠背、互不通氣的情況下回答問題；再次，進行第一輪預測，並將各位專家的意見集中歸納，把結果反饋給他們，然後將修改後的意見進行歸納，經過三到四次的重複，專家的意見趨於一致；最後，匯總專家們的意見，經過數據處理，得出最終結果。

在運用德爾菲法進行人力資源需求預測時，企業應注意以下幾個問題：

①為專家提供詳盡且完善的有關企業生產經營狀況的信息，以使他們能夠準確判斷。

②保證所有專家能夠從同一角度去理解有關人力資源方面的術語和概念，避免造成誤解和歧義。

③所提出問題應該是專家能夠答復的。

④問題的回答不要求太精確，但要說明原因。

⑤提問過程盡可能簡化，所提問題必須是與預測有關的問題。

⑥向高層管理人員和專家講明預測對組織及下屬單位的益處，以爭取他們對德爾菲法的支持。

德爾菲法是在每個專家均不知除自己以外的其他專家的情況下進行的，因而可避免由於彼此身分地位的差別、人際關係以及群體壓力等原因對意見表達的影響，充分發揮每位專家的作用，集思廣益，預測的準確度相對較高。因此這種方法的應用比較廣泛。

（3）經驗預測法

經驗預測法就是根據人力資源管理部門以往的經驗對人力資源進行預測的方法。具體的方法是：根據企業的生產經營計劃及勞動定額或每個人的生產能力、銷售能力、管理能力等進行人力資源需求的預測。西方不少企業組織常採用這種方法來預測本組織在未來某段時期內對人力資源的需求。例如，一個企業組織根據以往的經驗認為生產車間的管理人員，如一個班組長或工頭，一般管理15個人比較好。根據這一經驗，該企業就可以根據生產工人的增減數來預測班組長或工頭一級管理人員的需求。需要特別說明的是：不同的人的經驗會有差別，不同的新員工的能力也有差別，特別是管理人力資源需求時，一方面，要注意經驗的累積，包括保留歷史檔案、採用多人的經驗，從而提高預測的準確度；另一方面，這種方法應用於不同的對象時，預測的準確度會不同。對可準確測度工作量的崗位，預測的準確性較高；對難以準確測度工作量的崗位，預測的準確性較低。這種方法應用起來並不複雜，適用於技術較穩定的企業的中、短期人力資源預測。

(4) 轉換比率分析法

轉換比率分析法是根據歷史數據，把企業未來的業務活動量轉化為人力資源需求的預測方法。具體方法是根據過去的業務活動量水準，計算出每一業務活動量所需的人員的相應增量，再把實現未來目標的業務活動增量按計算出的比例關係，折算成總的人員需求增量，然後把總的人員需求量按比例折算成各類人員的需求量。

例如，某煉油廠根據過去的經驗，每增加1000噸的煉油量，需增加15人，預計一年後煉油量將增加10,000噸，如果管理人員、生產人員和服務人員的比例是1：4：2，則新增的150人中，管理人員約為20人，生產人員為85人，服務人員為45人。計算方法如下：

第一步：計算分配率，150÷（1+4+2）=150/7。

第二步：分配，管理人員約為1×150/7=20（人），生產人員約為4×150/7=85（人），服務人員約為2×150/7=45（人）。

轉換比率分析法假定勞動生產率是一個常量，如果生產率上升或下降，根據過去的經驗所進行的人力資源預測就不太準確了，因此它主要適用於短期和中期的預測。

(5) 趨勢外推法

趨勢外推法是根據企業整體或各個部門以往人力資源數量的變動趨勢，預測未來的人力資源需求量，而不考慮其他因素的影響。該方法屬於一元迴歸分析，是一種定量的預測方法，以時間因素作為解釋變量，基於過去一段時間（一般是5年）的歷史數據資料，利用最小平方法求出趨勢線，再將趨勢線延長，即可預測未來的需求數值。

例如，某企業在過去12年中的生產人員與產量數據如表3-3所示。

表3-3　　某企業在過去12年中的生產人員與產量數據表

年度	1	2	3	4	5	6	7	8	9	10	11	12
人數	21	22	23	25	28	30	32	31	32	34	34	36
產量	11	13	14	14	17	16	19	21	20	24	28	31

利用最小平方法，求出直線迴歸方程：

$$Y = a + bX$$

式中：Y —— 人員數量；

　　　X —— 年度產品產量；

　　　a, b —— 根據過去資料推算出的未知係數。

由表中數據，可以計算出：

$$a = Y - b\frac{\sum_{i=1}^{n} X_i}{n}$$

$$b = \frac{\sum_{i=1}^{n}(X_i - \bar{X})(Y_i - \bar{Y})}{\sum_{i=1}^{n}(X_i - \bar{X})^2}$$

$$\bar{X} = \frac{\sum_{i=1}^{n} X_i}{n}$$

根據上式，預測方程為：$Y = 14.56 + 0.76X$。

如果已知第三年產量為 36，那麼，該年企業的人員需求量為：$Y = 14.56 + 0.76 \times 36 = 42$（人），即企業在第三年需淨增加 6 個人。

如果不考慮其他因素對 $Y = 14.56 + 0.76X$ 的影響，根據上一年的產量數即可推測以後各年度企業對員工的需求量。

(6) 多元迴歸分析法

多元迴歸分析法與趨勢外推法一樣都是建立在統計技術上的人力資源需求預測方法，不同的是：它不僅僅考慮時間或產量等單個因素，而還要考慮其他因素的影響，將多個因素作為自變量，運用事物之間的各種因果關係，根據自變量的變化推測與之相關的因變量變化。根據該方法找出人力資源的需求隨各因素變化的趨勢，由此推出將來的趨勢，從而預測出人力資源的需求情況。

這種定量方法一般包括五個步驟：

第一步：確定適當的與人力資源需求量有關的組織因素，組織因素應與組織的基本特徵直接相關，而且這些因素的變化必須與所需的人力資源需求量的變化成比例。

第二步：利用這些組織因素與勞動力數量的歷史記錄，找出二者之間的關係。

第三步：計算每年每人的平均產量（勞動生產率）。

第四步：確定勞動生產率的趨勢以及對趨勢進行必要的調整。在確定過去一段時間內勞動生產率的變化趨勢時，必須收集該時期的產量和勞動力數量的數據，以此算出平均每年生產率的變化和企業因素的變化，這樣就可預測下一年度的變化。

第五步：對預測年度的人力資源需求量進行推測。

多元迴歸分析法的數學模型為：

$$Y_t = a_0 + a_1 X_{1t} + a_2 X_{2t} + \cdots + a_n X_{nt}$$

式中：a_1、a_2、a_3、$\cdots a_n$ 為常數項和各個自變量相應係數，可根據企業相關的歷史資料求得。

該模型表示了人力資源需求量和假設決定人力資源需求量的多個變量之間的定量關係。這種方法得到的預測結果相對準確，但使用起來較複雜，通常需要借助計算機系統。在企業歷史較長而且比較穩定時，如果能夠發現各種變量之間的可靠關係，則多元迴歸分析的統計模型是非常有用的。

二、人力資源供給預測

人力資源供給預測是人力資源預測的又一個關鍵環節，只有將人力資源需求預測與人力資源供給預測進行對比之後，才能制訂出各種具體的人力資源規劃。人力資源供給預測包括內部供給和外部供給兩方面。

1. 人力資源內部供給預測

人力資源內部供給預測是指根據企業內部人力資源狀況預測可供給的人力資源以

滿足未來人力資源變化的需求。最常用的內部供給預測方法有三種：人員核查法、人員替換圖法和馬爾科夫法。

（1）人員核查法

人員核查法是通過對現有企業內部人力資源質量、數量、結構和在各職位上的分佈狀況進行核查，確切掌握人力資源擁有量及其利用潛力，並在此基礎上，評價當前不同種類員工的供應狀況，確定晉升和崗位輪換的職業設計。為此，在日常的人力資源管理工作過程中，需要做好員工工作能力及潛力方面的客觀記錄。表3-4是一個人事資料登記表的範例。

表3-4　　　　　　　　　　　　　人事資料登記表

姓名：		工作部門：	工作地點：	填表日期：	
到職日期：		出生年月：	婚姻狀況：	工作職稱：	
教育背景	類別	學校種類	畢業日期	學校	主修科目
	高中				
	大學				
	碩士				
	博士				
訓練背景		訓練主題	訓練機構	訓練時間	
技能		技能種類	證書		
志向	你是否願意擔任其他類型的工作？			是	否
	你是否願意調到其他部門去工作？			是	否
	你是否願意接受工作輪換以豐富工作經驗？			是	否
	如果可能，你願意承擔哪種工作？				
你認為自己需要接受何種訓練？			改善目前的技能和績效		
			提高晉升所需要的經驗和能力		
你認為自己現在就可以接受哪種工作指派？					

當企業規模較小時，進行人員核查相對容易；而如果企業的規模較大，組織結構複雜時，人員核查就應建立人力資源信息系統。人員核查法是一種靜態的方法，不能反應人力資源擁有量未來的變化。因此，其多用於短期的人力資源擁有量預測。雖然在中、長期預測中使用此法也較普遍，但會受到企業規模的限制。

（2）人員替換圖法

人員替換圖法是通過一張人員替換圖來預測企業內部人力資源供給情況。人員替換圖主要記錄的是管理人員的現有工作績效和潛力，發展計劃中所有接替人員的現有績效和潛力，其他重要職位上的現職人員的績效、潛力及對其的評定意見，由此來確定哪些人員可以補充重要職位空缺。這一方法的操作過程如下：

①確定計劃範圍，即確定需要制訂連續計劃的管理職位。

②確定每個管理職位需要的接替人選，所有可能的接替人選都應該考慮到。

③評價接替人選的工作業績及其晉升潛力等，判斷其目前的工作情況是否符合提升要求。

④確定職業發展需要以及將個人的職業目標與組織目標相結合，即根據評價的結果對接替人選進行必要的培訓，使之能更快地勝任將來可能從事的工作，但這種安排應盡可能與接替人選的個人目標相一致並取得其同意。圖3-1是一個典型的管理人員替換圖。

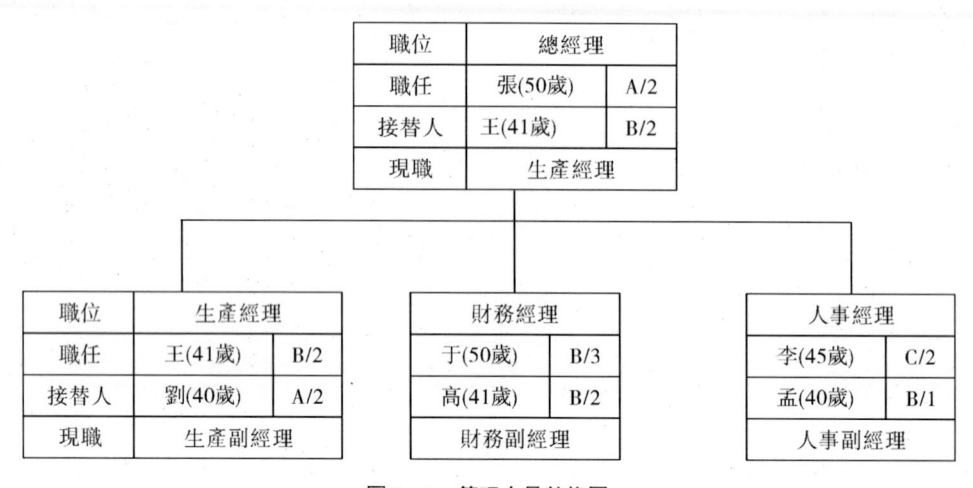

職位	總經理	
職任	張(50歲)	A/2
接替人	王(41歲)	B/2
現職	生產經理	

職位	生產經理	
職任	王(41歲)	B/2
接替人	劉(40歲)	A/2
現職	生產副經理	

職位	財務經理	
職任	于(50歲)	B/3
接替人	高(41歲)	B/2
現職	財務副經理	

職位	人事經理	
職任	李(45歲)	C/2
接替人	孟(40歲)	B/1
現職	人事副經理	

圖3-1　管理人員替換圖

圖3-1中，A表示現在就可以提拔；B表示還需要一定的培訓；C表示現任職位不很合適。對其工作績效的評估在此分為4個等級：1表示績效突出；2表示優秀；3表示一般；4表示較差。這種模型，即使企業對其內部的管理人員的情況非常明了，又體現出組織對管理人員職業生涯發展的關注。如果出現人員不能適應現職，或缺乏後備管理人員，則企業應盡早進行人力資源的儲備工作。所以，一些企業很重視管理人員接替模型，把它看做員工職業生涯開發的重要工具。

人員替換圖法與人員核查法的區別在於：人員核查法中的人事登記表描述的是個人的技能，而人員替換圖法描述的是可以勝任組織中的關鍵崗位的個人。

（3）馬爾科夫法

馬爾科夫法是用來預測具有時間間隔（如一年）的時間點上各類人員的分佈狀況。該方法的基本思想是：找出企業過去的人事變動的規律，以此推測未來企業的人員狀

況。模型假定，在某一特定的時間段內，從一種狀態轉移到另一種狀態的人數比例與以前的比例相同，這個比例稱為轉移率，以該時間段的起始時刻狀態總人數的百分值來表示。馬爾科夫分析法可以與任何預測人力資源需求的方法一起運用，企業可根據最後得出的供求狀況及時制訂人力資源規劃方案。

下面以一個會計公司的人事變動為例來說明該方法。分析的第一步是做一個人員變動矩陣表（見表3－5），表中的每一個元素表示從一個時期到另一個時期在兩個工作之間員工的調動數量的歷年平均百分比（以小數表示），即一種工作的人員變動概率。一般是以5～10年的長度為一個週期。週期越長，百分比的準確性就越高，根據過去的人員變動推測的未來人員變動情況就越準確。

表3－5　　　　　某公司人力資源供給情況的馬爾科夫模型分析表

(a)

職位層次	人員調動概率				
	H	G	D	W	離職
高層領導（H）	0.80				0.20
基層領導（G）	0.10	0.70			0.20
高級會計師（D）		0.05	0.80	0.05	0.10
會計員（W）			0.15	0.65	0.20

(b)

職位層次	初期人員數量	H	G	D	W	離職
高層領導（H）	40	32				8
基層領導（G）	80	8	56			16
高級會計師（D）	120		6	96	6	12
會計員（W）	160			24	104	32
預計的人員供應量		40	62	120	110	68

表3－5（a）表明，在任何一年中，平均80%的高層領導人仍留在公司，有20%的人退出，在任何一年中約有65%的會計員仍留在員工崗位上，15%被晉升為高級會計師，另有20%離職。用這些歷年數據來代表每一種工作中人員變動的概率，就可以推算出未來的人員變動（供給量）情況。將計劃初期每一種工作的人員數量與每一種工作的人員變動概率相乘，然後縱向相加，即得到組織內部未來勞動力的淨供給量，見表3－5（b）。

如果下一年與上一年相同，可以預計下一年將有同樣數量的高層領導人（40人）以及同樣數目的高級會計師（120人），但基層領導人將減少18人，會計員將減少50人，這些人員變動的數據，與正常的人員擴大、縮減或維持不變的計劃相結合，就可以決策怎樣使預計的勞動力供給與需求相匹配。

馬爾科夫法是一種應用廣泛的定量預測方法，可用計算機進行大規模處理，因而具有相當的發展前景。

2. 人力資源外部供給預測

當組織內部供給無法滿足人力資源需求時，就需要考慮從外部招聘。因此，進行人力資源外部供給預測十分必要。影響外部人力資源供給的因素主要有如下幾個：

（1）本地區的人口總量與人力資源供給率。這一比率決定了該地區可提供的人力資源總量。當地人口數量越大，人力資源供給率越高，組織外部人力資源的供給就越充裕。

（2）本地區的人力資源的總體構成。該指標決定了在年齡、性別、教育、技能、經驗等層次與類別上可提供的人力資源的數量與質量。

（3）宏觀經濟形勢和失業率預期。一般來說，國家經濟低迷，失業率上升，勞動力供給就會比較充足，企業進行外部招聘比較容易；而國家經濟發展迅速，失業率低，勞動力供給就會相對緊張，招聘工作的困難也將增大。

（4）當地勞動力市場的供求狀況。國家短期或地方性的有關政策會對地方勞動力市場的供給狀況產生影響，在中國，可參考各地勞動力人事部門、規劃部門和行業管理部門等公布的統計材料。

（5）行業勞動力市場供求狀況。其包括本行業勞動力的平均價格、與外地市場比較的相對價格、當地的物價指數等，這些都會對企業的人力資源外部供給產生影響。

（6）職業市場狀況。企業在考慮外部人力資源供給時，必須收集一些關於企業所需人才的信息，這些信息一般來自職業市場。職業市場是指企業所需要的人員市場的狀況，例如財務人員、技術人員、管理人員等相關的勞動力市場。職業市場中勞動力的擇業心理、工作價值觀、同行業其他企業對人力資源的需求等因素，會直接影響到企業人力資源的外部供給。

人力資源外部供給預測同內部供給預測一樣，也需要分析潛在員工的數量和能力等。只是外部供給分析的對象是在企業按以往方式吸引員工時，規劃從外部進入企業的人力資源。企業可以從過去的錄用經驗瞭解可能進入企業的員工數量、工作能力、經驗、性別和成本等方面的信息。

第三節　人力資源規劃的基本程序

人力資源規劃是整個企業計劃的一部分，包括企業在人力資源方面的總體規劃和具體業務計劃。人力資源規劃的基本程序可以概括為五個階段：即調查準備、預測、制定規劃、執行和控制、審核和評估，如圖 3-2 所示。

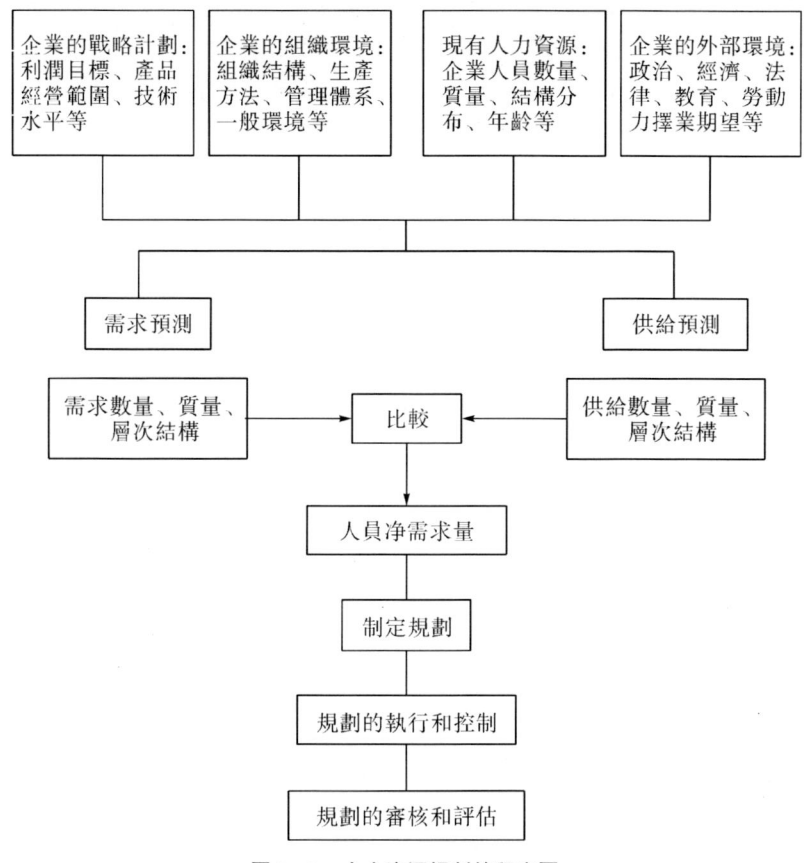

```
┌─────────────┐  ┌─────────────┐  ┌─────────────┐  ┌─────────────┐
│企業的戰略計劃：│  │企業的組織環境：│  │現有人力資源：│  │企業的外部環境：│
│利潤目標、產品│  │組織結構、生產│  │企業人員數量、│  │政治、經濟、法│
│經營範圍、技術│  │方法、管理體系、│  │質量、結構分 │  │律、教育、勞動│
│水平等       │  │一般環境等    │  │布、年齡等   │  │力擇業期望等  │
└─────────────┘  └─────────────┘  └─────────────┘  └─────────────┘
         │              │                │              │
         └──────────────┴────┬───────────┴──────────────┘
                    ┌────────┴────────┐
              ┌──────────┐      ┌──────────┐
              │ 需求預測 │      │ 供給預測 │
              └──────────┘      └──────────┘
```

         需求數量、質量、 → 比較 ← 供給數量、質量、
         層次結構   層次結構

                    人員淨需求量

                    制定規劃

                    規劃的執行和控制

                    規劃的審核和評估

圖 3-2　人力資源規劃的程序圖

一、調查準備

制定人力資源規劃必須基於周密的調查和正確的資料分析之上。這一階段主要是通過調查研究取得人力資源規劃所需的信息資料，並分析組織內部現有的人力資源結構和外部資源環境，為後續階段做好準備。

1. 內部環境

內部環境包括企業的戰略計劃、企業的組織環境和企業的現有人力資源。

（1）企業的戰略計劃

企業的戰略計劃是企業的整體目標，對所有的經營活動都有指導作用，包括企業的利潤目標、產品組合、生產目標、經營範圍、競爭重點、生產技術水準等方面。由於人力資源規劃與企業的整體經營計劃有著密切的聯繫，如果企業的整體計劃中沒有人力資源規劃的參與，或者人力資源規劃者未能獲得前者的資料，則實際規劃工作很難進行，更難落實。

（2）企業的組織環境

企業的組織環境包括企業現有的組織機構、生產方法、管理體系與一般環境等。

如組織實現生產的自動化，則對人力的需求在數量和機構上會受到影響；而組織內的管理體系、薪酬設計、福利及管理風格等，也會影響組織的人力供給。對組織的管理風格與一般環境的調查和分析，如企業文化、公司的組織結構、管理層級、管理跨度、領導和權力等方面，有助於在對企業經營優勢與劣勢進行評估的基礎上，通過人力資源規劃充分利用企業的優勢，將劣勢降到最低。

（3）企業的現有人力資源

內部環境中最重要的是對企業現有人力資源進行分析，也就是對企業現有人力資源狀況的調查和審核，這是整個調查階段最重要的部分。企業的人力資源結構就是現有人力資源的狀況，包括人力資源數量、素質、結構分佈、年齡、工作、類別、職位等，有時還涉及員工的工作態度、價值觀等。這一部分工作需要結合人力資源管理信息系統和職務分析的有關信息來進行。為此，企業應建立自己的人力資源信息系統，隨時提供各類人力資源規劃，只有在對現有人力資源結構充分瞭解和有效利用的基礎上，制訂的人力資源規劃才有意義。

2. 外部環境

外部環境就是企業開展經營活動所處的政治、經濟、法律、人口、社會等環境，實際上就是影響企業經營的外部因素，主要包括宏觀經濟形勢、人口和社會發展的趨勢、勞動力市場狀況、企業面臨的競爭和機會、政策導向、勞動力擇業期望與偏好等。

對企業外部環境的分析，應該偏重於人力資源供需的考察，如勞動力市場供需狀況、勞動力擇業心理、教育培訓政策等。這些外部因素將會影響企業對人力資源供需的預測，例如勞動力市場的擴大直接導致企業人力資源的外部供給增加。

在進行本階段的調查研究過程中，不但要瞭解現狀，還需要認清未來的發展方向和內、外部環境變化的趨勢；不但要瞭解員工現有的素質，還需要分析員工所具有的潛力和存在的問題。

另外，在這個階段，特別需要注意對組織內人力資源損耗與流動情況的調查分析，因為人力資源損耗與流動直接影響到人力資源供需的現狀與預測結果。

二、預測

預測階段是人力資源規劃中最為關鍵的技術性部分。在人力資源規劃的準備階段中，企業收集了充足的外部信息，在對這些信息進行分析研究的基礎上，進行人力資源的預測。人力資源的預測包括人力資源需求的預測和人力資源供給的預測。

1. 人力資源需求的預測

人力資源需求預測的主要工作可以與人力資源核查同時進行，主要是根據企業戰略規劃和企業的內外條件選擇預測技術，然後對人力數量、質量和機構進行預測。一般來說，人力資源需求預測都是圍繞與企業當前及未來某種狀態有關的具體工作類型和技能領域來進行的。這就需要規劃者收集相關的信息，根據企業實際情況，借助計算機技術選擇適合企業需要的各種統計預測方法進行預測，並對預測結果進行修正。人力資源需求的預測要考慮許多因素的影響，包括技術文化、消費者偏好變化和購買行為、經濟形勢、企業的市場佔有率、政府的產業政策等。

人力資源需求預測，按時間分為短期、中期、長期人力資源需求預測；在層次上有人力資源總量預測，各部門、各崗位人力資源需求預測和需求分佈預測。

如前面所述，人力資源需求預測的方法很多，一般來說，企業應根據發展戰略計劃和本企業的內外環境選擇合適的預測方法，然後對人力資源需求的數量、質量和結構進行預測。

2. 人力資源供給的預測

當預測出人力資源需求之後，企業還需要得到關於人力資源供給的預測。

人力資源供給預測是人力資源預測的又一個重要的環節，只有將人力資源供給量與人力資源需求量進行對比之後，才能制定出各種具體的人力資源規劃。人力資源供給預測包括兩部分：一是內部人員擁有量預測，即根據現有的人力資源及未來變動情況，預測出規劃期內各時間點上的人員擁有量；二是外部供給量預測，即確定在規劃期內各時間點上可以從企業外部獲得的各類人員的數量。一般情況下，內部人員擁有量是比較透明的，預測的準確度較高；而外部人力資源的供給則有較高的不確定性。企業在進行人力資源供給預測時應把重點放在內部人員擁有量的預測上，外部供給量的預測則應側重於關鍵人員，如高級管理人員、技術人員等。

無論是需求預測還是供給預測，選擇合適的預測人員是十分關鍵的，因為預測的準確性與預測者個人關係很大，應該選擇專業人員或有經驗、管理判斷力較強的人來進行預測。

3. 確定人員淨需求量

人力資源需求和供給預測完成後，就可以將預測到的各規劃時間點上的人力資源的需求與供給進行對比分析，確定出各類人員在質量、數量、結構及分佈上的不同，從而測算出人員的淨需求量。

淨需求數為正，則表明企業需要補充新的員工或對現有的員工進行有針對性的培訓；淨需求數為負，則表明企業人員過剩，應該精減或對員工進行調配。需要特別指出的是，這裡所說的「淨需求」既包括人員數量，又包括人員的質量、結構及標準，也就是既要確定「需要多少人」，又要確定「需要什麼人」，數量和質量需要對應起來。

人員淨需求的測算結果是企業制定人力資源規劃的依據。企業根據具體崗位上員工餘缺的情況，制定出相應的人員培訓、調配、招聘及激勵等人力資源政策。

三、制定規劃

制定規劃階段主要是制定出人力資源開發與管理的總規劃，根據總規劃制定各項具體的業務規劃以及相應的人事政策，以便各部門貫徹執行。同時注意整體規劃與各項具體規劃之間，以及各項業務規劃之間相互關聯、相互統一和協調的關係。這一階段是人力資源規劃中比較具體細緻的工作階段。

1. 確定人力資源供求平衡規劃政策

根據人力資源供求以及人員淨需求量，制定出相應的規劃政策，以確保組織發展的各規劃時間點上供給和需求的平衡。也就是制定各種具體的規劃，保證各規劃時間點上人員供求的一致，主要包括晉升規劃、補充規劃、培訓發展規劃、配備規劃、員

工職業生涯規劃、繼任規劃等。

（1）當企業人力資源短缺時，即需求大於供給，規劃政策主要有：①培訓本企業員工，使他們能勝任人員短缺但又很重要的崗位；②把一些多餘人員安排到人員短缺的崗位上去，並適當進行崗位培訓；③鼓勵員工加班加點，適當延長時間；④提高員工的工作效率；⑤雇用全日制臨時工或非全日制臨時工；⑥改進技術或進行超前生產；⑦制定招聘政策，向組織外進行招聘或採用資源外包。

（2）當人力資源過剩時，即需求小於供給，通常採取以下政策：①擴大有效業務量，如提高銷量，提高產品質量，改進售後服務等；②培訓員工，調往新的崗位，或適當儲備一些人員；③實行提前退休制度；④減少工作時間（並適當減少員工工資福利）；⑤永久性裁員；⑥實行臨時下崗制度；⑦關閉或臨時關閉一些分支機構。

2. 編製人力資源規劃

在完成以上工作的基礎上，就可以編製人力資源規劃了。人力資源規劃是企業人力資源管理工作的重要內容。每個企業的人力資源規劃各不相同，但一份典型的人力資源規劃至少應該包括以下幾個方面：規劃的時間段、目標、現狀分析、未來情況分析、具體內容、制定者、制定的時間。

（1）規劃的時間段，即具體寫出規劃的制定是從什麼時候開始，至何時結束。

（2）規劃應達到的目標。規劃要與企業戰略目標緊密聯繫起來；要真實具體，即用數據「說話」；規劃要簡明扼要。

（3）目前現狀分析，即在人力資源戰略制定的信息分析基礎上，分析目前企業人力資源供需狀況，作為人力資源規劃的依據。

（4）未來情況分析。其主要是預測企業未來的人力資源供需狀況，進一步指出制定規劃的依據。

（5）規劃的具體內容。這是人力資源規劃的核心，在每個具體的計劃方面，都要落實具體內容，而且還要落實執行規劃的項目負責人、負責檢查項目執行情況的人以及檢查的時間和檢查日期、預算等。

（6）規劃的制定者。規劃的制定者可以是企業的各職能部門或人力資源部門的人，也可以是一個小組，還可以是外部顧問或諮詢專家等。

（7）規劃制定的時間。其主要是規劃正式確定的日期。

四、執行和控制

人力資源規劃不僅包括預測、目標和標準設置，更重要的是應在編製完畢後立即付諸具體實踐，還要在人力資源規劃執行過程中，設置相應的反饋系統和控制系統，以保證人力資源規劃的順利實施。

在各類具體的規劃的指導下，確定企業如何實施規劃，是人力資源規劃執行的主要內容。人力資源規劃必須確保有專人負責既定目標的實施，並要保證實施人有實現目標的必要權利和資源，要保證定期報告有關執行過程的進展狀況，以確保所有的方案都能在既定的時間內執行到位，盡可能使方案執行的初期成效與預測的情況保持一致。

对人力资源规划的实施情况进行及时有效的反馈和控制是人力资源规划工作的一个重要步骤，其目的是为组织整体规划和具体规划的修订或调整提供可靠的信息。在人力资源的预测中，许多不可控因素的存在可能导致组织的战略目标发生变化，也使得人力资源规划不断变更，因此必须对规划进行动态的调整，使其更符合企业发展的实际需要。

五、审核和评估

对人力资源规划实施的审核与评估是人力资源规划程序的最后一个阶段，对该组织人力资源规划所涉及的各方面及其各项指标进行审查和评估，也是对人力资源规划所涉及的有关政策、措施以及员工招聘、培训发展和报酬福利等方面进行审核和评估，以检验人力资源规划实施的效果。

对人力资源规划的审核可以采用目标对照审核法，即以原定的目标为标准进行逐项的审核评估；也可广泛收集并分析研究有关的数据，如管理人员、管理辅助人员以及直接生产人员之间的比例关系，各种人员的变动情况，员工的报酬和福利以及工作满意度等方面的情况。通过对人力资源规划的审核工作，能及时引起企业决策者的高度重视，提高有关人力资源管理工作的效益。

在对人力资源规划进行评估时，评估者应考虑以下一些具体问题：

(1) 人力资源规划者熟悉人事问题的程度及其他们的重视程度。规划者对人力资源问题的熟悉和重视程度越高，制定出的人力资源规划就越合理。

(2) 规划者与人力资源规划的人事、财务部门及业务部门经理之间的工作关系如何。

(3) 与有关部门进行信息交流的难易程度（如人力资源规划者到各部门经理处询问情况是否方便）。这种信息交流越容易，就越有可能制定出比较合理的人力资源规划目标。

(4) 管理人员对人力资源规划中提出的预测结果、行动方案与建议的重视和利用程度。管理者的重视和利用程度越高，就越有可能制定出比较合理的人力资源规划目标。

(5) 人力资源规划在企业高层管理者心目中的地位和价值如何。

在评价人力资源规划时，还要将行动的结果与规划本身进行比较，目的是通过发现计划和实际之间的差距，修正和指导今后的人力资源规划。其主要是对以下几个因素进行比较：①实际人力资源管理招聘数量与预测的人员净需求量比较；②劳动生产率的实际水准与预测水准的比较；③实际的人员流动率与预测的人员流动率的比较；④实际执行的行动方案与规划的行动方案的比较；⑤实施人力资源规划的实际效果与预期目标的比较；⑥劳动和行动方案的实际成本与预算额的比较；⑦人力资源规划的成本与收益的比较。

第四節　企業勞動定額定員管理

一、企業勞動定額定員的涵義

1. 勞動定額的涵義

勞動定額是指在一定的生產和技術條件下，生產單位產品或完成一定工作量應該消耗的勞動量（一般用勞動或工作時間來表示）標準或在單位時間內生產產品或完成工作量的標準。勞動定額是衡量勞動（工作）效率的標準，是「工時定額」和「產量定額」的合稱。工時定額也可稱時間定額，是生產單位產品或完成一定工作量所規定的時間消耗量。如對車工加工一個零件、裝配工組裝一個部件或一個產品所規定的時間；對賓館服務員清理一間客房所規定的時間。產量定額也可稱工作定額，是在單位時間內（如小時、工作日或班次）規定的應生產產品的數量或應完成的工作量。如對車工規定一小時應加工的零件數量，對裝配工規定一個工作日應裝配的部件或產品的數量；對賓館服務員規定一個班次應清理客房的數量。

2. 企業定員的涵義

企業定員是指在特定的生產技術組織條件下，為保證企業生產經營活動正常進行，按一定素質要求，對企業配備各類人員所預先規定的限額。企業定員又稱為勞動定員或者人員編製。企業定員是保證企業人力資源供求基本平衡的主要手段，也是防止企業機構膨脹的必要手段。

類似企業定員的一個概念是編製。所謂編製，是指在國家機關、企事業單位、社會團體及其他單位中，各類組織機構的設置以及人員數量定額、結構和職務的配置，一般分為機構編製和人員編製兩個部分。機構編製主要對組織機構的名稱、職能、規模和結構等要素作出限制；人員編製則是對各類崗位的數量、職務分配、人員數量及其結構做出統一限定。人們常見的編製包括行政編製、企業編製和軍事編製。

一般認為，勞動定員是勞動定額的下位概念，即勞動定員是勞動定額的發展形勢。勞動定額一般側重於對企業活勞動消耗量的規定，企業定員則側重於規定勞動力的數量。勞動定員通常採用「人/月」、「人/季」、「人/年」做計量單位，勞動定額則通常採用「工日」、「工時」計量。一般來說，勞動定額管理的人員約占企業全體員工的40%～50%，而企業定員管理則要廣泛得多。

二、企業勞動定額定員的作用

企業定額定員管理是生產經營管理的一項基礎性工作。這項工作對於加強企業管理的規範化、控制企業人員機構的規模膨脹、提高企業人員的工作效率有著很重要的作用。概括而言，企業定額定員管理一般具有以下作用：

1. 有利於為企業用人提供科學標準

企業各部門怎麼安排人員數量，一個工作崗位到底需要安排多少人手，這類問題

如果沒有一個統一的標準，就很容易公說公有理，婆說婆有理，給企業人力資源配置決策增加很多隨意性。但有了各個級別的勞動定員標準以後，企業就等於有了一個科學的參照標準，為企業進行人力資源合理配置提供了科學的參考標準，有利於企業科學用人，合理用人，從而提高企業員工的生產效率。

2. 有利於為企業人力資源規劃提供堅實的基礎

人力資源規劃工作要想做好，必須要有一個合理科學的定員標準作參照。如果缺少這樣一個科學的定額定員標準，人力資源規劃工作也很難做到科學合理和具有可操作性。

3. 有利於為企業內部員工調配提供依據

做好企業內部員工的合理調配工作，需要決策者除瞭解員工的技能、健康等個人情況外，還需要掌握這些員工目前所在崗位的人員供應需求狀況以及對新人員的素質要求。如果企業勞動定員定額工作做得好，就可以給企業調配人員提供足夠的信息支持。

4. 有利於提高員工隊伍的整體素質

企業勞動定員如果科學合理，就可以使企業各個崗位實現滿負荷運轉，給在崗人員提供必要的壓力，迫使在崗人員認真學習業務，愛崗敬業，專心工作，從而激發員工的工作積極性。同時，崗位有限的事實也給員工提供了認真工作的合理壓力。

三、企業定員的基本方法

1. 根據勞動效率定員

通過勞動效率定員是指企業定員的根據是企業的任務、工人的效率以及出勤率。計算公式是：

$$企業定員人數 = \frac{計劃期生產任務總量}{工人勞動效率 \times 出勤率}$$

工人勞動效率可用勞動定額乘以定額完成率計算。這種定員方法，比較適合有勞動定額的人員，特別是以手工操作為主的工種。

2. 根據設備定員

根據設備定員是指根據企業需要開動的設備臺數、班次、工人看管定額和工人出勤率來進行企業定員。計算公式是：

$$企業定員人數 = \frac{需要開動的設備臺數 \times 每臺設備開動班次}{工人看管定額 \times 出勤率}$$

這種定員方法適用於以機械操作為主，使用同類設備，採用多機床看管的工種。

3. 根據崗位定員

根據崗位定員是指根據崗位的多少、工作量的大小來進行企業定員。這種方法適用於冶金、化工、煉油、造紙等實用大中型連動設備的人員。該方法又分為設備崗位定員和工作崗位定員。設備崗位定員的計算公式是：

$$設備崗位定員人數 = \frac{共同操作的各崗位生產工作時間的總和}{工作時間 - 休息時間}$$

其中工作時間是指作業時間、布置工作時間等。

另外一種方法是工作崗位定員，適用於沒有設備，不能實行定額的企業，主要根據工作任務、崗位區域、工作量等因素來確定崗位定員人數。

4. 根據比例定員

根據比例定員是指通過各類人員之間的比例來進行企業定員的方法。在企業中，不同種類人員之間，往往存在一定的數量比例關係。如企業的技術人員、管理人員、業務人員之間；管理者和下屬之間；直接人員和間接人員之間均存在一定的比例關係。例如高校的師生比就是一個很重要的比例關係。這種方法的計算公式是：

某類人員定員數＝員工總數或者某類員工總數×定員標準比例

5. 根據組織機構、職責範圍和業務分工定員

根據組織機構、職責範圍和業務分工定員是指通過組織機構的性質、職責範圍和業務分工進行企業定員。一般順序是先定組織機構，定各職能部門，明確業務職責範圍，再根據業務工作量的大小進行企業定員。

除以上企業定員方法以外，還存在數理統計方法、概率推斷方法、排隊論、零基定員方法等。

本章小結

人力資源規劃，又稱人力資源計劃，是指企業根據發展戰略的要求，科學地預測與分析組織在不斷變化的環境中人力資源的需求和供給狀況，並據此制定必要的政策和措施，以確保企業在適當的時間、適當的崗位上獲得所需要的人力資源（包括數量和質量兩方面），並能滿足組織和個人需求的過程。

人力資源規劃按照規劃時間的長短，可以分為短期規劃、中期規劃和長期規劃；按照內容可分為總體規劃和具體業務規劃。總體規劃是指根據企業戰略確定的組織在規劃期內人力資源開發和利用的總體目標和配套政策的總體籌劃安排。各項具體業務計劃是總體規劃的展開和具體化，如人員補充計劃、使用計劃、培訓開發計劃、退休解聘計劃等。這些具體的業務計劃都是由目標、任務、政策、步驟及預算等要素組成的。

人力資源預測包括需求預測和供給預測。人力資源需求預測的方法主要有管理人員判斷法、德爾菲法、經驗預測法、轉換比率分析法、趨勢外推法、多元迴歸分析法。人力資源供給預測包括內部供給和外部供給兩方面。內部供給預測的主要方法有人員核查法、人員替代圖法、馬爾科夫法。

企業勞動定額是衡量勞動效率的標準。企業定員是對企業配備人員所預先規定的限額。企業勞動定額定員是生產經營管理的一項基礎性工作，具有多方面的作用。企業的定員可根據勞動效率、設備、崗位、比例以及機構職責等來確定。

思考題

1. 試述人力資源規劃的內涵及作用。
2. 人力資源規劃的內容主要有哪些？如何制定人力資源規劃？
3. 人力資源需求預測和供給預測的方法有哪些？各有什麼特點？
4. 企業定員定額管理具有什麼作用？
5. 企業定員有哪些基本方法？

案例分析

併購後如何進行人力的規劃與整合

宏基整合方正科技業務 7 個月之後，該公司對部分原方正科技員工進行了調整。據消息人士透露，此次調整涉及 100 多名員工，約占宏基中國區員工總數的 10%。

宏基方面表示，該公司已經制訂了全面的補償計劃，會提供超過法律所規定的補償條件，並在員工再次就業方面提供盡可能的支持和幫助。

宏基於 2010 年 8 月 30 日以 1.2 億元收購方正科技相關 PC 業務，包括原方正科技總裁藍燁等人在內的 698 名員工進入宏基中國區工作。此外，宏基以 6750 萬美元從方正科技母公司方正集團手中取得方正、Founder 等商標權與 PC 相關業務、產品的 7 年獨占授權。

在收購整合完成後，宏基開始裁員方正員工，即開始了每個併購企業後必須做的一步——裁減被併購企業的員工。米高梅被索尼收購後，原 1400 名員工只剩 200 人；Sun 被甲骨文收購後，傳聞半數員工被裁……

討論題

在企業發生併購等行為後，應該如何做好人力資源規劃，使企業的人力資源能力得到發展？

第四章　工作分析與工作設計

【學習目標】

- 重點掌握工作分析的基本概念、原則和所需要的信息類型。
- 熟悉工作分析的流程、方法、產出及工作設計的方法。
- 瞭解工作分析的歷史與基本作用。

【導入案例】

一項做得很好的工作

　　當夏教授到京泰鋼管公司參觀訪問時，接待並陪同他訪問的年輕人孫晉給他留下了深刻的印象。孫晉是該公司人力資源經理助理，主要負責工作分析。公司專門指派了一位工業工程師到人力資源部門，協助孫晉進行工作設計。夏教授也曾被人力資源經理聘來研究該公司的工作分析體系，並提出改進的建議。他曾在人力資源辦公室與孫晉一起瀏覽了工作說明的所有文件，並發現這些說明總體上是完整的，而且與所完成的工作是直接相關的。

　　參觀訪問的第一站就是焊接分廠張岩副廠長的辦公室。這是一間十幾平方米的房間，位於廠房一樓，四周都裝了玻璃窗。當孫晉走近時，張岩正站在辦公室外。「您好，孫助理。」張岩說。「您好，張廠長，」孫晉說，「這是夏教授。我們能看一看您的工作說明並跟您聊一會兒嗎？」「當然，」張岩說著打開了門，「進來吧，請坐。我就把它們拿來。」從他們坐的地方恰好能看到工作現場的工人。在他們查閱每項工作說明時，都有可能觀察到工人實際中的工作。張岩很熟悉每項工作。「這兒的工作說明是怎樣與業績評價相聯繫的呢？」夏教授問道。「是這樣，」張岩答道：「我只是根據工作說明中規定的項目來評估工人業績，而這些項目是由具體的工作分析來決定的。用這些項目來評價業績能使我在工作發生變化、以前的說明不再能夠準確反應現有工作情況時，及時修改工作說明。孫助理已經為所有中層以上幹部制訂了培訓計劃，所以我們都瞭解工作分析、工作說明和業績評價之間的關係。我認為這是一個很好的系統。」

　　孫晉和夏教授繼續參觀了工廠的其他幾個生產區，發現了類似的情況。孫晉似乎與每個分廠廠長、車間主任以及他們拜訪的三位總廠領導的關係都很好。當他們回到辦公室時，夏教授正考慮著他將向廠長提出些什麼建議。

　　（資料來源：張岩松，等. 人力資源管理案例精選 [M]. 北京：經濟管理出版社，2005.）

討論題

1. 京泰鋼管公司工作分析的顯著特色是什麼？

2. 簡要評價一下孫晉的工作。
3. 試述工業工程師與人力資源經理助理在工作分析中可能存在的關係。

第一節　工作分析概述

一、工作分析簡史

工作分析，也稱職位分析或是崗位分析，其思想早在古希臘時期就開始產生了。著名思想家蘇格拉底在其對理想社會的設想中指出社會的需求是多種多樣的，每個人只能通過社會分工的方法，從事自己力所能及的工作，才能為社會做出較大的貢獻。他認為各人的工作是具有差異性的，不同工作崗位的要求存在差異性，讓每個人從事他們最適合的工作，才能取得最大的效率。而在公元前 4 世紀，柏拉圖在描述「正義」國家時也同樣指出：「各人性格不同，適合於不同的工作」。這就意味著不同的人之間是存在能力差異的，且不同的職業需要具備相應資質的人來完成。因此，人們需要去瞭解各種不同的工作以及工作對人的要求。這種思想為後來的工作分析奠定了基礎。

1. 工作分析的早期發展

「工作分析」一詞是 20 世紀初才出現在管理文獻中的。當時一些專家認為工作分析是科學管理四條原則中最重要的。

工業革命後，人類社會發生了巨大的變化。隨著大工業的發展，對組織進行科學的管理顯得越來越重要。在工業社會中，生產規模不斷擴大，但在工業生產過程中的一些問題也逐漸暴露出來。例如，由於在工作中缺乏統一的標準，造成一些機器設備的損失；很多工作中沒有充分考慮到人的因素，而造成生產效率的低下。

美國人泰勒在 20 世紀初對組織的管理進行了一系列的研究，並對當時和現在的管理產生了非常深刻的影響。由於其卓越的貢獻，被後世尊為科學管理之父。當時由於老板不知一個工人一天能幹多少活，工人出於各種原因經常「磨洋工」，勞動生產率非常低下。為了挖掘工人的潛力，提高勞動生產率，泰勒通過科學的觀察、記錄、分析，致力於「時間動作研究」，探討提高勞動生產率的最佳方法，制定出合理的日工作量。所謂時間動作研究，就是將工作分成若干部分並分別進行計時。通過分析，對各種活動的時間及順序進行重新規劃，達到提高生產率的目的。泰勒在 1903 年出版的《商店管理》一書中詳細地描述了由於把工作分成若干個部分並進行計時而提高了勞動生產率的事實。1911 年他又出版了《科學管理原理》一書。在該書中他宣稱，要對組織進行科學的管理，就必須對組織中的每一份工作進行研究，從而科學地選拔、培訓工人。泰勒的研究被認為是科學工作分析的起始。

2. 工作分析的現代發展

現代意義上的工作分析還和人員選拔測評等人力資源的管理和開發工作密切地聯繫在一起。所謂選拔無非就是確定在某一職務上所要做的工作和勝任該工作所需的

能力、技能、知識等，從而將能夠很好勝任與不能很好勝任這項工作的人分別地篩選出來。由於任何一項工作在環境要素、時間要素、作業活動要素、任職者要素四個方面是存在差異的。要做到人和職的匹配，就必須對工作進行合理的分析。工作分析是人事選拔和測評的主要手段和必經程序。21世紀初，與人員選拔和測評密切相關的工業心理學得到了迅速的發展。閔斯特伯格於1913年在美國出版了《心理學與工業效率》，標誌著工業心理學的誕生。而心理測量學的發展，更為人事選拔和測評提供了技術上的支持。1905年，心理學家比內和醫生西蒙應法國教育部的要求編製了世界上第一份智力測驗。該測驗對於篩選弱智兒童非常有效。於是，在第一次世界大戰和第二次世界大戰期間，人們把測驗應用於軍人的選拔和安置上，並獲得了極大的成功。人事選拔和測評又被廣泛應用於商業，而且變得越來越重要。作為人事選拔和測評的主要方法和必經程序——工作分析，也得到了迅速的發展。

1930年，美國各大公司採用工作分析方法的約占39%。隨著應用面的擴大，研究工作也在向前發展。1945年，希亞創立工作因素法（Work Factor Systems），1948年，梅那德等著《方法時間測量法》（Method-Time Measurement），創建了「預定時間標準」。第二次世界大戰後，工作分析不但在美國繼續普及，而且傳播到西歐、前蘇聯、日本等國。美國與前蘇聯還創立了「人類工程學」，使得工作分析得到進一步發展。

在管理思想演變的不同階段，工作分析也呈現出不同的特徵。科學管理時代，工作分析以工作研究、工時研究為基礎，強調細緻的分工，工作分析的主要任務就是確定工作的標準。行為科學學派提出的工作輪換、工作擴大化、工作豐富化，打破了原來單一任務的界限，工作分析在各方面（對工作內容、性質、職責等的規定以及對任職資格的要求）呈現出擴展的特徵。人本主義學派提出的彈性工作時間、工作家庭化，導致工作分析立足點的變化，不是強調對工作的規定，而是工作如何符合人的發展。到了現代，工作分析從組織的戰略出發，更加靈活、更加軟性化。

早期的工作分析，側重於對職務信息的定性描述。隨著統計科學、心理測量理論等相關學科的發展以及人們對工作分析的瞭解、研究的增多和要求的提高，20世紀70年代以來，結構化、定量化的工作分析方法不斷湧現。如著名的有工作者指向的結構化工作分析問卷（PAQ）、職務指向的功能性工作分析（FJA）等。同時也出現了關鍵事件法、功能性工作分析、工作要素分析等新的方法。西方國家還通過公平就業等方面的法規對工作分析的某些方面做出規定。

現在，越來越多的企業認識到了工作分析對企業管理的作用和意義。從最初的僅僅為了工藝流程的設計和人員的招聘發展到了應用工作分析的結果進行績效考核、培訓、薪酬管理等。

工作分析在中國的發展始於改革開放以後。儘管起步較晚，但由於廣大科技工作者和管理學界同仁的共同努力，已獲得了迅速的發展。西方所採用的工作分析的方法也已被介紹並被應用到實際工作中。

二、工作分析的基本概念

整個工作分析活動的操作，實際可以從不同個體的職業生涯與職業活動的調查入

手，依次分析工作的職務、職位、職責、工作任務與工作要素，最後從不同層次上確定工作的性質、繁簡、難易與承擔的資格條件，即確定工作的職系、職組、職門、職等與職級。以上出現的若干專門術語是工作分析操作過程中經常出現的，也是在進行工作分析之前應當明確理解的。

（1）工作要素，是指工作活動中不便再繼續分解的最小單位。例如：速記人員速記時，能正確書寫各種速記符號；木工鋸木頭前，從工具箱中拿出一把鋸。

（2）工作任務，是為了不同的目的所擔負的工作活動，即工作活動中達到某一工作目的的要素集合。例如，管理一項計算機項目、打字、從卡車上卸貨等，都是不同的任務。

（3）職責，是指某人擔負的一項或多項相互關聯的任務集合。例如，人事管理人員的職責之一是進行工資調查。這一職責由下列任務所組成：設計調查問卷，把問卷發給調查對象，將結果表格化並加以解釋，把調查結果反饋給調查對象四個任務。

（4）職位，有時也叫崗位，是指某一時間內某一主體所擔負的一項或數項相互聯繫的職責集合。例如，辦公室主任，同時擔負單位人事調配、文書管理、日常行政事務處理等三項職責。在同一時間內，職位數量與員工數量相等。

（5）職務，是指主要職責在重要性與數量上相當的一組職位的集合或統稱。例如，秘書就是一個職務。職務實際上與工作是同義的。

（6）職業，是指不同時間、不同組織中，工作要求相似或職責平行（相近、相當）的職位集合。例如，會計、工程師等。

（7）職系，由兩個或兩個以上的工作組成，是職責繁簡難易、輕重大小及所需資格條件不同，但工作性質充分相似的所有職位的集合。例如人事行政、社會行政、財稅行政、保險行政等均屬於不同職系，銷售工作和財會工作也是不同職系。職系與工作同義。

（8）職組，是指若干工作性質相近的所有職系的集合。例如，人事行政與社會行政可並入普通行政組，而財稅行政與保險行政可並入專業行政組。職組並非工作分析中的必要因素。

（9）職門，是指若干工作性質大致相近的所有職系的集合。

（10）職級，是指同一職系中職責繁簡、難易、輕重及任職條件充分相似的所有職位的集合。

（11）職等，是指不同職系之間，職責的繁簡、難易、輕重及任職條件要求充分相似的所有職位的集合。如把中學老師職系中的二級教師與機械操作職系中的五級車工進行比較，雖然他們在工作性質和特徵上存在著很大差異，但如果從崗位對勞動者的素質能力要求以及體力腦力支出上看，屬於同一職等。

三、工作分析的定義

工作分析，也稱為職務分析，是採用科學的手段與技術，直接收集、比較、綜合有關工作的信息，為組織發展戰略、企業管理以及規範人的行為服務的管理活動。工作分析是要對有關工作的信息進行收集和處理，具體來講，工作分析要瞭解的信息可

以用七個「W」概括：What，工作的具體內容是什麼？Why，從事這些工作的目的是什麼？Who，誰來完成這些工作？When，工作的時間安排是什麼？Where，這些工作在哪裡進行？for whom，這些工作的服務對象是誰？How，如何進行這些工作？

1. 做什麼（What）

做什麼，是指所從事的工作活動，主要包括：

（1）任職者所要完成的工作活動是什麼？

（2）任職者的這些活動要產生什麼樣的結果或產品？

（3）任職者的工作結果要達到什麼樣的標準？

2. 為什麼（Why）

為什麼，表示任職者工作的目的，也就是這項工作在整個組織中的作用，主要包括：

（1）做這項工作的目的是什麼？

（2）這項工作與組織中的其他工作有什麼聯繫？對其他工作有什麼影響？

3. 用誰（Who）

用誰，是指對從事某項工作的人的要求，主要包括：

（1）從事這項工作的人應具備怎樣的身體素質？

（2）從事這項工作的人必須具備哪些知識和技能？

（3）從事這項工作的人至少應接受過哪些教育和培訓？

（4）從事這項工作的人至少應具備怎樣的經驗？

（5）從事這項工作的人在個性特徵上應具備哪些特點？

（6）從事這項工作的人在其他方面應具備什麼樣的條件？

4. 何時（When）

何時，表示在什麼時間從事各項工作活動，主要包括：

（1）哪些工作活動是有固定時間的？在什麼時候做？

（2）哪些工作活動是每天必做的？

（3）哪些工作活動是每週必做的？

（4）哪些工作活動是每月必做的？

5. 在哪裡（Where）

在哪裡，表示從事工作活動的環境，主要包括：

（1）工作的物理環境，包括地點（室內與戶外）、溫度、光線、噪音、安全條件等。

（2）工作的社會環境，包括工作所處的文化環境（例如跨文化的環境）、工作群體中的人數、完成工作所要求的人際交往的數量和程度、環境的穩定性等。

6. 為誰（for Whom）

為誰，是指在工作中與哪些人發生關係，發生什麼樣的關係，主要包括：

（1）工作要向誰請示和匯報？

（2）向誰提供信息或工作結果？

（3）可以指揮和監控何人？

7. 如何做（How）

如何做，是指任職者怎樣從事工作活動以獲得預期的結果，主要包括：

(1) 從事工作活動的一般程序是怎樣的？
(2) 工作中要使用哪些工具？操縱什麼機器設備？
(3) 工作中所涉及的文件或記錄有哪些？
(4) 工作中應重點控制的環節有什麼？

四、工作分析的作用

工作分析對於人事研究和人事管理具有非常重要的作用。全面和深入地進行工作分析，可以使組織充分瞭解工作的具體特點和對工作人員的行為要求，為做出人事決策奠定堅實的基礎。在人力資源管理中，幾乎每一個方面都涉及工作分析所取得的成果。具體地說，工作分析有以下八個方面的作用：

1. 選拔和任用合格的人員

通過工作分析，能夠明確地規定工作職務的近期和長期目標；掌握工作任務的靜態和動態特點；提出有關人員的心理、生理、技能、文化和思想等方面的要求，選擇工作的具體程序和方法。在此基礎上，確定選人用人的標準。有了明確而有效的標準，就可以通過心理測評和工作考核，選拔和任用符合工作需要和職務要求的合格人員。

2. 制訂有效的人事預測方案和人事計劃

每一個單位對於本單位或本部門的工作職務安排和人員配備，都必須有一個合理的計劃，並根據生產和工作發展的趨勢做出人事預測。工作分析的結果，可以為制訂有效的人事預測和計劃提供可靠的依據。在職業和組織面臨不斷變化的市場和社會要求的情況下，有效地進行人事預測和計劃，對於企業和組織的生存和發展尤其重要。一個單位有多少種工作崗位，這些崗位目前的人員配備能否達到工作和職務的要求，今後幾年內職務和工作將發生哪些變化，單位的人員結構應做什麼相應的調整，幾年甚至幾十年內，人員增減的趨勢如何，後備人員的素質應達到什麼水準等問題，都可以依據工作分析的結果做出適當的處理和安排。

3. 設計積極的人員培訓和開發方案

通過工作分析，可以明確從事的工作所應具備的技能、知識和各種心理條件。這些條件和要求，並非人人都能夠滿足和達到的，需要不斷地培訓，不斷地開發。因此，可以按照工作分析的結果，設計和制訂培訓方案，根據實際工作要求和聘用人員的不同情況，有區別、有針對性地安排培訓的內容和方案，以培訓來促進工作技能的發展，提高工作效率。

4. 提供考核、升職和作業的標準

工作分析可以為工作考核和升職提供標準和依據。工作的考核、評定和職務的提升如果缺乏科學的依據，將影響幹部、職工的積極性，使工作和生產受到損失。根據工作分析的結果，可以制定各項工作的客觀標準和考核依據，也可以作為職務提升和工作調配的條件和要求。同時，還可以確定合理的作業標準，提高生產的計劃性和管理水準。

5. 提高工作和生產效率

通過工作分析，一方面，由於有明確的工作任務要求，建立起規範化的工作程序和結構，可以使工作職責明確，目標清楚；另一方面，明確了關鍵的工作環節和作業要領，能充分利用和安排工作時間，使幹部和職工能更合理地運用技能，分配注意和記憶等心理資源，增強他們的工作滿意感，從而提高工作效率。

6. 建立先進、合理的工作定額和報酬制度

工作和職務的分析，可以為各種類型的各種任務確定先進、合理的工作定額。所謂先進、合理，就是在現有工作條件下，經過一定的努力，大多數人能夠達到，其中一部分人可以超過，少數人能夠接近的定額水準。它是動員和組織職工提高工作效率的手段，是工作和生產計劃的基礎，也是制定企業部門定員標準和工資獎勵制度的重要依據。工資獎勵制度是與工資定額和技術等級標準密切相關的，把工作定額和技術等級標準的評定建立在工作分析的基礎上，能夠制定出比較合理公平的報酬制度。

7. 改善工作設計和環境

通過工作分析，不但可以確定職務的任務特徵和要求，建立起工作規範，而且還可以檢查出工作中不利於發揮人們積極性和能力的方面，並發現工作環境中有損於工作安全、加重工作負荷、造成工作疲勞與緊張以影響社會心理氣氛的各種不合理因素，有利於改善工作設計和整個工作環境，從而最大限度地調動工作積極性和發揮技能水準，使人們在更適合於身心健康的安全舒適的環境中工作。

8. 加強職業諮詢和職業指導

工作分析可以為職業諮詢和職業指導提供可靠和有效的信息。職業諮詢和指導是勞動人事管理的一項重要內容。

五、工作分析所需信息類型

工作分析所需要收集的信息總的來說有六個方面：一是有關工作活動資料，主要指各項工作實際發生的活動類型；二是有關人類行為資料，主要指與個人工作有關的人類行為資料，如體能消耗；三是有關工作器具資料，主要指工作中所使用的機器、工具、設備以及輔助器械的情況；四是有關績效標準，主要指用數量或質量來反應的各種可以用來評價工作成績的方法；五是相關條件的信息，主要指工作環境、工作進度、組織行為規範以及各種財務性和非財務性的獎勵措施；六是產品有關人員條件，主要指與工作相關的知識、技能以及個人特徵，包括學歷、工作經驗等。

工作分析實質就是通過對工作相關信息的收集，系統地認識工作本身，從而明確做什麼工作，工作成果是什麼，什麼人員素質能夠完成這一工作。因此，我們可以看到，對於工作信息的識別、收集與整理就變得相當重要。我們首先要完成的就是工作信息的識別，即工作分析需要什麼樣的信息。歸納一下，工作分析需要的信息主要包括以下幾個方面：

1. 工作活動

工作活動包括：

（1）工作活動和過程；

(2）活動記錄；
(3）所採用的程序；
(4）個人責任。
2．定位於工人的活動
定位於工人的活動主要包括：
(1）人的行動，如有關工作的身體動作和溝通；
(2）針對工作分析的基本動作；
(3）工作對身體的要求，如體力耗費。
3．所採用的機器、工具、設備和輔助工具
所採用的機器、工具、設備和輔助工具包括：
(1）使用的機器、工具、設備和輔助設施的清單；
(2）應用上述各項加工處理的材料；
(3）應用上述各項生產的產品；
(4）應用上述各項完成的服務。
4．與工作相關的有形和無形內容
與工作相關的有形和無形內容包括：
(1）所涉及或應用的知識（如會計知識）；
(2）加工的原材料；
(3）製造的原材料。
5．工作業績
工作業績包括：
(1）錯誤分析；
(2）工作標準；
(3）工作計量，如完成任務的時間。
6．工作環境
工作環境包括：
(1）工作日程表；
(2）物質和非物質獎勵；
(3）工作條件；
(4）組織和社會環境。
7．對個人的要求
對個人的要求包括：
(1）個人因素，如個性、個人興趣愛好；
(2）所需要的學歷和培訓程度；
(3）工作經驗。

六、工作分析的過程

1. 工作分析的準備

工作分析準備的主要內容有：

（1）獲得管理層的核准。不論在任何公司，在進行工作分析之前一定要獲得最高管理階層的支持，而不應該完全由人事部門唱獨角戲。在和最高管理階層溝通時，應該讓他們瞭解工作分析將可以使他們自己更加清楚在做什麼，而且讓他們知道公司的人工費用的確是花得很恰當。

（2）取得員工的認同。員工對工作分析的認同是相當重要的，如果公司的管理階層沒有做好溝通工作，告訴員工什麼是工作分析，它的目的是什麼，可能會導致負面影響，因為很多員工會對為什麼要做工作分析感到困惑。

（3）確認工作分析的目的。確認工作分析的目的即確定取得工作分析資料到底用來幹什麼，解決什麼管理問題。這樣才能確定工作分析的範圍、對象、內容及到哪兒收集資料，用什麼方法收集。

（4）建立工作小組。分配進行工作分析活動的責任和權限，以保證分析活動的順利進行。由公司內部相關人員或外請人員組成工作小組。委託人力資源管理顧問公司實施。

2. 工作調查

工作調查是工作分析過程的核心階段，主要內容包括：

（1）準備工作調查提綱和各種調查問卷。這項工作的內容主要包括工作調查提綱、工作調查日程安排、調查問卷。

（2）確定工作調查方法。這主要是在多種調查方法中選擇對本次調查適合的調查方法。

（3）收集有關工作的特徵以及所需的各種信息數據。這主要包括需要任職人員就調查項目作出如實地填寫或回答；信息要齊全、準確，不能殘缺、模糊；採用某一調查方法不能將工作信息收集齊全時，及時用其他方法補充。

（4）收集任職人員必需的特徵信息數據，同時對各種工作特徵和任職人員特徵的重要性和發生頻率作出排列或等級評估。

（5）工作調查要點。這一工作主要包括工作調查前要做充分的準備，如召開說明會、座談會等，使公司的所有工作調查關係人員瞭解工作調查的方法、步驟以及實施配合等。

3. 工作信息分析

工作信息分析階段的工作主要包括：

（1）審核收集到的各種工作信息。

（2）分析、發現有關工作和任職人的關鍵成分。

（3）歸納、總結出工作分析的必要材料和要素（主要任務、責任、工作流程）。

4. 形成工作分析的成果

形成工作分析的成果階段的主要內容是根據工作信息分析的結果，編製工作說明

書和崗位規範。工作說明書和崗位規範是工作分析最重要的兩份文件，其目的是為其他人力資源管理工作做好準備，這兩份文件必須按統一的規範編寫，並且要具有實用性。

5. 工作分析的運用與控制

工作分析的運用與控制是工作分析的最後一個階段，其任務包括兩個：一是形成招聘文件、培訓文件、人員發展與晉升文件、薪酬規劃文件等；二是對工作分析過程的成本進行評估。

第二節　工作分析的方法

一、定性工作分析方法

1. 訪談法

訪談法，也叫面談法，是與擔任有關工作職務的人員一起討論工作的特點和要求，從而取得有關信息的調查研究方法。在進行工作分析時，可以先查閱和整理有關工作職責的現有資料。在大致瞭解職務情況的基礎上，訪問擔任這些工作職務的人員，一起討論工作的特點和要求。同時，也可以訪問有關的管理者和從事相應培訓工作的教員。由於被訪問的對象是那些最熟悉這項工作的人，因此，認真的訪談可以獲得很詳細的工作分析資料。

訪談時要注意修正偏差。有時被訪談者會有意無意地歪曲其職位情況，比如，把一件容易的工作說得很難或把一件很難的工作說得比較容易。這要靠把對多個同職者訪談所收集的資料進行對比，加以校正。

使用這種方法要注意五點：一是不能與被訪談者爭論；二是訪談者不要具有傾向性；三是要事先準備好問題；四是要與被訪談者建立感情；五是要注意訪談後的信息整理或處理。

2. 問卷法

問卷法是讓有關人員以書面形式回答有關職務問題的調查方法。通常，問卷的內容是由工作分析人員編製的問題或陳述，這些問題和陳述涉及實際的行為和心理素質，要求被調查者對這些行為和心理素質在他們工作中的重要性和頻次（經常性）按給定的方法作答。

問卷法可以分成職務定向和人員定向兩種。職務定向問卷比較強調工作本身的條件和結果；人員定向問卷則集中於瞭解工作人員的工作行為。

問卷法的最大優點是規範化、數量化，適合於用計算機對結果進行統計分析。但它的設計比較費工，也不像訪談那樣可以面對面地交流信息，因此，不容易瞭解被調查對象的態度和動機等較深層次的信息。問卷法還有兩個缺陷：一是不易喚起被調查對象的興趣；二是除非問卷很長，否則不能獲得足夠詳細的信息。

3. 核對法

核對法是讓員工在工作任務清單中找出與自己工作有關的項目，以便確定某一工作的特性。這種方法的優點是不會影響工作。但缺點也比較明顯，如比較繁瑣，有經驗的員工並不總是很瞭解自己完成工作的方式。許多工作行為已成習慣，幹起工作來並未意識到工作程序的細節。

4. 觀察法

觀察法是有計劃、有目的地用感官來考察心理現象，掌握情況，進行分析，找出規律。觀察法包括直接觀察與間接觀察。

問卷法、訪談法和核對法等工作分析方法都可以有效地採集工作職務方面的信息，但它們都有某些缺點。其中有一個較大的問題，即有經驗的員工並不總是很瞭解自己完成工作的方式。許多工作行為已成習慣，幹起工作來並未意識到工作程序的細節。因此，研究者們主張採用觀察法對工作人員的工作過程進行觀察，記錄工作行為的各方面特點；同時，瞭解工作中所使用的工具設備；瞭解工作程序、工作環境和體力消耗。觀察時，可以用筆錄；也可以用事先預備好的觀察項目表，一邊觀察，一邊核對。在運用觀察項目表時，須事先對該工作有所瞭解，這樣制定的觀察項目表才比較實用。

觀察前先進行訪談將有利於觀察工作的進行。一方面，它有利於把握觀察的大體框架；另一方面，它使雙方有所相互瞭解，建立一定的合作關係。這樣，隨後的觀察就能更加自然、順利地進行。

5. 工作參與法

工作參與法，也叫工作實踐法。這種方法是由工作分析人員親自參加工作活動，體驗工作的整個過程，從中獲得工作分析的資料。要想對某一工作有一個深刻的瞭解，最好的方法就是親自去實踐。通過實地考察，可以細緻、深入地體驗、瞭解和分析某種工作的心理因素及工作所需的各種心理品質和行為模型。所以，從獲得工作分析資料的質量方面而言，這種方法比前幾種方法效果好。

這種方法的優點是工作分析人員可於短時間內由生理、環境、社會層面充分瞭解工作。如果工作能夠在短期內學會，則不失為一個好方法，即適合短期內能夠掌握的工作。缺點是不適合需長期訓練及高危險的工作。

6. 關鍵事件法

關鍵事件法也叫典型事件法，是請管理人員和工作人員回憶和報告對他們的工作績效來說比較關鍵的工作特徵和事件，從而獲得工作分析資料。

一般而言，工作分析的方法可以分為職務定向方法和行為定向方法。前者相對靜態地描述和分析職務的特徵，收集各種有關「工作描述」一類的材料；後者集中於與「工作要求」相適應的工作行為，屬於相對動態的分析。關鍵事件法就是一種常用的行為定向方法。這種方法要求管理人員、員工以及其他熟悉工作職務的人員記錄工作行為中的「關鍵事件」（使工作成功或者失敗的行為特徵或事件）。

在大量收集關鍵事件以後，可以對它們作出分析，並總結出職務的關鍵特徵和行為要求。關鍵事件法既能獲得有關職務的靜態信息，也可以瞭解職務的動態特點。

二、定量工作分析方法

1. 職位分析問卷——PAQ 法

著名的「職位分析問卷（Position Analysis Questionnaire，PAQ）」，是由美國普度（Purdue）大學的工業心理學家麥考密克等人設計的。PAQ 法工作元素的分類如表 4-1 所示。該方法無須修改就可用於不同的組織和不同的工作。其問卷共計六個部分，194 個問題。這 194 個問題也稱為工作元素，對每一工作元素用以下六個標準之一進行衡量：使用程度、對工作的重要程度、工作所需的時間、發生的概率、適用性、其他。對每一標準主要採用五分刻度描述。通過這六個方面的 194 個工作元素的定量化描述，可以決定一職務在五個方面的性質：溝通、決策、社會責任、熟練工作的績效、體能活動及相關條件。

表 4-1　　　　　　　　　PAQ 法工作元素的分類表

問卷的六個部分	核心內容	舉 例	工作元素/個
信息輸入	工作中何處得到信息	文字信息	35
思考過程(中間過程)	工作中如何處理信息並決策	推理難度	14
工作產出	設備使用、體力活動	使用工具	49
人際關係活動	溝通、聯繫、監督、協調	指導他人、與公眾接觸	36
工作狀態和工作內容	物質、生理和社會方面的條件	是否在與他人衝突的環境下工作	19
其他方面	工作的安排、要求、責任等	時間安排、職務要求	41

職位分析問卷法的優點在於它將工作按照五個基本領域進行並提供了一種量化的分數排序。這五個基本領域是：①是否負有決策、溝通、社會方面的責任；②是否執行熟練的技能性活動；③是否伴隨有相應的身體活動；④是否操縱設備；⑤是否需要對信息進行加工。

因而，職位分析問卷的真正優勢在於它對工作進行了等級劃分。可以根據決策、熟練性活動、身體活動、設備操縱以及信息加工等特點對每一項工作分配一個量化的等級分數。然後，可以依據這一信息來確定每一種工作等級或工資等級。職位分析問卷的缺點在於對工作活動的描述過於抽象，對具體工作的安排缺乏指導意義。

2. 功能性工作分析——FJA

由美國勞工部（The U. S Department of Labor）制定的「功能性工作分析（Function Job Analysis，FJA）」包括工作特點分析和員工特點分析。FJA 法的基本假設如下：

（1）應明確區分「完成什麼工作」與「員工應如何完成工作」。
（2）每個工作均在一定程度上與人、事、信息相關。
（3）對事件要用體能完成，對信息要用思考處理，對人要用人際關係的方法。
（4）儘管執行任務的方法有很多，但要完成的職能是有限的。
（5）每一種職能依賴於員工的特性與資格來達到預期的績效。
（6）在與人、事、信息相關的功能中，複雜的功能包含了簡單的功能。

FJA 法包括如下四個部分：
（1）任務描述：完成什麼工作。
（2）工作特點分析——工作者的功能量表：員工應如何完成工作。
（3）員工特點分析（正確完成工作所必備的條件），包括以下幾個方面：
①培訓：常規教育和職業培訓。
②能力：智力、動作協調性、肢體的靈活性。
③個性：適應性、果斷性、壓力承受能力。
④身體狀況：視力、身高、體重、握力、血壓。
（4）FJA 法還考慮以下四個因素：
（1）在執行工作時需要得到多大程度的指導。
（2）執行工作時需要運用的推理和判斷能力應達到什麼程度。
（3）完成工作所要求具備的數學能力有多高。
（4）執行工作時所要求的口頭及評議表達能力如何。
FJA 法的特點為：將工作的寫實描述與功能的抽象評級相結合。

3. 工作對人提出的要求——弗萊希曼工作分析系統

弗萊希曼（Fleishman）工作分析系統，專門分析工作對人的能力提出的要求。這種方法把能力定義為引起個體績效差異的持久性的個人特性。工作分析系統通過建立 52 種能力分類（見表 4-2），分別代表與工作有關的各種能力，包括認知能力、精神運動能力、身體能力以及感知能力。

工作分析採取對 52 個能力因素採用 7 分刻度衡量，由主題專家評價打分。弗萊希曼工作分析系統的特點為：能對工作的能力要求提供一個量化的全景描述，具有廣泛的實用性。

表 4-2　　　　弗萊希曼工作分析系統中的 52 種能力因數表

能力因素				
1. 口頭理解能力	10. 數字熟練性	19. 知覺速度	28. 手工技巧	37. 動態靈活性	46. 景深視覺
2. 書面理解能力	11. 演繹推理能力	20. 選擇性注意力	29. 手指靈活性	38. 總體身體協調性	47. 閃光敏感性
3. 口頭表達能力	12. 歸納推理能力	21. 分時能力	30. 手腕—手指速度	39. 總體身體均衡性	48. 聽覺敏感性
4. 書面表達能力	13 信息處理能力	22. 控制精度	31. 四肢運動速度	40. 耐力	49. 聽覺注意力
5. 思維敏捷性	14. 範疇靈活性	23. 多方面協調能力	32. 靜態力量	41. 近距視覺	50. 聲音定位能力
6. 創新性	15. 終止速度	24. 反應調整能力	33. 爆發力	42. 遠距視覺	51. 語音識別能力
7. 記憶力	16. 終止靈活性	25. 速率控制	34. 動態力量	43. 視覺色彩區分力	52. 語音清晰性
8. 問題敏感性	17. 空間定位能力	26. 反應時間	35. 軀幹力量	44. 夜間視覺	
9. 數學推理能力	18. 目測能力	27. 手—臂穩定性	36. 伸展靈活性	45. 外圍視覺	

資料來源：中企資料網，www.zqzl.cn。

4. 管理職位描述問卷調查法

管理職位描述問卷調查法是托諾（W. W. Tornow）和平托（P. R. Pinto）於 1976 年針對管理工作的特殊性而專門設計的，定型於 1984 年，與 PAQ 方法類似。

所謂管理職位描述問卷（Management Position Description Question, MPDQ）是指利用工作清單專門針對管理職位分析而設計的一種工作分析方法。它是一種管理職位描述問卷方法，是一種以工作為中心的工作分析方法，是國外近年的研究成果。這種問卷法是對管理者的工作進行定量化測試的方法，涉及管理者所關心的問題、所承擔的責任、所受的限制以及管理者的工作所具備的各種特徵。

在美國，它所分析的內容包括與管理者的主要職責密切相關的 208 項工作因素。這 208 項工作因素可以精簡為 13 個基本工作因素。

（1）產品、市場和財務計劃：指的是進行思考，結合實際情況制訂計劃，以實現業務的長期增長和公司穩定發展的目標。

（2）其他組織單位和工人之間的相互協調：指的是管理人員對自己沒有直接控制權的員工個人和團隊活動的協調。

（3）內部事務控制：指的是檢查與控制公司的財務、人力以及其他資源。

（4）產品和服務責任：指控制產品和服務的技術，以保證生產的及時性，並保證生產質量。

（5）公眾和顧客關係：指通過與人們直接接觸的辦法來維護和樹立公司在用戶和公眾中的良好形象與聲譽。

（6）高級諮詢：指發揮技術水準解決企業中出現的特殊問題。

（7）行為主動性：指在幾乎沒有直接監督的情況下開展工作活動。

（8）財務計劃的批准：指批准企業大額的財務流動。

（9）職能服務：指提供諸如尋找是否適合為上級保持記錄這樣的事實的雇員服務。

（10）監督：指通過與下屬員工面對面的交流來計劃、組織和控制。

（11）複雜性及壓力：指在很大壓力下保持工作，以在規定時間內完成所要求的任務。

（12）高級財務職責：指制定對公司績效構成有直接影響的大規模的財務投資決策和其他財務決策。

（13）廣泛的人力資源職責：指公司中人力資源管理和影響員工的其他政策具有重大責任的活動。

MPDQ 是一種注重工作行為內容研究的技術方法，管理職位描述問卷的工作分析結果，對評價管理工作、決定該職位的培訓需求、管理工作分類、薪酬評定、設計績效評估方案等人事決策活動具有重要的指導作用。

第三節　工作分析結果

工作分析最重要的結果是工作說明書和崗位規範。工作說明書以「工作」為主角。崗位規範以「人」為主角，崗位規範是以工作說明書的內容為依據來回答這樣一個問題：「要做好這項工作，任職者必須具備什麼樣的特點和條件？」

一、工作說明書

1. 工作說明書的定義

工作說明書是對某類崗位的工作性質、任務、責任、權限、工作內容和方法、工作應用實例、工作環境和條件以及本崗位人員資格條件所作的書面記錄。

2. 工作說明書的主要內容

工作說明書的主要內容包括工作的基本資料、工作任務概要、工作過程使用的工具、材料、技術和方法、工作的指導和控制、工作行為、工作環境及其他信息，具體如表4-3所示。

表4-3　　　　　　　　　　工作說明書的主要內容表

工作的基本資料	名稱、副名稱、代碼、級別、工資等級、地點、報告關係
工作任務概要	對任務、工作目的、產品或服務的簡練而完整的陳述
工具	機器、工具、設備、工作要求
材料	原材料、貨物、物質、數據以及工作中的其他材料
技術和方法	將投入轉化為產出的典型方法
指導和控制	有關產出數量和質量、運用的方式方法、員工行為及結果的模式
任務/行為	對所做工作的描述，包括員工與數據、其他人以及那些對完成工作有指導作用的規定之間的關係
環境	工作中的物理、心理和情感因素，雇傭條件和狀況，與其他工作之間的聯繫
補充信息	沒有包括在以上各項中，但對於實現操作目標、限定工作條件來說必不可少的一些細節

3. 工作說明書的編寫要求

工作說明書的編寫要求如下：

（1）要獲得最高層的支持。管理層的認同和支持對有效完成工作分析及編寫工作說明書具有決定性的作用。組織的人力資源管理部門應協助管理層籌劃建立政策和確定方向，並且將這個信息傳遞給整個組織，以獲得一致的支持。

（2）明確工作說明書對管理的重要性。這樣可以使管理人員清楚地知道其管轄範圍內各下屬的任務、職責的分配及工作內容、各成員之間的工作關係，從而這樣才能有效地完成管理任務。

（3）工作說明書應該清楚明確，具體簡單。在界定工作時，應盡量使用簡明的專用動詞和名詞來描述工作的目的和範圍、責任權限的程度和類型、技能的要求等。另外，文字措辭方式應保持一致，文字敘述應簡潔清晰。

（4）工作說明書必須隨組織機構的變化而不斷更新。如果組織變了，工作說明書沒變，就會出現工作重疊、職責混淆、管理分配不平衡的問題，就會影響工作效率。

下面介紹工作說明書範例，見表4-4。

表 4－4　　　　　　　　　　　　工作說明書範例表

崗位名稱：人力資源部經理　　　職位等級：G5　　　職位編號：AG380023
工作目標：負責公司的人力資源規劃，組織人員配備，處理員工關係。 工作職責： 1. 根據公司戰略和內外部環境的變化制定人力資源規劃，並在獲得批准後組織實施。 2. 制訂人力資源部的工作目標和工作計劃以及預算，經批准後實施。 3. 組織制定和完善企業的招聘、培訓、績效、薪資等制度和流程，並在批准後實施。 4. 分析培訓需求，制訂培訓計劃並在批准後實施和控制。 5. 負責收集公司內外的人才信息，組織招聘。 6. 建立完善的公司績效管理制度，並負責考核。 7. 建立完善的公司薪資結構，審核員工薪酬，報總裁核准由財務部執行。 8. 受理員工投訴，處理員工與公司勞動爭議事宜並負責及時解決。 9. 加強與公司外的社會團體、機構、公司和政府的聯繫。 組織關係： 1. 接受人力資源總監和公司總經理、副總經理的領導。 2. 管理人力資源部的招聘主管、培訓主管及員工。 3. 協助公司內部其他部門的工作，進行指導和提供諮詢。 工作規範： 1. 本科以上學歷，人力資源或賓館/酒店管理類專業畢業。 2. 五年以上高級管理職位經驗，3 年以上人力資源總監管理經驗。 3. 有極強的領導力和溝通力，善於分析和解決問題。 4. 較強的組織、協調能力和良好的服務意識。 5. 強烈的責任感和事業心，工作細緻、踏實。 6. 有良好的心理適應能力和承受壓力的能力。

　　說明 1：職責排列應該按照重要性由高到低排列或按照所花時間的多少由多到少排列；不必列出所有的職責，重要的列出來即可；在每項職責後面設定該項職責所占的權重；注意根據實際情況的變化對工作說明書進行更新；工作說明書中還可以用「關鍵勝任特徵表」將從事該職務應具有的核心能力表示出來。

　　說明 2：這份工作說明書比較簡單，職責還可以列出一些來。對於工作規範，以表格來表示會更加直觀。

二、崗位規範

1. 崗位規範的定義

　　崗位規範是指對完成某一崗位工作所需的知識、技能、經驗、經歷、品格、生理要求、心理要求等任職資格以及對工作職責、任務、程序、考核項目等的具體說明，有時被叫做職務規範。

2. 崗位規範的任務

　　崗位規範用以解決「什麼樣的人員才能勝任本崗位的工作」的問題。它是工作說明書中的一個重要組成部分。

3. 崗位規範的具體內容

　　崗位規範的具體內容如下：

　　（1）崗位名稱、編號。

　　（2）本崗位主要工作範圍和職責。

（3）本崗位的工作目標、責任和權限。

（4）本崗位與其他崗位的關係。

（5）本崗位人員所應具備的資格條件，如知識、能力和經驗等。

（6）考核項目和標準。

（7）其他應補充的規定事項。

三、工作說明書與崗位規範的差異

工作說明書與崗位規範具有如下差異：

（1）從編製的目的來看，崗位規範是在崗位描述的基礎上，解決「什麼樣的人員才能勝任本崗位的工作」的問題，為企業員工招收、培訓、考核、選拔、任用提供標準；而工作說明書是以「事」為中心，對崗位進行全面、系統、深入的說明，為企業人力資源管理提供依據。

（2）從內容涉及的範圍來看，崗位規範的內容比較簡單，主要涉及人員的任職資格條件等方面的說明，而工作說明書內容要廣泛得多，既包括對崗位各項性質、特徵等方面的說明，又包括對擔任該崗位工作人員的要求和環境條件的說明，從這個意義上說，崗位規範是工作說明書的一個重要組成部分。

第四節　工作設計

人力資源管理的實踐表明，僅依靠對工作崗位的分析，不斷完善工作說明書，並不能很好地提高員工的工作效率，甚至複雜的規定反而會制約員工工作積極性的發揮。因此，在這樣的情況下，就必須充分考慮工作的設計，消除員工工作的單調感，增強他們對工作的興趣。工作設計就是在這樣的背景下應運而生的。工作設計也符合以人為本的人力資源管理思想，目前在西方國家已經非常盛行。關於工作設計，有很多不同的方法，並且已經在實踐中產生了廣泛的影響。工作設計的方法主要有工作豐富化、工作擴大化和工作輪換。

一、工作設計要求

工作分析是對現有工作的客觀描述，而工作設計則是對新工作規範的認定與對新工作的完整描述，並進行改進。工作設計應當遵循以下一些基本要求：

（1）全部職務的總和應能覆蓋組織的總任務。即組織運行所需的每一項任務都應落實到職務規範中去。如為了完成臨時性的任務，在職務規範中往往加上「完成領導交辦的其他事宜」這一條。

（2）全部職務構成的責任體系應能保證組織總目標的實現。即組織運行所要達到的每一個結果、組織內每一項資產的安全和有效運行都要落實到某一職位上，不能出現無人負責的現象。

（3）工作設計應有助於發揮員工的個人能力，提高組織效率。這就要求職務設計

全面權衡經濟效益原則和員工生理、心理需要，找到最佳平衡點，保證每個人滿負荷工作。如果工作負荷過低，會導致人、財、物力的浪費，但超負荷又會影響員工身心健康，並給設備帶來不必要的損害。

（4）工作設計應考慮到現實的可能性。如企業需要一個高級財務主管，要求他既能處理國際財務問題，又能做出高風險的投資決策，這就要考慮企業內有無合適人選，在社會上招聘需要花多大代價。如果因資源約束一時找不到合適人選，則應考慮適當地修改崗位規範。

二、工作豐富化

1. 工作豐富化的概念

工作豐富化是對工作內容和責任層次的基本改變，是對工作責任的垂直深化。它使員工在工作過程中獲得成就感、認同感、責任感和自身發展。

2. 工作豐富化的條件

不是任何組織在任何情況下都可以採用工作豐富化方法。採用這種方法有其特定的條件，具體如下：

（1）沒有比之更好的方法。如果有其他更好的方法，應該優先考慮其他方法。工作豐富化是在其他方法都無法激勵員工時才應該考慮的方法。

（2）薪酬和環境必須滿足。如果沒有適當的薪酬和良好的工作環境，但卻增加了員工的工作內容和層次，只會得到相反的效果。

（3）必須得到員工的同意。員工不願意做出改變，就是改變了，也不會有很好的效果。

（4）在技術和經濟上可行。倘若工作豐富化需要應用到的技術在企業中無法實現，那麼，工作豐富化就無法做到了。

3. 工作豐富化的原則

工作豐富化的建立可以鼓勵內在動機，因為它可以賦予員工在執行工作中更多的控制權、責任和自由決定權，促進員工的成長和自我實現，使得他們的工作動機增強，積極性得到提高。因此，在實踐中工作豐富化要符合一些基本的原則，即給員工增加工作要求；賦予員工更多的責任；賦予員工工作的自主權；不斷地和員工進行溝通反饋；對員工進行相應的培訓。

在實際操作中，工作豐富化的主要做法有：實行任務合併，讓員工從頭至尾完成一項工作，而不只是承擔其中的某一部分；建立客戶關係，讓員工有同客戶交往的機會；讓員工自己而不是別人來規劃、控制他的工作，自己安排上下班時間、工作進度。

三、工作擴大化

工作擴大化是通過增加工作內容，使員工的工作有所變化，要求員工擁有更多的知識和技能，從而提高員工的工作興趣。其系擴大橫向（水準方向）的工作內容即擴大工作範圍或工作多樣性。

工作擴大化是使員工有更多的工作可做。通常這種新工作同員工原先所做的工作

非常相似。這種工作設計導致高效率，是因為不必要把產品從一個人手中傳給另一個人而節約時間。此外，由於完成的是完整的一個產品，而不是在一個大件上單單從事某一項工作，這樣在心理上也可以得到安慰。該方法是通過增加某一工作的工作內容，使員工的工作內容增加，要求員工掌握更多的知識和技能，從而提高員工的工作興趣。

一些研究者報告稱，工作擴大化的主要好處是增加了員工的工作滿意度和提高了工作質量。IBM 公司則報告工作擴大化導致工資支出和設備檢查的增加，但因質量改進，職工滿意度提高而抵消了這些費用；美國梅泰格（Maytag）公司聲稱通過實行工作擴大化提高了產品質量，降低了勞務成本，工人滿意度提高，生產管理變得更有靈活性。

從整體上說，工作擴大化的實施效果不盡如人意。儘管工作擴大化在克服專業化過強、工作多樣性不足方面效果顯著，但在激發員工工作積極性和培養挑戰意識方面卻沒有太大的意義，這就需要工作豐富化來彌補。

四、工作輪換

1. 工作輪換的定義

工作輪換是在工作流程不進行很大改變的前提下，隔一個階段從一種工作崗位換到另一種工作崗位，主要目的是使員工在不同工作崗位上輪換操作，給他們提供發展技術及較全面地觀察和瞭解整個生產過程的機會，從而可以使單一的常規性工作產生的厭煩和單調減少到最低程度。工作輪換一般來說有兩種類型：縱向輪換和橫向輪換。縱向輪換指的是升職或降職；而橫向輪換指的是在水準方向上的工作變化。通常所說的工作輪換是橫向輪換。

因此，工作輪換是指企業有計劃地按照大體確定的期限，讓員工輪換擔任若干種不同工作的做法。

2. 工作輪換的優勢

工作輪換具有以下優勢：

（1）工作輪換可以滿足員工的內在需求

對員工進行工作輪換，能夠很好地滿足員工的內在需求。

①在同一崗位時間長了，就會產生厭煩感，適當地輪換崗位會使人有一種新鮮感，工作本身的趣味性由此產生。

②當員工面臨一個新的工作崗位，就會面臨新崗位的挑戰。

③工作輪換可以培養員工適應新環境的能力，對一般員工來說，可以增加員工對多種技能的掌握；而對於管理人員來說，能加強對企業工作的全面瞭解，提高對全局性問題的分析能力。

④在不同崗位上的輪換，可以增加員工的交流機會。

⑤當員工能勝任新的工作崗位，便可得到一種只有在工作任務完成時才能感到的滿足。

（2）工作輪換能促進組織發展

工作輪換可以通過以下方法促進組織發展：

①美國學者卡茲（Katz）認為，一個組織有組織壽命，組織的發展存在就像組織壽命曲線。他認為：一個組織在 1 年半期間內，雖然工作充滿了新鮮感，但由於員工需要熟悉組織的工作環境和工作氣氛，尚難敞開心扉應付自如，難以達到較高的工作效率；在 1 年半至 5 年的期間裡，信息交流水準最高，組織的工作成果數量最多；當組織壽命超過 5 年後，員工對於工作已經非常熟悉，工作的挑戰性明顯下降，工作本身已經不能激勵員工。組織也因溝通減少，反應遲鈍而老化，會出現疲勞傾向。因此，適時的工作輪換，能夠帶動企業內部的人員流動，可以更新組織的壽命，還可以激發組織的活力。

　　②儲備多樣化人才。面對複雜多變的經營環境，企業組織結構的柔性特徵需要增強，這就要求職工具有較強的適應能力，以便當企業經營方向或業務內容發生轉變時，能夠迅速實施人力資源轉移。顯然只掌握單項技能的員工不能適應這種變化，於是企業的人才儲備就顯得尤為重要。人才儲備首先要求培養複合型人才，通過工作輪換，使員工輪換做不同的工作，以取得多種技能，同時也挖掘了各職位最合適的人才。其次，培養管理人員。對於中高級管理幹部來說，應當具有對業務工作的全面瞭解能力和對全局性問題的分析判斷能力。而培養這些能力，顯然只在某一部門內做自下而上的縱向晉升是遠遠不夠的，必須使幹部在不同部門間橫向移動，開闊眼界，擴大知識面，並且與企業內各部門的同事有更廣泛的交往接觸。

　　3. 工作輪換的不足

　　當然工作輪換也有不足之處，如會使員工培訓費用上升。如果員工在原有崗位生產效率已經很高，輪換工作會降低生產效率，因為在新的崗位有一個適應過程（生產方式和人際關係的適應過程）。

本章小結

　　工作分析是人力資源管理的一項基礎性工作，是其他各項人力資源管理活動的基礎。工作分析是收集數據進而對一項特定的工作的實質進行評價的系統化過程。具體來說，工作分析就是為管理提供各種有關工作方面的信息。

　　工作分析的基本過程包括工作分析準備、工作調查、工作信息分析、形成工作分析的成果、工作分析的運用與控制等。工作分析的方法包括訪談法、問卷法、核對法、觀察法等。

　　工作分析的結果包括工作說明書和崗位規範。工作說明書是對某類崗位的工作性質、任務、責任、權限、工作內容和方法、工作應用實例、工作環境和條件以及本崗位人員資格條件所作的書面記錄。

　　人力資源管理的實踐表明，僅依靠對工作崗位的分析，不斷完善工作說明書，並不能很好地提高員工的工作效率，甚至複雜的規定反而會制約了員工工作積極性的發揮。因此，在這樣的情況下，就必須充分考慮對工作進行設計。工作設計的方法主要有：工作豐富化、工作擴大化和工作輪換。

思考題

1. 舉例說明你對工作分析相關概念的理解。
2. 簡述工作分析準備階段和工作分析設計階段的主要內容及區別。
3. 談談你對訪談法、問卷法、觀察法優缺點的理解。
4. 簡述工作說明書與崗位規範的差異。
5. 簡述工作豐富化與工作擴大化的差異。

案例分析

AMCO 公司的工作分析

美國的 AMCO 鋼鐵公司,以往在聘用新的鋼鐵工人之後,通常在從事永久性的職務前,會把這些新進人員暫時放在一般的勞工群中。由於新聘用的工人可能會被安排從事一般勞工群中的任何一項工作,所以每個求職者在被雇傭時必須符合各種工作的要求。這種做法為 AMCO 鋼鐵公司帶來了一個難題,因為公司並不曉得一般勞工群中每項工作的特定資格,所以也就無法評估工作申請者是否能符合剛開始進來後第一份暫時性工作的專業要求。萬一雇傭不適合的人員擔任此職務,AMCO 就會面臨生產力下降或意外災害增加的可能。

為了解決這個問題,AMCO 制定了一般勞工群中每一項工作需要的必備條件,再依這些條件對工作申請進行篩選。只有那些通過每一項考試的申請者,才會被視為完全合格而被錄用。

工作分析在這個選取的過程中扮演著關鍵性的角色,每一項在一般勞工群中的工作,都經由公司人力資源專業人員的分析,目的在於分析與每項工作有關的活動和任務,以便決定能夠勝任該項工作的人員所需要的條件(例如力氣、平衡感、靈活度等)。人力資源專業人員首先是借由觀察工人的執行工作,再徵詢其督導者來獲得所需要的資訊,最後經篩選確定需要施行哪些測驗以便測量這些工作技巧。

為了確定這些測驗的價值或結果,AMCO 把這些測驗項目先在現有的員工中施行,然後再將測驗高分者與低分者與其工作績效進行比較。AMCO 發現測試成績好的人,其實際的工作績效要比測驗成績差的人好很多,測驗成績高者完成的工作幾乎是成績差者的兩倍。這個發現讓 AMCO 公司能夠在測驗的過程中,評估工作申請者未來能夠提供的生產力。後來該公司的實踐表明,通過測驗的每位員工每年可以為公司增加 4900 美元的價值,也就是說,一個經由測驗挑選出來的工人,可以預期比沒有經過考試的人每年多生產 4900 美元的產品。而 AMCO 公司每年大約要雇用 2000 人的新進鋼鐵工人。或者可以這樣說,經由這項測驗,每年為公司增加了約 1000 萬美元的產品價值。

(資料來源:西部資料網,http://www.westfj.com)

討論題

結合案例說明工作分析的作用。

第五章　招聘與配置

【學習目標】

- 掌握招聘中常用的甄選方法。
- 熟悉招聘的流程、不同的招聘渠道及其特點。
- 瞭解應聘過程的注意事項。

【導入案例】

張邁的多階段選拔面試程序

張邁是世紀軟件公司的經理，他創造了一套多階段選拔面試程序，用以提高新聘員工的質量，並降低員工的流動率。

求職者想要成為世紀軟件公司的員工，必須經過四個步驟。第一步，到人力資源部門接受一般的面試。第二步，3天後，再接受人力資源部門另外一些人的第二次面試，以證實第一次面試所得到的信息和獲得的印象。第三步，參加面試小組主持的面試。面試小組由三個成員組成（其中包括張邁），他們的任務是考查求職者的溝通技巧、工作態度、自信程度。如果面試小組這一關通過了，人力資源部門就會核對相關的資料，通知求職者參加下一回合的測試。第四步，最後一次面試一般在星期五晚上進行，歷時兩小時。面試時讓求職者觀看一段長達 20 分鐘的錄像，內容是公司的簡史。然後簡單介紹一下公司的員工福利制度，並討論成為自我管理團隊的一員意味著什麼。張邁說，這是整個招聘過程中最關鍵的一段，我們考查求職者反應如何。我們注意一切細節，然後決定是否正式錄用。

張邁認為，正是這種細緻的招聘過程幫助公司篩選掉了不合適的候選人，使公司員工的流動率大大降低。現在公司的年流動率為 3%，而當地另外一家同類公司的員工流動率為 20%。

在上面這個例子中，世紀軟件公司員工流動率較低這一點表明，招聘對公司的營運和發展有重要的影響。

討論題：

員工招聘中所遇到的問題及相關知識。

第一節　招聘概述

一、招聘的涵義

所謂招聘，是指組織根據自身的需求狀況，按照一定的條件和標準，採用適當的方法，通過多種渠道召集並選拔錄用所需的各類人員的過程。

招聘是現代企業管理過程中一項重要的、具體的、經常性的工作，是人力資源管理活動的基礎和關鍵環節之一，是企業各項工作開展的前提。作為一個重要的管理職能，招聘工作在企業的人力資源管理中占首要地位。招聘工作是整個人力資源系統的輸入環節，其質量直接關係到企業人力資源的質量，是人力資源管理的第一關口。

招聘與其他人力資源管理職能有密切的關係：人力資源規劃決定了組織所需要的人員數量及類型，即決定了招聘的目標；工作分析則給招聘工作提出了明確的標準，同時也向應聘者提出了明確的要求；薪酬水準的高低在一定程度上決定了招聘的難易；同時，招聘過程能為後續的員工培訓及職業生涯規劃提供有價值的信息；另外，招聘工作完成的質量如何決定了新進員工將來在工作崗位上的績效表現，從而影響組織整體績效。

從整個組織的角度來看，招聘工作的質量影響企業的人員流動率，有效的招聘能使組織得到能勝任並滿意工作的人才，減少培訓的開支；反之，將會使組織中產生很高的人員流動率，影響組織正常運作，增加營運成本。另外，招聘工作對企業建立社會形象具有重要作用。招聘工作涉及面廣，企業可以採用各種各樣的媒體發布招聘信息，如利用電視、報紙、廣播等，除了可以使企業招募到所需的人才，同時也可以在一定程度上起到推銷企業、樹立企業良好形象的作用。

二、招聘的原則

招聘工作是人力資源管理活動中的重要一環，其完成質量決定了企業最寶貴的人力資源的水準，關係到組織的生存與發展。為使招聘工作能高效地進行，招聘工作應遵循以下原則：

1. 合法性原則

招聘工作必須符合國家相關法律法規的要求。如中國《就業促進法》規定「用人單位應當依照本法以及其他法律、法規的規定，保障勞動者的合法權益」，「用人單位招用人員、職業仲介機構從事職業仲介活動，應當向勞動者提供平等的就業機會和公平的就業條件，不得實施就業歧視」，「用人單位招用人員，除國家規定的不適合婦女的工種或者崗位外，不得以性別為由拒絕錄用婦女或者提高對婦女的錄用標準」等。中國的《勞動合同法》規定「用人單位招用勞動者時，應當如實告知勞動者工作內容、工作條件、工作地點、職業危害、安全生產狀況、勞動報酬，以及勞動者要求瞭解的其他情況」，「不得扣押勞動者的居民身分證和其他證件，不得要求勞動者提供擔保或

者以其他名義向勞動者收取財物」等。

2. 科學性原則

招聘工作要充分考慮相關政策法規、企業現狀以及勞動力市場供求狀況，在人力資源規劃和工作分析的基礎上，科學地制訂招聘計劃；在招聘過程中，要綜合運用心理學等多種測評工具科學地甄選人才，不一定要最優秀的，但要人職匹配，量才錄用。

3. 公平性原則

在招聘過程中對所有的應聘者應一視同仁，平等對待，公開、公平、公正地甄選、錄用，使整個招聘工作有組織、有計劃，甄選錄用程序嚴格統一，決策科學合理。

4. 統籌性原則

人力資源管理工作既要滿足組織現有的需求，又要考慮組織的長遠戰略，在招聘過程中也要注意應聘人員的現有技能及所具備的潛力，使其能跟得上組織的發展速度，保證組織在每個階段都有所需的人才。同時也要做到對組織內現有或將有的人員進行統籌規劃，綜合引進，盡可能找到合格人選。

5. 經濟性原則

招聘過程需花費大量費用，因此在招聘時應堅持經濟性、效益性原則，根據不同的招聘要求，靈活選用合適的招聘形式，用盡可能低的成本獲得高質量的人才。

第二節　招聘過程

一、基本流程

不同企業的具體招聘流程可能不盡相同，但一般而言，在招聘的過程中普遍遵循著一個一般流程，即根據企業的人力資源計劃，引出對人力資源需求的數量和類型，由工作分析確定所需人員的具體標準，在此基礎上根據內外部環境，制定出相應的招聘策略，即通過何種渠道徵募人員。在獲得一定數量的應聘者的基礎上，採取多種科學方法對應聘人員進行篩選和選拔，做出最終錄用決定，並在一段時間後對該次招聘工作進行評估以指導下一次招聘。基本流程如圖5－1所示。

二、徵募

徵募即採用多種方式通過多種渠道吸引具備資格的個人並鼓勵其申請組織中的某個工作崗位的過程，即建立一個應聘者的「蓄水池」。最終錄用的人員會從這個「蓄水池」中產生，故在徵募階段，要根據需求向特定群體傳達信息並吸引他們到組織應聘，「蓄水池」的質量如何，關係到整個招聘工作的質量。

1. 提出需求

一般情況下，招聘需求由用人部門根據企業人力資源規劃及本部門下階段人力資源的需求狀況提出，並填寫相應的招聘申請表（見表5－1和表5－2），報批後交人力資源部門，並由人力資源部門進行匯總。

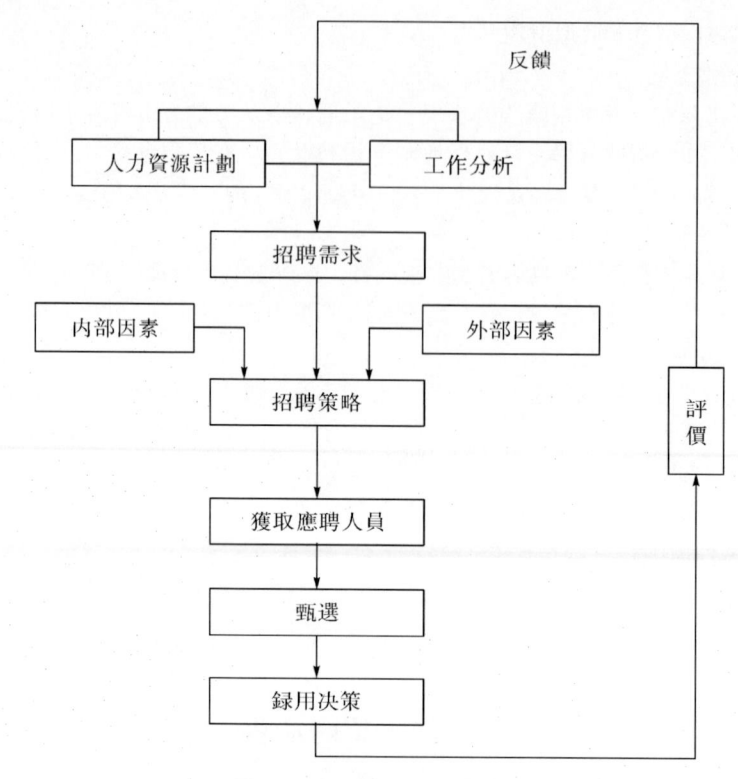

```
                    反饋
      ┌──────────────────────┐
      ↓                      │
 ┌─────────┐    ┌─────────┐  │
 │人力資源計劃│    │ 工作分析 │  │
 └────┬────┘    └────┬────┘  │
      └──────┬───────┘       │
             ↓               │
        ┌────────┐           │
        │ 招聘需求 │           │
        └────────┘           │
   ┌────────┐  ┌────────┐    │
   │ 內部因素 │  │ 外部因素 │    │
   └───┬────┘  └───┬────┘    │
       └─────┬─────┘       ┌──┐
             ↓             │評│
        ┌────────┐         │價│
        │ 招聘策略 │         └──┘
        └────────┘           ↑
             ↓               │
       ┌──────────┐          │
       │獲取應聘人員│          │
       └──────────┘          │
             ↓               │
        ┌────────┐           │
        │  甄選   │           │
        └────────┘           │
             ↓               │
       ┌──────────┐          │
       │ 錄用決策  │──────────┘
       └──────────┘
```

圖 5－1　招聘工作基本流程圖

表 5－1　　　　　　　招聘申請表（一）

申請部門		申請日期		現有人員	
職位代碼		職位名稱		聘用數量	
招聘信息	1.□在部門目標之內　□目標之外 2.□補充新人　□替換現職員 3.□正式員工　□季節工　□臨時工　□計時工 4.□從公司外部招聘　□從公司內部調配					
上崗時間				服務年限	
招聘崗位職責： 1. 2. 3. 4.					
崗位要求（教育、經驗、技能等）：					

表 5-2　　　　　　　　　　　　招聘申請表（二）

申請日期　　年　　月　　日

申請部門				申請日期	需要日期	選聘日期	選聘方式	要求條件			工作內容	增補理由	領導批示
部門名稱	編製人數	現有人數	增補人數					性別	年齡	資歷			

一般而言，用人需求由用人部門提出，但需要其上級主管及人力資源部門的負責人對其需求進行分析與判斷。如考慮是否可以通過重新調整工作內容等來滿足用人需求，或是否可以通過將某些工作外包來解決，即使確定需要招聘新員工，也需考慮是招聘正式員工還是臨時員工，以此來統籌確定招聘的必要性以及人員要求的合理性。

2. 制訂計劃

招聘需求確定以後即可根據具體崗位的工作分析和組織的總體人力資源規劃來制訂詳細的招聘計劃。招聘計劃主要包括以下內容：

（1）招聘人數，即實際需求人數，但在徵募過程中往往需要吸引多於實際需求的應聘者，一方面是為了能有更充分的選擇面，另一方面也是為了防止某些應聘者因種種原因最後退出而造成招聘需求不能得到滿足。

（2）招聘標準，即需要什麼樣的人，包括年齡、性別、學歷、專業、工作經驗、工作能力、技能、個性品質等。

（3）招聘人員，即招聘小組的人員組成情況以及各自的分工。

（4）招聘經費，即預計招聘需要的費用，除了招聘工作相關人員的工資外，還需要確定廣告、測試、差旅、通信、場地、器材等費用的預算。

3. 發布信息

當招聘計劃確定並經批准以後，就由人力資源部門的相關工作人員開始準備相關材料並對外發布信息，正式進行人員的徵募活動。

在發布信息階段，首先要根據招聘計劃確定信息發布的渠道，即是內部招聘還是外部招聘。若是內部招聘，則在組織內部公告，主要保證目標對象充分知悉；若是外部招聘，則要根據不同渠道的特點而選擇招聘會、仲介機構、網絡招聘、平面廣告、員工推薦、校園招聘等。在渠道選擇的過程中，要注意考慮信息發布的費用成本以及招聘信息的覆蓋範圍及其是否能準確及時地到達目標人群。

其次要準備相關的材料，主要包括以下內容：

（1）招聘簡章。招聘簡章既是招聘的告示，又是招聘的宣傳大綱，內容需涵蓋招聘單位的概況、崗位介紹、招聘對象及條件、工作地點及待遇、應聘方式等。

（2）其他相關材料。除了招聘簡章之外，還需要準備一些應聘文件，如應聘登記表以及相應的公司宣傳材料，以分發給目標人群。

三、選拔

應聘人員通過填寫應聘登記表（見表5-3）或遞交簡歷等方式表達自己想加入的願望。一般情況下，應聘者的數量會遠遠多於所需人數，故需要對應聘者進行選拔，過程如下：

表5-3　　　　　　　　　　　　應聘登記表

應聘職位：　　　　　　　　　　　　　　　　　　　　　年　月　日

姓名		性別		年齡		婚否		身高	
血型		視力		健康狀況		職稱		工齡	
畢業學校				畢業時間		專業		專業成果	
通信地址				郵編		電話			
原工作單位				原工種					
主要經歷									
專業技能及特長描述									
薪資要求				住房要求					
到崗時間									
以下由相關部門填寫									
面試結論									
復試結論									
筆試成績									
人力資源部門意見				用人部門意見					
備註									

　　　　　　　　　　　　　　　　　　　製表：　　　　　　復核：

1. 獲取資料

通過篩選簡歷或應聘者填寫的應聘登記表對應聘者的家庭、社會背景、工作態度、受教育程度、健康狀態等情況進行瞭解。應聘登記表由組織統一設計，一般以選擇題或填空題為主，提問方式簡單易懂，內容一般涵蓋以下信息：

(1) 應聘者的姓名、年齡、性別、專業、學歷、婚姻狀況、政治面貌等。

(2) 應聘者的健康狀況、興趣愛好、特長、家庭狀況等。

(3) 應聘者的工作經歷及成就等。

(4) 應聘者的其他要求，如期望薪酬水準等。

2. 筆試與面試

人力資源管理部門對應聘人員資料進行初步整理分類，剔除一些明顯不合格者，交給各用人部門主管，由主管篩選出具有資格人員，確定參加初步筆試和面試的人選及時間（一般先進行筆試考查應聘者的智商、專業水準、職業能力等，筆試合格再進入面試。也有的是筆試和面試結束之後再進行篩選），填寫面試/筆試通知書（見表5-4），並將應聘人員資料及筆試/面試通知遞交人力資源部門，由人力資源部門通知面試人選；或由用人部門主管將初步筆試/面試名單交給人力資源部門，再由人力資源部門電話通知或下發面試通知。

表5-4   面試通知書

```
尊敬的_____先生/小姐：
    您好！
    經我公司初步挑選，現榮幸通知您於__月__日__時到_____參加筆試/面試。請按時到達指定地點，並帶好相應的證件與材料。

    聯繫人：×××
    聯繫電話：××××
                                            _____公司人力資源部
                                                ____年__月__日

    注意事項：請攜帶本人身分證、學歷學位證書以及證明本人能力的其他證明材料。
    乘車路線：×××
```

在筆試和面試過程中，一般會從多個角度來觀察和評價應聘者。筆試一般側重於考查應聘者的業務知識、文字能力以及綜合分析能力，具有較高的信度和效度，且程序簡單、成本較低，能滿足在短時間內對大批量的個體進行測試的要求，故在很多組織選拔過程中往往必不可少。但筆試只能通過間接的方式瞭解應聘者，對其工作態度、品德修養、氣質性格、口頭表達能力、臨場應變能力等無法深入瞭解，所以要結合面試應用。

面試是應聘者與招聘人員之間面對面的信息交流過程，可以是一對一的，也可以是多人面試一人；面試的過程可能是高度結構化的，也可能是完全沒有限制的非結構化的，還可以是介於兩者之間的半結構化的；面試的氣氛可能是輕鬆的，也可能是在壓力非常大的環境下的。這一切都取決於面試的目的及面試人員的選擇。這是應聘者與用

人單位面對面溝通瞭解的一個雙向選擇的過程，很多關鍵崗位往往會經過幾輪面試。

3. 初步錄用決定

經過筆試和面試等環節後，人力資源部門就開始組織對整個選拔過程的成績進行計算和評定。這一過程的主要任務是根據筆試和面試對應聘者的個人信息進行綜合分析和評價，確定每個進入此階段的應聘者的能力和素質特點，參照既定的工作標準做出錄用決策。錄用決策一般由參與招聘過程的人力資源部門管理人員及用人部門主管共同做出。

4. 背景調查及體檢

對於組織內部的關鍵崗位，還需要對應聘者展開必要的背景調查，以證實應聘者的教育和工作經歷以及其個人品質、工作能力等。組織採用的背景調查方式主要是對應聘者以前的主管和同事進行詢問，以瞭解其離職原因、工作能力、團隊意識等問題，也可以利用專業的商業調查公司對應聘者的個人信譽、家庭狀況、資產負債情況等進行瞭解。

初步錄用決定後的另一項重要的工作是體檢，通過全面身體檢查以瞭解員工身體狀況，如是否有傳染性或是影響工作的疾病等。若有體檢結果證明會影響未來的工作，通常企業會做出拒絕錄用的決定，但注意要和應聘者做好溝通，且不能違背相關的就業政策和法律。

四、錄用

根據選拔過程對應聘者的全面考核及綜合評價，由人力資源部門相關人員及用人部門主管集體討論，按照人崗匹配的原則選取錄用人員。當錄用人員決定以後，人力資源部門應及時通知應聘者是否被錄用。

對被錄用的應聘者及時發出錄用通知，歡迎新員工加入組織，清楚告知報到時間、地點、程序等問題，並詳細標明如何到達目的地及其他應該注意的事項。一般錄用通知以電話或書面的形式發出，示例見表5－5。

表5－5　　　　　　　　　　錄用通知書

尊敬的＿＿＿＿＿＿＿先生/小姐：

我們非常高興地通知您，經過嚴格的篩選和面試，您已被我公司錄用為×××，請您於××年×月×日上午9：00攜帶以下資料來公司報到：

1. 原公司解除勞動合同證明；
2. 身分證原件複印件（複印件2份）、學歷學位證書原件複印件1份；
3. 體檢合格證明；
4. 兩張一寸照片。

公司在您報到後與您簽訂兩年的正式勞動合同。試用期×個月，自報到當日開始，試用期工資為××元，轉正後為××元。

我們對您的加盟表示熱烈的歡迎，並衷心希望您的才能在本公司能得到最充分的發揮，取得事業上的巨大成功！

此致

　　　　　　　　　　　　　　　　　　　　　　　××公司人力資源部
　　　　　　　　　　　　　　　　　　　　　　　××年×月×日

很多企業對錄用通知比較重視，但往往忽略了未被錄用的應聘者。其實，周到的辭謝通知不僅能夠建立起企業的良好形象，還能對企業今後的招聘產生有利的影響。因此，同樣需要用禮貌周到的方式通知未被錄用的人員。通常也是採用電話或書面的形式委婉地辭謝對方，示例見表5-6。

表5-6　　　　　　　　　　　辭謝通知書

> 尊敬的＿＿＿＿＿＿先生/小姐：
> 　　我們十分感謝您對本公司××職位的興趣。您的學識、資歷以及在面試過程中的良好表現給我們留下了深刻的印象。但因名額有限，本次未能錄用，但我們已將您的資料列入本公司人才儲備檔案，期待有機會再行共謀大業。
> 　　最後對您應徵本公司的熱誠，再次致謝。
> 　　　　　　　　　　　　　　　　　　　　　　　　　　　××公司人力資源部
> 　　　　　　　　　　　　　　　　　　　　　　　　　　　　××年×月×日

被錄用者辦理報到手續完畢，並順利通過試用期，通常企業會與員工簽訂正式勞動合同，辦理有關社會保險等手續，規定雙方的勞動關係，明確雙方的責任、權利和義務，對雙方同時進行法律的約束和保護。

五、評估

評估是招聘過程中不可缺少的重要階段，一般包括以下幾個方面：

1. 招聘成本

招聘成本是評價招聘工作效率的重要指標，如果招聘成本較低而錄用人員質量較高，則說明招聘效率高；反之，則意味著招聘效率低。

招聘成本包括招募成本、選拔成本、錄用成本、安置成本、重置和離職成本等。近年來，許多學者將研究視角投入到招聘過程的隱性成本的研究中。

2. 錄用人員

錄用人員即根據組織的招聘計劃及用人崗位的工作分析，對已錄取的人員的數量、質量進行評估，可通過錄用比、招聘完成比、應聘比來完成。

3. 招聘人員

通過招聘人員在招聘過程中的表現以及對招聘結果（如新員工的合格率、職位空缺時間等）的分析，評價招聘人員工作的效率與效果。

通過對此次招聘工作過程的評估和總結，可以對下次的招聘產生指導作用，為以後的招聘工作提供信息。

第三節　招聘渠道

徵募是通過各種信息傳播渠道，把符合要求又對本企業感興趣的人吸引到企業來應聘的過程。徵募是招聘系統的重要環節，通過何種渠道以及採用什麼方式，在很大程度上影響著企業能夠吸引和召集到的應聘者的數量和質量。根據渠道的不同，可以

將招聘工作分為內部招聘和外部招聘。而不同的招聘渠道又有多種招聘方法可供選擇，企業可以根據自己的人力資源規劃、招聘人員的類型、招聘人員的市場供給狀況、招聘成本等選擇最有效的招聘方法，來吸引和召集那些符合招聘資格的人員。一般來說，可供企業選擇的招聘渠道或招聘方式分為以下幾種：

一、內部招聘

內部招聘即在產生職位空缺後，在組織內部尋找合適的人員。據統計，20世紀中葉，美國有50%的管理職位由公司內部人員填補，而進入20世紀90年代以後，這一比率上升到90%以上。

1. 內部招聘的方法

內部招聘的方法主要有公告法和推薦法，具體如下：

（1）公告法。公告法是在企業內部招募人員時最常用的方法，是指企業將空缺崗位的特徵，如資格要求、主管人員姓名、工作時間、薪資等級等信息通過各種內部媒體，如廣播、內部刊物、宣傳欄、網絡系統等公開發布（見表5-7），吸引符合條件的內部工作人員應聘，然後通過層層考核，選拔合適的人員錄用。此種方法簡便、經濟、快速、實用，被大量運用於填補企業內的非管理層職位空缺。

表5-7　　　　　　　　　　內部競聘公告

```
公告日期：
結束日期：
    在_____部門有一全日制職位_____可供申請。此職位對/不對外部候選
人開放。薪資水準_____。
    崗位職責：參見所附崗位說明書。
    申請資格要求：
    1. 從事現崗位工作滿×年以上；
    2. 2007年、2008年度考核結果為合格及以上；
    3. 良好的團隊意識和團隊合作精神；
    4. 較強的組織能力和積極的工作態度；
    5. 本科（含）以上學歷；
    6. 有××經歷者優先。
    申請程序：
    1. 符合報名條件且有意向的員工填寫《雙向選擇報名表》（見附表），於×月×日發至××
郵箱；
    2. 人力資源部進行資格初審；
    3. ×月×日，人力資源部會同相關部門負責人提出擬定意見，提交總經理辦公室審定；
    4. ×月×日，進行職業能力和業務知識測試；
    5. ×月×日，進行診斷性面試；
    6. ×月×日，公示結果。
    附表1：崗位說明書
    附表2：雙向選擇報名表
                                            ××公司人力資源部
                                              ×××年×月×日
```

使用公告法應注意在公告發布的時間選擇上要有一定的提前量，且信息的覆蓋面應是組織的全體員工，使每個人都有平等的競爭機會，所有擁有這些資格的員工都可以申請；公告內容應包括對空缺職位的工作描述、工作規範、待遇和報酬、工作日程和必要的任職資格等。

(2) 推薦法。推薦法也是內部招聘的一種特殊形式，一般由空缺崗位的上級主管人員向人力資源部門推薦其熟悉的、可以勝任該工作的候選人供考核。推薦者本人對空缺職位的要求比較瞭解，對被推薦人的教育、能力、績效等也比較熟悉，因此成功的可能性較大，且有利於該部門將來工作的順利開展。這種方法要求實事求是、任人唯賢，並需要經過對候選人的綜合評定來確定最終人選。

2. 內部招聘的優點

內部招聘具有以下優點：

(1) 有利於調動員工的勞動積極性，提高員工的忠誠度。內部招聘使員工認識到，只要在工作中不斷提高能力、豐富知識，就有機會被提升擔任更重要的工作，這有利於保持內部員工的穩定性，激發企業內部員工的積極性，鼓勵員工積極進取，不斷提高自身的競爭力。

(2) 有利於提高招聘質量。組織掌握著大量的一手資料，對內部員工的知識水準和實際能力有較為深入和全面的考察和評估，能較為準確地判斷其是否適合新的工作，這樣，就可以有效地減少招聘工作中的失誤，提高招聘質量。

(3) 有利於節省成本。內部招聘不僅可為組織節約外部招聘所需要的大量廣告費、招聘人員差旅費以及招聘機構代理費等直接開支，而且還可節約部分新員工上崗培訓費和熟悉組織等方面的花費，從而可為組織節省大量成本。

(4) 有利於工作的迅速開展。內部招聘的員工一般對企業內外環境和條件比較熟悉，對組織文化也比較瞭解，因而能夠較快地開展並勝任工作，能將職位空缺時間及帶來的影響減到最小。

3. 內部招聘的缺點

內部招聘具有以下缺點：

(1) 選擇範圍有限。從內部招聘到的人可能只是組織中最合適的人，卻不一定是最適合職位的人。這種情況下若堅持僅從內部招聘，會使組織失去得到一流人才的機會，對組織活動的正常進行以及組織的發展是極為不利的。

(2) 缺乏創新。內部招聘使人員流動僅發生在組織內部，不利於組織吸收新鮮血液。長期相處的同一群體可能在思維方式和行為習慣方面形成一定的定式，缺乏應有的活力，容易形成自我封閉的局面，缺乏思想碰撞的火花，創新會受到抑制。

(3) 容易出現營私舞弊現象。有些時候出於某些領導的私心，一些員工可能被提升至他不能勝任的崗位，長此以往甚至可能造成企業領導層拉幫結派各自為政的現象。

(4) 容易激發內部矛盾。內部招聘可能會帶來不穩定的因素，激發內部矛盾。如應聘者認為自己已經具備了擔任該職務的能力，在這種情況下，一旦落選，難免會產生挫折感和失落感，進而會降低員工的工作積極性，並對組織及上任的同事產生抵觸情緒，容易引發內部矛盾。

總之，企業在採用內部招聘填補崗位空缺時，一定要注意採取相應的措施，揚長避短，充分發揮其積極作用，防止並克服其缺陷或不足。

二、外部招聘

外部招聘即面向組織外部徵集應聘者以獲取所需人員的過程。組織進行外部招聘的主要原因是：組織內出現職位空缺而組織內部缺乏勝任者；企業的產品或技術更新換代速度太快，來不及在組織內部培養適用人才；或者出於其他考慮需要在更大範圍內選拔更優秀的人才等。

1. 外部招聘的方法

（1）員工推薦。內部人員推薦是最好的員工招募來源之一，特別是對那些缺乏某種技術的組織。例如，NEC 公司在過去的幾年裡，通過自己員工介紹的就業人數從 15% 上升到了 52%。企業將空缺職位以及對被推薦者的要求在企業中公布並張貼在布告欄內。對於那些在企業的僱用工作中推薦候選人多的僱員或推薦的人被成功錄用的僱員，企業將給予一定的現金獎勵。

（2）廣告招聘。廣告招聘即通過廣播、報紙、電視、網絡等媒體向公眾發布組織的招聘信息。這種招聘方式的信息覆蓋面廣，且能同時達到宣傳企業的效果，可謂一舉兩得。但這種招聘方式的成本一般較高。

（3）校園招聘。校園招聘是企業外部招聘的一種重要方式，大多直接在校園內進行，招聘成本低、週期短，而且企業能吸引一批高素質的精力充沛、適應力強，具有全新的思想、無限的活力、創造的激情的新員工，因此校園招聘是企業大批量補充基礎員工的首要選擇。許多國際著名公司都把校園招聘視為企業更新自身人才庫的好機會。如寶潔公司每年都成功地從各大高校中吸納了不少優秀的人才。

（4）網絡招聘。隨著互聯網技術的發展及其對人們生活影響的不斷深化，企業也越來越將網絡招聘作為其招聘方式的一種。現在許多企業都設置了自己的網站，網上求職者可以更迅速地瞭解到關於招聘情況的信息，同時允許求職者以電子郵件或網上填寫應聘登記表的形式提交自己的申請。在《財富》全球 500 強企業中，使用網上招聘的已占 88%，目前北美地區 93% 的大公司都利用網上招聘這種招聘方式，歐洲有 83%，亞太地區有 88%。按行業來說，使用互聯網招聘員工最普遍的是醫療保健業，全球 500 強中達到了 100%，製造和運輸行業也在 95% 以上。

（5）仲介機構。仲介機構是指幫助組織招聘員工同時又幫助個人找到工作的一種組織，常見的有職業介紹所、人力資源公司、獵頭公司等。職業介紹所很多是政府為用人單位、求職人員提供就業服務的專業性機構，通常服務是免費的；而人力資源公司從本質上來看是收費的職業介紹所；獵頭公司則主要是為組織提供高級管理人員招聘服務的仲介機構。

2. 外部招聘的優點

外部招聘具有以下優點：

（1）能夠給企業帶來新鮮血液，有利於組織創新。來自外部的新員工可以為企業帶來新的管理方法和經驗、新的觀念和新的技術、新的思維方式，有益於增強企業的

活力。同時根據著名的「鯰魚效應」，組織從外部招聘的有才干的人，會對已有員工形成壓力，激發他們工作的積極性。

（2）有利於避免內部矛盾。實行外部招聘可避免組織內部沒有被提拔到的人積極性受挫，避免造成因嫉妒心理而引起的情緒不快和組織成員間的不團結，從而有利於組織內部和諧工作氛圍的構建。

（3）有利於從更廣的層面選擇人才。外部招聘的選擇範圍和選擇餘地更大，這有利於組織經過考核與評價，在更多的候選人中選擇更優秀、更符合本組織發展目標的人選。特別是那些通過獵頭公司選拔的人才，一般具有較豐富的實踐經驗和較高水準的專業技術或專門技能，從而可使企業節約大量的培訓費用，同時相對減少崗位空缺時間。

（4）有利於企業對外樹立組織形象。通過外部招聘，借助各種媒體與社會接觸，是企業對外宣傳的好機會。借外部招聘機會積極擴大組織在公眾中的影響，對樹立組織的良好形象具有重大作用。

3. 外部招聘的缺點

外部招聘具有以下缺點：

（1）信息收集成本高。招聘部門對組織外部的應聘者沒有太多的瞭解，為了能夠在眾多應聘者中選出合乎招聘條件的候選人，必須經過認真的資格審查和評定，並經過嚴格的能力測試。這些都增加了外部招聘成本。

（2）適應期較長。由於外部引進人才的社會背景和具體經歷不同，一般來說，對新任的崗位工作需要一個熟悉和適應的過程，特別是對企業文化的認同和融合難度更大，完全勝任工作需要有較長的適應期。

（3）打擊現有員工積極性。從外部招聘某個空缺職位的候選人，有可能使組織內部感到能勝任此職位的員工產生挫敗感，對自己的前途失去信心，從而影響其工作的積極性。同時也會對現崗的員工帶來一定的壓力和影響，競爭過度容易使員工缺少歸屬感。

總之，無論是內部招聘還是外部招聘，都有其自身的優勢和不足之處。因此在實際招聘工作中，應結合具體的招聘計劃和目標，靈活合理選擇內部招聘或外部招聘，或內外部招聘相結合。

第四節　甄選

一、甄選概述

甄選是指從眾多求職者中挑選出最有可能勝任某一特定工作職位的人員的過程。甄選過程是招聘中最困難也是最重要的環節之一，因為它不僅決定了招聘工作的效果，更決定了將來組織人力資源水準的高低。甄選過程不僅隨行業的類別和組織性質的差異而不同，還與組織需要填補的工作崗位的種類和層次密切相關。一般情況下，甄選

過程如圖5-2所示。

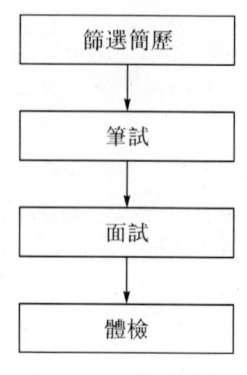

```
┌──────────┐
│  篩選簡歷  │
└─────┬────┘
      ↓
┌──────────┐
│   筆試    │
└─────┬────┘
      ↓
┌──────────┐
│   面試    │
└─────┬────┘
      ↓
┌──────────┐
│   體檢    │
└──────────┘
```

圖5-2　甄選過程圖

首先根據簡歷或工作申請表所提供的信息進行初步篩選，剔除求職材料不實及明顯不合格者；其次通過多種測評技術以筆試或面試的方式對應聘者的職業能力、性格特點、價值觀、興趣等進行考核和測量，對某些崗位，可能僅使用筆試或面試任一種，而對有些崗位則需要結合使用甚至進行多輪面試；最後，剔除身體條件明顯不適合該崗位工作的人選，最終做出錄用決策。

二、甄選測評常用方法

測評活動是心理測量技術在人力資源領域的應用，一般來說，對某個測評方法的科學性通常用效度和信度兩個指標來衡量。

效度是反應測評內容與工作本身相關程度的指標，如果測試內容與工作不相關，那麼可以認為該測評是無效的。效度包括效標效度和內容效度。效標效度是指通過測試分數與實際工作績效之間的經驗聯繫，來證明測試是否有效的一種效度類型，所以又叫效標關聯效度。它要證明那些在甄選測試中表現好的被測者，在實際工作中也一樣能夠表現得出色；相反，在測試中表現不好的被測者在工作中亦表現不好。內容效度是指要證明測試中設計的項目、提出的問題或設置的難題在多大程度上能夠代表實際的工作績效或者是確實反應實際工作存在的問題。

信度是指測試的一致性和穩定程度，即同一個測驗或經專家認同的等值測驗在不同的時間對同一被測對象測試所得的分數的一致性。通俗地講，就是看不同的時間、不同的人，對同一個對象的測試，會不會有很大的不同。信度分為再測信度和復本信度。再測信度指在不同的時間、相同的條件下對同一被測對象實施相同的測試，然後比較所得結果；復本信度指在不同的時間、相同的條件下對同一被測對象實施與第一個測試等值的測試，然後再比較分數。

甄選測評中具有代表性的方法有以下幾種：

1. 心理測評法

在招聘過程中經常使用的心理測試有智力測試、人格測試、職業興趣測試、職業能力測試、心理健康測試等。

(1) 智力測試

智力測試是用來測量應聘者的智力水準，一般包括觀察力、注意力、記憶力、思維力、想像力。智力水準的高低直接影響了一個人的工作情況。常用的智力測試採用的是美國心理學家韋克斯勒編製的智力量表。

近年來越來越多的研究表明一般人的智力水準相差無幾，而情商（EQ）則對於人的成就起到更大的作用，故應聘中對智力水準的測試也漸漸減少。

(2) 人格測試

人格是個體持久的、帶有傾向性的性格特徵，每個人都有自己的性格特徵，每一種性格都有其擅長的職業。具有代表性的人格測試有卡特爾的 16 人格因素調查表（16PF）。卡特爾認為在每個人身上都具備 16 種人格特質，且這 16 種特質在不同人身上的表現有程度上的差異，如表 5－8 所示。

表 5－8　　　　　　　　卡特爾 16 性格維量表

人格特質	低分特徵	高分特徵
開朗性	緘默、孤獨、冷漠	外向、熱情、樂群
聰慧性	思想遲鈍、學識淺薄	聰明、富有才識
穩定性	情緒激動、易受環境支配	情緒穩定而成熟、能面對現實
恃強性	謙遜、順從、通融、恭順	好強固執、獨立積極
興奮性	嚴肅、審慎、冷靜、寡言	輕鬆興奮、隨遇而安
有恒性	苟且、敷衍	做事盡職
敢為性	畏怯、退縮、缺乏自信心	冒險敢為、少有顧忌
敏感性	理智、著重現實	敏感、感情用事
懷疑性	依賴隨和、易與人相處	懷疑、剛愎、固執己見
幻想性	現實、合乎陳規	幻想、狂放不羈
世故性	坦白、直率、天真	精明能幹、世故
憂慮性	安詳、沉著、有自信心	憂慮抑鬱、煩惱自擾
實驗性	保守、尊重傳統觀念	自由、批評激進
獨立性	依賴、隨群附眾	自立自強、當機立斷
自律性	矛盾衝突、不顧大體	知己知彼、自律嚴謹
緊張性	心平氣和、閒散寧靜	緊張困擾、激動掙扎

(3) 職業興趣測試

廣義地說，興趣是一種人格特徵，職業興趣反應了一個人想從事某種職業的願望。有關資料表明，一個人如果從事自己感興趣的職業，則能發揮全部才能的 80%～90%，且能長時間保持高效率而不疲勞；如果從事不感興趣的職業，則只能發揮全部才能的 20%～30%。職業興趣方面具有代表性的理論是霍蘭德的人職匹配理論，他通過測試將人和職業分為六種不同的類型，且相同類型的人和職業之間一一對應。

(4) 職業能力測試

職業能力是指在各種職業活動中所必須具備的能力。哈佛大學教授霍華德·加德

納提出每個人至少擁有八項能力：語言能力、數理邏輯能力、音樂能力、空間能力、身體運動能力、人際交往能力、自省能力、自然觀察能力，每個人在這八項能力上所表現出來的強弱程度有所不同。以公務員考試為代表，招聘過程中越來越重視對應聘者的職業能力測試。表5-9所示的職業能力自評表可供讀者對自己的職業能力進行評價。該測評採用五級量表：A（強）、B（較強）、C（一般）、D（較弱）、E（弱）。

表5-9　　　　　　　　　　　　職業能力自評表

第一組能力

項　　目	A(強)	B(較強)	C(一般)	D(較弱)	E(弱)
善於表達自己的觀點					
閱讀速度快，並能抓住中心內容					
清楚地向別人解釋難懂的概念					
對文章中的字詞段落和篇章的理解分析和總結的能力					
掌握詞彙量的程度					
中學時你的語文成績					
小計分數					
合計					

第二組能力

項　　目	A（強）	B（較強）	C（一般）	D（較弱）	E（弱）
做出精確的測量（如測長寬高等）					
解算術應用題					
筆算能力					
心算能力					
使用工具（如計算器）的計算能力					
中學時你的數學成績					
小計分數					
合計					

第三組能力

項　　目	A（強）	B（較強）	C（一般）	D（較弱）	E（弱）
美術素描畫的水準					
畫三維度的立體圖形					
看幾何圖形的立體感					
想像盒子展開後的平面形狀					
玩拼板（圖）游戲					
中學時你的美術成績					
小計分數					
合計					

表 5-9（續）

第四組能力

項　　目	A（強）	B（較強）	C（一般）	D（較弱）	E（弱）
發現相似圖形中的細微差別					
識別形體的形狀差異					
注意到多數人忽視的物體的細節部分					
檢查物體的細節					
觀察圖案是否正確					
中學時善於找出數學作業的細小錯誤					
小計分數					
合計					

第五組能力

項　　目	A（強）	B（較強）	C（一般）	D（較弱）	E（弱）
快而正確地抄寫資料（如姓名、數字等）					
閱讀中發現錯別字					
發現計算錯誤					
在圖書館很快地查找編碼卡					
發現圖表中的細小錯誤					
自我控制能力（如較長時間做抄寫工作）					
小計分數					
合計					

第六組能力

項　　目	A（強）	B（較強）	C（一般）	D（較弱）	E（弱）
勞動技術課中做操作機器一類的活動					
玩電子遊戲或瞄準打靶					
做體操、廣播操一類活動檢驗身體的協調靈活性					
打球姿勢的平衡度					
打字比賽或算盤比賽					
閉眼單腿站立的平衡能力					
小計分數					
合計					

表 5-9（續）

第七組能力

項　　目	A（強）	B（較強）	C（一般）	D（較弱）	E（弱）
靈巧地使用手工工具（如榔頭、錘子）					
靈巧地使用很小的工具（如鑷子、縫衣針等）					
彈樂器時手指的靈活度					
動手做一件小手工品					
很快地削水果皮（如蘋果、梨子）					
修理、裝配、拆卸、編織、縫補等一類的活動					
小計分數					
合計					

第八組能力

項　　目	A（強）	B（較強）	C（一般）	D（較弱）	E（弱）
善於在陌生場合發表自己的意見					
善於在新場所結交新朋友					
口頭表達能力					
善於與人友好交往，並協同工作					
善於幫助別人					
擅長做別人的思想工作					
小計分數					
合計					

第九組能力

項　　目	A（強）	B（較強）	C（一般）	D（較弱）	E（弱）
善於組織單位或班級的集體活動					
在集體活動或學習中，時常關心他人的情況					
在日常生活中能經常動腦筋，想出別人想不到的好點子					
冷靜果斷處理突然發生的事情					
在你曾做過的組織工作中，你認為自己的能力屬於哪級					
善於解決同事或同學之間的矛盾					
小計分數					
合計					

根據以上自評，將各組總計得分除以 6 得出該組所測職業能力的最後得分，將每一組的評定等級填入表 5-10 中。根據能力等級評定得分，可以判斷自己的能力屬於哪個等級。5 個等級涵義分別為：「1」為強；「2」為較強；「3」為一般；「4」為較弱；「5」為弱。若出現小數點（例如 3.3）表示此種能力水準稍低於一般水準，高於較弱水準。

表 5－10　　　　　　　　　　　能力等級評定表

組　別	相應職業能力	合計分數	能力等級評定分 （合計分數÷6）	您的能力等級屬於
一	語言能力			
二	數理能力			
三	空間判斷能力			
四	察覺細節能力			
五	書寫能力			
六	運動協調能力			
七	動手能力			
八	社會交往能力			
九	組織管理能力			

測試分為9組，每組均相應測試一項職業能力，對應自身的情況，按上述5個等級為各題打分。A（強）：1分；B（較強）：2分；C（一般）：3分；D（較弱）：4分；E（弱）：5分。累計後合計總分。

（5）心理健康測試

隨著人才競爭的日益劇烈，現代人在工作中所承受的壓力也越來越大，心理問題也日益成為人們所關注的一個方面。是否擁有健康良好的心理狀態，對一個人的工作及職業的發展至關重要。因此許多組織在招聘過程中開始引入對應聘者心理健康狀態的測試，如心理適應性測試、抗挫折能力測試等。

2．評價中心法

評價中心法是現代人員素質測評的一種新的方式，主要用於管理人員的測評。在這個過程中，讓被評價者執行某項現實的任務或是將被評價者置於某種模擬的情境中，由測評專家來觀察被評價者的實際工作能力，並預測其今後的工作潛力。評價中心法的主要內容包括公文筐處理、無領導小組討論、角色扮演、案例分析等。

（1）公文筐處理

公文筐處理是評價中心法中最常用的一種測評技術。顧名思義，就是對特定職位的管理人員在日常工作中經常遇到的各類典型事務進行編輯、加工，並設計成若干種公文讓測評對象處理，由此評價其在將要面對的典型職業環境中獲取有關資料、妥善處理各類信息、準確做出管理決策、有效進行協調和控制的工作能力。其因公文都放在公文筐中而得名。由此可以測試應聘者的組織、計劃、協調、分析、判斷、分派任務的能力，處理問題的條理程度以及收集和利用信息的能力。

（2）無領導小組討論

無領導小組討論是把一定數目的應聘者組成一組（5～7人），進行一小時左右的與工作有關問題的討論，討論過程中不指定受測者應坐的位置，也不指定誰是領導，讓受測者自行安排組織，評價者來觀測應聘者的組織協調能力、口頭表達能力、辯論的說服能力等各方面的能力和素質是否達到擬任崗位的要求以及自信程度、進取心、

情緒穩定性、反應靈活性等個性特點是否符合擬任崗位的團體氣氛，由此來綜合評價應聘者之間的差別。

（3）角色扮演

角色扮演是指設置一系列尖銳的人際矛盾和衝突，讓應聘者扮演某一角色並進入情境去處理矛盾和衝突，通過觀察候選人在不同角色中的表現來評價應聘者的人際交往能力、思維敏捷性、情緒控制力及口頭表達能力等。

（4）案例分析

案例分析是指給出一個案例，讓應聘者進行分析構思，要求其在一定時間內提出解決方案，並形成書面材料交給上級領導。這主要考查候選人的綜合分析能力和判斷決策能力。

三、面試

1. 面試的種類

面試是通過面試考官與應聘者面對面地接觸交流，瞭解應聘者的能力、素質等信息，以確定應聘者是否符合職位要求的一種甄選方式。根據不同的側重點，可以對面試進行不同的分類。

（1）按面試內容分類

按面試內容可以將面試分為結構化面試和非結構化面試以及半結構化面試。非結構化面試只在面試過程中隨意提問，無固定的程序，這類面試隨意性較大，對主考官要求比較高；結構化面試是指按照預先確定的問題次序對面試者進行提問，方法主要有行為描述性面試和情境性面試，這種方法減少了面試的盲目性，保證對應聘者一視同仁，但不夠靈活，不能因人而異；半結構化面試是上述兩種方式結合起來的面試方式，兼容了兩者的優點。

（2）按面試目的分類

按面試目的可將面試分為初步面試和診斷性面試。初步面試主要是用來增進用人單位和應聘者的相互瞭解，以淘汰條件明顯不符合要求者，往往由負責招聘的人力資源部門工作人員進行，很多時候是在招聘現場進行的；診斷性面試則是針對經過初步面試篩選合格的應聘者，目的是為了瞭解其實際工作能力和發展潛力。

（3）按面試環境分類

按面試環境可以將面試分為壓力型面試和非壓力型面試。壓力型面試是將應聘者置於高壓環境以考察其對壓力的承受能力以及對壓力的反應。這種面試是為了考察將來會面臨較大壓力的崗位應聘者。非壓力型面試則與此相反。

2. 面試過程

面試過程通常分為面試準備、正式面試、面試評估三個階段。

（1）面試準備

面試前的準備工作非常重要。其主要工作包括：選擇合適的地點，面試房間應安靜不受外界干擾；準備應聘者材料，包括其簡歷、求職登記表以及在前幾輪面試、筆試中的成績；提前準確告知應聘者面試的時間、地點。

(2) 正式面試

面試開始可通過一些簡潔的歡迎詞、自然的話題作為開場，消除應聘者的緊張情緒，同時向應聘者介紹各位面試官，並說明面試的基本意圖、基本規則及安排。正式過程主要是為了獲取應聘者的有關信息，是面試官與應聘者雙向交流的過程。面試以問答的形式展開，通常由一般性的問題到專業知識與技能都會涉及，主要是為了對應聘者能力、個性、潛質、學識等方面有深入的瞭解。在面試過程中要注意仔細聆聽並認真做好記錄，以便面試結束後做評估。

(3) 面試評估

面試評估是面試中的最後一道程序，是對應聘者的綜合評價，以此決定此次招聘的人選。應聘者離開後應及時整理面試記錄，認真填寫面試評價表（見表 5-11 和表 5-12），對應聘者做出客觀的評價，以提高面試成效，做出錄用決策。

表 5-11　　　　　　　　　　　　初試記錄表

姓名		應聘職位				
評分項目	分值分配					
	5	4	3	2	1	
儀表儀容						
談吐口才						
體格狀況						
反應能力						
領悟能力						
外語表達能力						
對即將從事的工作的認識深度						
前來本公司服務的意志堅定程度						
綜合評定	優 良 中 差			面試人： 面試時間：		
結論				面試人： 面試時間：		

表 5-12　　　　　　　　　　　復試記錄表

姓名		應聘職位			
初試結論					
評定級次	優	良		中	差
專業技能					
管理思想					
職業抱負					
其他					
復試總評	優 良 中 差				
結論			面試人： 面試時間：		

3. 面試官應避免的幾種錯誤

眾所周知，面試官在面試中起到舉足輕重的作用，一次面試的信度和效度很大程度上取決於面試官自身的能力和素質，因此，為了保證面試高效地進行，面試官應注意避免以下幾種常見的錯誤：

（1）首因效應

首因效應指人們根據最初獲得的信息所形成的印象不易改變，甚至會左右後來獲得的新信息的解釋。在面試中面試官往往因為種種因素對應聘者產生第一印象，而先入為主的第一印象如果影響到後面的後續評價，就會對整個測評的公平性產生影響。

（2）暈輪效應

暈輪原指月亮被光環籠罩時產生的模糊不清的現象。暈輪效應是一種普遍存在的心理現象，即對一個人進行評價時，往往會因對他的某一品質特徵的強烈、清晰的感知，而掩蓋了他其他方面的品質。面試中面試官往往會因為個人偏好對應聘者「愛屋及烏」，對其面試表現採取很寬容的態度，從而影響了評價的客觀性。

（3）近因效應

最近、最後的印象，往往是最強烈的，可以衝淡在此之前產生的各種因素，這就是近因效應。近因效應一般在內部招聘中容易出現。內部招聘中大部分面試官與應聘者認識，因此，應聘者的近期表現可能會對面試官產生效應，影響其判斷力。

（4）反差效應

反差效應指在面試過程中因為面試的順序問題，前面的應聘者與後面的應聘者的表現產生反差從而對評價結果產生影響，往往會發生前緊後鬆或前鬆後緊。

第五節　應聘過程

前面是從企業人力資源管理的角度來介紹招聘過程，本節則換一個角度，從應聘者的角度出發，探討在求職應聘過程中的一些注意點。

一、應聘流程

每個人的求職應聘經歷各不相同，但總體來說一般都會經過以下流程：

1. 評估人才市場及自己的職業取向

在求職之前首先要對自己有明確的認知，即自己的價值觀、能力、個性及興趣是什麼，自己適合什麼樣的職業，同時也要對目前的就業環境及人才市場的供求狀況有一定的瞭解，並在此基礎上對自己的職業取向做現實調整。

2. 做好準備

求職之前要準備好應聘過程中可能要用到的材料，如簡歷和求職信，同時也要準備其他相關的能證明自己能力、素質等的文件、證書等備用。除此之外還要做好自己的心理調整，以積極、平和的態度對待求職。

3. 郵寄/遞交申請材料

一旦明確了目標職位，就可以進入遞交求職申請的階段。一般會在招聘會等場合當面遞交，公司位於外省市的也可以通過郵寄或發 E - mail，注意要準備好簡歷、求職信及相關的證明材料。目前很多企業都在網上開通了專門的應聘系統，求職者只需登錄填寫應聘申請表即可提交個人相關材料。

4. 收到筆試/面試通知

如符合公司條件一般會收到公司的筆試或面試通知，面試通知一般以電話或郵寄的方式發送。

5. 參加筆試或面試

一般企業會先後進行幾輪筆試和面試，以層層篩選合適的應聘者。

二、面試前的準備

在整個求職應聘過程中，面試過程，特別是診斷性面試對個人能否成功求職起到的作用是至關重要的。因此，在面試之前，要做好充足的準備，以提高面試效率。

1. 面試前的形象準備

面試前要從頭做起，衣著整潔得體，不著奇裝異服，保證儀表乾淨大方。從細節入手，力爭在面試中給人留下良好的第一印象。

2. 面試前的知識準備

面試之前更重要的是在知識方面要有所準備，除了一些平時學習累積的專業技能知識之外，還需要對應聘單位有所瞭解，包括企業的發展歷史、企業的傳統、企業的文化、企業的主要產品以及應聘崗位的具體要求，做到知己知彼。

3. 面試前的心理準備

為了在面試中能有穩定良好的表現，要在面試前做好充足的心理準備，有備而去，以免在面試過程中被問得措手不及。可以提前準備一下面試中可能會被問到的問題，如「你為什麼來我公司求職?」、「你最大的優勢? 缺點?」、「你以前有過怎樣的工作經驗?」、「打算在未來5年做什麼? 5年後你想做到什麼地步?」。

三、面試中的題型

根據面試目的的不同，面試過程中可能會被問到不同的問題。面試中的題目一般分為以下類型:

1. 背景型

背景型題目是通過詢問應聘者的教育、工作、家庭及成長背景等問題來瞭解面試對象的求職動機、成熟度、專業技術等要素的面試題型，一般會通過要求應聘者自我介紹而引出。

例如，請用2~3分鐘談談你現在所在單位的整體情況和你自己近幾年來的個人情況及工作表現。

考察要素: 求職動機與擬任職位的匹配性，言語表達能力。

評分標準如下:

好: 言語表達具有清晰流暢、簡潔的特點，能針對所在單位和個人兩方面的特點來表達其求職的願望。

中: 言語表達一般，條理基本分明，能談到單位和個人兩方面的匹配性。

差: 說話吞吞吐吐，言語表達不清，累贅，或表達內容缺乏條理。

2. 智能型

智能型題目即通過詢問應聘者對一些複雜問題或社會現象等的分析，來考查其邏輯思維、反應判斷能力、綜合分析能力以及解決問題能力的一種題型。

最典型的是微軟的試題: 有兩間屋，甲和乙，甲屋有三個開關，乙屋有三個燈泡，甲屋看不到乙屋，而甲屋的每一個開關分別控制乙屋的其中一個燈泡，問怎樣可以只停留在甲屋一次，停留在乙屋一次，而可以知道哪個開關是控制哪個燈泡?

考評要素: 打破傳統思維的局限，創造性思維的產生。

3. 行為描述型

行為描述型題目要求應聘者描述其過去的某個工作或生活經歷的具體情況，以此來瞭解應聘者各方面的素質特徵。

例如，請舉例描述一下你遭遇到別人的誤解，如何克制自己的情緒並從中恢復過來。

考察要素: 自我情緒控制能力。

評分標準如下:

好: 能談到在情緒產生波動時自己的自我情緒控制方法，並取得良好的效果。

中: 有自我控制情緒的能力，但效果不明顯。

差: 情緒性強，言語中流露出氣憤、委屈，情緒曾長時期受影響，現在回想時仍

有情緒上的波動。

4. 情境型

情境型題目即通過向應聘者模擬一個假設的情境，來讓其解決情境中出現的問題，從而考查其綜合分析能力、解決問題能力、應變能力、情緒穩定性、人際交往能力等的一種題目。

例如，某天早上，上司給你布置了一項任務，要求你在下班之前完成，這對你而言已經很吃力了。現在，上司又給你下達一項新的任務，要求你也必須在下班前完成，你將怎麼辦？

考評要素：解決問題的能力，與上級溝通的能力與技巧。

評分標準如下：

好：能以適合上司的方式告訴上司自己的困難之處和客觀上可能給工作造成的貽誤，並一起協商獲得最好的工作時間表或能夠得到助手。

中：告訴領導這樣安排會貽誤工作，同時也沒有新的方法提出，在態度表現上是拒絕領導，或是無能為力的表現。

差：忍耐接受下來，試圖兩邊都拼命干；或簡單地訴說自己的苦楚，並試圖推托到其他人那裡；或接受下來，完不成讓領導去思考；或就此現象大發感慨，抨擊這種官僚做法。

本章小結

招聘指組織根據自身的需求狀況，按照一定的條件和標準，採用適當的方法，通過多種渠道召集並選拔錄用所需的各類人員的過程。它是現代企業管理過程中一項重要的、具體的、經常性的工作，是人力資源管理活動的基礎和關鍵環節之一，是企業各項工作開展的前提。

招聘工作需在遵守合法、科學、公平、統籌、經濟原則的前提下，根據企業的人力資源計劃引出對人力資源需求的數量和類型，由工作分析確定所需人員的具體標準，在此基礎上根據內外部環境，制定出相應的招聘策略，即通過何種渠道徵募人員。根據渠道的不同，可以將招聘工作分為內部招聘和外部招聘。而不同的招聘渠道又有多種招聘方法可供選擇，企業可以根據自己的人力資源規劃、招聘人員的類型、招聘人員的市場供給狀況、招聘成本等選擇最有效的招聘方法，來吸引和召集那些符合條件的人員。

在獲得一定數量的應聘者的基礎上，採取多種科學方法對應聘人員進行甄選，甄選過程不僅隨行業的類別和組織性質的差異而不同，而且還與組織需要填補的工作崗位的種類和層次密切相關。通過甄選最終做出錄用決定，並在一段時間後對該次招聘工作進行評估以指導下一次招聘。

作為應聘者，則需要在熟知一般應聘流程的基礎上，根據自身情況，有針對性地準備應聘工作。

思考題

1. 招聘的流程是怎樣的？你認為招聘過程中哪些步驟是最重要的？為什麼？
2. 內部招聘和外部招聘各有什麼優勢？在實際運用中如何選擇？
3. 分析哪些因素會影響招聘的效果。
4. 甄選常用的方法有哪些？簡要說明各種方法的優缺點及適用性。
5. 根據本章所學知識，與小組成員進行模擬面試。

案例分析

洛克希德馬丁公司地區招聘中心的招聘流程

洛克希德馬丁公司是世界上最大的航空企業，美國政府的採購占公司銷售額的66%，外國政府和商業機構的採購約占17%。洛克希德馬丁公司有60多個分支機構，組成5個商業部門，總部在馬里萊州的畢士大城，員工數量170,000人。洛克希德馬丁公司在華盛頓建立了地區招聘中心（RRC），位於弗吉尼亞的水晶城，是洛克希德馬丁公司人力資源部的一部分，主要依靠地區優勢以及穩固的、流線型的招聘流程招聘合格的員工。

RRC是華盛頓地區面向專業人士和校園招聘的唯一招聘點，每年都擔負著吸納上千名新員工的任務。RRC的整個招聘過程幾乎都是通過網絡來進行的，即應聘者可以在線應聘，信息會直接輸入簡歷庫。招聘專員搜索簡歷數據庫，分析技術記錄，把他們和崗位需求相匹配。

首先，RRC從洛克希德馬丁公司運作部門接到崗位需求，並將崗位需求文件轉入文檔庫。招聘信息發布後，一旦收到應聘文檔，應聘者的簡歷就會在瀏覽後進入RRC的應聘者電子文檔庫。

洛克希德馬丁公司的招聘專員研究崗位需求後，對應聘者進行篩選。如果應聘者符合要求，招聘專員會電函應聘者進行面試，測試他們的技術和經驗是否和簡歷相符。如果應聘者通過了電函面試，他將被邀請去進行新的面試。應聘者通過輸入姓名、電話號碼、電子郵箱等來登錄RRC的外部網站，下載應聘表格，並且在參加面試之前就把資料填好。招聘專員會電傳一份應聘者簡歷給RRC的日程安排專員，由他來決定應聘者何時進行面試。當然，日程安排專員還要為當天進行面試的應聘者建立電子文檔。RRC日程安排專員要把面試準備的電子文檔（應聘者的詳細簡歷）以及建好的文檔電傳給運作部門的招聘經理，在面試之前讓每個經理都看到該簡歷。他還要將面試結果和應聘者的信息輸入地區招聘信息系統（RRIS）——個儲存應聘者檔案的數據庫。

運作部門的經理接到郵件告訴他可以查閱應聘者簡歷時，他會在面試之前過目一遍。通過瀏覽器，在RRC的軟件包中就可以看到簡歷。招聘經理用兩種不同的方法挑選出面試的簡歷。第一個方法是通過對面試日期文檔和對每個應聘者文檔的選擇；另

一個方法是利用一個搜索引擎、關鍵字和參數來選擇。

因此,在一個應聘者來地區招聘中心(RRC)面試之前,RRC 就已經開始做了大量工作:確認應聘者,製作應聘者電子文檔,復查在線應聘者簡歷,調查應聘者教育背景。

應聘者接到 RRC 的面試邀請後,他要確定面試時間,並在面試之前填寫雇傭表格。他們登錄網站,用用戶名和密碼進入 RRC 外部網站。一旦到達 RRC,應聘者就要交上如下表格。

洛克希德馬丁公司 RRC 外部網站是交流以下信息的門戶:

運作部門的信息

在華盛頓的生活和工作信息

成功的提示:

　來 RRC 面試之前,如何下載雇傭表格

　來 RRC 的地圖指南

　面試說明

登錄洛克希德馬丁公司 RRC 外部網站,應聘者下載並填寫以下表格:

　應聘表

　EEO 表

　利益衝突表

　保密表格

主要的活動還是在 RRC 面試時進行,包括應聘者報到、面試和面試後的決定會議。

應聘者來到 RRC,接待員收到他們的表格,帶他們去技術休息室,那裡是應聘者等待接受面試的地方,應聘者還可以在那裡繼續通過網絡搜索關於公司的信息和信息服務部門的項目,網絡還提供有關信息服務部門支持的各個運作部門的信息。每個應聘者的面試日程都是事先安排好的。招聘經理和保安經理先對應聘者進行面試,如果是 IT 類職位,每個應聘者將接受不同運作部門技術經理的三輪面試,因為要完全瞭解應聘者的技術水準,不能完全信賴一個技術經理的判斷,所以,深入的技術評估是十分必要的。

招聘經理和保安經理面試後,招聘專員要對應聘者進行一個不公開的面試。招聘經理、保安經理和招聘專員分別把自己的面試結果輸入 RRIS 數據庫。他們為所有的招聘經理提供了即時的面試評估。面試進行時,RRC 薪資分析員就進入 RRIS 數據庫,查看面試評估結果,然後根據這些為應聘者設計一個初始薪酬,並把這些信息也輸入數據庫。

所有面試都結束後,所有參加面試的人將一起討論應聘者。如果意見一致,就決定是否錄用應聘者。然後,由 RRC 總監在表決會上對每位應聘者進行回顧。在會議中,每個應聘者的面試評估被重新查閱,錄用和工資都定下來。如果決定錄用某個應聘者,信息就被輸入 RRIS 數據庫,這些信息包括運作部門、錄用決定、招聘經理、薪資、獎金和其他的條款,如果應聘者不被錄用,數據庫就記錄為拒絕。

結束面試後，RRC日程安排專員發出一封自動生成的錄用信和感謝信，沒有收到錄用信的應聘者都會收到感謝信。這些信打印之前都被認真地核查過，如果核查沒有問題，招聘專員就打印出來，然後招聘專員在簡歷庫系統中搜索出所有參加這個職位面試的應聘者，發信給他們。

最後，RRC會採用量化的方法來衡量招聘活動成功與否，並在新員工進入公司工作後，對他們的工作狀況進行調查。評估項目成功與否的方法如下表所示。

評估項目成功與否的方法
每個招聘專員招聘到的員工數量
每個招聘的成本
時間段
流失率
客戶滿意度

（資料來源：孫衛敏. 招聘與選拔［M］. 濟南：山東人民出版社，2004.）

討論題

1. 描繪出洛克希德馬丁公司地區招聘中心的工作流程圖。
2. 與中國企業的招聘活動相比較，洛克希德馬丁公司招聘流程獨有的特點是什麼？

第六章 薪酬管理

【學習目標】

- 掌握薪酬的基本概念，瞭解有代表性的幾個薪酬理論。
- 掌握薪酬設計技術、薪酬設計方法以及薪酬設計流程，學習後初步具備擬定薪酬制度、建立薪酬模型的能力。
- 掌握薪酬分配的方法、流程和技巧，著重培養對薪酬理論與薪酬制度應用與實踐能力。
- 掌握對薪酬管理效果的評價方法，重視對評價結果的反饋應用。
- 通過案例研究，鍛煉分析、判斷和解決問題的能力。

【導入案例】

「薪酬心愁新仇」

2006年元旦過後，北京氣溫驟降，大雪紛飛，聽著呼嘯的北風，健爾益食品公司總裁戴海清的心裡沉甸甸的。馬上就要過春節了，正是銷售旺季，在這個節骨眼上，上海分公司銷售部的頂梁柱一個接一個地提出了辭職。華北分公司也報告說，新招進來的銷售人員大多在試用期未滿之前就會走人。

所謂不患寡而患不均，這是一個歷史遺留問題。健爾益銷售公司成立於2002年，是菲菲集團為了整合行銷渠道而新設立的銷售公司，80%的員工屬於銷售人員，他們來自菲菲集團原有的4個分公司，因此基本上還拿著原來公司的工資。由於當初北方兩家分公司效益比南方兩家好很多，於是北方的銷售人員一直拿著比業內平均水準高得多的薪水。而南方的銷售人員則相反，到手的薪水比起同地區、同行業的銷售人員足足要少30%左右。干著同樣的活兒，別人拿的薪水卻超出自己好大一截，誰會樂意？

其實，針對這些問題，公司也在想辦法。2005年6月，健爾益公司發布了新的薪酬體系方案，出拾了「老人老辦法，新人新辦法」，公司指望通過逐步到位的薪酬調整，慢慢解決這個問題，實現薪酬調整的「軟著陸」。

這次薪酬改革，主要是針對銷售部和市場部。首先，公司將銷售部和市場部的總體薪酬水準調高了10%左右。與此同時，銷售人員的固定工資由原來的80%下調到了70%，市場部的也由原來的90%下調到了80%。對於這個變化，兩個部門的人都很不服氣。因為浮動工資的發放取決於銷售指標的達成，而銷售指標是年初就定下來的，定得相當高。到了年中，突然告訴他們固定工資比例下降、浮動工資比例上漲，當然沒人樂意了。況且原來工資水準有落差的問題在這次方案中也沒有得到解決，大家的

怨氣就更重了

其次，公司在績效考核體系設置了一些關鍵指標，並給各個指標設定了相應的權重。比如，對銷售人員銷售額中品類結構配比的考核權重由原來的5%提高到了10%。但是看起來，這個調整似乎還是提不起銷售人員對於銷售「新品」的興趣，經過仔細核算公司的考核指標，他們自己設計了「抓大放小」的對策。這可苦了市場部推廣新品的品牌經理，因為依據公司的考核體系，他們也需要對自己負責的新品銷售額負責。於是乎，市場部人員對公司考核體系更是牢騷滿腹。

除了銷售部和市場部問題重重以外，這次薪酬調整沒有涉及的職能部門也是怨聲載道。由於健爾益公司是一個銷售主導型的公司，原本這些職能部門的員工就覺得低人一等。現在倒好，薪酬調整又沒自己的份，你說失落不失落。如今，財務部和人力資源部的很多員工都打起了「出走」的算盤。

面對如此多的問題，健爾益公司的總裁戴海清有點無所適從。到底是這次薪酬體系的調整有問題，還是執行過程中有什麼偏差？要不要繼續把新的薪酬體系推行下去呢？

戴海清到底應該怎麼辦？

（資料來源：哈佛《商業評論》2006年3月號。）

討論題

在現代企業管理中，像這樣的案例比比皆是，薪酬制度不同，員工的工作態度和工作效率也完全不同。那麼什麼是薪酬？如何設計科學、高效的薪酬管理體系？如何使企業薪酬在市場中既具有外部競爭性，又能夠保持企業內部的公平性……這些都是本章將要解決的問題。

第一節　薪酬概論

一、基本概念

1. 薪酬的涵義

薪酬具有平衡、彌補、補償的意思，它是權利、回報與報酬的複合體[1]。據考證，在中國，「薪酬」的概念首次出現是在1950年10月4日的《人民日報》的《把技術經驗和理論結合全部拿出來貢獻給人民》一文中[2]，隨著社會經濟的發展進步以及外來文化的影響，「薪酬」逐漸取代「俸祿」、「工錢」、「工資」、「報酬」、「薪水」等詞彙，成為當前最為人們所接受且使用最為廣泛的一個概念。

關於薪酬，國內外學者從不同角度給出了不同的定義：美國薪酬管理專家馬爾托

---

[1]　[美] George T. Milkovich, Jerry M. Newman. 薪酬管理 [M]. 9版. 成得禮, 董克用, 譯. 北京：中國人民大學出版社, 2008：7.
[2]　曾湘泉. 薪酬：宏觀、微觀與趨勢 [M]. 北京：中國人民大學出版社, 2006：7.

奇奧在《戰略薪酬》一書中，將薪酬界定為雇員因完成工作而得到的內在和外在的獎勵，並把薪酬劃分為內在薪酬和外在薪酬，內在薪酬是雇員由於完成工作而形成的心理形式，外在薪酬則包括貨幣獎勵和非貨幣獎勵；美國佛羅里達國際大學著名管理學教授加里·德斯勒在《人力資源管理》一書中，定義雇員薪酬為雇員由於雇傭關係的存在而獲得的所有各種形式的薪資和報酬，薪酬包括2個主要構成部分——直接經濟報酬（以工資、薪金、獎金、佣金以及紅利等形式支付的薪酬）和間接薪酬（像雇主支付的保險以及帶薪休假這樣一些形式的經濟福利）；中國學者張德在《人力資源開發與管理》一書中，將薪酬定義為企業因使用員工的勞動而付給員工的錢或實物。

我們認為，薪酬是用人單位為了補償員工已付出的勞動，並使員工能夠更好地進行勞動而給予員工的物質和精神方面的回報與激勵。

2. 薪酬的內容

（1）從廣義的角度講，薪酬是一個較為寬泛的概念，包括了員工從用人單位所獲得的一切，可以分為物質性回報與非物質性回報兩大類。物質性回報是指用人單位以貨幣或實物形式直接給予員工的回報；非物質性回報是指工作本身帶給員工的樂趣、成就感以及用人單位為了激勵員工更好地工作而為其創造的工作和生活上的便利。（見圖6-1）

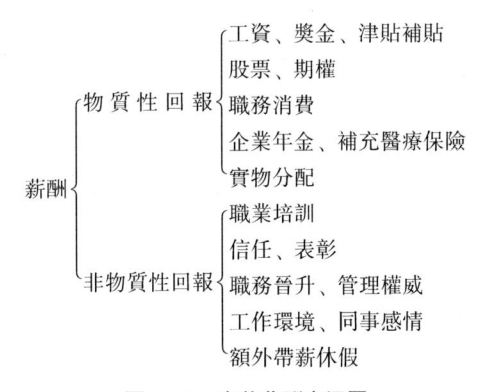

```
         ┌ 物質性回報 ┬ 工資、獎金、津貼補貼
         │            ├ 股票、期權
         │            ├ 職務消費
         │            ├ 企業年金、補充醫療保險
薪酬 ────┤            └ 實物分配
         │            ┌ 職業培訓
         │            ├ 信任、表彰
         └ 非物質性回報┼ 職務晉升、管理權威
                      ├ 工作環境、同事感情
                      └ 額外帶薪休假
```

圖6-1 廣義薪酬內涵圖

（2）從狹義的角度講，薪酬主要是指用人單位直接以貨幣形式支付給員工的報酬，包括工資、獎金、津貼補貼、股息等。本章主要基於狹義的薪酬範疇展開對薪酬管理的討論與研究。

①工資。1994年頒布的《工資支付暫行規定》對工資進行了定義——工資是指用人單位依據勞動合同的規定，以各種形式支付給勞動者的工資報酬。這一定義具有兩層涵義：第一，工資是勞動者與用人單位簽訂勞動合同從而形成勞動關係後，基於勞動關係支付的報酬，工資關係由《勞動法》、《勞動合同法》等勞動法律進行調節。若用工方與提供勞動方依據《中華人民共和國民法通則》或《中華人民共和國合同法》建立起勞務關係，用工方支付的報酬是勞務費用，不屬於工資範疇。第二，一般情況下，需在勞動合同中對工資支付做出規定或約定，即明確工資支付項目、工資支付水準、工資支付形式、工資支付對象、工資支付時間以及特殊情況下的工資支付等事項。

②獎金。獎金是對員工超額勞動的補償，若員工在規定工作時間內超額完成工作

任務，或是延長工作時間繼續為企業創造勞動價值，企業往往會以獎金的方式對這種超額勞動進行補償。獎金也是對員工優異工作表現的獎勵，若員工在工作中做出了較大的成績，為單位帶來了良好的經濟效益或社會效益，單位也會向其發放獎金以表示對這種行為的肯定。

③津貼補貼。津貼是為了補償員工特殊或額外的勞動消耗和因其他特殊原因而支付給員工的，包括保健性津貼、技術性津貼、年功性津貼和地區性津貼等。補貼是為了保證員工工資水準不受物價影響而支付給員工的，比如住房補貼、副食補貼等。

④股息。股息也稱分紅、紅利，是指在實行員工持股的企業中，企業根據利潤分配計劃向持有股票的員工按比例分配的利益。員工持股一般有兩種形式：一是現實持股，即員工以現金形式向企業購買股票，並由此獲得股權；二是虛擬持股，即企業許諾給予員工一定數量的股份，當員工工作超過約定期限或達到企業要求的相應條件後，員工即可獲得股份的所有權，並享受股份收益分配。有的企業為了激勵高級核心人才，在其取得股份所有權之前亦基於虛擬股份給予員工股份分紅。

3. 薪酬的作用

（1）保障作用。薪酬的作用首先體現在其保障功能上，即滿足員工的基本需要、為員工的生存與發展提供物質保障。薪酬的保障性具體體現在以下幾個方面：一是為了滿足員工及其家人的基本生活開支，包括衣、食、住、行、醫等方面的即時支出；二是為了滿足員工及其家人的預期開支，如個人養老、子女教育等方面的遠期支出，為此薪酬常被作為儲蓄存款積攢起來；三是為了滿足員工個人成長的教育開支，包括員工為了提升自身知識、技能、能力等方面而支付的教育和培訓費用。

（2）激勵作用。薪酬的另一個主要作用就是調動員工的工作積極性，激勵員工提升績效，從而產生更多的效益，推動企業向前發展。儘管我們對人性的認識已經歷了「經濟人」、「社會人」、「自我實現人」發展到了「複雜人」、「主觀理性人」，知道人的需求是分層次的、是多方面的，金錢物質需求並不是唯一的，但通過管理實踐我們也發現，在各種激勵手段中薪酬即物質激勵仍是最為有效的。通過正向激勵的「獎」和負向激勵的「罰」，薪酬能夠直接影響員工的工作態度和工作行為，在較短的時間內對員工績效改變產生明顯效果。當然，薪酬激勵也存在易引起短期效應這一缺點，責任心較差的員工往往置企業長久持續發展於不顧，採用耗費大量資源或是預埋風險隱患的方式，在短期內創造出較好的工作業績，從而獲得更多的薪酬回報。因此，企業在建立員工激勵體系時應以薪酬激勵為基礎，並從發展戰略、管理制度、企業文化等角度出發輔以其他激勵手段，以達到令人滿意的管理效果。

（3）導向作用。導向作用是薪酬的一個引申作用，是指企業通過薪酬這一介質向員工傳達信息，如果員工能夠正確接受信息、理解其中的涵義，並遵循信息的要求實施行為，那麼薪酬的導向作用就達到了。例如：某勘測設計企業為了提升企業資質、增強市場競爭力，規定對取得國家統考一級註冊建築師、一級註冊結構工程師執業資格證書並在單位進行註冊的員工給予一次性獎勵 10,000 元，每月除原有正常薪酬外加發 2000 元技術津貼。這一規定傳遞出了一個明確信息——企業的薪酬分配正向核心技術人才傾斜，因為這種尖端人才是企業向更高層次發展的必需資源。員工在接收到這

個信息後，一方面對企業的發展方向有了認識，明白企業發展需要什麼、看中什麼；另一方面如果自身條件較為適合，必然會加強理論學習和業務實踐，爭取通過考試取得執業資格，這一行為雖然可能出於自身獲利的主觀意志，但客觀上卻可實現企業發展的需要，從而體現出薪酬政策的導向性作用。

二、薪酬理論

薪酬管理理論及其實踐一直是專家學者和企業管理者關注的焦點，為了適應不同時期管理的需要，從工業革命工廠制度的形成到網絡經濟新管理模式的出現，薪酬管理理論基於經濟學和管理學這兩大支柱學科不斷進行著演變，其他如心理學、社會學、法學等學科也對推動薪酬理論的發展起到了重要作用。下面著重對經濟學、管理學、心理學三個學科在薪酬理論方面有代表性的研究成果進行介紹。

1. 經濟學視角

（1）最低工資理論。英國古典政治經濟學創始人威廉·配第（William. Petty, 1623—1687年）提出了最低工資理論，該理論認為：與其他商品一樣，工資作為勞動力的價格也有一個自然市場水準，這一水準反應為最低生活資料的價值，如果工資低於這個水準，工人的最低生活就無法維持，資本家也就失去了繼續生產財富的勞動力基礎。

可見，最低工資水準不僅是工人維持生存的基本保障線，也是雇主進行持續生產經營的必要條件。因此，儘管受利益最大化的驅使，雇傭方總是有壓低工人工資的主觀傾向，但是為了實現勞動力的再生產以及維護社會的穩定，雇傭方對工人工資的壓低也是有底線的。

基於這一理論，很多國家以行政手段對勞動者最低工資進行干預和調節。首先進行立法並實行最低工資制度的是以澳大利亞、英國、美國、法國為代表的西方工業國家，墨西哥、阿根廷等發展中國家緊隨其後也積極進行了探索與實施。目前，全世界大多數國家均已建立起最低工資制度。中國於1993年頒布了《企業最低工資規定》，這是中國第一部關於最低工資的規章，它詳細規定了最低工資制度各方面的內容。1994年7月5日全國人大第八屆八次會議審議通過並公布的《中華人民共和國勞動法》進一步以法律的形式對最低工資制度進行了確立，其中第48條規定「國家實行最低工資保障制度，最低工資的具體標準由省、自治區、直轄市人民政府規定，報國務院備案。」2004年1月頒布的《最低工資規定》取代了此前的《企業最低工資規定》，對最低工資標準的界定、扣除項目、調整頻率、測算方法等方面進行了規範，標誌著中國最低工資制度基本成熟。

（2）工資基金理論。1830年，英國經濟學家約翰·斯圖亞特·穆勒（John Stauart Mill, 1806—1873年）提出了工資基金理論，該理論的基本觀點是：①工資取決於工人人數、雇傭工人的資本、工資成本與其他成本之間的比例這三個要素，即工資是資本的函數；②工人的具體工資水準取決於勞動力的人數和用於購買勞動力的成本與其他資本之間的比例關係；③用於支付工資的資本即工資基金短期內無法改變的，也就是說，在短期內要想增加一部分工人的工資，如果資本不增加，就必須以減少別一部分

工人的工資為代價。

但問題在於，用於支付工資的費用在特定的時間內有一個確定的比例這一點並不真實，勞動數量一成不變也只是一種設想，一個國家的資本增加往往快於人口增加，並且通過有效利用資本提高勞動生產率，都能創造出顯著增加實際工資的條件。因此，該理論的判斷是較為片面的，無法對工資總額進行合適的理論解釋。

（3）邊際生產力工資理論。19世紀後期，美國經濟學家約翰貝茨克拉克（John Bates Clark，1847—1938年）在其著作《財富的分配》中提出了邊際生產力工資論，該理論認為：勞動和資本（包括土地）各自的邊際生產力決定它們各自的產品價值，同時也就決定了它們各自所取得的收入。

邊際生產力工資理論主要運用的是靜態分析，是對沒有任何經濟擾動的情況下，在社會組織形式和活動方式（人口、資本、技術、組織、消費傾向等）沒有變化的條件下，經濟自發力量對於財富生產和分配的決定所起作用的分析。該理論指出，工資取決於勞動的邊際生產力，即雇傭的最後一個工人所增加的產量——勞動的邊際產品。假定其他生產要素的投入不變，當勞動投入增加時，其所增加的產量開始以遞增速度增加，到一定量後，由於每一單位勞動所分攤的機器設備、原料等逐漸減少，會出現技術供應不足。因此，如果繼續增加勞動投入，每增加一個單位的勞動所生產出來的產品必然少於前一單位勞動所生產的產品。這就是邊際生產力遞減規律。克拉克就是用邊際生產力概念來解釋工資水準，他認為工人的工資水準是由最後追加的工人所生產的產量來決定。如果工人所增加的產出小於付給他的工資，雇主就不會雇傭他；反之，如果工人所增加的產出大於所付給他的工資，雇主就會增加雇傭工人數量。只有在工人所增加的產出等於付給他的工資時，雇主才既不增加雇傭人數也不解雇既有工人。

（4）供求均衡工資理論。英國新古典經濟學派代表人物阿爾弗雷德馬歇爾（Alfred Marshall，1842—1924年）在其名著《經濟學原理》一書中以供求均衡價格論為基礎，建立起供求均衡工資論，從生產要素的需求和供給兩方面來說明工資的市場決定機制。該理論認為：工資是勞動這個生產要素的均衡價格，即勞動的需求價格和供給價格相均衡的價格。他引入邊際勞動生產力理論和勞動的生產成本理論，用前者來說明勞動的需求價格，用後者來說明勞動的供給價格。從需求方面看，工資取決於勞動的邊際生產力或勞動的邊際收益產量，即雇傭方願意支付的工資水準，是由勞動的邊際生產力決定的。從供給方面看，工資取決於兩個因素：第一，勞動力的生產成本，即勞動者養活自己和家庭的費用，以及勞動者所需的教育培訓費用；第二，勞動的負效用，或閒暇的效用。

馬歇爾的工資理論既吸收了古典學派有關分配理論的思想，也吸取了邊際學派邊際革命的精髓，將注意力從分配份額的大小轉向稀缺性資源的配置，並把要素投入報酬與要素生產貢獻聯繫起來。這在經濟學上是一大貢獻，以至於馬歇爾的工資理論很長時間都居於主導的地位，其後的許多研究也是在市場工資決定機制的基礎上展開的。比如集體談判工資理論，該理論認為工資在某種程度上是勞動力市場上雇主與雇員之間集體交涉的產物，通過雙方集體力量的討價還價以及公平、合理的交涉，在一定程

度上消除了壟斷，有助於降低混亂競爭給雙方造成的無謂損失。

這些理論成為集體談判制度以及工會發揮作用的理論基礎，對今天的工資制度以及勞動制度有著深刻影響。中國於 2000 年頒布了《工資集體協商試行辦法》，對工資集體協商和簽訂工資集體協議的行為做出規範。2009 年 7 月，中華全國總工會下發了《關於積極開展行業性工資集體協商工作的指導意見》，專門就推動行業工資集體協商工作、加強維權機制建設、推動建立和諧穩定的勞動關係提出工作指導意見。可見，雇傭方和勞動者分別從需求和供給的角度出發，在公平基礎上進行工資談判是調和勞資矛盾、維持再生產持續進行的可行途徑，這一體制必將繼續發展並不斷得到完善和規範。

（5）效率工資理論。美國著名經濟學家約瑟夫斯蒂格利茨（Joseph E. Stiglitz）於 1976 年在《牛津經濟評論》雜誌上發表了《效率工資假說、剩餘勞動力和欠發達國家的收入分配》一文，文章正式提出了效率工資理論。該理論認為：勞動者的工作效率與企業支付給他的工資有很大的相關性，高工資能夠帶來高效率。下面我們從四個角度對這個理論進行理解：

第一，工資影響員工身體健康。這一解釋在發展中國家以及貧窮國家體現尤為明顯，即多給勞動者發些工資，勞動者才能吃得起更為營養的事物、接受必要的醫療保健，從而身體更加健康，而健康的工人生產效率更高。

第二，工資影響員工流動率。勞動者會因許多原因辭職，比如收入偏低、工作缺乏挑戰性、工作環境不佳等，但通過提高工資，勞動者往往就會以收入上的所得彌補其他方面的所失，離開單位的意願也就相應減低了。雖然企業會為此多付出一定數額的人工開支，但企業應該明白，通過高工資留人至少會帶來以下兩方面的直接收益：①業務熟練、工作能力較強的員工工作效率明顯高於新入職的員工，如果這些優秀的老員工可以長時間地為企業提供穩定的勞動，企業整體生產效率自然會穩步提高。②降低員工流動率可以為企業節省招募、培訓、協調等工作所需的人力、財力和時間，加快了企業管理運作的效率。因此，企業在控制員工流動率時，往往首先使用調節工資水準這一有效方法。

第三，工資影響員工隊伍素質。一個企業員工隊伍的整體素質取決於該企業工資的整體水準，那些工資水準在市場上處於中上等的企業，其員工隊伍的素質也往往較高。這是因為，基於人才的資本性，勞動力是有價格的，高素質的員工能夠提供高效的勞動，其勞動力價格也較高。因此，當企業開出的工資水準極具競爭力時，自然會購買到高價的勞動力，即吸引到高素質的人才。

第四，工資影響員工工作態度和工作行為。在現實工作中，員工對於自己的工作態度和工作行為有著相對自主的決定權，員工可以選擇努力工作，也可以選擇偷懶，而企業不可能去監督每一名員工，因為那樣不僅會帶來高額的監控成本，而且未必會達到預想中的效果。提高工資水準則可在一定程度上解決這一問題，原因在於：偷懶雖然是人之天性，但卻有悖於道德規範，多數員工還是願意表現出勤勞的一面的。因此，當工資水準達到某一高度時，員工從內心講已經不好意思再怠慢工作了，他們會主動付出與回報相匹配的勞動。另一方面，由於高工資具有較大的吸引力，員工會盡

可能努力工作以保住這份收入，任何偷懶的行為對於員工來說都是有風險的。

雖然這四個角度的理解在細節上不同，但它們都說明了一個問題：企業向員工支付高工資確實可以促進工作效率的提高，因此對於有條件的企業而言，使工資高於供求均衡的水準是有利的。

（6）利潤分享理論。美國著名經濟學家馬丁·L. 威茨曼（Martin Lawrence Weitzman）於1984年在其所著的《分享經濟》一書中用微觀經濟分析與宏觀經濟目標相結合的方法，提出了利潤分享理論。該理論認為：工資是由固定的基本部分和利潤共享部分組成的，可以根據總需求的變動進行調整。當總需求受到衝擊時，企業可以通過調整利潤共享數額來降低產品價格，擴大產量與就業，而這反過來又對廠商增加其收益和利潤有一個刺激作用。對廠商來說，只要增加的收益大於勞動邊際成本，廠商就對勞動力有需求。

可見，在共享經濟中，勞動市場表現為短缺，因此共享經濟具有達到充分就業的自然傾向。同時，在共享經濟中，任何價格都能自動地反饋給勞動成本，從而調整利潤共享比例，使得共享經濟總是具有較少提高價格和較多降低價格的傾向，所以共享經濟亦具有內在的反通貨膨脹傾向。共享經濟給了被勞資矛盾、滯脹現象困擾不堪的西方經濟一個啟示，運用後實現了失業率降低、勞資關係改善的顯著效果。

2. 管理學視角

（1）差別計件工資制。1895年，科學管理之父費雷德里克·泰勒（Frederick W. Taylor）提出了差別計件工資制度。該制度通過對工時進行觀察和研究分析，對同一工作設置不同的工資率，即對那些勞動生產效率高，生產出的產品質量好的工人或班組按較高的工資率計算工資；反之，則按較低的工資率計算。

這一工資管理理念得到了廣泛認同，至今仍為眾多企業所使用。以某玩具生產企業為例：企業規定，總裝班組每天需完成500個玩具的組裝，合格率需達到99.5%，每個玩具的工資為2元。如果該班組按要求完成了工作任務，則按標準工資率2元/個計算工資，共得工資1000元；如果該班組組裝完成550個玩具，且合格率達標，則提高工資率，按2.1元/個計算，共得工資1155元，而不僅是按標準工資率算出的1100元；如果該班組只完成了400個玩具的組裝，則降低工資率，按1.8元/個計算，共得工資720元；如果該班組雖然在生產數量上完成了目標，但合格率僅為99%，也要降低工資率，按1.95元/個計算，共得工資975元。可見，在該制度下，工作效率、工作效果與所得工資收入並不是同比例變化的，這樣有助於激勵員工在保證質量的情況下，自覺提高勞動生產率。

（2）斯坎倫計劃。斯坎倫計劃得名於美國工會領導人約瑟夫·斯坎倫（Joseph F. Scanlon），是一種具有廣泛影響的收益分享計劃。1937年，美國正處在經濟大蕭條時期，很多企業經營不善、瀕臨倒閉，工人為了維護自身利益通過工會加強了與企業主的鬥爭，這使得雙方的矛盾越積越深，但問題卻得不到解決。斯坎倫認為，與其鬥爭、不如合作，他主張管理層應鼓勵工人對企業的生產管理提出建議和意見，若經採納後產生了實際效果則對工人們予以獎勵。在此基礎上，他進一步提出了工會——管理層合作計劃，該計劃受到他所在的安美爾鋼鐵和馬口鐵公司上下的一致歡迎，使公司不

僅免於破產，效益也大幅提高。1944年，斯坎倫提出了團體獎金方案，對原來的合作計劃進行了改進，至此斯坎倫計劃基本成型。

斯坎倫計劃提出後，學者們不斷對它進行補充與完善，並以不同的操作模式應用於企業管理之中。通過分析總結，可以看到斯坎倫計劃具有五項基本要素：

第一，合作理念。管理者和員工需要消除分立態度，因為這種態度阻礙了員工的企業所有者意識的培養，應代之以雙方合作的良好氛圍。這種合作理念同泰勒強調的「思想革命」（勞資合作，共創利潤）似乎有某種聯繫，也可以認為是庫克主張的經營者與工會合作思想的延伸。泰勒強調思想革命，目的在於追求組織的效率，而斯坎倫強調合作理念，目的則在於滿足人的高層次需要（社會需要和尊重需要）。正因為這種合作既能夠帶來組織的成功又能夠帶來個人的滿足，所以斯坎倫計劃得以被企業界廣泛採用。

第二，明確性。明確性強調信息公開和信息共享，因為保障員工的知情權是員工有效參與的根本前提。如果管理者對一些實質性的信息遮遮掩掩，那麼所謂的員工參與只能停留在形式層面，這不僅使得員工參與的應有作用無法發揮，還可能起到反面效果。因此，企業管理者要針對企業目標、經營情況、存在的困難等給出明確信息，使每一個員工都充分知曉和理解，從而實現高水準的員工參與。

第三，勝任性。斯坎倫計劃不僅對管理者，而且對員工也有很高的要求。它要求員工不僅能夠勝任本職工作，而且有能力發現工作中的種種不足，並採取切實有效的措施予以改正，而對一般員工而言這有一定難度的。另外，該計劃還要求組織的基層管理者具備參與式管理的領導能力，即在推動業務前進的同時，使其所管理的員工在思想上、情感上對業務的決定與處理都有感同身受，從而產生對組織的認同感、依附感和責任感以及自尊、自重、自榮的心理，願意主動貢獻才智和力量，進而達成組織目標。

第四，參與系統。斯坎倫計劃要求實施的企業建立兩個層面的委員會，分別為部門委員會和高層經營管理委員會。部門委員會一般包含2~5人，其中一名為管理人員，其餘皆為一般員工。員工提出的建議措施首先提交給部門委員會討論，部門委員會認為可行的則上交給高層經營管理委員會。高層經營管理委員會一般包含8~12人，負責對部門委員會提交的建議進行審查，並決定是否採納。

第五，利益分享方案。按照斯坎倫計劃，要確定利益的分享方案，首先要確定企業的工資成本與淨銷售額的比率。員工參與後，如果提高了銷售額或者降低了工資成本，工資成本的差額部分由公司和員工分享，員工分享實行團體獎勵制。比如：某公司年銷售額為5000萬元，原材料和供銷成本為1000萬元，那其淨銷售額就為4000萬元。假設規定工資成本與淨銷售額的比率為50%，應支出工資成本則為2000萬元。此時，如果銷售額提高到6000萬元，實際支出工資成本為2000萬元，根據計算應支出工資成本為2500萬元，那麼這之間500萬元的差額就可以由公司和員工按一定比例進行分享；或者銷售額不變，實際支出工資成本僅為1800萬元，較應支付工資成本節省的200萬元也可以用來進行利益分享。

可見，斯坎倫計劃的核心在於合作，勞資雙方本著雙贏的原則共同努力推進企業

的發展與進步。實施斯坎倫計劃將對降低企業的勞動力成本、培養員工的合作精神起到顯著效果。

（3）委託代理理論。1932年，阿道夫·伯利（AdolfBerle）和加德納·米恩斯（GardinerMeans）針對企業所有者同為經營者模式存在的巨大弊端，對企業所有權與經營權分離後產生的委託人（股東）與代理人（經理層）之間的利益衝突進行了經濟學的分析，並在其著作《現代公司與私有財產》提出了關於企業所有權與經營權分離的命題，即著名的「伯利－米恩斯命題」，為之後代理理論的產生與發展奠定了基礎。

邁克爾·詹森（MichaelC. Jensen）和威廉·麥克林（WilliamHMeckling）於1976年發表了名為《企業理論：經理行為、代理成本與所有權結構》的論文，文章吸收了代理理論、產權理論和財務理論，提出了「代理成本」概念和企業所有權結構理論，標誌著委託代理理論初步確立。他們認為委託代理關係是一種契約關係，不管是經濟領域還是社會領域，都普遍存在著這一關係。在現代企業經營管理中，企業的所有者即股東成為委託人，企業的經營者即經理人成為代理人，由於委託─代理雙方都有追求利益最大化的意願，代理人並不會完全以實現委託人利益為行動目標，委託人則必須承擔由此帶來的風險。另一方面，實施委託代理本身是有成本的，即所謂「代理成本」，主要包括四個方面：①委託人的監督成本，即委託人為了使代理人能夠盡全力為其工作，對代理人進行激勵和監控而產生的成本；②代理人的擔保成本，即代理人用以保證不採取損害委託人行為的成本，以及如果採取了那種行為，將給予賠償的成本；③剩餘損失，即因代理人代為行使決策而給委託人帶來價值損失，這是因為即使在掌握信息與判斷決策能力相等的情況下，委託人與代理人基於各自對利益最大化的判斷所作的決策也是不同的。

委託代理理論在薪酬管理上的一個直接應用就是對於經理人，或者說是公司高管人員薪酬的管理。對經理人薪酬管理的結點在於委託人與代理人之間存在著信息的不對稱性，一是獲取信息的時間不對稱，二是獲取的信息內容不對稱。經理人直接從事經營活動，掌握著企業貨幣資金的流入流出，在一定的授權範圍內負責企業內部資源的配置，控制著企業各項費用的支出。相對而言，企業所有者對於企業經營信息的掌握則明顯滯後，而且其獲得的信息往往是經由經理人加工篩選過的，既不完全也不準確。因此，企業所有者一方面將面臨經營者利用信息優勢可能為自己謀取額外利益，另一方面將面臨由於對經營者加以了過多的約束和控制，導致經營者無法正常工作或是工作積極性受到挫傷的兩難境地。針對這一問題，學者們提出了經理人持股這一新的薪酬分配方式。這並不是要回到以前的所有二合一的狀態，而是要通過一定數量的持股這種靈活的激勵方式，將經營者的利益與企業以及所有者的利益緊密聯繫在一起，盡力避免經理人在經營過程中出現「損公肥私、短期效應」等現象，以較低的代理成本獲得各方都比較滿意的收益。

3. 心理學視角

（1）強化理論。強化理論由美國心理學家斯金納（Burrhus Frederic Skinner, 1904—1990年）等人提出，也叫操作條件反射理論、行為修正理論。該理論認為：人為了達到某種目的，會採取一定的行為作用於環境，如果這種行為的後果對他有利，

這種行為就會在以後重複出現；如果不利，這種行為就減弱或消失。從另一個角度講就是，當管理者希望被管理者持續某種行為時，就在被管理者做出這種行為後給予其所希望的回報，這被稱為正向強化；當管理者不希望被管理者出現某種行為時，就在被管理者做出該行為後給予其所不希望的回饋，這被稱為負向強化。

雖然強化理論只討論外部因素或環境刺激對行為的影響，一定程度上忽略了人的內在因素和主觀能動性對環境的反作用，具有機械論的色彩，但許多行為科學家認為，強化理論有助於對人們行為的理解和引導。因此，強化理論在人員激勵和行為改造上得到了廣泛應用，比如在薪酬結構中設置獎金單元，對違反管理規定或工作表現不佳的員工予以薪酬扣罰等。

(2) 期望理論。1964 年，美國著名的心理學家和行為科學家維克托‧弗魯姆（VictorH. Vroom）在其著作《工作與激勵》提出了激勵理論。該理論認為：人們採取某項行動的動力取決於其對行動結果的價值評價以及預期達成該結果可能性的估計。用公式可以表示為：

$M = \sum V \times E$

式中，M 表示激發力量，是指激發起的一個人內部潛力的強度，即其從事該項事情的動力。V 表示效價，是指目標達到對於滿足個人需要的價值。E 是期望值，是人們根據經驗判斷自己達到該目標或滿足需要的可能性大小，即能夠達到目標的主觀概率。

從期望理論可以看出，一個人在進行某種行為之前，他會考慮以下系列問題：自己在付出行為後，是否會達到應有的績效？在達到應有績效後，是否會得到組織的認可？在得到組織認可後，組織是否會給予自己相應的回報？組織給予的回報是否是自己所需要的？一般情況下，只有在所有這些問題的答案都為「是」的情況下，人們才會付出行動。

利姆‧波特（Lyman. W. Porter）和愛德華‧勞勒三世（Edward. E. lawler Ⅲ）擴展了期望理論的基本模型，以非傳統的方式來確定激勵、滿足和績效三個概念間的關係。他們認為，與其說滿意是工作績效的原因，不如說是工作績效的結果，也就是說工作績效能令人感到滿意。這是因為，不同的績效決定不同的報酬，不同的獎懲報酬又在員工中產生不同的滿意結果。根據這一原理，管理者應該善於發現員工對獎懲的不同反應，檢測其設置的績效目標是否在員工可達到的範圍水準內，應盡量保證員工在付出努力後能夠達到目標並獲得所希望的獎勵。

(3) 公平理論。公平理論也叫社會比較理論，是美國行為科學家約翰‧斯塔西‧亞當斯（JohnStaceyAdams）在其《工人關於工資不公平的內心衝突同其生產率的關係》、《工資不公平對工作質量的影響》、《社會交換中的不公平》等著作中提出來的一種激勵理論。該理論認為：人們所關心的並不僅僅是自己得到的報酬的絕對數量，而往往會對工作投入帶來的收益即報酬的相對水準進行比較，比較的結果使之產生公平感或不公平感，進而影響到其日後工作的積極性。這種比較分為橫向比較和縱向比較兩類：①橫向比較的對象為組織中與自己工作性質相近的同事。當同一時期內，同事與自己的工作投入一樣但所獲報酬高於自己，或所獲報酬一樣但工作投入少於自己，就會覺得不公平，產生不滿；反之，則會覺得比較滿意。②縱向比較的對象是自身，

是對自己之前和目前情況的對比。若工作投入未變但之前的收入高於目前，或是收入未變但目前的工作投入高於之前，則會覺得不公平；反之，則會感到滿意。

當一個人因感到不公平而不滿時，他往往會降低自己的工作投入，並且要求提高報酬水準；而當一個人對相對報酬水準感到滿意時，他並不一定會加大工作投入到與報酬相匹配的程度；當一個人在進行縱向或橫向比較後，發現比較結果為公平狀態時，他會繼續維持現有工作績效，但所謂公平狀態是暫時的、不穩定的。

公平理論對薪酬管理有著重要影響，它給了我們以下三個方面的主要啟示：要注意員工間薪酬分配水準的相對平衡；要以科學的方法幫助員工確認自己的貢獻大小；管理的目標不應是追求分配結果上的公平，而是盡量消除分配體系的不公平性。

（4）ERG 理論。1969 年，美國行為學家、心理學家克萊頓·阿爾德佛（Clayton Alderfer）在《人類需求新理論的經驗測試》一書中提出了 ERG 理論。該理論在馬斯洛需求層次理論的基礎上作了一些修正，把人的需要分為三類：①存在需要，這類需要關係到機體的存在或生存，包括衣、食、住以及工作組織為使其得到這些因素而提供的手段；②關係需要，是指發展人際關係的需要，這種需要通過工作中或工作以外與其他人的接觸和交往得到滿足；③成長需要，這是個人自我發展和自我完善的需要，這種需要通過發展個人的潛力和才能得到滿足。

ERG 理論的獨特之處表現在：①不強調需要層次的順序，認為某種需要在一定時間內對行為起作用，而當這種需要得到滿足後，人可能去追求更高層次的需要，但也可能不存在這種上升趨勢。②當較高級需要受到挫折時，可能會降而求其次追求較低層次的需要。③某種需要在得到基本滿足後，其強烈程度不僅不會減弱，還可能會增強。

ERG 理論很好地解釋了為什麼人對物質和金錢的渴望是無窮的，同時也指出滿足人對物質的基本需要是十分必要的，在進行薪酬管理時應該充分考慮這兩個基本假設。

三、薪酬制度

薪酬制度是指用人單位為實現有效的激勵與約束、規範薪酬的分配與管理、調動員工的積極性與創造性而制定的系統性規則，它對薪酬結構與標準、薪酬支付方法與流程、薪酬調整與控制以及薪酬管理權限劃分等進行了規定，是企業實施薪酬管理的基本準則。此處著重介紹幾種在中國薪酬制度發展演化歷程中比較典型的制度。

1. 崗位薪酬制

崗位薪酬制是以崗位工資為主要內容，綜合考慮其他影響勞動業績的重要因素，按職工勞動貢獻（質量、數量）確定勞動報酬的薪酬制度，是各類企業應用最為廣泛的一種制度。崗位薪酬制是一個統稱，包括多種具體形式，如崗位等級制、崗位技能制、崗位績效制和崗位薪點制等。

（1）崗位等級制。崗位等級薪酬制是在崗位分級基礎上，主要依據員工崗位等級確定工資等級和工資標準的一種薪酬制度。崗位等級按照各工作崗位所需勞動技術複雜程度、勞動強度、工作條件、責任大小進行評定與劃分，企業根據崗位等級高低設置不同的崗位工資標準。除崗位工資外，企業可根據實際管理需要設置年功工資、特

殊津補貼、獎金等其他工資單元。

崗位等級薪酬制度具有以下特性：①員工要提高工資等級，只能到高一級崗位工作。崗位工資制不存在升級問題，員工只有變動工作崗位，即到高一等級的崗位上，才能提高工資等級。②員工要上崗工作必須達到崗位既定的要求。雖然崗位工資制不制定技術標準，但各工作崗位制度規定有明確的職責範圍、技術要求和操作規程，員工只有達到崗位的要求時才能上崗工作。

從以上特性可以發現，崗位等級薪酬制雖然簡化了工資構成，操作起來簡單明了，卻相對缺乏靈活性，且存在一定的不公平性。為了彌補這一缺陷，有的企業在同一等級崗位內，又劃分出若干檔次。這樣員工在本崗位內可以經考核後逐步升級，直至達到本崗位最高工資標準。另一種方法是將崗位工資標準與崗位任職年限掛鉤，如第一年試用期拿50%的崗位工資，第二年熟練期拿70%的崗位工資，第三年拿80%的崗位工資，第四年拿90%的崗位工資，第五年經考核認定拿100%的崗位工資，經考核認定特別優秀的，可提前拿到100%的崗位工資。這兩種方式在本質上是一樣的，都可以解決員工由於工作年限、工作經驗不同導致勞動成果不同，卻採用同一標準的崗位工資這一問題，使工資報酬與勞動付出更加吻合。

（2）崗位技能制。崗位技能薪酬制是中國20世紀90年代初期，為了深化企業工資制度改革，轉換企業內部分配機制，更好地貫徹按勞分配原則，主要在全民所有制企業推行的一種薪酬分配制度。崗位技能薪酬制以按勞分配為原則，以加強工資宏觀調控為前提，以勞動技能、勞動責任、勞動強度和勞動條件等基本勞動要素評價為基礎，以崗位、技能工資為主要內容，按職工實際勞動貢獻（勞動質量和數量）確定勞動報酬。崗位技能薪酬制的實質是將職工的勞動報酬與崗位勞動責任、勞動技能、勞動強度、勞動條件和勞動貢獻緊密聯繫起來，建立起「崗位靠競爭，報酬靠貢獻」的激勵機制。

崗位技能薪酬主要由崗位（職務）工資、技能工資兩個單元構成，這是國家確認的職工基本工資。企業可以根據實際和需要設置崗位技能工資制的基本工資單元和具體的工資標準及工資單元的比重。

①崗位（職務）工資。崗位工資是根據職工所在崗位或所任職務、所在職位的勞動責任輕重、勞動強度大小和勞動條件好壞並兼顧勞動技能要求高低確定的工資。工人的崗位工資可按照勞動評價中各崗位評價的總分數的高低，並兼顧既有工資關係，劃分為幾類崗位工資標準，並相應設置若干檔次。管理人員和專業技術人員的職務工資按照所任職務、所在職位的勞動評價的總分數的高低劃分為三類並相應設置若干檔次。

②技能工資。技能工資是根據不同崗位、職位、職務對勞動技能的要求同時兼顧職工所具備的勞動技能水準而確定的工資。技術工人的技能工資可分為初級、中級、高級技工三大類工資標準，並相應設置若干檔次；非技術工人的技能工資視其崗位對勞動技能的要求程度原則上參照初級技工的技能工資檔次確定。管理人員和專業技術人員的技能工資可分為初級、中級、高級管理（專業技術）人員三大類工資標準，並相應設置若干檔次。

根據原勞動部《關於進行崗位技能工資制試點工作的通知》規定，除基本工資外，企業根據需要和可能可以設置符合自己特點的輔助工資單元。輔助工資一般包括年功工資、效益工資、特種工資（特殊津貼）三個單元。

儘管崗位技能薪酬制度對加強企業的基礎管理工作，鼓勵職工學習技術，合理拉開工資差距，提高企業的經濟效益起到了積極作用，並使企業內部分配中技術等級與工資等級脫節、勞動報酬與勞動貢獻脫節以及平均主義等問題因此得到一定程度的緩解，但其本身還是存在著諸如工資單元劃分過細、工資結構缺乏靈活性以及工資標準未與市場接軌等不足，需要進一步改革完善。

（3）崗位績效制。崗位績效薪酬制以員工在單位組織中所聘崗位為基礎，根據工作崗位的技術含量、責任權力、勞動強度和工作環境確定崗級，根據企業經濟效益、員工規模和勞動力價位核定工資總量，進而根據員工的勞動成果、績效貢獻確定薪酬支付標準。崗位績效工資制強調員工工資要與其擔任的工作職責、工作中的表現和工作業績直接聯繫。

崗位績效薪酬一般包括五個工資單元：

①崗位工資。崗位工資體現了崗位職責、技能要求、勞動強度、工作環境等差別因素，是崗位績效薪酬制的主體部分。

②保障工資。保障工資是員工在崗工作時保障其基本生活需要的勞動報酬，根據社會物價水準和員工工作地人民政府公布的最低工資標準確定。

③績效工資。績效工資是根據企業效益、員工工作業績和遵守規章制度等情況並經過績效考核後浮動計發的激勵性勞動報酬。

④年功工資。年功工資是依據職工為企業累積工作年限來核定的工資單元，不隨崗位的變化而變化，用以平衡新老員工分配水準，鼓勵員工長期為企業工作，加強員工隊伍的穩定性和對企業的向心力。

⑤津補貼。津貼補貼包括國家規定的政府性津貼，以及因特殊作業環境、勞動條件、勞動強度對職工生理、心理和生活造成了損害，或因從事特殊工作而給予員工的工資性補償。

崗位績效薪酬克服了崗位技能薪酬制僅以崗位和技能這些「前因」定薪的缺點，通過與績效考核體系相聯繫，將工作表現、工作業績這些「後果」也作為確定薪酬的依據，真正體現了薪酬「按勞分配、多勞多得」的分配原則。另一方面，崗位績效薪酬制簡化了工資單元，優化了工資結構，有利於充分發揮工資的調節職能。

2. 計時計件薪酬制

計時薪酬制與計件薪酬制在本質上是一樣的，即都是直接依據員工所付出勞動以及形成勞動成果的多少來確定員工薪酬。

（1）計時制。計時工資制是按照職工的技術熟練程度、勞動繁重程度和工作時間的長短來計算和支付工資的一種分配形式，在單位時間工資標準一定的情況下，員工所得報酬與其付出的勞動時間成正比。這種薪酬制度簡單易行、便於計算，比較適用於機械化自動化水準較高、技術性強、操作複雜、產品需要經過多道工序、多道操作才能完成，不易單獨計算個人的勞動成果的行業和工種以及勞動量不便於定量統計計

量的企業行政管理人員和技術研發人員等。

在實際應用計時薪酬制時，應嚴格按照編製定員和業務技術標準，為實行計時工資制的每個職工確定崗位、職務或者評定技術（業務）等級，建立健全考勤制度，對職工的實際工作時間進行嚴格的監督與統計；同時，還應把計時工資制與一定數量的定額任務緊密結合起來，根據完成任務的情況分部給予獎勵或處罰。

（2）計件制。計件工資是指按照合格產品的數量和預先規定的計件單位來計算的工資。簡單地講，就是事先對每完成一件產品、一項工程或一次服務約定單價，之後以完成的數量乘以單價並結合工作質量確定工資報酬。

計件工資可分個人計件工資和集體計件工資。個人計件工資適用於個人能單獨操作而且能夠制定個人勞動定額的工種；集體計件工資適用於工藝過程要求集體完成，不能直接計算個人完成合格產品的數量的工種。

3. 定額薪酬制

定額薪酬制是指企業在勞動者進行多種形式的定額勞動的基礎上，按照勞動者完成定額的多少支付相應勞動報酬的企業內部工資分配形式，即通過考核物化形態的勞動量，按勞動定額的完成程度浮動地兌現標準工資（承包工資）。定額薪酬制包括三個組成要素：第一，能反應職工勞動量的各種定額，即職工無論從事何種具體形式的勞動，都必須明確具體地規定生產、工作和應完成的數量及質量；第二，各種定額都應該有科學準確的計量標準，並能進行嚴格的考核；第三，職工工資的多少取決於其完成定額的多少。完成定額多，其工資就多；完成定額少，其工資就少。

在中國一些企業中實行的定額薪酬制有多種具體形式。按不同的定額區分，可分為產量（實物量）定額薪酬制、工時定額薪酬制、消耗定額薪酬制、價值量定額薪酬制、工作量定額薪酬制以及綜合定額薪酬制等。

上述各種形式的定額薪酬制各有其大體適用範圍。企業可以根據生產的特點和需要，對各類生產車間和輔助生產車間按照它們各自的勞動定額或勞動（工作）規範要求，規定其生產任務和應完成的任務量。這一任務可以是產量、工時、消耗、價值量以及綜合經濟效益指標等，並按照各單位完成任務量的多少支付相應的工資。然後，再由各單位按照職工個人完成勞動定額的多少，支付職工個人的工資。

四、薪酬戰略

在全球化和知識經濟的今天，面對激烈的市場競爭和複雜的經營環境，越來越多的企業面臨優秀人才的吸納、保留和激勵問題，一個優秀的企業必須重視從企業內部培養自身的核心競爭力。基於這一背景，薪酬管理正經歷著一個從單純強調技術、工具和流程的應用到強調薪酬要與經營環境、組織目標和價值觀相匹配的巨大轉變。由此，薪酬戰略成為了企業吸引關鍵人才、引導員工行為，以實現組織戰略目標的一種有效手段。

1. 薪酬戰略的概念

戈麥斯等人認為，薪酬戰略是能對組織績效和人力資源利用的有效性產生影響的關於薪酬決策的選擇。這些薪酬決策能適應組織面臨的內外部環境制約，能讓各個部

門和員工為實現組織的戰略目標而努力。薪酬戰略的核心是以一系列薪酬選擇幫助組織獲取應得並保持競爭優勢。薪酬方案選擇的成功與否取決於這種方案與當時組織的權變因素是否相符。

與薪酬戰略相仿的一個概念戰略薪酬也經常出現在薪酬管理相關文獻或教科書中。對於這兩個概念，雖然有學者認為內涵和本質上是一致的，目的都是為了強調薪酬管理的戰略意義，都是為了突出薪酬管理必須與企業長期的目標和行為保持一致[1]，但我們認為還是應該對這兩個概念進行一定的區分。薪酬戰略是指導企業如何進行薪酬體系設計和管理的指導性文件和政策，是一種綱領性的表述，屬於靜態概念；而戰略薪酬則是指基於戰略的薪酬管理，體現為薪酬管理過程中一系列具體的活動，是對薪酬戰略的具體實施和落實，屬於靜態概念。甚至在某種程度上可以說，薪酬戰略屬於戰略薪酬的一部分，或者說薪酬戰略支持了戰略薪酬的實施。

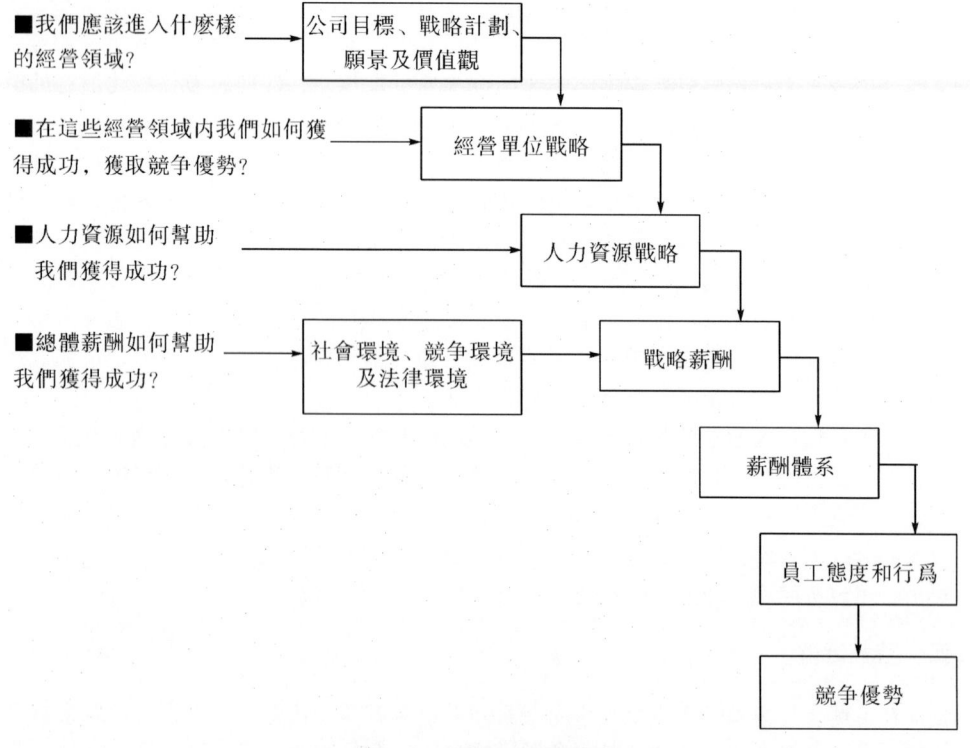

■我們應該進入什麼樣的經營領域？ → 公司目標、戰略計劃、願景及價值觀

■在這些經營領域內我們如何獲得成功，獲取競爭優勢？ → 經營單位戰略

■人力資源如何幫助我們獲得成功？ → 人力資源戰略

■總體薪酬如何幫助我們獲得成功？ → 社會環境、競爭環境及法律環境 → 戰略薪酬 → 薪酬體系 → 員工態度和行為 → 競爭優勢

圖 6-2　薪酬戰略關係圖[2]

通過圖 6-2 我們可以更為清楚地理解薪酬戰略的概念以及它與整個戰略體系中的聯繫：在企業整體層面上，最基本的戰略決策就是明確企業應該進入哪些行業和領域，即明確企業的發展目標；在事業部或是經營單位層面上，核心的問題就是確定相應的

---

[1] 曾湘泉. 薪酬：宏觀、微觀與趨勢 [M]. 北京：中國人民大學出版社，2006：137.
[2] [美] George T. Milkovich, Jerry M. Newman. 薪酬管理 [M]. 9 版. 成得禮，董克用，譯. 北京：中國人民大學出版社，2008：27.

經營戰略，考慮如何在特定行業的競爭中獲得並保持競爭優勢，是採用低成本戰略，還是採用產品差異化戰略，亦或其他一些競爭戰略；在職能層面上，企業的戰略決策就是制定相應的人力資源戰略，以支持經營戰略的實施，比如，企業需要什麼樣的核心人才和核心能力，企業的人力資源部門應該做出哪些相應的輔助和配合等；在明確了企業的人力資源戰略後，應制定相應的薪酬戰略，明晰企業所處的社會、經濟和發展環境對薪酬戰略的要求，分析如何通過戰略性薪酬決策引導員工的態度和行為，從而幫助企業獲得並保持競爭優勢。

2. 薪酬戰略的分類

薪酬的特性主要體現在激勵度和靈活度兩個方面。激勵度是指薪酬對員工產生激勵效應的程度，具有競爭力的薪酬水準和合理的分配方法都會產生較高的激勵度；靈活度是指薪酬制度本身的組合變化性，以及因應企業發展需要的自適應程度。根據薪酬激勵度（縱軸）和靈活度（橫軸）高低不同，可以將薪酬戰略分為四類（見圖6-3）。

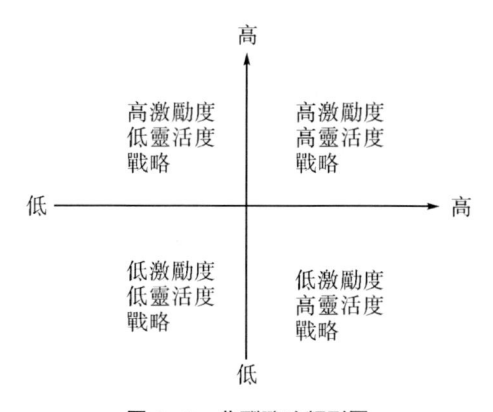

圖6-3 薪酬戰略類型圖

（1）低激勵度低靈活度戰略。採用這種薪酬戰略的企業往往處於經營不良狀態，僅能維持基本的工資支付，談不上發揮薪酬的激勵作用；在管理上也沒有能力做到精細化管理，無法針對工作性質和市場變化制定相應的薪酬政策，只能沿用已有的相對固定的薪酬制度。

（2）高激勵度低靈活度戰略。採用這種薪酬戰略的企業通常發展較為成熟，處於穩定經營的狀態，且具有良好的盈利能力。比較典型的就是中國的國有大型企業，這些企業盈利比較穩定，為了保有人才以及讓員工分享到企業經營的成果，通常將薪酬水準保持在行業內中等偏上標準，薪酬的市場競爭力較強。但由於受管理體制、企業文化等因素影響，此類企業的薪酬管理體系相對機械，日常僅對具體執行方式及局部制度規定進行調整完善，根本性的改革要遵循政府國有資產管理部門的統一部署。

（3）低激勵度高靈活度戰略。採用這種薪酬戰略的企業一般從事的是具有完全競爭特性產業，由於利潤率較低，企業無法向員工支付高工資，薪酬的激勵度相應較低；另一方面，企業必須盡量降低成本，就人工成本而言，需要通過高靈活性薪酬分配制度作用的發揮來減少人工費用支出。

(4) 高激勵度高靈活度戰略。採用這種薪酬戰略的企業通常處於快速發展的時期，業務量和利潤額的高速增長要求企業必須給予員工足夠的薪酬激勵；同時，由於企業整個管理體系也在不斷建立完善，受到的制約和束縛較少，可以根據管理需要制定相應的制度，並適時進行調整和轉化。

3. 薪酬戰略的選擇

企業確定了薪酬戰略後，需要選擇相應的配套策略，應主要考慮以下幾方面的因素：企業的目標與使命，即企業整體發展要達到一個什麼樣的狀況，實現什麼樣的目標；企業發展的節奏，即實現短期目標和遠期目標的時間期限；企業的承受能力，即企業盈利能力能夠支撐多高的薪酬水準；企業的人才價值觀，即在各種形式的資本中對人力資本的重視程度如何。一般而言，企業對薪酬策略的選擇與其所處生命發展週期有著密切聯繫。

（1）成長期企業。處在這一階段企業比較注重提高產品和服務的質量，將更多的注意力集中在行銷和顧客的關係層面上，將更多的資金投入到了產品設計、服務、生產和銷售等創造價值的環節中。因此，在選擇薪酬策略時，首先應強調外部競爭性、淡化內部公平性[1]，對企業急需的核心人才要給予極具競爭力的薪酬，達到吸引他們加盟企業發展的目的，而普通崗位員工的薪酬保持在市場平均水準即可，較少的內部不公平不會影響企業的快速發展；其次應提高薪酬構成彈性，控制固定工資占工資總額的比例，加大獎金、提成的比重和調節範圍，採用短期激勵與長期激勵相結合的方法解決財力不足與激勵需要之間的矛盾。

（2）成熟期企業。企業發展進入到成熟階段後，企業規模、業務量、利潤額、市場佔有率等都達到了最佳狀態，企業的經營能力、生產能力以及研發能力也處於鼎盛時期，企業具有了較高的社會知名度。處在成熟期的企業應採取以下薪酬策略：①注重薪酬分配的內部公平性，依據崗位價值評價結果，對員工的價值貢獻予以相應的回報與激勵；②強化薪酬制度化管理，減少人為因素干擾，規範管理流程，提高員工滿意度，引入福利計劃彌補薪酬激勵的不足；③繼續關注優秀核心人才，可保持薪酬政策在一定程度上對其傾斜。

（3）衰退期企業。當企業出現業務量急遽下跌、市場佔有率和利潤大幅度下降，財務惡化、負債增加等情況時，可以判斷企業進入了衰退期，企業可能由此走向滅亡，也有可能度過短暫的衰退後重新起步。此時，企業內部通常會出現員工離職率增加、士氣低落、員工不公平感增強等現象。為了應對這些困難，企業需靈活選擇薪酬策略：①區別實施薪酬激勵，對核心員工仍要提供具有市場競爭力的薪酬，以充分調動他們的積極性幫助企業走出困境；對普通崗位的員工可配合使用或主要使用非物質激勵方法，讓他們體驗到自我價值以及企業對他們的需要；②將薪酬體系與績效體系緊密掛勾，強調按貢獻大小參與分配的理念；③減少不必要的人工開支，尋找適當的減薪策略，盡量將人工成本控制在最為經濟的範圍內。

---

[1] 梁江偉. 企業不同發展階段的薪酬策略 [J]. 人力資源, 2008（10）：55.

第二節　薪酬設計

一、薪酬設計的原則

1. 合法性與合理性相結合原則

（1）薪酬設計的合法性主要體現在內容合法和程序合法兩個方面。①內容合法。即設計出的薪酬制度其內容必須符合國家法律法規及有關規章制度規定，不得違反、歪曲或故意忽略相關規定。例如，某保險公司薪酬制度規定：「實行標準工作時間制員工在法定標準工作時間以外工作的時間，均為延長工作時間。公司根據生產、工作的實際需要安排員工在法定標準工作時間以外工作的，應在事後給予同等時間的補休。實在無法安排補休的，應按國家規定標準支付加班工資。」但《中華人民共和國勞動法》第四十四條規定：「有下列情形之一的，用人單位應當按照下列標準支付高於勞動者正常工作時間工資的工資報酬：（一）安排勞動者延長工作時間的，支付不低於工資的百分之一百五十的工資報酬；（二）休息日安排勞動者工作又不能安排補休的，支付不低於工資的百分之二百的工資報酬；（三）法定休假日安排勞動者工作的，支付不低於工資的百分之三百的工資報酬。」也就是說，只有在休息日加班的，才能以同等時間補休的形式予以補償，延長工作時間和在法定休假日加班的，必須按規定向員工支付加班工資，不得以補休作為替代。因此，該公司關於員工加班補償的規定是不合法的，損害了勞動者的合法權益。②程序合法。《中華人民共和國勞動合同法》第四條明確規定：「用人單位在制定、修改或者決定有關勞動報酬、工作時間、休息休假、勞動安全衛生、保險福利、職工培訓、勞動紀律以及勞動定額管理等直接涉及勞動者切身利益的規章制度或者重大事項時，應當經職工代表大會或者全體職工討論，提出方案和意見，與工會或者職工代表平等協商確定。在規章制度和重大事項決定實施過程中，工會或者職工認為不適當的，有權向用人單位提出，通過協商予以修改完善。」因此，薪酬設計必須經過一定的法定程序，其最終成果——薪酬制度才能正式生效並得以實施。

（2）薪酬設計除要具備合法性外，還需保證設計出的薪酬方案合情合理。這裡首先要指出的是，由於每個人的價值判斷不一樣，他們對於同一薪酬政策的反應也是不同的。比如：A公司做出規定，所有員工的薪酬由固定工資和績效工資兩部分組成，固定工資占70%，績效工資占30%。此政策一出，公司職能部門的員工對此表示歡迎，因為他們的工作成果不能直接反應到企業利潤指標數據的增長上，難以量化考核，較高比例的固定工資使得他們的收入更有保障；而生產、銷售部門的員工則感到不太公平，因為該公司產品銷售情況較好，較低的績效工資比例設置使得快速增長的產銷量無法顯著地反應到員工收入變化上。儘管此薪酬政策在某些員工看來是可接受的，但另一部分人對其卻頗有微詞，從總體上看，由於其抑制了企業的生產與銷售工作，對企業的長期發展將起到極大的負面作用，故可以被認為是不合理的。因此，看一套薪酬制度是否合理，不應僅局限於員工的感受和反應這些表面現象，而應該以它是否能

平衡各方利益、激勵員工積極性、促進企業長遠發展為依據，從整體上、本質上進行判斷。如果判斷結果顯示目前的薪酬制度不夠合理，就需要及時進行調整和完善，比如本案例中，可根據工作性質和工作內容的不同，對各類別崗位設置不同的固定—績效比例。值得注意的是，由於缺乏明確固定的評定標準，所有的調整與完善都只能使薪酬制度變得相對更為合理，而所謂絕對合理的狀態是無法達到的。

2. 理論性與現實性相結合原則

薪酬設計是一個理論性與現實性交替體現功能螺旋性上升的過程（見圖6-4）。一般的，無論是新成立的組織還是處於存續狀態的組織，進行薪酬設計的第一步就是明確組織目標、掌握基本情況；第二步是根據組織發展目標，結合實際管理需要，應用薪酬管理理論設計出一套最優的薪酬方案；第三步是將理論最優方案下發徵求意見，找出實際應用後將出現的問題，即看哪些地方操作起來比較困難甚至無法執行，哪些地方需要補充或調整；第四步是根據反饋的意見應用相關理論提出針對性的解決措施，修訂原薪酬辦法，並形成正式制度；最後將已成型的正式制度付諸實施。

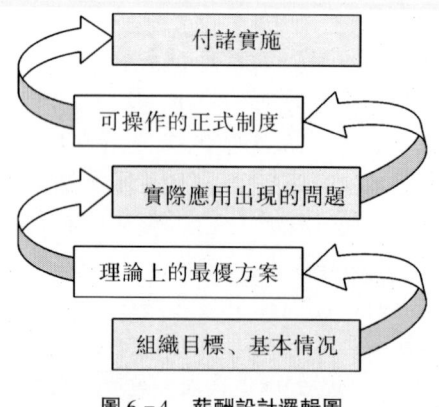

圖6-4　薪酬設計邏輯圖

3. 宏觀性與微觀性相結合原則

薪酬設計應統籌考慮宏觀與微觀兩個層面的問題，即堅持點面結合、遠近結合。

（1）點面結合。一方面，薪酬設計是對整個企業的薪酬從總體上構建一個系統性的決策與管理模式，而不是僅僅對某個部門或部分人員的薪酬決策與管理，所以要站在全局的高度考慮薪酬整體性方面的問題；另一方面，薪酬設計必須具體到每一個崗位、每一個部門和每一個層次，又是一個由分到總的過程。

（2）遠近結合。在進行薪酬設計時，首先要基於企業發展戰略目標，著眼於薪酬管理長期的變化趨勢，為制度的完善和演變留有接口；其次就是要根據企業目前的實際情況，針對相關問題設計管理方法，尤其是一些在特定條件下出現的問題可本著「一事一辦」的原則設計專門的處理辦法，等相關條件消失後，該辦法自然失效。

二、薪酬設計的依據

薪酬設計的依據，或者說是影響薪酬的因素有很多方面，最主要的是崗位（Position）因素、績效（Performance）因素和個人（Person）因素，即要以這「3P」為基礎確定薪酬。除三種微觀因素外，還有一些宏觀因素也對員工薪酬產生著重要影響，如企業因素、市場因素和政策因素。

1. 微觀因素

（1）崗位因素。崗位因素是指通過崗位分析所確定的崗位性質、任務、職責、勞動條件和環境以及員工承擔本崗位任務應具備的資格條件等。由於各崗位的特性和要求不同，崗位本身也具有不同的價值，應當針對崗位價值設計相應薪酬。

（2）績效因素。績效因素反應了員工的工作態度、工作效率和工作質量，依據績效因素定薪體現了「按勞分配」這一薪酬管理的基本理念，有效防止了「干多干少一個樣，干好干壞一個樣」的平均主義現象的出現，有利於激發員工的積極性。

（3）個人因素。個人因素包括了一個人的學歷、知識、職稱、經驗、工齡和工作技能等。之所以要在設計薪酬時考慮個人因素，主要是基於「具有不同能力和素質的人在同一崗位將會有不同的工作表現」這一假設，而且大量的實踐證明，一個人的綜合素質確實在很大程度上決定了他的工作績效；此外，對於員工在性別、家庭、工齡等方面的差異，也應相應設置津貼補貼性工資單元。

2. 宏觀因素

（1）企業因素。薪酬設計在宏觀層面上首先應考慮企業因素，即根據企業的發展戰略、所處的發展階段、企業文化來確定薪酬導向，並結合企業財務狀況、員工數量、營業收入等因素編製薪酬總額預算，在預算執行過程中對薪酬分配加以控制並根據實際需要進行修正。

（2）市場因素。市場因素主要包括三方面：一是社會物價水準，薪酬設計應建立起與市場物價水準的聯動機制，隨物價變化作相應變動；二是勞動力市場供需關係，當所需勞動力緊缺時，需要提高付薪水準以保有現有人才、吸引新進人才，當所需勞動力供給過剩時，可適當降低薪酬水準，節省人工支出；三是行業薪酬水準，企業可參照行業平均薪酬水準設計薪酬，根據發展戰略和支付能力確定整體薪酬是高於、等於還是低於平均水準。

（3）政策因素。國家政策也是影響薪酬設計的一個重要因素，比如國家規定的最低工資制度、加班工資補償制度、企業職工工資增長指導線等，都對薪酬設計形成了政策約束。

三、薪酬設計的技術

1. 寬帶薪酬技術

寬帶薪酬是目前企業進行薪酬設計所廣泛使用的一種新方法。所謂寬帶薪酬，是指通過對常規的多個薪酬等級以及薪酬變動範圍進行重新組合，形成薪酬等級相對較少以及薪酬變動範圍更寬的薪酬結構（見圖6-5）。

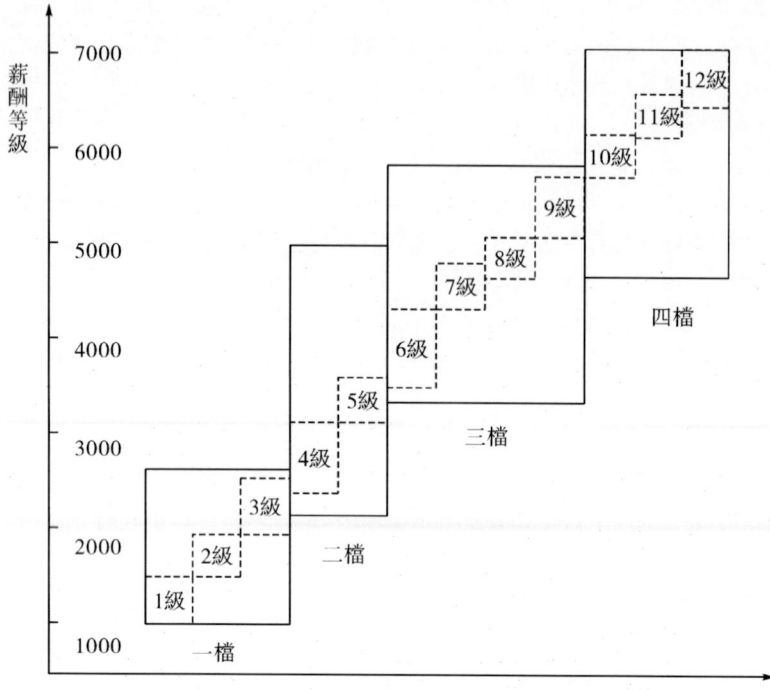

圖 6-5 寬帶薪酬與傳統薪酬對比圖

圖 6-5 中虛線小框表示的是傳統薪酬設計模式。傳統模式將薪酬分成許多等級，各等級之間幾乎不重疊，等級變化幅度較小，每個等級所對應的崗位種類和數量較少。在這種制度下，員工想要提高薪酬水準只能通過職位逐級升遷來實現。此外，由於個人績效對收入的影響較小，在相同的職位（薪酬等級）上員工的收入差距不大，導致薪酬激勵效果減弱。

圖中實線大框表示了寬帶薪酬設計模式。寬帶薪酬首先減少了薪酬等級劃分，比如將原 1 至 3 級整合為一檔，將原 4 至 5 級整合為二檔等，薪酬等級由原來的 12 級減為 4 檔（級），典型的寬帶薪酬結構有三至四個等級的薪酬檔別。其次，寬帶薪酬加寬了檔別區間，每個檔別內最高值與最低值之間的區間變化率要達到 100%～300%，而傳統薪酬模式中薪酬區間變化率通常只有 20%～50%，相鄰檔別的重疊幅度相應增大，較低檔內的最高水準比較高檔內最低水準有明顯的高差。

運用寬帶薪酬方法設計薪酬時，首先要進行崗位分析與評價，並確定以數值表示的崗位價值；其次根據崗位重要性和工作性質對崗位進行分類，比如可將高級管理職位歸入上圖四檔，經營、研發、生產管理部門崗位歸入三檔，財務部、人力部、綜合部等職能部門崗位歸入二檔，其他輔助服務部門和一線崗位可歸入四檔；再次，在職等檔別內劃分薪級，每個檔別可劃分四至五個薪級；最後，將已分類的崗位按崗位價值高低對應到具體的薪級上，作為初始薪酬標準，之後根據情況變化在檔別內浮動。

案例：FX 公司原薪酬體系中設置了 27 個薪酬級別，按照寬帶薪酬的模式改革後

所有崗位劃分為五檔，每檔設計了4個薪級，並對應有相應的薪酬標準（見表6-1）。

表6-1　　　　　　　　　　FX公司崗位薪酬等級表

職等檔別	薪級	薪酬標準(元)	崗位名稱
A	A1	8000	總經理、副總經理、董事會秘書
	A2	7500	
	A3	6900	
	A4	6200	
B	B1	7100	總工程師、經營管理部經理、科學技術部經理、財務金融部經理、人力資源部經理
	B2	6500	
	B3	5800	
	B4	5300	
C	C1	6100	綜合部、企業發展部、油運部、滑油部、油貿部經理，科學技術部、經營管理部、財務金融部、人力資源部副經理
	C2	5600	
	C3	5000	
	C4	4400	
D	D1	4900	信息、海務安全、機務、電氣、陸地設備、調度、滑油、燃油銷售代、信息管理員、調度員、會計、結算會計、人事員、統籌員、工資員
	D2	4350	
	D3	3700	
	D4	3350	
E	E1	3800	車輛管理員、材料管理員、統計計量員、出納、司機、廚師、保潔、保安
	E2	3250	
	E3	2800	
	E4	2300	

以其中的部門經理崗位為例，在原有薪酬結構中，不同部門的經理職位都屬於同一窄幅度的薪酬等級，該等級薪酬標準區間為6000～6500元/月，各部門經理的薪酬水準差距最大為8.3%，但從擔負職責和工作成績來講，尚不足以反應實際差別。在寬帶薪酬結構中，由於對部門和崗位進行了分類，就會實現經營管理部經理月薪6500元，油貿部經理月薪5000元這樣的差別，薪酬分配拉開了差距，趨向合理。

2. 團隊薪酬模式

隨著工作流管理方式的興起和企業中臨時性任務的增多，團隊作為一種新型的組織方式得到越來越多企業的青睞。喬恩·R. 卡曾巴赫將團隊定義為「由少數有互補技能，願意為了共同的目的、業績目標和方法而相互承擔責任的人們組成的群體」[1]。而所謂團隊薪酬是指根據團隊業績而支付給正式成立的團隊成員的報酬，它以整個團隊作為薪酬支付對象，根據團隊的價值、工作產出等確定團隊的整體應得報酬。

---

[1]　[美] JonR. Katzenbach, Douglas. K Smith. 團隊的智慧：創建績優組織 [M]. 侯玲，譯. 北京：經濟科學出版社，1999：9.

團隊薪酬結構包括三個方面的內容：①基本薪酬。基本薪酬是企業根據團隊所承擔的工作職責、完成任務的艱鉅性而向其支付的基本酬勞，旨在保障團隊的基本生活需要。②團隊獎勵。企業根據團隊績效評估委員會或人力資源管理部門對團隊工作進展情況或項目完成情況的評估結果來確定對團隊的整體獎勵，團隊成員通過自己的努力工作為團隊績效的提高做出了貢獻，都應該分享這一獎勵。團隊獎勵表現了企業對團隊績效的認可，同時也增強了成員的團隊意識，促進了團隊成員之間的協作，促使團隊績效不斷提高。③個體薪酬。在一個團隊中，每個成員的個體情況和為團隊做出的貢獻是不一樣的，應根據成員在團隊內擔任的職責、自身具備的技能和學歷設計相應的津貼，並根據實際工作表現在考核後針對個人給予特別獎勵。

根據團隊自治程度和團隊成員專注於團隊工作時間的不同可將團隊劃分為三種類型：工作團隊、項目團隊和平行團隊。對不同類型的團隊而言，團隊薪酬制度的適用性不盡相同。

（1）工作團隊。工作團隊的成員全職參與團隊工作，一般只有等任務完成團隊解散後才自然脫離團隊。由於成員是將其所有時間花費在團隊任務上，企業薪酬制度的設計基礎就應該與團隊貢獻高度相關。所以，以工作團隊作為主導團隊類型的企業最適合於採用團隊薪酬制度。

（2）項目團隊。項目團隊通常從不同的專業領域招募新成員，以提供知識的互補。團隊成員的工作時間需要在本職工作和團隊工作之間調節。項目團隊的工作結果可用完成時間、質量、技術特徵、成本等因素來度量。所以團隊的薪酬可以建立在上述目標測度上。但由於項目團隊成員任務多變，且經常在不同項目中流動，這會增加管理的複雜性，從而阻礙團隊薪酬制度的應用。例如，項目團隊中非常需要某些有特殊技能的成員，但這些成員的任務很少。因此他們經常在不同的項目之間流動，並不一定參與某一項目的全過程，使得建立這類非核心成員的績效與薪酬制度之間的關聯非常困難。所以，在以項目團隊為主導團隊的企業中，團隊薪酬制度只能得到適當的應用。

（3）平行團隊。平行團隊要完成的任務大多為「角色外任務」。有些平行團隊能取得實際的成果，如質量的提高或成本的降低；而有些平行團隊則只是研究某一個問題或撰寫某一個報告，無法對其工作成果進行經濟性評價。所以，影響在平行團隊中推行團隊薪酬制度的關鍵限制因素有兩個：第一，團隊任務是兼職和短期的，團隊成員主要從事本職工作，團隊工作通常被視為個人對企業的貢獻和責任。在這種情況下，以工作為基礎的薪酬結構最為適用；第二，對平行團隊工作結果的價值評判非常困難，在平行團隊中推行團隊薪酬的必要性往往被低估。所以在以平行團隊為主導的團隊結構的企業中，推行團隊薪酬的可能性更小。

3. EVA薪酬激勵方式

EVA是英文Economic Value Added（經濟增加值）的縮寫，它是稅後淨經營利潤與資本費用的差額，用公式表示即：EVA＝稅後淨經營利潤－資本費用＝稅後淨經營利潤－加權平均資本成本×總資本額。EVA理論由美國思圖思特（Stern Steward）公司在20世紀90年代提出，成為了傳統業績衡量指標體系的重要補充。該理論的核心是，一個公司只有在其資本收益超過為獲得該收益所投入資本的全部成本時，才能為股東帶

來價值。

EVA 薪酬激勵模式正是建立在 EVA 思想基礎之上的。EVA 第一次真正讓企業經營者的利益和股東的利益一致起來，使經理人為企業所有者著想，能夠從股東的角度長遠地看待問題，得到像企業所有者那樣的報償。在 EVA 激勵模式下，企業經營者為自身謀取更多利益的唯一途徑就是為股東創造更多的財富。

(1) 早期 EVA 薪酬激勵方式。最初的 EVA 薪酬激勵僅僅是和企業經營者約定一個固定比例的 EVA 值，在扣除股東所要求的必要資本回報之後，企業經營者和所有者在進行討價還價後確定一個對差額例如分成的百分比，即經營者獎金 = EVA × X%，其中 X% 為企業經營者享有的分成比例，EVA 需大於 0。

此方式的局限性在於：一是對於經營狀況不佳的公司而言，企業經營者可人為調節收入轉移到某一年度來確認，以最大化該年年底的資金支付。二是沒有考慮 EVA 增量，可能出現一方面在股東遭到損失時，公司仍將支付大額的獎金；另一方面，與利潤直接掛勾的激勵份額槓桿作用過於強烈，以至於激勵機制的強度與股東成本之間的權衡無效率。三是不利於前任經理和新任經理的責任界定，比如前任經理人選擇了錯誤的投資項目後離任，該投資項目的 EVA 結果卻由下一任經理負擔。此外，企業所處的市場環境是不同的，處於「順勢」市場環境的企業可以很容易獲得較高的 EVA；而處於逆勢市場環境的企業費盡心機下的 EVA 也未必盡如人意，所以直接以 EVA 為考核指標，無法充分體現經理人的真實貢獻。

(2) 改進型 EVA 薪酬激勵模式。鑒於早期 EVA 薪酬激勵存在的不足，在改進時引入了 EVA 增量因素，建立了如下計算式：經營者獎金 = (EVA × X%) + ($\triangle$EVA × Y%)。

由於 EVA 增量的運用，對於 EVA 值為正的公司而言，公式中的 Y 值可以創造出更強有力的激勵機制，而公式中的 X 值則可以為公司提供競爭性工資水準的標準。但該模型仍存在著不足，即如果公司業績的增長是由企業經營者不可控制的因素（如市場宏觀環境、行業因素、國家政策傾斜等）帶來的，則會導致管理成果被嚴重高估，公司將向經營者支付不必要的薪酬成本。

(3) 現代 EVA 薪酬激勵計劃。現代 EVA 薪酬激勵計劃對改進型「XY 紅利計劃」做了兩項重要完善：一是用目標獎金代替了 XY 計劃中（EVA × X%）部分，二是用超額 EVA 增量（$\triangle$EVA － ET）代替了 XY 計劃中的 $\triangle$EVA，其中 ET 為預見性增量（Expected Improvement）。修改後獎金計算方法變為：經營者獎金 = 目標獎金 + ($\triangle$EVA － ET) × Y%。

在該計劃中，將「超額 EVA 增量」作為企業經營業績的衡量標準，主要出於以下三個原因：一是與先前依據 EVA 值計算獎金額相比，依據 EVA 增量值所計算出的獎金額可以提高激勵的「性價比」，達到事半功倍的效果；二是 EVA 增量可以適用於所有企業，而不僅只局限於 EVA 值為正數的企業；三是 EVA 增量可以與超額回報之間建立更直接的聯繫，超額回報是股東財富創造的最終衡量標準。只要一個公司的市場價值中包括了該公司未來增長價值而不只是現期的經營價值，那麼公司投資者要想獲得一

個相當於資本成本回報的話，增加 EVA 是必需的。

四、薪酬設計流程

薪酬設計流程大致可分成收集分析資料、評價崗位價值、評估任職能力、設計薪酬結構、測算薪酬數據、編製薪酬方案以及調整完善方案 7 個步驟（見圖 6-6）。特別的，對於新成立的企業，在進行薪酬設計前應首先完成組織結構設計和崗位設置，因為崗位和職責是影響企業薪酬體系的核心因素。

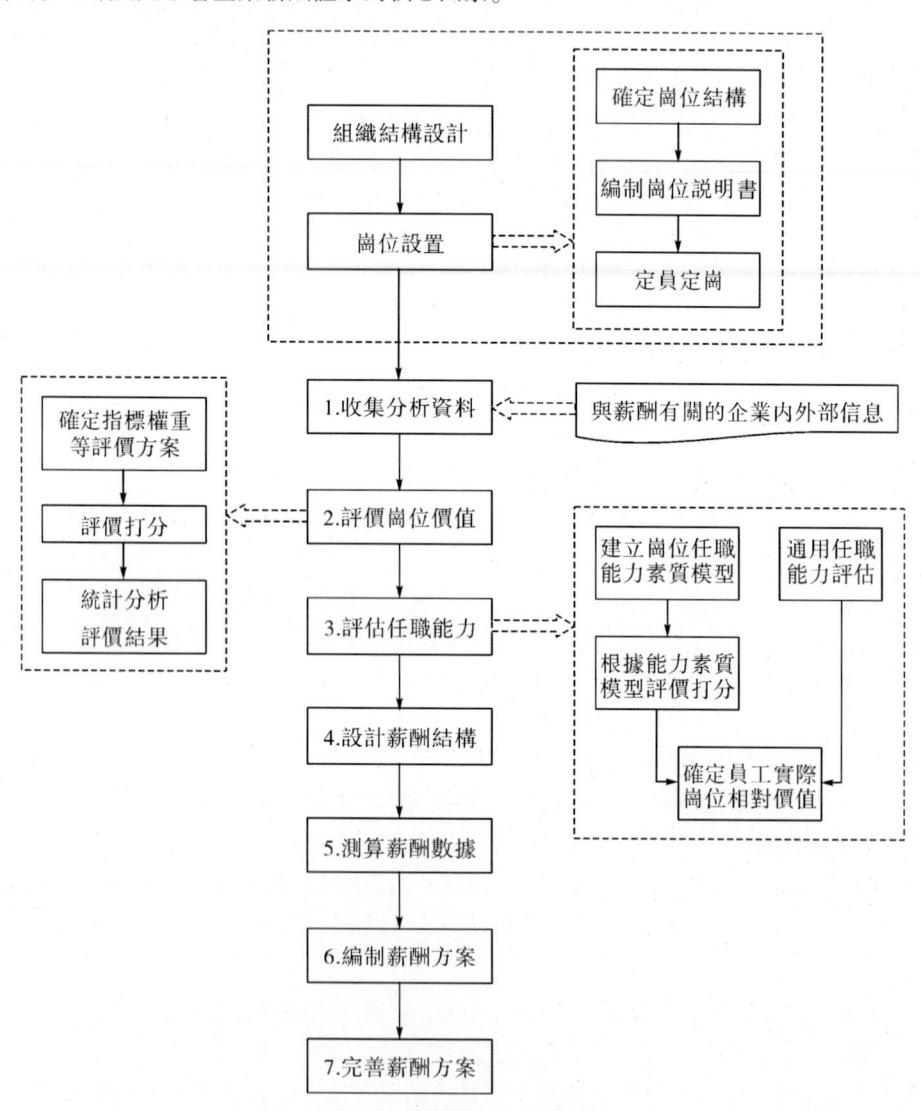

```
                    ┌─────────────────────┐    ┌─────────────────────┐
                    │   組織結構設計       │    │   確定崗位結構       │
                    │         ↓           │    │   編制崗位說明書     │
                    │   崗位設置           │─ ─>│   定員定崗           │
                    └─────────┬───────────┘    └─────────────────────┘
                              ↓
┌──────────────┐        1.收集分析資料 <─ ─  與薪酬有關的企業內外部信息
│確定指標權重   │              ↓
│等評價方案     │
│   ↓          │
│評價打分       │<─ ─    2.評價崗位價值        ┌─────────────────────┐
│   ↓          │              ↓               │ 建立崗位任職   通用任職│
│統計分析       │                              │ 能力素質模型   能力評估│
│評價結果       │        3.評估任職能力 ─ ─>  │        ↓              │
└──────────────┘              ↓               │ 根據能力素質           │
                                              │ 模型評價打分           │
                        4.設計薪酬結構        │        ↓              │
                              ↓               │ 確定員工實際           │
                                              │ 崗位相對價值           │
                        5.測算薪酬數據        └─────────────────────┘
                              ↓
                        6.編制薪酬方案
                              ↓
                        7.完善薪酬方案
```

圖 6-6　薪酬設計流程示意圖

1. 收集分析資料

薪酬設計的第一步就是通過薪酬調查等方式收集相關基本資料，包括企業內外兩

方面的信息。企業內部信息主要指組織架構及機構設置、組織崗位設置情況即各崗位的崗位說明書、與員工薪酬支付相關聯的員工管理制度以及企業歷年經營數據、財務數據、薪酬支付數據。企業外部信息是指外部市場勞動力供需情況、行業薪酬水準、社會物價水準以及經濟增長趨勢等。資料收集完畢後要對資料進行分析，確定薪酬設計的原則和基調，之後薪酬設計各步驟都將據此展開。

2. 評價崗位價值

評價崗位價值環節的主要任務是通過對各崗位的相互比較，確定崗位的相對價值，並以統一的數值體系予以標記。崗位價值評價以各崗位工作分析結果和職位說明書為依據，採用分類法、排列法、評分法等多種崗位評估方法，對所有崗位按工作內容、工作職責、任職資格、工作時間與工作環境等不同層次的要求進行排序，將全公司各部門和各個職位族群均納入一個統一的職位等級序列，從而建立起企業的職位體系。表6-2是一家商業銀行的區域性支行的崗位價值評定結果。

表6-2　　　　　××商業銀行××支行崗位價值評定結果表

崗位類別	崗位名稱	崗位價值系數
領導人員	行長	6.8
	副行長	5.9
	行長助理	5.5
部門經理	法人客戶部經理、個人客戶部經理	4.2
	運管部經理、財會部經理	3.8
	綜合管理部經理	3.5
部門職員	一類職員	2.5
	二類職員	2.0
	三類職員	1.6
網點主任	一類網點主任	4.2
	二類網點主任	3.6
網點業務經理	客戶經理	2.2
	大堂經理	1.8
營業員	對公業務崗	1.1
	普通業務崗	1.0

3. 評估任職能力

為了使對員工崗位任職能力的評估更為準確，管理能力較強或條件較好的企業可以針對每一個核心崗位以及其他劃分為類群的相似崗位建立崗位任職能力素質模型，模型對任職者所需的知識、技能、工作態度、價值觀、特質和動機等做出規定和要求。參照模型對任職者的實際能力和素質進行評價，依據其綜合任職能力得分判定任職者的崗位相對價值。比如，對一名銀行客戶經理任職能力做出如表6-3所示評估：

表6-3　　　　　　　　　客戶經理任職能力評估表

序號	評價項目	項目權重	實際得分
1	瞭解企業管理方面的知識	6	8
2	具備金融專業的理論知識	8	11
3	對本行提供的金融產品完全瞭解，能解決客戶的提問	7	7
4	能靈活組合所在銀行的產品滿足客戶的需求	7	8
5	能迅速把握問題的關鍵並果斷採取行動	4	4
6	工作思路清晰，有條理性	5	4
7	對問題的預測能力	4	3
8	善於對執行部門進行管理和控制，善於和合作部門協調、溝通	5	5
9	善於向目標客戶準確傳達信息並維繫關係	4	4
10	行銷思路清晰，善於把握客戶需求，量身定做，「銀企」雙贏	6	6
11	能迅速弄清楚組織中的關鍵人物	4	4
12	能主動收集同業資料，善於吸取經驗	4	3
13	在工作中盡力達到某種目標，積極承擔挑戰性的任務	6	3
14	有強烈的成功慾望，有明確的目標，盡可能超額完成任務	4	3
15	能保持積極向上的進取心，並不斷自我學習、創新	4	3
16	容易與客戶溝通，表達有條理，具有說服力	6	6
17	善於調動各方面的力量解決問題	5	5
18	善於理解客戶的感受和觀點	4	4
19	樂觀積極的心態	7	4
	合計	100	95

從表6-3中可以看出，雖然該名任職者在知識技能方面已超出了職位任職的要求，但由於其在工作態度和價值觀上表現的不足，導致最終評估出的崗位相對價值要略低於標準值。這就要求在薪酬設計時對此有所體現，以激勵員工繼續發揚長處，並盡量彌補短處。

對於管理能力相對較弱，或崗位本身對於區分任職者勝任素質要求不高，則可使用通用任職能力模型對任職者進行評估，並同樣根據評估結果確定其崗位相對價值。

4. 設計薪酬結構

薪酬結構是指在同一組織內部不同職位或不同技能薪酬水準的排列形式，它強調薪酬水準等級的多少、不同薪酬水準之間級差的大小以及決定薪酬級差的標準。因此，一個規範的企業薪酬結構設計需要從兩個維度進行思考，一是如何使用工作評價法形成職位等級，二是如何運用市場薪酬調查確定薪酬水準。具體設計過程一般包括以下五個步驟（見圖6-7）。

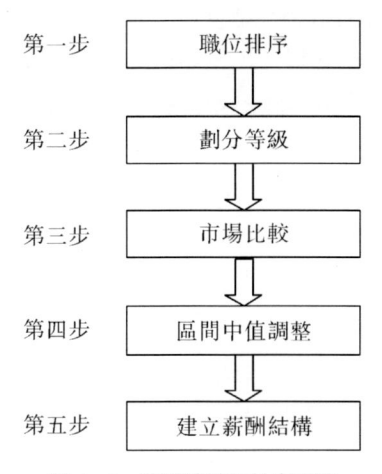

```
第一步 → 職位排序
第二步 → 劃分等級
第三步 → 市場比較
第四步 → 區間中值調整
第五步 → 建立薪酬結構
```

圖6-7　薪酬結構設計步驟圖

（1）根據工作評價點數對職位進行排序。通過比較被評價工作相應職位的點值狀況，根據工作評價點數對相應職位進行排序。首先，從總體上觀察被評價工作的點值情況，看一看是否存在明顯有出入的點值。例如，可以通過將同一工作組中的工作或者是屬於其他職能但是明顯屬於同級工作的點數進行對比分析，如果點數存在明顯的不合理情況，應考慮予以調整，以準確反應該工作職位在內部一致性價值評價中所應得的點數。

（2）劃分職位組別確定職位等級。觀察工作評價點數後會發現，儘管各工作職位的價值評價點數不同，但總有若干職位的點數比較接近，這些職位應當屬於同一級別。在對職位進行組別劃分時，可以利用自然斷點來確定職位的等級，比如以100點為界限進行劃分（見表6-4）。

表6-4　　　　　　　　　　職位等級分類表

職位等級	職位名稱	點數
1	總經理 副總經理	565 550
2	經營部經理 信貸部經理 財務部經理	470 425 405
3	總經理秘書 薪酬主管 報銷會計 客戶主管	355 355 345 335
4	行政助理 出納	260 210

（3）職位市場薪酬水準與評價點值結合分析。這一步主要是將職位等級劃分、工作評價點數與市場薪酬調查數據進行比較分析。假設通過外部調查得到了相應職位的市場薪酬水準，根據這些數據我們可以運用最小二乘法對數據進行擬合，得到一條能夠體現不同職位等級的薪酬趨勢直線。設 X 為工作評價點數，Y 為市場薪酬水準，建立方程式：

$$Y = a + bX$$

表 6-5　　　　　　　評價點數與市場薪酬水準迴歸分析計算表

職位名稱	評價點數(X)	市場薪酬(Y)	X²	X·Y
總經理	565	5350	319,225	3,022,750
副總經理	550	5080	302,500	2,794,000
經營部經理	470	4030	220,990	1,894,100
信貸部經理	425	3780	180,625	1,606,500
財務部經理	405	3560	164,025	1,441,800
總經理秘書	355	3150	126,025	1,118,250
薪酬主管	355	3150	126,025	1,118,250
報銷會計	345	2720	119,025	938,400
客戶主管	335	2570	112,225	860,950
行政助理	260	2230	67,600	579,800
出納	210	1850	44,100	388,500

計算得到迴歸直線方程式：

$$Y = -25.314 + 8.885X$$

通過該方程式可以計算各等級薪酬區間的中值 $\bar{Y}$（見表 6-6）。

表 6-6　　　　　　　　薪酬區間中值計算表

職級	點數區間	點數區間中值（$\bar{X}$）	薪酬區間中值（$\bar{Y}$）
1	>527		
2	488~526	507	4479
3	449~487	468	4133
4	410~448	429	3786
5	371~409	390	3440
6	332~370	351	3093
7	293~331	312	2747
8	254~292	273	2400
9	215~253	234	2054
10	176~214	195	1707
11	137~175	156	1361

（4）對偏差較大的區間中值進行調整。將薪酬區間中值與外部市場薪酬水準進行比較，兩者差距在10%以內的，一般認為是可以接受的；若差距超過了10%，則考慮是否對區間中值進行調整（見表6-7）。

表6-7　　　　　　　　　　薪酬區間中值對比分析表

等級	區間點值範圍	職位名稱	評價點數 (X)	市場薪酬 (Y)	薪酬區間中值 ($\bar{Y}$)	($\bar{Y}$-Y)/Y
1	>527	總經理	565	5350	4826 (4980)	-9.8%
		副總經理	550	5080		-5.0%
2	488~526	無	—	—	4479	—
3	449~487	經營部經理	470	4030	4133	2.6%
4	410~448	信貸部經理	425	3780	3786	0.2%
5	371~409	財務部經理	405	3560	3440 (3510)	-3.4%
6	332~370	總經理秘書	355	3150	3093 (3020)	-1.8%
		薪酬主管	355	3150		-1.8%
		報銷會計	345	2720		13.7%
		客戶主管	335	2570		20.4%
7	293~331	無	—	—	2747	—
8	254~292	行政助理	260	2230	2400	7.6%
9	215~253	無	—	—	2054	—
10	176~214	出納	210	1850	1707 (1800)	-7.7%
11	137~175	無			1361	

註：區間中值列中括號內的數字是調整後的中值數值。

從表6-7可以看出，總經理、副總經理、財務部經理、出納這些職位所對應的薪酬區間中值較市場水準明顯偏低，應適當提高；報銷會計、客戶主管職位所對應的薪酬區間中值相對較高，可適當降低。

（5）根據職位等級的區間中值建立薪酬結構。在考慮等級內部各職位價值差異大小及外部薪酬市場水準的前提下，確定各薪酬區間的變動比率後，就可以建立起相應的薪酬結構。此處假定各級薪酬區間的變動比率均為40%（在最低值基礎之上），以上述調整確定後的中值為基礎，計算出各等級區間最高值和最低值，從而建立起薪酬結構關係（見表6-8）。

表6-8　　　　　　　　　　崗位薪酬結構表　　　　　　　　　　單位：元

等級	區間最低值	區間中值	區間最高值
1	4150	4980	5810
2	3733	4479	5226
3	3444	4133	4822

表6-8(續)

等級	區間最低值	區間中值	區間最高值
4	3155	3786	4417
5	2925	3510	4095
6	2517	3020	3523
7	2289	2747	3205
8	2000	2400	2800
9	1712	2054	2396
10	1500	1800	2100
11	1134	1361	1588

5. 測算薪酬數據

薪酬結構設計好後，接下來的任務就是確定薪酬標準，而這需要通過測算薪酬數據來實現。由於此前的任職能力評估和薪酬結構設計是分別進行的，「人」與「崗」這兩個定薪因素在單獨分析後未得以綜合。加之要具體落實到對個人實施薪酬分配，難免會發現很多在設計過程中沒有考慮到的問題，甚至可能出現與設計預期目標出現較大反差的情況。這就需要在薪酬方案正式公布前先進行系統的測算，並根據測算情況進行一些調整修正，以確保薪酬方案能夠順利平穩地推進。薪酬測算大致分為以下三個步驟：

（1）按照之前已劃定的條件將全體員工分別歸入相應薪酬等級，確定員工的薪酬標準。對分級過程中遇到的各種現實文集進行分類處理，必要時對分級條件進行一定的修改和補充。

（2）將新方案條件下員工薪酬水準與原制度下的進行縱向比較，或是與市場水準進行橫向比較，看新的薪酬水準以及整個企業的工資總量是高是低、是增長了還是減少了，找出其中的主要原因；對不同類別員工（如：高級管理者、中層管理者、核心員工、一線員工）的薪酬水準變化情況進行比較，看新的薪酬方案是否能達到預期的激勵效果。

（3）對薪酬標準和定薪條件進行修訂與調整。分析評估新薪酬方案下員工薪酬的水準變化情況重點在三個方面：一是薪酬水準差異是否是由制度性的不公平造成的；二是新薪酬方案是否帶來了部分崗位薪酬水準增幅或降幅過大；三是新方案下的薪酬總量是否在企業可承受範圍內，是否符合企業的薪酬規劃。針對這三方面的情況，根據問題存在的範圍和嚴重程度對新方案進行適當修訂與調整，完善後重新回到第一步進行新一輪測算，如此循環往復，直到得到較為滿意的方案結果為止。

6. 編製薪酬方案

以上步驟已經解決了薪酬設計的核心問題，即按什麼標準支付薪酬的問題，接下來就要形成一個完整的薪酬設計成果——薪酬方案，或稱薪酬制度、薪酬辦法等。薪酬方案是一個企業進行薪酬管理的系統規章制度，一般包括六個部分：

（1）總則。其對本薪酬方案出抬的目的、適用範圍進行說明，對方案中的關鍵名

稱進行定義，對薪酬管理及方案執行的基本原則進行闡述。

（2）薪酬構成。其一方面介紹薪酬總體的構成情況，即包括哪些薪酬單元，並對每個薪酬單元進行解釋和界定；另一方面規定每一類員工所適用的薪酬模式，即其薪酬由哪些薪酬單元組成。

（3）薪酬確定。其主要是規定各薪酬單元的標準方法，即涉及具體發放時薪酬數據如何計算。

（4）薪酬支付。其規定了薪酬的支付方式和支付流程以及與薪酬支付相關的工作紀律。

（5）薪酬監控。其對薪酬管理的監督與控制措施進行規定，主要涉及職務消費、獎勵處罰、休息休假、代繳代扣等方面。

（6）附則。其對方案尚未涉及的單項事例進行補充規定，明確方案的生效（有時也包括失效）時間以及方案解釋權的歸屬。

7. 完善薪酬方案

薪酬方案確定後，一般可先以試行方式予以公布實施。這是因為無論在薪酬設計時考慮得多周全、多細緻，薪酬方案在實際執行時總會遇到很多無法預期的問題，比如條文表意不明或有缺失、執行程序不合理、標準有失公平等。經過一段時間（一般為一年）的試行後，薪酬方案的各項規定和條款基本都得到了操作執行，此時應對執行情況進行總結，找出存在的問題和不足，對原設計方案進行全面系統的調整完善，從而形成正式的薪酬制度。薪酬制度出抬後，應以保持政策連續性為基本原則，除了一些細小的補充規定外，不宜在短期內再做大的調整，以避免因制度動盪對企業發展帶來的損傷。

第三節　薪酬分配

如果說薪酬設計主要體現了薪酬管理的科學性，那麼薪酬分配則更多地體現了薪酬管理的藝術性。作為執行層面，薪酬分配要更多地考慮「人」的因素，而人的複雜性使得薪酬分配的實施面臨著諸多困難和不可控因素。因此，薪酬分配應真正秉承「以人為本」思想，堅持激勵與約束相互統一、公平與效率相互兼顧、分配與考核相互結合的基本原則，努力實現「激勵有效、支出有度、員工滿意、企業發展」的管理目標。

一、薪酬分配模式

這裡的薪酬分配模式主要是針對具體的薪酬支付而言的，即要解決通過什麼方式、按照什麼節奏、以什麼樣的比例和標準、對哪些員工支付薪酬等一系列問題。一般薪酬制度中已經規定好了薪酬支付的有關問題，只要遵照制度執行即可，這裡介紹幾種較為特別的薪酬分配模式。

1. 協議式薪酬分配模式

在企業既有薪酬制度下的薪酬分配是具有普遍性的，即薪酬分配面向的是一類人或是直接面向每個崗位，而不會針對每一個人設計一套薪酬政策。但有的時候，企業一方面需要引進或保有特殊人才，另一方面又不能打破現有的薪酬管理體系，形成了人才使用需求與制度剛性管理之間的矛盾。因此，就迫切需要有一種薪酬分配方式來解決這一難題，而協議式薪酬分配模式就是一個不錯的選擇。

協議薪酬是指根據聘用人員的工作崗位、工作能力和貢獻大小，企業對人才的需求程度，利用市場經濟下的人才市場法則，經雙方平等協商後確定聘用人員薪酬水準的一種薪酬分配模式。協議薪酬主要面向企業必需的核心人才、優秀人才和高級人才，故該分配模式是一種特例式的模式，是對整體薪酬管理體系的一個補充。協議薪酬一般包括崗位工資和績效工資兩個單元，也可根據實際情況設置津補貼單元。其中：崗位工資主要由工作內容和工作職責確定，體現崗位價值；績效工資根據雙方約定的工作任務，由企業對員工的工作表現和工作業績考核後確定，體現薪酬激勵作用；津補貼則主要表示對員工具有的職稱、學歷和頭銜的認可，體現了企業對人才的尊重和重視。

實行協議式薪酬分配模式具有以下意義：第一，確立了勞動者在勞動法律關係中的主體地位。長久以來，勞動者往往只能被動地執行企業內統一的薪酬制度，對自身薪酬分配幾乎沒有什麼話語權。企業薪酬制度提交職工代表大會表決通過在某些企業通常只是一種形式上的程序，即使是集體協商制度往往也只能商議一般性和共性的問題，無法解決滿足個人的特殊需求的問題。正因為如此，不少企業經營者並不看重勞動者在薪酬決策的地位，員工只能選擇接受或不接受，而不能跟企業討價還價。因此，協議式薪酬在體現勞動者主體地位方面是一個可喜的突破。第二，可以增強薪酬分配的靈活性，縮短決策流程，提高管理效率。協議式薪酬模式沒有刻板框架的束縛，完全由企業和員工或應聘者在十分寬鬆的氛圍下進行討論商談，企業可依據自身資源的許可靈活地使用薪酬資源。企業的人力資源管理人員可以充分發揮自身談判的技巧，來尋求企業與員工或應聘者「雙贏」的結果。協議式薪酬模式還具有決策流程短的優勢。一般企業制定或修訂某項薪酬制度，總少不了進行各項調研、上下討論、形成預案，再報企業最高領導層決策。決策形成後，人力資源管理部門發布文件，制定細則，負責解釋，再層層下達到員工。而協議薪酬則在企業最高決策層確定的大框架內，只需人力資源主管人員與員工或被招募者直接面談，取得共識後報企業領導核准即可實施，完全實現了短流程、高效率。

2. 矩陣式薪酬分配模式

(1) 矩陣管理模式

要理解矩陣式薪酬分配模式，首先要介紹一下矩陣管理模式。矩陣式管理於20世紀50年代在美國開始出現，最早應用於飛機製造和航天器械的生產項目中，20世紀60~70年代流行一時，包括IBM等在內的諸多跨國公司逐漸成為實施矩陣式管理的成功典範。目前，國內很多企業也在廣泛學習和應用矩陣式管理模式，尤其是在工程施工、研發設計、產品製造、藝術創造等領域取得了明顯的成效。

矩陣式管理模式是指從各個職能部門中抽調有關專家，將他們分派在一個或多個項目經理領導的項目小組中工作的一種組織形式。矩陣式模式是相對於傳統的、按照直線職能理念設置的一維式管理而言的，它將管理職能和業務功能歸為兩向維度：縱向維度是傳統的職能部門、業務機構、生產單位等（下簡稱部門）；橫向維度是為完成某一任務成立的虛擬或實體的專項任務小組，項目小組集中力量完成任務後自動解散，成員繼續回崗位工作。這樣，橫向的項目小組系統與原來的垂直領導系統就形成了一個矩陣。

　　矩陣型組織中的員工往往受到雙重甚至是多頭領導，項目經理對於作為其項目小組成員的職能人員擁有與實現該項目目標相關的職權，而諸如晉升、工薪建議和年度評價等決策，則仍由職能經理來行使。為使矩陣型結構有效地運作，項目經理和職能經理必須經常保持溝通，並協調他們對所屬共同員工提出的工作要求，共同解決衝突。

　　（2）矩陣式薪酬分配模式

　　矩陣式管理結構是一種相對較新的管理模式，在成功集中資源優勢快速完成任務的同時也對傳統的薪酬分配模式提出了要求，薪酬分配需要根據組織管理模式進行創新和改造。

　　①縱向薪酬分配。在縱向管理維度設置保障性的薪酬分配單元，從而使員工無論能否參加項目，都可以獲得一定的保障性收入，不至於造成項目組成員與其他無項目人員之間收入差距過大。縱向薪酬體系一般包括崗位工資、技能工資、等級工資和績效工資，由縱向部門向員工支付。對於以生產製造、維修加工為主，縱向管理維度有明確的業務流程和崗位分工的，可以採用「崗位工資為主體＋效益工資」的崗位效益薪酬制度，設置崗位體系，明確崗位職責和任職條件。對研發、設計、藝術創作等以「發揮人的技能」為主的業務單位，更適於使用技能等級績效工資制，其中能級工資根據技能等級確定，績效工資根據員工實際業績確定。縱向分配體系的正常加薪機制包括兩方面內容：即建立崗位晉升或技能增長帶來的正常的工資調整制度以及建立隨企業效益增長相應提員工基礎性工資水準的正常聯動機制，這既能體現員工參與分享企業發展成果，又能夠吸引並穩定員工隊伍，激勵其從事基礎性研究，累積與提高專業素質。

　　②橫向薪酬分配。橫向項目維度的分配決定了員工浮動工資收入，是體現員工貢獻和收入差異的激勵性單元。由於橫向的分配體系直接針對員工在項目工作中的業績貢獻，所以分配模式和思路必須考慮項目本身的特點量身定制。一般而言，橫向薪酬包括項目津貼和項目分成兩部分。項目津貼是指員工由於參與項目工作，定期定額發給員工的補助；項目分成則是指項目結束並通過驗收後，給予項目成員的一次性工作獎勵，如果項目成果可直接帶來經濟效益，還可針對經濟收益確定一定的比例對項目成員實施項目分成，項目組組長負責項目任務分解並有權決定項目薪酬分配。項目薪酬橫向的項目運作可以較大程度地脫離縱向管理維度的影響，可選擇針對項目任務需要重新設置崗位，設計職位晉升制度和評聘制度，重新制定項目業績考核制度和分配方案等。

3. 自助式薪酬分配模式

自助式薪酬分配模式是由美國密歇根大學約翰·特魯普曼（John E. Tropman）博士在吸收眾多學者研究成果的基礎上，於1990年在其著作《薪酬方案——如何制定員工激勵機制》一書中提出來的。所謂自助式薪酬，是指企業改變了原有的機械性的薪酬結構，使薪酬單元和支付方式可以根據員工自己的需求和偏好靈活組合，在維持整體薪酬分配秩序良好的前提下，最大限度地通過薪酬分配滿足員工多方面的需求。這就像顧客去超市購物一樣，超市為顧客提供多樣的商品，顧客可自由選擇自己所需的商品；由於所選商品的範圍是有限的，而且存在「過時」問題，因此超市要適時根據顧客的需求來調整和補充商品種類，以更好地滿足顧客需求。同樣，企業要滿足員工對薪酬分配的不同需求就得制定一個盡量寬的薪酬選擇範圍。約翰·特魯普曼提出了整體薪酬方案的參考模型，將薪酬劃分為10種類型，並將這10種類型歸為五大組成部分：

整體薪酬＝直接薪酬＋間接薪酬
＝（基本薪酬、附加薪酬、福利薪酬）＋（工作用品補貼、額外津貼）＋
（晉升機會、發展機會）＋（心理收入、生活質量）＋私人因素

直接薪酬包括基本薪酬、附加薪酬和福利薪酬。其中：基本薪酬是企業根據崗位、技能確定的薪酬部分；附加薪酬是企業一次性支付的薪酬，包括加班費、股票期權和盈利分享等，附加薪酬的發放可以是定期的，但不是確保的；福利薪酬主要是指企業支付給員工的福利性費用。直接薪酬是以現金支付的，一部分會當期兌現，另一部分則會延期支付。

間接薪酬包括工作用品補貼、額外津貼、晉升機會、發展機會、心理收入、生活質量和私人因素。其中：工作用品補貼是指員工不必自己在外購買工作用品，如制服、工作用具等，這些都由企業提供；額外津貼是指員工在購買本企業產品或享受本企業營業服務時可以享受的優惠；晉升機會是指員工向較高層級崗位發展的機遇；發展機會是指員工接受企業培訓和崗位培養提升自身素質和能力的機會；心理收入和生活質量指員工在工作中得到的情感回報以及對工作與家庭生活之間矛盾的協調程度；私人因素是企業為了留住某個特定員工而滿足該員工的特殊需求。

在實際應用中，可依據約翰·特魯普曼對整體薪酬的分類，結合實際情況進行一定的改革和完善。應該說，自助式薪酬的「自助」是有限的自助，即薪酬結構中一些重要的基本單元應相對固定，在此基礎上員工再對其他薪酬單元進行自由選擇，這樣既保證了員工可以得到基本收入，也避免了給企業帶來管理上的混亂，對雙方都有利。此外，企業應對選擇數量加以限定，員工不能夠選擇所有薪酬項目，且有的項目之間應為替代關係，即選了項目A就不能選項目B，選了B就不能選A。表6-9為YG通信公司針對員工需求建立的自助薪酬分配計劃。

表 6-9　　　　　　　　　　YG 公司自助式薪酬分配計劃表

薪酬項目		自選組合			
		A	B	C	D
可選項	靈活的工作時間	√			√
	培訓或輪崗			√	
	優惠使用本公司通信服務		√	√	√
	工作用品、辦公設施補貼	√	√		
	交通、用餐補貼		√	√	√
	股票期權和超額利潤分享	√			
必選項	崗位薪金	√	√	√	√
	績效薪金	√	√	√	√

　　YG 公司的自助式薪酬分配計劃共設置了 8 個薪酬項目，採用「2＋3」模式，即其中兩項為必選項，而其餘六項可供員工根據身上情況和需要自由選擇，但最多只能選擇其中的三項。選擇的結果是：公司的高層管理者選擇了 A 組合，因為他們有機會獲得股票期權並參與公司超額利潤的分享，且他們的工作性質要求工作時間十分靈活；一線櫃面營業人員選擇了 B 組合，因為他們的收入水準較低，需要盡可能減少生活開支；部分核心員工和基層管理者選擇了 C 組合，因為他們需要通過培訓和輪崗提升自身素質以謀求更高的發展；行銷人員選擇了 D 組合，因為他們在辦公室工作的時間很少，對辦公用具的需求不大，但由於業務洽談的不確定性，他們需要靈活調劑工作與休息的時間。

二、薪酬分配技巧

　　薪酬分配可以理解為是一種投資行為，如何有效控制投資成本，取得更高的投資收益就是薪酬分配所要解決的最大問題。當企業的薪酬制度已經建立、員工的薪酬標準也已確定後，要發揮薪酬的激勵作用，達到人力資源管理效能最大化，就需要運用薪酬的支付藝術，即在薪酬分配中巧妙使用一些技巧性方法。

　　1. 處理好公開與保密的關係

　　（1）保密分配。實行保密式的薪酬分配方式，一是可以簡化薪酬分配工作流程，節省工作精力；二是避免員工在得知其他人薪酬分配結果後產生攀比心理和不公平感，減少員工之間的矛盾以及對薪酬分配本身的不滿。但這種做法極易產生一種相反的效果，即越是保密越容易增加員工的好奇心，引起員工的懷疑。在員工看來，薪酬水準的高低反應了能力強弱和業績優劣，薪酬水準高的往往能贏得人們的尊敬和羨慕，在這種奇妙心理地支配下，四處打聽他人尤其是與自己崗位相近的同事的薪酬水準便成了一種下意識的行動。如果員工瞭解到同事的工作表現不如自己但所獲薪酬卻高於自己時，就會產生一種不滿的情緒，從而導致消極怠工、降低工作效率，而這又會進一步影響自己之後的薪酬分配，逐漸形成惡性循環，既不利於自己也不利於企業。

　　（2）公開分配。薪酬管理強調公平原則，員工對薪酬制度的公平感有賴於管理人

員將正確的薪酬信息傳遞給員工，同時員工需有機會參與發表自己的意見和建議。同時，如果員工對薪酬制度有任何不滿意的地方，也可以通過正常的途徑向管理者提出申訴，從而使得問題得以妥善解決。因此，在實行公開式分配的情況下，企業及時將信息傳達給員工，並向員工解釋清楚，可以避免員工做出錯誤的猜測，從而樹立正面積極的工作態度；同時，可以減少保密分配體制下由於缺乏監督而產生的分配不公和腐敗現象。

（3）保密與公開有機結合。儘管公開分配受到多數人的贊同，但絕對的公開也是不可取的，因此應該適當把握保密與公開的程度，使兩者有機結合起來。一般認為，基本薪酬制度、可晉升的職級、薪級的起薪點和頂薪點、薪點點值、個人績效考核結果等是可以公開的；而每個人具體的薪酬數目、因特殊原因給予的個人獎勵等則應當保密。總之，要本著公正透明的原則處理薪酬分配事宜，努力使員工對分配結果心服口服。

2. 充分發揮獎金的激勵作用

現在有些企業的獎金分配可以說是「標準月月不變、同級人人相等」，也就是每月按照固定的標準發放獎金，同級別員工所得獎金完全相等，這使得獎金應有的體現員工貢獻、激勵員工進步的作用蕩然無存，已變相成為固定工資的一部分。造成這種現象的直接原因是績效考核工作不到位，可能是未對各崗位績效進行考核，也可能是考核後未將考核結果兌現到獎金分配上；而根本原因則在於企業的文化氛圍和基本管理理念，這些企業的管理者出於種種考慮在分配上更傾向於平均主義。因此，要真正發揮獎金的激勵作用首先要破除平均主義的思想，讓「獎優罰劣、不進則退」的思想深入每個員工的心中。其次，薪酬分配不是一項孤立的工作，要將它與崗位分析、績效考核等工作緊密聯繫起來，即應根據崗位的重要程度和所需勞動的複雜程度確定該崗位的崗位系數，並根據員工的工作表現和工作結果確定其考核系數，然後根據崗位系數和考核系數確定員工個人獎金數額。通過採用這樣的分配方法，一方面，員工收入水準拉開了差距，消除了平均主義對生產效率提高的阻礙作用；另一方面，員工的勞動效率和勞動能力在物質分配上得到了直接體現，員工改善績效並努力提高自身素質的意願更為強烈，獎金的激勵作用得以體現。

3. 正確選擇分配時機

對於薪酬分配時機，不同員工會有不同的心理需求，即使是同一員工，受年齡增長、經濟狀況的改變以及企業經營環境的變化等因素影響，其對薪酬分配時機的偏好也會有所變化。因此，如果企業能把握好薪酬支付的時機，將對員工產生更為直接的激勵效果。

薪酬支付可分為即時支付和延期支付。即時支付是指當員工的良好績效出現後或完成目標任務後立即給予相應的外在性和內在性薪酬獎勵；延期支付是確定員工績效行為後隔一段時間再兌現獎勵。

從薪酬分配的頻次上講，可以分為規則支付和不規則支付。規則支付是指每次支付薪酬的時間間隔是相同的，比如按月發放基本薪酬，按季度或按年發放獎金等；不規則支付是指薪酬支付的時間間隔不等，無規律性地要麼十天半個月支付一次，要麼

三五個月支付一次。

在具體選擇薪酬分配時機時，可以根據以下幾種情況進行：

（1）根據員工的年齡差異進行選擇。心理學家研究表明，人對時間單位的主觀感覺會隨著年齡的增長而變快，也就是說如果同樣是一個月時間，年輕人會認為過得比較慢，而年長的人則覺得很快就過去了。除了主觀原因外，客觀上由於年輕員工物質累積較少，日常花銷又比較頻繁，他們對金錢的現實渴望更為強烈。因此，在支付薪酬時以及包括給予休假、升遷或者表彰等，對年輕員工都應保證及時兌現；而年長的員工對於及時性的要求則不那麼高，也就是說及時支付對他們並不能起到什麼激勵作用。

（2）根據員工的知識水準進行選擇。員工的知識水準、心理素質、價值觀不同，對薪酬的認識和感受也不一樣。對於那些心理素質較差、工作主動性不高、認識層次偏低的員工，應採取及時支付的手段，因為工資基本上就是促使他們工作的唯一動力；而對那些自制力較強、工作熱情主動、知識水準較高或者高職務的員工，則可以根據需要將支付時段適當延長，因為頻率過高但強度不大的報酬對他們的激勵作用不會太大。

（3）根據企業的需要進行選擇。獎勵時機的選擇要根據獎勵的對象和目標而定，像維持良好的生產經營狀態、保證團隊和諧合作、促進銷售額的完成或是留住頂尖人才等，都是符合企業需要進行獎勵的有利時機。

三、薪酬分配的幾個誤區

1. 過分強調薪酬分配差異

古語有云：「不患寡而患不均」，意思是「不擔心分得少，而是擔心分配得不均勻」。朱熹對此句中的「均」做瞭解釋：「均，謂各得其分」，就是說均不是指平均，而是得到各自應該得到的。由此可見，在薪酬分配時，要把握好薪酬差異的度，既要保證體現「按勞分配、多勞多得」，又要注意維護整個工作團體的和諧氣氛，不能為了體現差異去進行人為調整。這是因為，以現有的績效評價方法和模式，很難對員工的工作成果做出完全準確的評估，對於工作成果無法用數量衡量的崗位以及相似度很高的大量中低層次崗位而言尤其如此。因此，在員工對績效考核結果並不是完全認同的前提下，如果不顧實際情況和員工感受依據所謂的考核分數差強行拉開收入差距，必定會造成員工之間的矛盾和員工對企業的不滿，嚴重影響員工的工作積極性。

2. 過分加大浮動薪酬比例

現在有的企業為了讓員工更賣力地為公司工作，規定員工的主要薪酬收入與其實現的業績掛勾，或同時與企業的經營成果掛勾，這一部分薪酬作為浮動薪酬，在整個薪酬中占到70%以上，有的企業甚至達到100%，實行所謂「零底薪、全浮動」分配制度。儘管加大浮動工資比例可以有效激發員工的工作積極性，並為企業減少用工成本開支，但這種做法本身仍存在一些問題。

（1）可能違反國家政策規定。根據勞動和社會保障部2004年頒布的《最低工資規定》，勞動者在法定工作時間或依法簽訂的勞動合同約定的工作時間內提供了正常勞動

的（本規定所稱正常勞動，是指勞動者按依法簽訂的勞動合同約定，在法定工作時間或勞動合同約定的工作時間內從事的勞動），用人單位依法應支付的最低勞動報酬。也就是說，只要員工按企業要求進行了勞動，即使是沒有創造出明顯的效益，企業也應按最低工資標準向其支付勞動報酬。以杭州市的情況為例：2008年杭州市區全社會在崗職工月平均工資為2322元（統計範圍包括國有、集體、股份制、三資和私營單位），而2008年杭州市最低月工資標準為960元，以社會平均工資為標準如果按照固定薪酬占30%、浮動薪酬占70%進行分配，在沒有浮動薪酬收入的情況下，每月可領到固定工資697元，低於最低工資限制標準。

（2）會對企業發展帶來負面影響。由於固定薪酬的比例明顯偏低，員工始終是在一種忐忑不安的情緒下進行工作的。因為他們知道固定工資部分根本不夠滿足基本的生存需要，而浮動工資是否能創造出來、能創造多少、企業是否會按約定及時予以兌現等都存在較大變數。長此以往，必然會導致員工思想波動、隊伍渙散，出現大量的人員流失，企業發展將受到重創。

（3）會直接損害顧客和社會利益。實行高浮動薪酬比例方法的崗位多為生產經營類崗位，即其工作成果可以直接表現為企業利潤或效益的增長。這就意味著，如果員工想獲得更高的收入，就必須為企業創造更多的利潤，或是借助企業提供的工作平臺直接為自身謀利，而無視顧客利益和企業的長遠發展。以旅遊行業為例：中國的旅遊行業已進入了完全競爭時期，各家旅行社在無法提供差異化服務的情況下只有通過低成本戰略保持競爭優勢。為了控制人工成本，有些旅行社對導遊實行「零底薪」分配政策，或是僅發給象徵性的少量基本工資，其餘大部分工資需要從導遊服務費、遊客額外消費中提成，由此造成了導遊隨意減少旅遊景點、強制消費、克扣票款等諸多混亂現象。對此，國家及時出抬政策予以規範，《國家旅遊局關於進一步加強全國導遊隊伍建設的若干意見》明確指出：「探索建立公平透明的導遊薪酬制度。要積極推進旅行社和導遊利益分配機制的改革，建立以基本工資和導遊服務費為主體，帶團補貼為補充的導遊人員薪酬制度。」可見，在薪酬分配時，根據企業所處行業特性以及崗位特徵，將固定薪酬與浮動薪酬的比例保持在合理範圍內是十分必要的。

3. 過分依賴加薪激勵手段

有的企業面對居高不下的離職率、員工較低的工作意願，總認為是薪酬水準太低造成的，以為員工就是為錢而工作，只要給他更多的錢他就會為企業更好地工作。但實際效果卻往往差強人意，分析其中原因主要有以下兩點：

（1）員工的需求是多種多樣、有層次區別的。雖然獲取金錢是工作的主要目的，但是從工作中獲得成就感與樂趣也十分重要。給員工營造良好的工作環境、賦予其具有挑戰性的工作崗位、對其工作成果予以肯定和表彰以及更多的關心和幫助往往能解決許多看起來很棘手的問題。總之，不是錢的問題就別用錢來解決。

（2）薪酬的激勵效果同樣遵循邊際效益遞減的規律。對於絕大多數員工而言，對金錢的需求是無止境的，所以提高薪酬待遇總能起到一定的激勵作用。但是應該看到，隨著員工薪酬待遇的不斷提高，每一單位金錢所產生的激勵效應是逐漸遞減的。比如，對於一個剛進公司的大學畢業生來說，在實習期內一直按2000元/月的工資標準支付

薪酬，若實習期滿被評為考核優秀，工資增長 500 元，那麼他肯定會因這 25% 的增幅而激動，進而增強工作的積極主動性。但若干年後，他的月薪已漲到 6500 元／月，如果此時再用同樣的方式加薪 500 元，想必就不會激發起多少額外的工作動力了。因此，在企業資源有限的情況下，一味的加薪是沒必要的，也是不可能持續下去的。

第四節　薪酬管理效果評價

在薪酬管理過程中，有必要適時對薪酬管理的效果進行評價，通過反饋結果指導薪酬管理的自我完善。下面介紹四個衡量薪酬管理效果的評價指標：

一、薪酬滿意度指標

1. 薪酬滿意度的概念

對薪酬滿意度的理解經歷了從單一維度向多維度的轉變，早期研究側重於單一的薪酬水準滿意度，從薪酬水準和福利水準來理解薪酬滿意度，但有的學者等認為應該從數量和體系兩方面來理解。美國威斯康星大學麥迪遜分校商學院教授赫伯特·G．赫尼曼（Herbert G. Heneman）等提出了多維結構，這一觀點受到了研究者的基本認可，他們認為薪酬滿意度是員工對所獲得的薪酬數量與薪酬管理體系的情感反應。赫尼曼和希沃布（Donald P. Schwab）編製了一個由 18 個計量項目組成的「員工薪酬滿意度量表」（Pay Satisfaction Questionnaire，簡稱 PSQ），從薪酬水準、薪酬結構、薪酬管理、加薪和福利五個方面來計量員工的薪酬滿意度。

我們認為，所謂薪酬滿意度，簡單地講就是員工將從企業獲得的報酬與他們的期望值相比後所形成的心理狀態。

2. 薪酬滿意度的測量方法

（1）單一整體評估法。這種方法只要求被調查者回答對自己目前薪酬水準的總體感受，如「就各方面而言，我滿意（或不滿意）自己目前的薪酬狀況」。許多研究表明，這種方法簡單明了，因為滿意度的內涵很廣泛，單一整體評估法是一種包容性極廣的測量方法。但由於這種方法只有總體判斷，雖然可以知道員工對薪酬的相對滿意程度，但無法對管理存在的具體問題進行診斷，不利於工作的改進。

（2）工作要素總和評估法。這種方法將員工薪酬滿意度劃分為多個維度進行調查，主要包括薪酬制度、體系設計、薪酬水準等方面，對每一維度設置等級評定選項，由員工選擇後綜合得到薪酬滿意度結果。進行評估首先確定薪酬調查的關鍵維度，編製調查問題，然後根據標準量表來評價這些維度。在調查員工薪酬滿意度時可結合多種調查方法，除傳統問卷調查法外，還可使用面談法、焦點小組訪談法、專家意見法等，以保證調查結果的準確性。在設計量表或問卷時，需預先檢驗將來收集結果的可靠性和有效性，盡量減少誤差。具體方法有測試—再測試法、等效形式可靠性分析、分半可靠性分析、預示有效性分析等。此外，在設計調查活動時還需綜合考慮背景、環境、員工特徵等各項因素，最好先請專業人士對調查設計進行整體評估。表 6-10 是某公

司員工薪酬滿意度調查表：

表6-10　　　　　　　　　EJ公司薪酬滿意度調查表

　　　為配合公司的薪酬改革，瞭解公司薪酬管理工作存在的不足，特組織本次薪酬調查。為瞭解員工在薪酬方面的真實想法和建議，本次薪酬調查可署名也可不署名。希望所有員工積極支持，本著認真負責和客觀的態度完成本問卷，於　　月　　日前交人力資源部，謝謝！

您的姓名：（可以不填）　　　　　所在部門：（可以不填）
年齡：　　　　　　　性別：　　　　　　　入職年限：
職位：　　　　　　　學歷：　　　　　　　職稱：

1. 您對自己目前的薪酬水準：
　A. 非常滿意　　B. 比較滿意　　C. 一般　　D. 不滿意　　E. 非常不滿意
2. 您認為現有的薪酬制度公平嗎？
　A. 非常公平　　B. 比較公平　　C. 一般　　D. 不公平　　E. 非常不公平
　如果選擇D、E項，請具體說明原因：_____
3. 請在本公司下列職務類別中選出三個您認為薪酬過高的（按順序）：
　A. 麥芽車間　　B. 實驗室　　C. 銷售部　　D. 財務部　　E. 人力資源部
　F. 保安　　　　G. 機修　　　H. 電修　　　I. 清潔工　　J. 車隊
4. 您認為與同行業其他公司相比，本公司的薪酬：
　A. 很高　　B. 比較高　　C. 差不多　　D. 偏低　　E. 很低
5. 您對公司目前的福利狀況：
　A. 非常滿意　　B. 比較滿意　　C. 一般　　D. 不滿意　　E. 非常不滿意
　請簡要說明理由：_____
6. 與本部門的相似資歷的員工相比，您對自己的薪酬水準：
　A. 相當滿意　　B. 比較滿意　　C. 差不多　　D. 比較不滿意　　E. 非常不滿意
7. 與其他部門的相似資歷的員工相比，您對自己的薪酬水準：
　A. 相當滿意　　B. 比較滿意　　C. 差不多　　D. 比較不滿意　　E. 非常不滿意
8. 與其他公司相比，您認為目前本公司主管級人員的薪酬相比普通員工來說：
　A. 太高　　B. 偏高　　C. 合理　　D. 偏低　　E. 太低
9. 與其他公司相比，您認為目前本公司經理級人員的薪酬相比普通員工來說：
　A. 太高　　B. 偏高　　C. 合理　　D. 偏低　　E. 太低
10. 您能很明確地知道自己的月總收入是由哪些部分組成的嗎？
　A. 是，很清楚　　B. 部分項目不清楚　　C. 完全不清楚
11. 您知道您身邊的同事的收入水準嗎？
　A. 是的，非常清楚　　B. 比較清楚　　C. 不太清楚　　D. 完全不知道
12. 您認為保密薪酬好還是透明好？
　A. 保密　　B. 無所謂　　C. 透明
13. 您覺得公司大部分員工的辭職：
　A. 因為薪酬而直接導致　　B. 和薪酬有一定的關係　　C. 不清楚
　D. 與薪酬關係不大　　　　E. 絕對與薪酬無關
14. 您認為本公司的薪酬結構中最不合理的部分是：
　A. 基本工資　　B. 績效工資　　C. 漲幅工資　　D. 年資
　E. 福利　　　　F. 津貼　　　　G. 加班工資

表 6 – 10（續）

請簡要說明理由：＿＿＿＿＿＿＿＿＿＿＿＿＿＿＿
15. 如果公司有 6000 元要發給您，您認為哪種發放方式對您的吸引力大？
 A. 一次發放　　 B. 按月平均，每月 500
16. 您認為目前的薪酬制度對員工的激勵：
 A. 很好　　 B. 較好　　 C. 一般　　 D. 較差　　 E. 非常差
17. 您認為多長時間調整一次薪酬比較合理？
 A. 3 個月　　 B. 半年　　 C. 一年　　 D. 兩年　　 E. 兩年以上
18. 如果要降低您的薪酬，您覺得多少比例是您可以忍受的極限：
 A. 5%　　 B. 10%　　 C. 15%　　 D. 20%　　 E. 25%
19. 在過去的工作中，您感覺自己的努力在薪酬方面有明顯的回報嗎？
 A. 有　　 B. 沒有　　 C. 有，但不明顯
20. 您認為決定工資最重要的因素是：（請按順序列出前五位）
 A. 個人業績　 B. 個人能力　 C. 學歷　 D. 職稱　 E. 職位高低　 F. 資歷
 G. 專業　　　 H. 工作複雜程度　　 I. 工作中承擔的責任和風險
21. 您認為薪酬收入中浮動部分（漲幅工資）占總收入的比例應該為：
 A. 5%　 B. 10%　 C. 15%　 D. 20%　 E. 25%　 F. 30%　 G. 35% 或以上
22. 如果公司要制定一個新的薪酬制度，您對新的薪酬制度的建議：

二、薪酬競爭力指標

1. 薪酬競爭力的概念

所謂薪酬競爭力，是指一個企業（或一個地區）相對於其他企業（地區）薪酬管理體系發揮功效的能力，如果其薪酬管理體系能夠發揮出較大的功效，薪酬競爭力就相對較強。很多人將薪酬水準與薪酬競爭力直接畫上等號，認為「薪酬水準越高，薪酬競爭力就越高」，或認為「要提升薪酬競爭力，就必須提高薪酬水準」，這些認識都是片面的。薪酬滿意度反應了薪酬管理效果對內部的影響，薪酬競爭力則著重體現薪酬管理效果對外部的影響情況，兩者分別從內外兩個方面衡量著薪酬管理工作的成效。因此，薪酬競爭力是基於諸多薪酬管理元素的一個綜合結果的體現，是通過比較得出的一個相對性指標。一個企業薪酬競爭力的大小主要表現在對外部人才的吸引力、對內部人才的保有力和企業的社會美譽度等方面，而其中是否能吸引企業所需的人才加盟則是衡量薪酬競爭力的最關鍵指標。

2. 薪酬競爭力的決定因素

薪酬水準是決定薪酬競爭力的根本因素，因為畢竟大多數人工作的目的主要是為了獲取經濟報酬。

太和顧問公司針對 2004 年中國城市薪酬競爭力進行了調查和統計，並列出了位居前十位的城市（見表 6 - 11）：

表 6-11　　　　　　　　　城市薪酬競爭力排名表

排名	城市	總得分
1	上海	1.033,34
2	北京	1.0
3	深圳	0.98
4	廣州	0.92
5	東莞	0.901,295
6	蘇州	0.88
7	杭州	0.799,044
8	溫州	0.77
9	福州	0.691,666
10	成都	0.655,85

資料來源：太和顧問。

　　從表6-11中的數據（以北京為標準值1，其他城市通過與北京相比較而得出相應分值）可以看出：①城市經濟活躍程度與城市薪酬水準呈正相關關係。調查發現，越是經濟活躍的城市，公司對人才的競爭也越激烈，城市的經濟活動收益越高，致使城市的綜合薪酬水準也越高。②中國主要城市之間對人才的競爭日益激烈。上海、北京、廣州之間的薪酬競爭力得分極為接近，正好解釋了中國這三大主要城市之間存在強勁人才競爭關係的原因。③沿海地區在薪酬競爭力優於中西部，符合了人才的流動趨勢。

　　地區間存在著由薪酬水準導致的競爭力差距，企業之間也同樣如此。表6-12是智聯招聘薪酬數據研究中心發布的2009年薪酬調查報告中對企業薪酬水準的統計情況。

表 6-12　　　　　　　　　企業薪酬水準排名表

按行業分類	按資本結構分類	排名
高科技	外商獨資（歐美）	★★★★★
房地產	合作/合資（歐美）	★★★★☆
金融	外商獨資（非歐美）	★★★★
製造	合作/合資（非歐美）	★★★☆
消費品	民營/私營	★★★

　　以上兩項排名充分說明了為什麼很多優秀的人才都傾向於去北京、上海、廣州這些大城市以及外資企業就業，而不願意去相對落後的地區或是一些國有企業。這是因為其中存在薪酬水準這一主導因素，並客觀上決定了薪酬競爭力的高低，從而引導著人才流動的方向。

　　除了薪酬水準這一企業「硬實力」的表現，薪酬政策、薪酬結構、薪酬支付方式、薪酬文化等「軟實力」因素也決定著企業薪酬競爭力能否得到全面提高和長久保持。員工除了希望得到高薪外，還會關心自己是否是按制度化的正常運作程序得到薪酬，

自己的所得與付出是否匹配，甚至於獲得薪酬的過程是否愉悅等問題。

3. 薪酬競爭力的測量方法

（1）統計分析法。採用統計分析法指可以通過勞資統計年鑒、公開披露信息、專業調查報告等渠道收集相關薪酬數據（主要是與企業同屬一個行業或是相近行業的其他企業的薪酬水準情況），按照區域、資本結構性質、經營規模等條件組合分類並進行比較，從而確定自己在市場上的排名和競爭力。比如，可建立「全市中小型國有企業」、「全國大型民營企業」，甚至是「世界 500 強金融類企業」等參照序列進行比較排序。

（2）調查問卷法。調查問卷是測量薪酬競爭力的最為直觀也是相對準確的方法。企業可針對目標人群發放問卷，如具有明確求職意向的高校畢業生；或是針對全社會進行隨機調查，以保證反饋信息更為全面，減少主觀情形下。通過對求職者或是企業內部核心員工的問卷調查，需要瞭解以下內容：一是對薪酬的期望值是多少，企業現有薪酬標準是否能滿足期望；二是對企業的薪酬管理以及企業本身有什麼看法，企業的管理水準是否還需提高，企業管理的目的是否已經達到；三是與其他同類企業相比較，企業具備的優勢和存在的差距分別在哪裡。

三、員工流失率指標

1. 員工流失率的概念

（1）員工流失。所謂員工流失指的是員工未依照企業的意願繼續服務於企業，而選擇自動退出。我們認為，所有可以為企業創造價值的員工，不論其職務高低，只要是通過自願辭職離開企業，那麼就屬於人員流失。

這裡需要對與員工流失相近的兩個概念進行辨析：

一是員工流動。首先流動是雙向的，既包括人員的流入也包括人員的流出；其次流動是中性的，合理的人員流動不僅不會影響員工隊伍穩定，還可以幫助企業吐故納新，增加發展活力；其三，流動是內外兼有的，企業內部員工在不同部門不同崗位之間變換工作也屬於人員流動。

二是人才流失。人才流失特指對企業經營發展具有重要作用，不易從外部市場獲取的人才非單位意願而離開企業，這將給該企業的人力資源管理造成困難，甚至直接給企業帶來損失。除了顯性人才流失外，還應注意隱性流失現象，即單位內的人才因激勵不夠或受其他因素影響而失去工作積極性，才能沒有發揮出來，實際產生的負面影響不亞於顯性流失。

（2）員工流失率。員工流失率反應了員工流失情況的嚴重程度，指的是單位時間內流失員工占員工總數的比率。

由於種種原因和主客觀方面的限制，員工流失是不可避免的，因此，就企業管理而言，重要的是使員工流失率保持在一個相對合理的範圍之內。關於員工流失率究竟為多少是比較合理的，或者說控制的紅線在哪兒，對於不同的企業有不同的理解。這裡提供一個調研材料以做參考：根據 2005 年在上海舉行的「第一資本」高峰論壇主辦方發布的主題調研報告——《CEO 眼中的人力資源管理》（該報告調研了 156 家知名外

企的 CEO 對於人力資源管理的見解）。2004—2005 年外企員工的平均流失率為 16.5%，超過了 CEO 們認為的合理的員工流失率。其中，房地產企業的員工流失率最高，接近 30%；其次是消費品、能源、旅遊（酒店）等行業，平均流失率超過了 20%，這與行業的特色和市場的需求程度有關。接受調查的經理中，有 75% 認為「15% 以下的員工流失率」是合理的，其中又有 55% 認為員工流失率最好控制在「5%～10%」；而 100% 的 CEO 都認為，超過 20% 的流失率會給企業帶來實質性影響。

2. 員工流失率與薪酬管理的關聯性

員工是企業發展的寶貴資源，如何留住員工，並激勵其為企業貢獻智慧和力量是每個企業進行人力資源管理的宗旨。說到留人，通常有待遇留人、事業留人和感情留人等方式，而其中待遇留人又是為廣大企業所常用的，而且是效果比較明顯的一種方式。也就是說，當員工對待遇感到十分滿意時往往不會選擇主動離開企業，而這個所謂的「待遇」並不是單純指工資收入水準，是整個薪酬管理工作的一個縮影和體現。

（1）客觀因素分析。影響員工流失率的客觀因素比較多，分為企業內部環境和企業外部環境兩個方面。企業內部環境包括企業的薪酬體系、用工制度、工作環境和企業文化等；企業外部環境則包括國家和地方就業政策、社會保障體系、所在地區自然環境和文化背景等。

（2）主觀因素分析。影響員工流失率個人主觀因素主要有年齡、工作年限、受教育程度、家庭狀況及生活方式等。其一，員工年齡。國外學者的研究顯示，員工流動與其年齡總體成負相關關係，較年輕的員工有更大的流動可能性。這是因為年輕員工對所在企業依附性不強，有更多進入新工作崗位的機會且可以很快適應，同時很少有家庭負擔，因此流動起來較為容易。其二，在當前企業工作年限。員工在企業的工作年限與流動之間也存在著負相關關係。一般工作年限越短，流動率越高。其三，人力資本存量。人力資本存量較高（通常也是受教育程度較高）的員工，對各種信息的把握能力較強，隨著知識經濟的發展，社會對一些具有較高教育水準的人才需求會越來越大，這使得高素質的員工更有資本進行流動。其四，生活方式。有些人喜歡較為穩定的生活方式，其流動慾望不很強烈；相反，有些人討厭單調而穩定的生活方式，喜歡多變，因而其流動可能性也較大。

由以上分析可知，影響員工流失率的因素很多，薪酬管理因素只是其中之一。但相比較而言，薪酬因素又屬於關鍵因素，當員工流失率出現異常波動的時候，有必要首先檢視一下是不是薪酬管理出了問題。

3. 員工流失率的測量方法

（1）測量方法一：員工流失率 $= \dfrac{\text{單位時間內員工流失數量}}{(\text{期初員工總數} + \text{期末員工總數})/2} \times 100\%$

這種方法適用於員工總數比較大，員工流失數量相對很小的情況。比如，一家公司年初員工總數為 5232 人，年內流失員工 258 人，年末人數為 5201 人，那麼這家公司該年員工流失率為 4.95%。

(2) 測量方法二：員工流失率 = $\dfrac{單位時間內員工流失數量}{期初員工總數} \times 100\%$

這種方法適用於員工總數較小，員工流失數遠大於期末員工總數的情況。比如，某公司科技研發部季度初員工總數為 21 人，期間流失 16 人，新進 3 人，季度末員工總數為 8 人，那麼該部門季度員工流失率為 76.19%。

(3) 測量方法三：員工流失率 = $\dfrac{單位時間內員工流失數量}{期末員工總數} \times 100\%$

這種方法適用於員工總數較小，員工流失數遠大於期初員工總數，補充的員工在統計期間也出現流失的情況。比如，某公司行銷部年初員工總數為 5 人，為了滿足業務發展需要期間招聘了 12 人，但員工對薪酬分配滿意度很低，新老員工又一併流失了 6 人，年末人數為 11 人，那麼該部門年度員工流失率為 54.55%。

四、人工成本指標

薪酬滿意度、薪酬競爭力和員工流失率指標都是從員工感受、員工反應的角度來評價薪酬管理工作，而人工成本指標則是企業所有者所關心的，因為人工成本直接決定著企業經營成本支出並進而影響到利潤收益，它反應了薪酬管理的效率。

1. 人工成本的概念

根據《人力資源社會保障統計報表制度（2010 年）》中的指標解釋，企業人工成本是指企業在生產、經營和提供勞務活動中所發生的各項直接和間接人工費用的總和，範圍包括：從業人員勞動報酬、社會保險費用、福利費用、教育經費、勞動保護費用、住房費用和其他人工成本。

(1) 從業人員勞動報酬。從業人員勞動報酬指各單位在一定時期內直接支付給本單位全部從業人員的勞動報酬總額，包括在崗職工工資總額和本單位其他從業人員勞動報酬兩部分。在崗職工指在本單位工作並由單位支付工資的人員以及有工作崗位，但由於學習、病傷產假等原因暫未工作，仍由單位支付工資的人員。其他從業人員是指勞動統計制度規定不作職工統計，但實際參加各單位生產或工作並取得勞動節報酬的人員，包括：再就業的離退休人員、民辦教師以及在各單位工作的外方人員和港、澳、臺方人員、聘用的外單位下崗職工、兼職人員和從事第二職業的人員、借用外單位人員等。

(2) 社會保險費用。社會保險費用指企業實際為從業人員繳納的養老保險、醫療保險、失業保險、工傷保險和生育保險費用。其包括企業上交給社會保險機構的費用和在此費用之外為從業人員支付的補充養老保險或儲蓄性養老保險；不包括不在崗人員的社會保險費用。

(3) 福利費用。福利費用指企業在工資以外實際支付給從業人員個人以及用於集體的福利費用。主要包括企業支付給從業人員的醫療衛生費、生活困難補助、文體宣傳費、集體福利設施和集體福利事業補貼費以及喪葬撫恤救濟費等。該指標來源於兩方面，一方面是企業淨利潤分配中公益金裡用於集體福利設施的費用，另一方面是從業人員福利費（不包括上繳給社會保險機構的醫療保險費用）。

（4）教育經費。教育經費指企業為從業人員學習先進技術和提高文化水準而支付的培訓費用（包括企業為主要培訓本企業從業人員的技工學校所支付的費用）。該指標主要來源於管理費用中的教育經費。

（5）勞動保護費用。勞動保護費用指企業為實施安全技術措施、工業衛生等發生的費用以及用於職工勞動保護用品（如保健用品、清涼用品、工作服等）的費用。該指標來源於製造費用中的勞動保護費科目。

（6）住房費用。住房費用指企業為改善從業人員居住條件而支付的所有費用。具體包括企業實際為從業人員支付的住房補貼（包括租房費用、租房差價補貼、購房差價補貼等）、住房公積金、宿舍的折舊費用等。

（7）其他人工成本。其他人工成本指不包括在以上各項中的其他人工成本項目。如工會經費、企業為員工支付的各種商業保險費用、企業因招聘從業人員而實際花費的招聘費用、解聘辭退費用以及在本企業領取勞動報酬的外籍從業人員費用等。

2．人工成本分析

人工成本分析指標體系主要分為水準指標、結構指標、指數指標以及投入產出指標四類。

（1）人工成本水準指標

①人均人工成本（計量單位：千元、元）：人均人工成本是企業全部人工成本支出平均分攤到每一名從業人員的份額。可以細化為人均年、月和小時人工成本，人均月、小時人工成本應按年人均人工成本指標進行折算，是國際間進行橫向比較的常用指標。

年人均人工成本＝年人工成本總額/年從業人員平均人數

月人均人工成本＝年人均人工成本/12

小時人工成本＝年人均人工成本/年人均實際工作時數

企業從業人員年人均實際工作時數是指企業從業人員實際發生的年人均實際工時，即按國家和企業內部規定平均每人每年的制度工作時數和加班工作時數之和減去非正常工作工時損耗所得額度。

②職位人工成本：職位人工成本是企業在一定時期內對某一類職位從業人員直接和間接支出的平均人工成本指標，據此反應企業在一定時期內（一般為一年，也可以是月、小時）因使用某一類人員所發生的全部人工成本，同時反應這一類人員在一定時期內獲得的總體報酬水準。

（2）人工成本結構指標

①人工成本分項結構比例（計量單位:%）：人工成本分項結構比例是企業支出的全部人工成本中的七大構成項目各自佔有的比例，它可以反應企業人工成本支出的總體結構以及各個構成部分的變動狀況和優化程度。

某項人工成本構成比例＝某個人工成本項目總額/企業人工成本總額×100%

②人工成本相當總成本（費用）的比例（計量單位:%）

人工成本相當於總成本（費用）的比例＝企業人工成本總額/企業成本（費用）總額×100%

(3) 人工成本指數指標

人工成本水準指數是指當期人均人工成本（年度、月、小時人工成本）、職位人工成本與基期的對比關係。該指標以定比或環比形式反應一定時期內人工成本水準的升降幅度。

①年度人均人工成本環比指數：年度人均人工成本環比指數是指報告年度人均人工成本水準與上一年度人均人工成本水準之間的比值。

年度人均人工成本環比指數＝報告年度人均人工成本/上一年度人均人工成本×100

②年度人均人工成本定比指數：年度人均人工成本定比指數是指報告年度人均人工成本水準與某一基期年度人均人工成本水準之間的比值。

年度人均人工成本定比指數＝報告期年度人均人工成本/某一基期年度人均人工成本×100

月人均人工成本環比指數、月人均人工成本定比指數、小時人均人工成本環比指數以及小時人均人工成本定比指數可參照上述公式的方法進行計算。

(4) 人工成本分析的投入產出指標

①勞動分配率（計量單位:%）：勞動分配率是指人工成本占增加值（純收入）比重。它是集中反應企業人工成本投入產出水準的指標，也是衡量企業人工成本相對水準高低程度的重要指標。

勞動分配率＝人工成本總額/增加值（純收入）×100%

②人事費用率（計量單位:%）：人事費用率指人工成本占銷售收入（營業收入）比重。該指標反應了人工成本的投入產出比例、從業人員報酬在企業總收入中的份額以及從業人員報酬與勞動生產率的對比關係。

人事費用率＝人工成本總額/銷售收入×100%

③人工成本利潤率（計量單位:%）：人工成本利潤率是指企業投入的人工成本代價與企業最終獲得的以利潤表現的經濟效益之間的關係。該指標表明，在企業新創造的價值當中，從業人員直接和間接得到的全部報酬與企業利潤之間的關係。在同行業企業中，人工成本利潤率越高，表明單位人工成本支出所取得的經濟效益越好，人工成本的相對水準越低。

人工成本利潤率＝利潤總額/人工成本總額×100%

3. 人工成本控制

人工成本是企業獲取利潤必須付出的代價，同時也是員工薪酬和福利水準的體現，儘管從員工的角度來講這一水準提得越高越好，但是在生產力水準的客觀限制下，企業還是要對此進行合理控制，否則就會影響企業的再生產，並損害出資人（股東）的利益。當然，人工成本的控制目標也不是使人工成本越少越好，而是希望獲得更高的投入產出比。

(1) 人工成本彈性控制

進行人工成本彈性控制，即從動態的角度，通過監測人均人工成本變動幅度與人

均增加值、人均銷售收入、人均總成本變動幅度的比值，把人工成本水準的提高控制在經濟效益和投入產出水準所能允許的範圍之內。

從投入產出的經濟效益角度考慮，人工成本作為一種消耗性要素，這種消耗的必要性取決於它為企業帶來的產出效益的大小。也就是說，一定的人工成本投入應帶來一定的產出效益，當企業人均人工成本增長時，人均增加值和人均銷售收入也應呈增長的趨勢；否則，這種人工成本投入所產生的效果就是負面的。同時，在其他條件不變的情況下，人工成本的增加必然引起總成本的增加，二者也是一種同向變動的關係。因此，可以通過人均人工成本增長率與人均增加值增長率、與人均銷售收入增長率、與人均總成本增長率的比值，反應人工成本投入的經濟效益。

（2）人工成本水準狀態控制

進行人工成本水準狀態控制，即從分配水準的角度控制人工成本，以使企業在分配方面更好地兼顧員工與企業相互間的利益，兼顧個人的眼前利益與長遠利益的關係，保證企業的持續、穩定發展。人工成本的水準狀態主要是從人工成本的比率指標來考察的，包括勞動分配率、人事費用率、人工成本占總成本的比重，以行業平均值為參照衡量企業與行業對應比率指標的偏差程度。顯然，企業的這三項比率指標應當低於行業平均水準，且這三項比率指標都不能為負值，符合這一條件的企業人工成本比率控制得較好，反之則可以認為該企業在人工成本管理方面失控了。

本章小結

健全的薪酬管理體系是吸引、激勵、發展與保有人才的最有力工具，它作為人力資源管理系統中的一個子系統，向員工傳達了企業的價值導向，說明什麼樣的行為是企業所倡導的，什麼樣的行為是企業所不願看到的。同時，它還會通過與企業發展戰略的充分一致性，來使企業所有員工的努力和行為都集中到能夠幫助企業提升競爭力的方向上去。

本章詳細介紹了薪酬的概念及薪酬制度的基本類型，從保障、激勵和導向三個角度分析了薪酬的重要作用；從經濟學、管理學和心理學三個視角介紹了影響薪酬管理的經典理論；介紹了薪酬戰略的管理思想。薪酬體系的設計是一個系統工程，應遵循一些基本的工作原則，考慮相關影響因素，使用必要的技術方法，按照一定的流程和步驟完成薪酬設計活動。薪酬分配是薪酬管理中應用性的一步，是對薪酬制度的實踐和檢驗，本章介紹了幾種特別的薪酬分配模式，並分析了做好薪酬分配的技巧以及需要注意的誤區。最後，本章介紹了對薪酬管理本身進行效果評價可使用的幾個衡量指標。

思考題

1. 如何理解薪酬管理？
2. 什麼是薪酬？它由哪些部分構成？它的作用有哪些？

3. 企業應如何選擇薪酬戰略？
4. 薪酬設計的依據有哪些？
5. 試述寬帶薪酬及其與傳統薪酬的區別。
6. 試述薪酬體系設計的流程。
7. 薪酬分配模式的常見模式有哪些？
8. 什麼是薪酬滿意度？如何測量薪酬滿意度？
9. 什麼是薪酬競爭力？決定薪酬競爭力的因素有哪些？

案例分析

IBM 公司：薪酬管理的秘密

　　國際商用機器公司（IBM）是一家擁有 520 億美元資產、34 萬名職工的著名跨國企業，長期位居世界 500 強企業前列。很長時間以來，它一直是世界上最大的計算機製造公司。IBM 之所以能夠長期雄居世界頂級企業之林而不衰，與其有效的人力資源管理和開發工作密不可分，薪酬管理是 IBM 人力資源管理的重要支柱。IBM 的管理層認為，公司的薪酬制度對於公司的競爭優勢具有重要影響，不合理的薪酬會使員工對公司感到失望，消極影響人們的態度和行為，直接或間接地降低士氣、生產率和企業績效。因此，必須建立完整、科學的薪酬體系，必須積極有效地實施薪酬管理。

　　1. IBM 的薪酬應等於或高於一流企業

　　IBM 公司認為，所謂一流公司，就應該付給職工一流公司的薪酬，這樣才算一流公司，職工也會為身為一流公司的職工而自豪，並轉化為熱愛公司的精神和對工作充滿熱情。

　　為確保公司比其他公司擁有更多的優秀人才，IBM 在確定薪酬標準時，採用的是薪酬領先的策略。薪酬調查時，IBM 在選擇調查對象時主要考慮：應當是薪酬標準、衛生福利都優越的一流企業；應當與 IBM 從事相同工作的人員的待遇進行比較；應當選擇具有技術、製造、營業、服務部門的企業；應當是有發展前途的企業。

　　為了與各公司交換這些極秘密的資料，根據君子協定，絕對不能公開各公司的名字。

　　IBM 所說的「高出其他公司的薪酬」最終目的是為了獲得高於其他公司的工作成績。在提薪時，根據當年營業額、利潤等計算出定期提薪額，由人力資源部提出「每人的平均值」。因此，要提高薪酬就必須要提高業績。

　　2. 工資要與工作的難度、工作的重要性相稱

　　IBM 根據各個部門的不同情況，根據工作的難度、重要性，將職務機制分為五個系列，在五個系列中分別規定了工資最高額與最低額。不妨把這五個系列叫做 A 系列、B 系列、C 系列、D 系列與 E 系列。

　　領取 A 系列工資的許多職工，當他們的工資超過 B 系列最低額的水準時，就提出「請讓我做再難一點的工作吧！」向 B 系列挑戰，因為 B 系列最高額比 A 系列最高額高

得多。各部門的管理人員以便對照工資限度，一邊建議職工「以後你該搞搞難度稍大的工作，是否會好一些？」從而引導職工漸漸向價值高的工作挑戰。

3. 工資要充分反應每個人的成績

職工個人績效的大小是由考核評價來確定的。通常由直屬上級負責對職工情況進行評定，上一級領導進行總的調整。每個職工都有進行年度總結和與他的上級面對面討論這個總結的權利，上級在評定時往往與做類似工作或工作內容相同的其他職工相比較，根據其成績是否突出而定，評價大體上分 10~20 個項目進行，這些項目客觀上都是可以取得一致的。例如：「在簡單的指示下，理解是否快，處理是否得當」。

對營業部門或技術部門進行評價是比較簡單的，但對憑感覺評價的部門，IBM 公司會設法把感覺換成數字。以宣傳為例，他們把考核期內在刊物雜誌上刊載的關於 IBM 的報導加以搜集整理，把有利報導與不利報導進行比較，以便作為一定時期宣傳工作的尺度。

4. IBM 的報酬體系應當平衡而完備

除了在薪酬制度上進行精心設計和準確管理外，IBM 建立了「IBM 會員資格」、IBM 部門獎、IBM 發明成就獎等獎勵制度，對於員工為公司所做出的能夠或無法用貨幣價值衡量的貢獻和創新給予相應的獎勵，激勵了員工的工作積極性和創新精神。

此外，IBM 還構造了與薪酬制度相配套、相協調、相補充的福利和服務體系，在員工假期、健康管理、工作環境、晉升機會、獲得認可等方面進行了制度化的設計和管理，從而建立了一個涵蓋經濟性報酬和非經濟性報酬的完善的薪酬體系，極大地激勵了員工，為企業節約成本、留住人才、提高形象做出了貢獻。

5. IBM 的薪酬制度改革

20 世紀 90 年代中期，IBM 公司轉入危機時期，成本居高不下，利用新技術步伐緩慢，與客戶和市場之間的關係變得越來越疏遠。直到 20 世紀 90 年代後期，其領導者勞格斯特納帶領 IBM 進行了一系列的改革，IBM 才再度以十分成功的大企業面目出現。明顯的是，IBM 薪酬制度的改革是導致公司重新崛起的重要因素之一。

針對薪酬制度中出現的問題，IBM 對其薪酬制度進行了根本性的變革：IBM 的薪酬制度是受市場驅動的，非常注重外部競爭性；減少等級層次，削弱官僚主義；進行權力分散；削減獎勵性工資增長預算、加大對風險投資項目的資金投入；削減雇員以降低成本。

(資料來源：馬新建，等. 人力資源管理與開發 [M]. 北京：石油工業出版社，2003：394-396.)

討論題

1. IBM 的分配制度體現了什麼樣的原則和公平觀？
2. IBM 採取了什麼樣的薪酬戰略和薪酬水準策略？闡述其原因。
3. IBM 的薪酬體系、薪酬水準、薪酬結構各自有何特點？發揮什麼效用？
4. IBM 的薪酬管理中蘊含了哪些薪酬管理理論？
5. IBM 的薪酬制度改革有何啟示？

第七章　績效管理

【學習目標】

- 重點掌握績效及績效管理的相關概念。
- 掌握績效管理的技術方法。
- 熟悉績效管理的基本流程。
- 理解績效管理系統的評價與導入。

【導入案例】

通用（GE）電氣公司的績效管理

通用（GE）電氣公司有值得自豪的歷史，時至今日，已譽滿全球。GE是美國道瓊斯工業指數1896年設立以來唯一至今仍在榜上的公司。曾被《財富》雜誌評為「美國最受推崇的公司」、「美國最大財富創造者」。1998和1999年均名列世界500強第九位。

韋爾奇在任時認識到員工的積極性對企業價值增值魔力無窮，提出「群策群力」的口號，為員工提供了廣闊的創造空間。通過提薪、晉級、升職、發放獎金、在職培訓等興奮劑來激勵員工，並充分給員工探索、創造的機會，讓他們承擔更重要的責任，為他們提高業績和個人發展營造條件。而GE在管理上的殺手鐧是經常性、制度性的考評。

1. 每年年初公司包括總經理在內的每個人都要制訂目標工作計劃，確定工作任務和具體工作制度。這個計劃經主管經理審批與個人協商確認後予以執行。

2. 每3個月進行一次小結，檢查執行情況，並由經理寫出評語，提出下一步工作改進要求。

3. 到年底做總體考評，先由本人填寫總結表，按公司統一考評標準，衡量自己一年來工作完成情況，擬出自己應得的考評等級數，交主管經理評審。

4. 主管經理根據職員表現情況確定其等級，並寫出評語報告，對評出的傑出人物還要附上其貢獻和成果報告，並提出對他們的使用建議和方向。對低等級的職員也要附有專門報告和使用建議。

5. 職員的評價報告要經本人復閱簽字，然後由上一級經理批准。中層以上報告和使用要由上一級人力資源部門經理和集團副總經理批准。

6. 考評標準分為五個等級：傑出、優秀、良好、及格和不及格。每次考評後，人力資源部會收集各方面的意見，對該標準進行修訂，保持其科學性。

7. 考評結果與提薪、晉級、升職、發放獎金、在職培訓等緊密聯繫起來。

(資料來源：莫寰，張延平，王滿四. 人力資源管理——原理、技巧與應用 [M]. 北京：清華大學出版社，2007：283.)

討論題

通過閱讀上述案例，可以得出：GE 的成功與其成功的績效管理是分不開的。那麼，作為一個企業，怎樣去建立一個適合本企業的績效管理系統？如何對員工進行績效考評呢？本章將從績效管理的基本理論出發，對「什麼是績效管理，績效管理有什麼作用，績效評估的技術方法是什麼，怎麼進行績效管理，績效評估的結果如何運用」等五個方面對績效管理進行闡述。

第一節　績效管理概述

一、績效管理的相關概念

1. 績效的概念

（1）績效的涵義。績效是現代競爭社會中所有成員都不得不關注的永恆的問題。績效到底是什麼呢？時至今日，人們對績效這一概念的認識仍存在分歧。Bates 和 Holton（1995）指出，「績效是一多維建構，測量的因素不同，其結果也會不同」[1]。因此，我們要想測量和管理績效，必須先對其進行界定，弄清楚其確切內涵。從管理學的角度看，績效是個人或組織期望的結果，是個人或組織為實現其目標在不同層面上的有效輸出的顯示。組織績效的實現應在個人績效實現的基礎上，但是個人績效的實現未必能保證組織績效的實現[2]。從經濟學的角度看，績效與薪酬是員工和組織之間的契約關係，績效是員工對組織所做出的承諾，而薪酬是組織對員工所做出的承諾。儘管這種契約關係是隱性契約，但是它能使企業和員工在動態的條件下保持良好、穩定的關係。因為這種契約關係體現了等價交換的原則，而這一原則正是市場經濟運行的基本準則。從社會學的角度看，績效意味著每一個社會成員作為社會人按照社會分工所確定的角色必須承擔的那一份責任。

因此，我們要想測量和管理績效，就必須先對績效進行界定，弄清楚它的確切內涵。目前，學術界對績效的界定主要有以下三種觀點：

第一種觀點認為績效是結果。Bernadin 等（1995）認為，「績效應該定義為工作的結果，因為這些工作結果與組織的戰略目標、顧客滿意感及所投資金的關係最為密

---

[1] Michael Armstrong, Angela Baronl. Performance Management [M]. London: The Cromwell Press, 1998: 15.
[2] 個人目標和集體目標往往是不一致的。管理者如果能設計一套這樣的機制，即使組織成員在追求個人績效的行為，正好達成組織績效目標的實現，這一制度安排，在機制設計理論中就稱之為「激勵相容」。

切」①。Kane（1996）指出，績效是「一個人留下的東西，這種東西與目的相對獨立存在」②。不難看出，「績效是結果」的觀點認為，績效的工作所達到的結果，是一個人工作成績的記錄。表示績效結果的相關概念有：職責（Account Abilities）、關鍵結果領域（Key Result Areas）、結果（Results）、責任、任務及事務（Duties, Tasks and Activities）、目的（Objectives）、目標（Goals Or targets）、生產量（Outputs）、關鍵成功因素（Critical Success Factors）等。不同的績效結果界定，可用來表示不同類型或水準的工作的要求，在設計績效目標時應注意區分。

第二種觀點認為績效是行為。這並不是說績效的行為定義中不能包容目標，Murphy（1990）給績效下的定義是，「績效是與一個人在其中工作的組織或組織單元的目標有關的一組行為」③。Campbell（1990）指出，「績效是行為，應該與結果區分開，因為結果會受系統因素的影響」，他在 1993 年給績效下的定義是，「績效是行為的同義詞。它是人們實際的行為表現並能觀察到。就定義而言，它只包括與組織目標有關的行動或行為，能夠用個人的熟練程度（即貢獻水準）來定等級（測量）。績效是組織雇人來做並需做好的事情。績效不是行為後果或結果，而是行為本身……績效由個體控制下的與目標相關的行為組成，不論這些行為是認知的、生理的、心智活動的或人際的」④。Borman&Motowidlo（1993）則提出了績效的二維模型，認為行為績效包括任務績效和關係績效兩方面，其中，任務績效指所規定的行為或與特定的工作熟練有關的行為；關係績效指自發的行為或與非特定的工作熟練有關的行為⑤。上述認為績效不是工作成績或目標的觀點的依據是：第一，許多工作結果並不一定是個體行為所致，可能會受與工作無關的其他影響因素影響（Cardy and Dobbins, 1994；Murphy and Cleberand, 1995）⑥；第二，員工沒有平等地完成工作的機會，而且，員工在工作中的表現不一定都與工作任務有關（Murphy, 1989）⑦；第三，過分關注結果會導致忽視重要的過程和人際因素，不適當地強調結果可能會在工作要求上誤導員工。

第三種觀點認為績效包括過程和結果兩個方面，過程是結果的前提條件之一。這一觀點在 Brumbrach（1988）給績效下的定義中得到很好的體現，即「績效指行為和結果。行為由從事工作的人表現出來，將工作任務付諸實施。（行為）不僅僅是結果的工具，行為本身也是結果，是為完成工作任務所付出的腦力和體力的結果，並且能與結果分開進行判斷」⑧。這一定義告訴我們，當對個體的績效進行管理時，既要考慮投入（行為），也要考慮產出（結果）。

---

① Michael Armstrong, Angela Baronl . Performance Management［M］. London：The Cromwell Press, 1998：16.
② Michael Armstrong, Angela Baronl . Performance Management［M］. London：The Cromwell Press, 1998：16.
③ Richard Williams. Performance Management［M］. London：International Thomson Business Press, 1998：93.
④ Campbell, J. P., McCloy, R. A., Oppler, S. H. and Sager, C. E. A theory of performance. In N. Schmitt, W. C. Borman and Associates Personnel Selection in Organizations［M］. San Francisco, CA：Jossey‐Bass, 1993：35‐70.
⑤ In N. Schitt & W. Borman (Eds), Personnel Selection in Organizations［M］. New York：Jossey‐Bass, 1993：71‐98.
⑥ Richard Williams. Performance Management［M］. London：International Thomson Business Press, 1998：173.
⑦ Richard Williams. Performance Management［M］. London：International Thomson Business Press, 1998：173.
⑧ Michael Armstrong, Angela Baronl . Performance Management［M］. London：The Cromwell Press, 1998：41.

（2）績效的特點。一般認為，績效具有以下三個主要特點：①多因性。多因性是指員工的績效水準受多個因素的影響，不是有某一個單一因素決定的，績效和影響因素之間的關係可以用一個函數形式表示：

P＝f（K，A，M，E）

上式中，P 即 performance，代表績效；K 即 knowledge，代表與工作相關的知識；A 即 ability，代表員工的能力；M 即 motivation，就是員工受到的激勵；E 即 environment，代表工作的環境。②多維性。多維性指的是需要從多個維度多個層面去分析和評價員工的績效。例如一名打字員的績效，除了打字的速度和正確率以外，機器的保養、耗材的使用以及對公司紀律的遵守等都是績效的表現。因此，對員工績效必須從多個維度進行考察。當然，不同的維度在整體績效中的權重是不同的。③動態性。動態性指的是考核標準隨考核對象和考核時間的變化而變化，不是一成不變的。這種動態性就決定了績效的時效性，績效往往是針對某一特定時期而言的。

2. 績效管理的概念

績效管理並不是一個什麼新的概念，人們早就認識到績效需要管理。無論是從組織層次考慮，還是從個人角度乃至兩者之間的其他層次考慮，這一點都是無可爭議的。20 世紀 80 年代後期和 90 年代早期，績效管理逐漸成為一種非常流行的觀點。績效管理本身代表著一種管理理念，代表著企業績效相關問題的系統思考。但是績效管理的本質涵義仍比較模糊。加里·德斯勒把績效管理定義為「對組織流程中影響雇員績效的各種因素所進行的管理」[1]，績效管理過程可能包括以下幾個方面：目標設定、雇員甄選與配置、績效評價、薪酬、培訓與開發以及雇員職業生涯管理——也就是說，可能會對雇員的績效產生影響的人力資源管理流程中的所有模塊。績效管理作為一種管理理念，應該滲透到企業管理的整個過程之中，涉及企業文化、戰略和計劃、組織、人力資源、領導等各個方面。雷蒙德·A. 諾伊等把績效管理定義為「為管理者確保雇員的工作活動以及工作產出能夠與組織的目標保持一致這樣一個過程」[2]。因此，給績效管理一個確切的定義並不容易。

學術界對績效管理的涵義總體上概括為以下三種觀點[3]：

（1）績效管理是管理組織績效的一種體系。布拉德拉普對這種觀點進行了闡述（見圖 7-1），認為績效管理是由計劃、改善和考察三個過程組成的。當然，這三個過程也可以應用於所選定的任何層次所進行的績效管理分析，如組織範圍、經營單位、部門、團隊以及個人等層次。績效計劃所分析的，主要是制定組織的願景和戰略以及對績效進行定義等活動。對績效改進則從過程的角度進行分析；也就是說，績效改進包括商業過程再造、持續性過程改進、基準化和全面質量管理等活動。績效考察包括

---

[1] ［美］加里·德斯勒. 人力資源管理［M］. 9 版. 吳雯芳，劉昕，譯. 北京：中國人民大學出版社，2005：353.

[2] ［美］雷蒙德·A. 諾伊，約翰霍倫拜克，拜雷格哈特. 人力資源管理：贏得競爭優勢［M］. 劉昕，譯. 北京：中國人民大學出版社，2002：343.

[3] ［英］理查德·威廉姆斯. 組織績效管理［M］. 藍天星翻譯公司，譯. 北京：清華人民大學出版社，2002：13.

績效的衡量和評估。該觀點的核心思想在於通過組織結構、技術、經營體系和程序等手段確定組織戰略並加以實施。儘管雇員會受到技術、結構、作業系統等變革的影響，但他們並非這種觀點的核心。

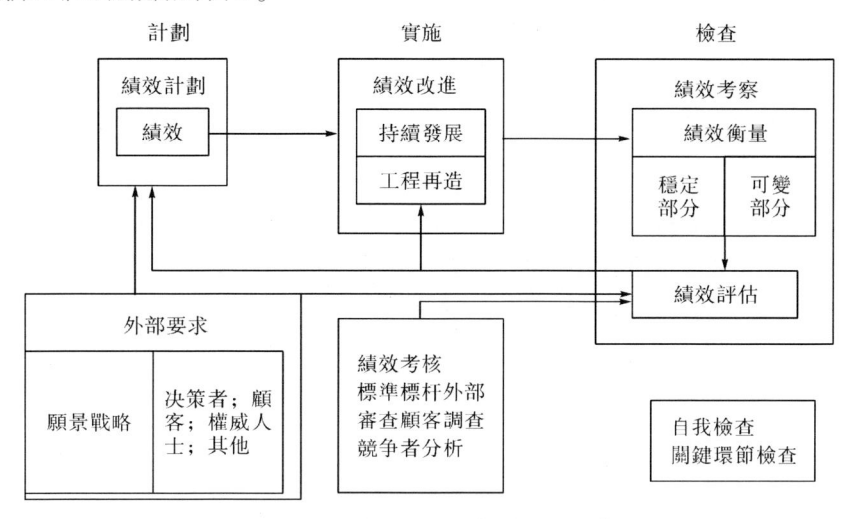

圖 7-1　布拉德拉普的績效管理模型①

（2）把績效管理視為一個對雇員績效進行管理的系統。持這種觀點的學者通常用一個循環過程來描述績效管理。安斯沃斯（Ainsworth，1993）和斯密斯（Smith，1993）提出了一個三步驟循環，即計劃、評估、反饋。奎因（Quin，1987）也提出了一個三步驟過程，即計劃、管理和評估。托林頓（Torrington，1995）和霍爾（Hall，1995）提出的三步驟是：計劃、支持和績效考察。海斯勒（1998）把績效管理過程分為四個要素：指導、加強、控制、獎勵。施奈爾（1987）提出了五個要素：計劃、管理、考察、獎勵和發展。這些模型的一個共同點是管理者與被管理者應在對雇員的期望值問題上形成一致的認識；都提倡員工對組織的直接投入和參與，這也許是達成共識的一種方式；績效考察應該是一項共同的活動，其責任不僅在於管理者，直接工作者也承擔著相應的責任。

（3）績效管理是一個組織績效管理與雇員績效管理相結合的體系。這種觀點是上述兩種觀點的綜合，更強調雇員的績效，而前兩者更強調組織的績效。

本節傾向於第三種觀點，把績效管理定義為管理者與員工之間在目標與如何實現目標上所達成共識的過程，以及增強員工成功地達到目標的管理方法以及促進員工取得優異績效的管理過程。績效管理的目的在於提高員工的能力和素質，改進與提高公司績效水準。績效管理首先要解決以下幾個問題：①就目標及如何達到目標需要達成共識。②績效管理不是簡單的任務管理，它特別強調溝通、輔導和員工能力的提高。③績效管理不僅強調結果導向，而且重視達成目標的過程。

---

① A. Rolstadås：Performance Management - A Business Process Benchmarking Approach [M]．London：Chapman & Hall．1995．

二、績效管理的目的

一般來說，績效管理的目的主要有三個：戰略目的、管理目的以及開發目的。

1. 戰略性目的

績效管理的最重要的功能是把員工的行動跟組織的目標充分地結合。執行組織戰略的主要方法之一是：首先界定實現某種戰略所需的結果、行為和員工的素質，然後設計相應的績效衡量和反饋系統，從而確保員工發揮最大的潛能、取得戰略需求的結果。為了達到戰略目的，績效系統本身必須是靈活性的，因為，組織所處的外部環境在不斷地變化，導致組織目標和戰略發生變化，進而要求組織所期望的結果、行為以及雇員的特徵隨之發生相應的變化。然而，實際中的績效管理系統常常無法達到這一目的，因此大多數公司的績效管理體系都將重心放在管理和開發這兩個項目上。

2. 管理性目的

組織在多項管理決策中都要使用績效管理信息：薪資決策、晉升決策、培訓決策等。然而，儘管這些決策對企業的發展很重要，但作為績效管理信息來源的大多數管理人員將績效評價過程視為履行工作職責而令人厭煩的工作，不和諧之源。因為績效評估不僅要評估別人，而且自己也要被人評估，因此管理人員都把績效評估視為「緊箍咒」。通常評估的分數要麼偏高、要麼趨中，常常淪為走形式，這也直接導致績效評估喪失了作為管理決策依據的重要功能。

3. 開發性目的

績效管理的最終目的是持續改善員工的績效，幫助員工發展。在績效反饋階段要和員工交流員工的優缺點，找到員工績效表現方面存在的問題，要針對這些問題對員工的發展制訂出詳細的改進計劃。

三、績效管理的作用

1. 績效管理可以促進組織和個人績效的提升

績效管理通過設定科學合理的組織和個人績效目標為組織和個人指出了努力方向；管理者通過績效輔導實施及時發現下屬工作中存在的問題，給下屬提供必要的工作輔導和資源支持，下屬通過工作態度以及工作方法的改進，保證績效目標的實現；在績效考核評價環節，對組織或個人的階段工作進行客觀公正的評價，明確組織和個人對企業的貢獻，激勵高績效的組織和個人繼續努力提升績效，督促低績效的組織和個人找出差距改善績效；在績效反饋面談階段，通過考核者和被考核者面對面的交流溝通，幫助被考核者分析工作中的長處和不足，鼓勵下屬揚長避短，對績效水準較差的組織和個人，考核者應幫助被考核者制定詳細的績效改善計劃和措施，同時績效反饋階段，考核者應和被考核者就下一階段工作提出新的績效目標，在企業正常營運情況下，新的目標應超出前一階段目標，激勵組織和個人進一步提升績效。

2. 績效管理可以促進管理和業務流程優化

企業管理涉及對人和事的管理。對人的管理主要是約束激勵問題，對事的管理就是流程問題，所謂流程，就是一件事情或者一個業務如何運作，涉及因何而做、由誰

來做、到哪裡去做、做完了交給誰的問題。上述四個方面都會對產出結果有很大的影響，極大的影響著組織的效率。

在績效管理過程中，各級管理者都會從公司整體或本部門角度出發，盡量提高事情處理的效率，會在上述四個方面不斷進行調整，使組織運行效率逐漸提高，一方面提升了組織的績效，另一方面逐步優化了管理和業務流程。

3. 績效管理可以保證組織戰略目標的實現

一個成熟的企業一般有比較清晰的發展戰略，已經制定出企業發展的遠期及近期目標，在此基礎上根據企業外部經營環境的變化以及企業內部條件制訂出年度經營計劃及投資計劃，這也就是企業整體的年度經營目標。企業管理者將公司的年度經營目標向各個部門分解就成為部門的年度業績目標，各個部門向每個崗位分解核心指標就成為每個崗位的關鍵業績指標。當然年度經營目標的制訂過程中要有各級管理人員的參與，讓各級管理人員以及基層員工充分發表自己的看法和意見，這種做法一方面保證了公司目標可以層層向下分解，不會遇到太大的阻力，另一方面也使目標的完成有了群眾基礎，大家認為是可行的，才會努力克服困難，最終促使組織目標的實現。

第二節　績效管理的技術方法

一、績效管理指標的分類

在績效管理系統中，績效指標大體上可以分為三種類型：特性指標、行為指標和結果指標。

1. 特性指標

基於特性的指標關注的是個人的特徵。例如忠誠、可靠、有道德和領導能力都是評價過程中經常被評估的特性。這種類型的指標只說明一個人是什麼樣的人，而不說明一個人在工作上完成什麼或完成的情況如何。對於有些難以觀察的工作而言，基於特性的指標可能是最容易開發的，但他們可能不是有效的工作業績指標。

2. 行為指標

行為指標關注工作是怎樣執行的。這種對含有人際聯繫的工作特別重要。家樂福的服務員對顧客是否友好、和藹可親，這對商場在顧客心目中的形象是很主要的。為了評價雇員的友善，該公司列出了一張雇員應該具有的特定行為表。雇員的績效被一些隨機選定的購物者衡量。當組織努力營造一種重視和尊重多樣性的文化時，行為指標有利於監控管理人員在他們自己的發展上投入精力的程度。設想一下評價一個經理「重視下屬員工的培養」這樣的類似於特性的標準，將是多麼困難。這樣的績效指標給經理實際應該做什麼提供了很少的指導。經理同他的上級解釋起來也同樣困難。只有把行為指標和結果聯繫起來時，行為指標對員工的開發才會特別有效。由於行為被清楚地界定，所以員工就可能被引導表現出高績效的行為。行為指標不太適合那些採用多種行為都能得到高績效的工作。然而，即使在這些工作中，對恰當行為的界定也能

夠當作對大多數員工有用的行為準則。

3. 結果指標

由於企業面對的競爭環境的加劇，因此基於結果的指標日益受到歡迎。這類指標注重完成了什麼或生產了什麼，而不注重怎樣完成的或怎樣生產的。如果企業不在意結果是如何達到的，那麼基於結果的標準可能是合適的標準，但是它們並不是對所有的工作都合適。由於看不到那些難以量化的工作的關鍵問題，它們經常被抱怨。

二、績效評估方法

各種評估系統的重點各有側重：行為導向評估方法聚焦員工行為；相對評估系統強調員工績效的兩兩比較；絕對評估系統根據事先定好的績效標準評估員工的績效表現；結果導向評估方法側重銷售額、生產量等，強調員工的生產結果。典型的目標管理就採用結果導向的方法。下面重點介紹行為導向的評估方法和結果導向的評估方法：

1. 行為導向的評估方法

（1）排序法（Ranking Method）。排序法要求評價者按照某一標準，將所有員工從最高到最低排序，從最好向最差排序。從這個詞面上可以看出來，排序法就是把部門的員工按照優劣排列名次，從最好的一直排到最後一名。排序考評表見表7-1。

表7-1　　　　　　　　　　　排序考評表

部門：市場部	
員工總數：10人	
排序說明：1為最好，10為最差	
姓名	排序
李玉	10
趙敏	2
郭靖	4
黃蓉	3
楊過	5
蔡琴	1
劉丹	9
王業	8
馬飛	6
陽光	7

我們根據什麼指標來排呢？比如，銷售部門人員就可以制定一個銷售利潤的指標，根據這一指標進行排序，用以衡量這個部門的銷售人員，誰拿的單子總和利潤最大，他的排序就最靠前，就是第一名。其次第二名、第三名，誰的利潤最少排在最後一名。也許今年排行最後一名就可能被末位淘汰了。排序法的重點是在部門裡選取一個衡量因素。比如，針對業務員開發新客戶的數量，也可以用來排序。好處是什麼？就是針對業績來說，這個部門誰好誰壞，一目了然，給你加薪、發獎金，還有提升誰，不提

升誰，淘汰誰，培訓誰，可以做出一個非常公正的判斷。它的壞處是什麼？壞處就是太簡單了。每一次排序只能找一項最基本因素。有時業務員考慮銷售的利潤非常大，而放棄了開發新客戶，只是維持一兩個老客戶，他能得到很高的利潤，但是他不開發新客戶。這是排序法一個比較短視的地方。排序法在很大程度上取決於部門經理對員工的看法。所以，有時會有一些誤區。排序法操作簡單，僅適合正在起步的企業採用。

（2）配對比較法。配對比較法是管理者將每一位員工與工作群體中的所有其他每一位員工進行一對一的兩兩比較，如果一位員工在與另外一位員工的比較中被認為是績效更為優秀者，那麼此人將得到 1 分。在全部的配對比較都完成之後，管理者再統計每一位員工獲得較好評價的次數（也就是對所得分數進行加總），而這便是員工的績效評估的分數，然後根據員工所獲分數將員工進行排序。

配對比較法對於管理者來說是一項很花時間的績效評價方法，並且隨著組織變得越來越扁平化，控制幅度越來越大，這種方法會變得更加耗費時間。例如，一位手下只有 10 個員工的管理人員必須進行 45 次（即 10×9/2）比較。然而，如果這一工作群體的人數上升到 15 人，則這位管理者所必須進行的比較次數就上升到了 105 次（即 15×14/2）。如果需對 n 個員工進行評估則需進行 n(n-1)/2 次的比較。例如管理人員如需對 5 個員工進行績效評估則需進行 10(5×4/2)次比較，具體比較如表 7-2 所示，結果如表 7-3 所示。

表 7-2　　　　　　　　　　　　配對比較表

員工姓名	A	B	C	D	E
A	—	1	1	1	1
B	0	—	1	1	1
C	0	0	—	1	1
D	0	0	0	—	1
E	0	0	0	0	—

表 7-3　　　　　　　　　　　配對比較法的評估結果表

員工姓名	配對比較勝出次數	名次
E	4	1
D	3	2
C	2	3
B	1	4
A	0	5

（3）強制分佈法。強制分佈法也是一種員工比較方法。評價的總體分佈要求成正態分佈或鐘形曲線，這種分佈建立在優秀員工和不符合要求的員工只占少數的假設基礎之上。強制分佈就是強迫給員工分佈，但分佈什麼，則根據正態分佈的規律，先確定好各等級在總體中所占的比例，然後按照每個員工的績效優劣程度，強制列入其中的一定等級。使用這種方法，要求事先確定被評估者等級與各等級的分佈比例。比如，

評估者可按一定比例原則來確定員工作績效分佈情況：績效優，5%；績效良好，15%；績效中，40%；績效中下，15%；績效差，5%。

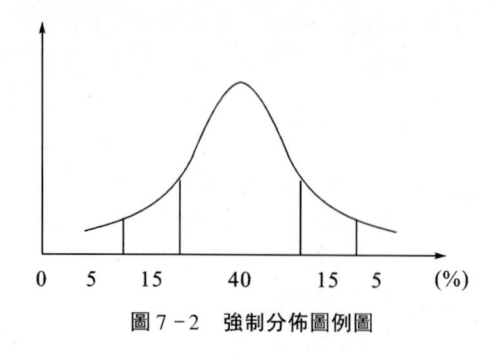

圖7-2　強制分佈圖例圖

　　強制分佈法克服了大部分員工績效評價分佈在高端分數的現象（寬大效應），或分佈在低端分數的現象（嚴格效應），或分佈在中間分數的現象（趨中效應）。然而「強制分佈法」較之其他考評辦法，更需要文化的吻合。因為其強烈的刺激，給人們心理帶來的衝擊更大，可能帶來更大的衝突和員工的憤怒。通用電氣（簡稱GE）的「活力曲線」之所以發揮出很好的效果，在於其整整花費了10年時間來建立新的績效文化。但即便是在GE，衝突也是經常發生，有的部門負責人，甚至將已經去世的人的名字拉來充當後10%的人數。但GE的文化，較好地彌合了「強制分佈法」的負面效應。坦率與公開是GE績效文化中最顯著的特點，人們可以在任何層次上進行溝通與反饋，在這種文化下，績效的持續改進與提升是人們關注的重點。如果沒有這種績效文化的依託，「強制分佈法」也只能起到傳統考核所起到的「胡蘿蔔＋大棒」的效果。強制分佈法實施效果除了依託於特定的企業文化外，還依賴於制度保證。企業的各項管理系統間必須是兼容的。企業的人力資源系統內部、企業的其他管理系統與人力資源系統之間，必須有很好的融合度。如果企業的績效管理本身就不夠系統和規範，如果績效只能與物質獎勵（或懲罰）掛勾而無法引導員工的持續發展，如果企業的使命不能煥發起員工的激情，可以肯定，「強制分佈法」的激勵效果會非常有限，甚至會蝕掉員工的積極性。

　　（4）圖尺度評價法。圖尺度評價法是最常用的一種績效評估的方法。此方法使用前必須確定兩個因素，一為評估項目，也即從哪些方面評估員工績效；二為評定每一項目分為幾個等級。在使用過程中，評估者每次只要考慮一位員工，然後從中圈出一個與被評估員工具有某一種特性的程度最為相符的分數即可。

　　表7-4是一家製造業公司所採用的圖尺度評價等級的例子。從表中我們可看到，在一張清單中所列舉的每一項特性都要根據一個五分（或其他的分數）評估尺度來進行等級評估。表7-5是一個按照工作質量、工作數量、工作知識、工作協調四個方面，每個方面分5個檔次對員工進行績效評估的例子。圖尺度評價法既可以為評價者提供大量的不同點數（「自由尺度」），也可以給評價者提供一種具有連續性的點數，評價者只要在這個連續段上做標記即可（「連續」尺度）。圖尺度評價法的優點：①考核內容全面，打分檔次可以設置較多。②實用而且開發成本小。它的缺點是：①被評

估者的績效評估分數受評估者的主觀因素影響比較大，對評估項目諸如：工作範圍、工作數量、工作知識、可靠性以及合作性等進行確切的定義。②這種方法沒有考慮加權，每一被評估的項目對於員工績效評估的總結果都具有同樣的重要性。③此種方法得出的績效評估結果不能指導行為，員工並不知道自己該如何改善自己的行為才能得到高分，也不利於績效評估的反饋。這種方法比較適用於評估工作行為和結果都比較容易被瞭解的員工。

表 7-4　　　　　　　　　　　圖尺度評價法舉例表

下列績效要素大多數職位都是非常重要的。請你對這些績效要素進行評估，並將相應的分數圈起來。

績效維度	評價尺度				
	優秀	良好	中等	需要改進	不令人滿意
知識	5	4	3	2	1
溝通能力	5	4	3	2	1
判斷力	5	4	3	2	1
管理技能	5	4	3	2	1
質量績效	5	4	3	2	1
團隊合作	5	4	3	2	1
人際關係能力	5	4	3	2	1
主動性	5	4	3	2	1
創造性	5	4	3	2	1
解決問題能力	5	4	3	2	1

資料來源：[美]雷蒙德·A. 諾伊，約翰·霍倫拜克，拜雷·格哈特，帕特雷克·萊特. 人力資源管理：贏得競爭優勢 [M]. 3 版. 劉昕，譯. 北京：中國人民大學出版社，2001：355.

表 7-5　　　　　　　　　　　圖尺度評價法舉例表

姓　名：				職　務：	
評估項目	評級記分				得分
工作質量	5 （太粗糙）	10 （不精確）	15 （基本精確）	20 （很精確）	25 （最精確）
工作數量	5 （完成任務極差）	10 （完成任務較差）	15 （完成任務）	20 （超額完成）	25 （超額完成一倍）
工作知識	5 （缺乏）	10 （不足）	15 （一般）	20 （較好）	25 （很好）
工作協調	5 （差）	10 （較差）	15 （一般）	20 （較好）	25 （很好）
總分					

資料來源：張德. 人力資源開發與管理 [M]. 2 版. 北京：清華大學出版社，2001：183.

圖尺度評價估法還可以進行一定的修改、補充，表7-6是對一位汽車工人進行績效評估的圖表，該表並沒有在評估表上給出分數，其目的是為了使評估者避免分數的干擾，從而使評估者給出更為準確的分數，分數由人力資源部門在事後計算並且加上了評語，有助於提供更豐富的績評估信息。

表7-6　　　　　　　　　　　　圖尺度評價法舉例表

請根據下表評估員工在當前崗位上的績效。在你認為最合適的等級上畫鈎（√）。同時你可以自由地進行相應的評價。				
1. 工作所需要的知識 對其工作的各個階段及有關知識的理解	需要指導 ☐	☐	具備自己工作及相關的知識 ☐	☐	有比自己工作及相關情況更多的知識 ☐
	評價：在汽油發動機方面特別在行。			
2. 首創性 創造新想法及推動工作進展的能力	缺乏想像力 ☐	☐	可達到必需的要求 ☐	☐	通常很有創見 ☐
	評價：問到時候，一般有好想法；不問的話就不說。有時有點缺乏自信。			
3. 操作 關注工作，能夠操作	浪費時間 需要認真監督 ☐	☐	穩定、願意工作 ☐	☐	特別能幹 ☐
	評價：布置工作都能完成。			
4. 工作質量 工作的完整性、整潔和正確	需要改進 ☐	☐	通常能達到要求 ☐	☐	一直高質量 ☐
	評價：他做的工作總是質量最高的。			
5. 工作量 接受工作的數量	應該增加 ☐	☐	通常能達到要求 ☐	☐	一直高產出 ☐
	評價：如不是總檢查來檢查去的話，工作量可以更高。			

資料來源：[美]小舍曼（Sherman, Jr., A. W.），等. 人力資源管理［M］. 11 版. 張文賢，譯. 大連：東北財經大學出版社，2001：247.

（5）關鍵事件法。關鍵事件法是由美國學者福萊·諾格（Flanagan）和伯恩斯（Bara）在1954年共同創立的。它常常被用作等級評價技術的一種補充，在認定員工特殊的良好表現和劣等表現方面是十分有效的，而且對於制定改善不良績效的規劃也是十分方便的。關鍵事件法是由上級主管紀錄員工平時工作中的關鍵事件：一種是做得特別好的，一種是做得不好的。在預定的時間，通常是半年或一年之後，利用累積的紀錄，由主管者與被測評討論相關事件，為測評提供依據。包含了三個重點：①觀察；②書面記錄員工所做的事情；③有關工作成敗的關鍵性的事實。

對每一事件的描述內容，包括：①導致事件發生的原因和背景；②員工的特別有效或多餘的行為；③關鍵行為的後果；④員工自己能否支配或控制上述後果。在大量收集這些關鍵以後，可以對他們做出分類，並總結出職務的關鍵特徵和行為要求。關

鍵事件法既能獲得有關職務的靜態信息，也可以瞭解職務的動態特點。

一般情況下，記錄關鍵事件的方法是 STAR 法。記錄的一個事件要從四個方面來寫：第一個 S 是 Situation——情境。這件事情發生時的情境是怎麼樣的。第二個 T 是 Target——目標。他為什麼要做這件事。第三個 A 是 Action——行動。他當時採取什麼行動。第四個 R 是 Result——結果。他採取這個行動獲得了什麼結果。連起這四個角就叫 STAR（見圖 7-3）。

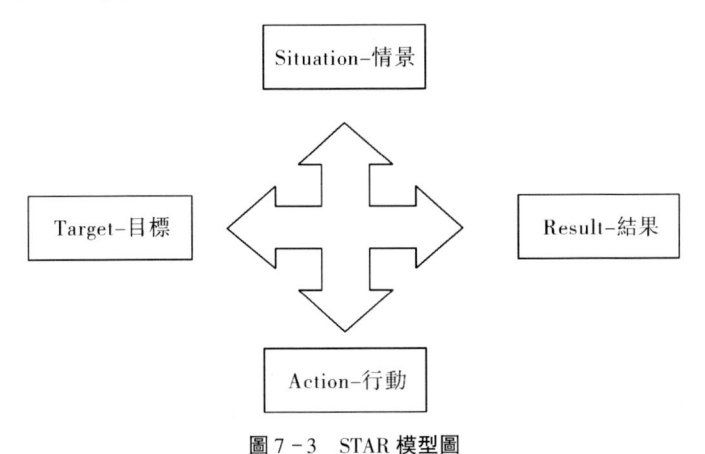

圖 7-3　STAR 模型圖

運用關鍵事件分析法的步驟：①識別崗位關鍵事件。運用關鍵事件分析法進行績效考核，其重點是對崗位關鍵事件的識別，這對調查人員提出了非常高的要求，一般非本行業、對專業技術瞭解不深的調查人員很難在很短時間內識別該崗位的關鍵事件是什麼，如果在識別關鍵事件時出現偏差，將對調查的整個結果帶來巨大的影響。②識別關鍵事件後，調查人員應記錄以下信息和資料：導致該關鍵事件發生的前提條件是什麼？導致該事件發生的直接和間接原因是什麼？關鍵事件的發生過程和背景是什麼？員工在關鍵事件中的行為表現是什麼？關鍵事件發生後的結果如何？員工控制和把握關鍵事件的能力如何？③將上述各項信息資料詳細記錄後，可以對這些信息資料分類，並歸納總結出該崗位的主要特徵、具體控制要求和員工的工作表現情況。

採用關鍵事件分析法，應注意：關鍵事件應具有崗位代表性。關鍵事件的數量不能強求，識別清楚後是多少就是多少。關鍵事件的表述言簡意賅，清晰、準確。對關鍵事件的調查次數不宜太少。

關鍵事件法的優點是：①有理有據。因為時間、地點、人物記錄齊全，有理有據。②成本很低。不需要花錢，也不需要花太多的時間，經理做的只是把這個事件用幾分鐘，將這四個角給寫下來而已，成本非常低。③還有一個很大的優點，及時反饋，提高員工的績效。如果不及時反饋，搖身一變，就成了缺點，那是在累積小過失。

關鍵事件法的缺點是它不能單獨作為考核的工具，必須跟其他方法搭配使用，效果才會更好。關鍵事件的定義是顯著的對工作績效有效或無效的事件，但是，這就遺漏了平均績效水準。因此，就它本身來說，在對員工進行比較或在做出與之相關的薪資提升決策時，可能不會有太大的用處。

(6) 行為觀察量表法。行為觀察量表法（Behavioral Observation Scales，BOS）是在行為錨定等級評估法基礎上發展起來的一種變異形式。行為觀察評估法也是從關鍵事件中發展而來的一種績效評估方法。行為觀察評估法與行為錨定等級評估法的不同點主要表現在兩個方面：①行為觀察法並不剔除那些不能代表有效績效和無效績效的大量非關鍵行為；相反，它採用了這些事件中的許多行為來更為具體地界定構成有效績效（或者會被認為是無效績效）的所有必要行為。②行為觀察評估法並不是要評估哪一種行為最好地反應了員工的績效，而是要求管理者對員工在評估期內表現出來的每一種行為的頻率進行評估，然後再將所得的評估結果進行平均之後得出總體的績效評估等級。通常情況下，行為觀察評估法可能不是僅僅使用4種行為而是應用15種行為來界定在某一特定績效維度上所劃分出來的4種不同績效水準。表7－7所示是行為觀察績效評估法的一個例子。

表7－7　　　　　　　　　工作績效評估的行為觀察量表法舉例表

克服變革的阻力
(1) 向下屬描述變革的細節。
幾乎從來不　　1　　2　　3　　4　　5　　幾乎常常如此
(2) 解釋為什麼必須進行變革。
幾乎從來不　　1　　2　　3　　4　　5　　幾乎常常如此
(3) 與員工討論變革會給員工帶來何種影響。
幾乎從來不　　1　　2　　3　　4　　5　　幾乎常常如此
(4) 傾聽員工的心聲。
幾乎從來不　　1　　2　　3　　4　　5　　幾乎常常如此
(5) 在使變革成功的過程中請求員工的幫助。
幾乎從來不　　1　　2　　3　　4　　5　　幾乎常常如此
(6) 如果有必要，會就員工關心的問題定一個具體的日期來進行變革之後的跟蹤會談。
幾乎從來不　　1　　2　　3　　4　　5　　幾乎常常如此
總分數＝
很差　　　尚可　　　良好　　　優秀的　　　出色的
6～10　　11～15　　16～20　　21～25　　26～30

註：分數是由管理者確定的。

資料來源：[美] 雷蒙德·A. 諾伊，約翰·霍倫拜克，拜雷·格哈特，帕特雷克·萊特. 人力資源管理：贏得競爭優勢 [M]. 3版. 劉昕，譯. 北京：中國人民大學出版社，2001：359.

行為觀察績效評估法所使用的行為觀察量表包含特定工作的成功績效所要求的一系列合乎希望的行為。我們在開發行為觀察量表時需要收集關鍵事件並對其按維度分類。在使用行為觀察量表時，評估者通過指出員工表現各種行為的頻率來評定員工的工作績效。一個5分制的行為觀察量表被分為從「極少或從不是（1）」到「總是（5）」的5個分數段。評估者通過將員工在每一行為項目上的得分相加計算出員工績效評估的總評分，高分意味著員工經常表現出合乎希望的行為。表7－8列舉了行為觀察量表的一部分。

表7-8　　　　　　　　行為觀察量表舉例：藥物顧問

說明：
通過指出員工表現下列每個行為的頻率，用下列評定量表在指定期區間給出你的評分。
5＝總是
4＝經常
3＝有時
2＝偶爾
1＝極少或從不
工作知識
・對所有的患者和合作者都表現出同情和無條件的關心。
・系統地陳述可測量的目標，為每位患者提供全面的文件證明和反饋。
・顯示關於可供治療安排的社區資源的知識。
臨床技能
・很快評估患者的心理狀態並開始恰當的相互配合。
人際技能
・與所有的醫院職員保持開放的溝通。
・利用恰當的溝通渠道。

資料來源：［美］克雷曼（Kleiman, L. S.）．人力資源管理：獲取競爭優勢的工具［M］．2版．孫非，等，譯．北京：機械工業大學出版社，2003：262．

行為觀察評估法的優點：與行為錨定等級評估法和圖尺度評估法相比其優點主要表現為：①能夠將高績效者和低績效者區分開來；②能夠維持客觀性；③便於向員工提供績效評估反饋；④便於確定員工培訓需求；⑤在管理者及其下屬員工中容易被使用。行為觀察評估法的主要缺點是由於它所需要的信息可能會超出大多數評估者所能夠加工或記憶的信息量，因此其在實施的過程中對評估者的要求比較高。一套行為觀察評估體系可能會涉及80或80種以上的行為，而評估者還必須記住每一位員工在6個月或12個月這樣長的評估期間之內所表現出的每一種行為的發生頻率。對於一位員工的績效評估來說，這種工作已經夠繁瑣的了，更何況評估者通常要對10個或10個以上的員工進行評估。

（7）行為錨定等級評價法。行為錨定等級評價法（Behaviorally Anchored Rating Scale，BARS）是建立在關鍵事件法基礎之上的。設計行為錨定等級評估法的目的主要是，通過建立與不同績效水準相聯繫的行為錨定來對績效維度加以具體的界定。它為每個評估項目都設計一個評分量表，並使典型的行為描述與量表上的一定的等級評分標準相對應，以供評估者在評估員工的工作績效時作為參考。典型的行為錨定等級評估量表包括7個或8個個人特徵，被稱作「維度」。每一個都被一個7分或9分的量表加以錨定，它沒有使用數目或形容詞。表7-9是大學老師行為錨定等級評價法分量表的例子。行為錨定等級評估量表是用反應不同績效水準的具體工作行為的例子來錨定每個特徵。圖7-4中所列舉的就是行為錨定等級評估法的一個應用實例。在表中我們可以看到，在同一個績效維度中存在著一系列的行為事例，每一種行為事例分別表示這一維度中的一種特定績效水準。

表7-9　　　　行為錨定等級評估法評分量表舉例：大學講師（部分）

難度：教學內容		
優秀	7	教師能夠向學生介紹國際前沿的知識，並給予清楚的講解
優良	6	教師能夠使用適當的例子輔助自己講解
較好	5	教師講課能夠生動地傳授知識，但是缺乏新意
中等	4	教師能夠傳授知識
合格	3	教師講課缺乏新知識，照本宣科
較差	2	教師對傳授的知識缺乏理解
極差	1	教師講課知識有錯誤

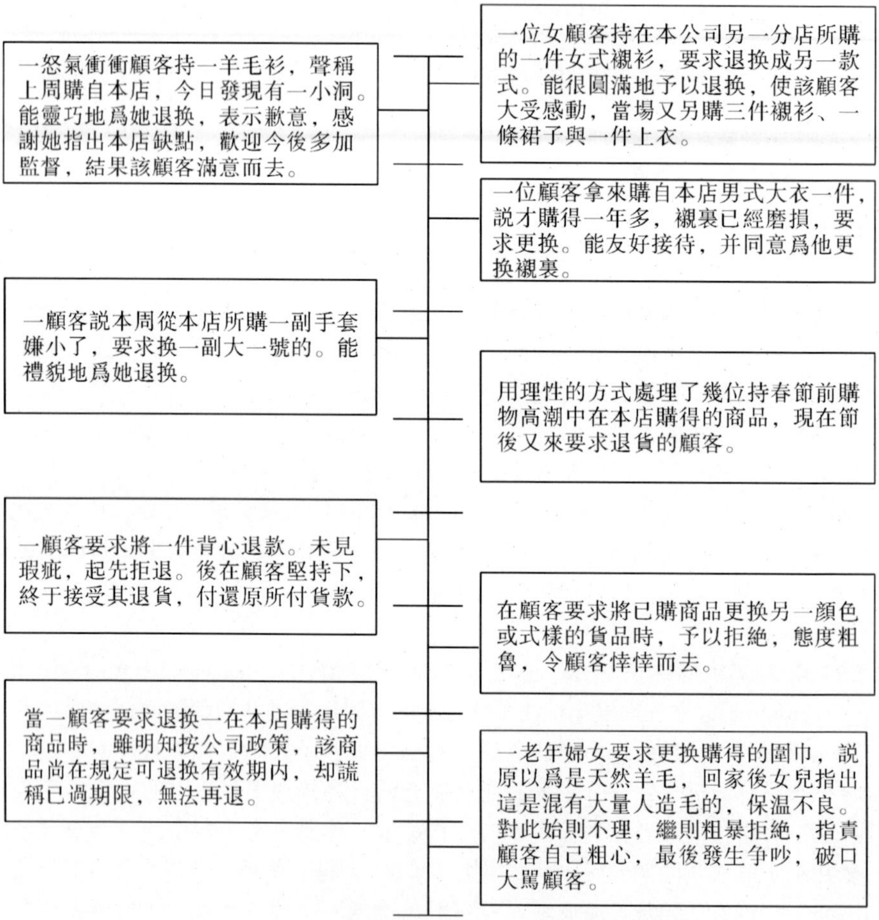

一怒氣衝衝顧客持一羊毛衫，聲稱上周購自本店，今日發現有一小洞。能靈巧地爲她退換，表示歉意，感謝她指出本店缺點，歡迎今後多加監督，結果該顧客滿意而去。	一位女顧客持在本公司另一分店所購的一件女式襯衫，要求退換成另一款式。能很圓滿地予以退換，使該顧客大受感動，當場又另購三件襯衫、一條裙子與一件上衣。
	一位顧客拿來購自本店男式大衣一件，說才購得一年多，襯裏已經磨損，要求更換。能友好接待，并同意爲他更換襯裏。
一顧客說本周從本店所購一副手套嫌小了，要求換一副大一號的。能禮貌地爲她退換。	
	用理性的方式處理了幾位持春節前購物高潮中在本店購得的商品，現在節後又來要求退貨的顧客。
一顧客要求將一件背心退款。未見瑕疵，起先拒絕。後在顧客堅持下，終於接受其退貨，付還原所付貨款。	
	在顧客要求將已購商品更換另一顏色或式樣的貨品時，予以拒絕，態度粗魯，令顧客悻悻而去。
當一顧客要求退換一在本店購得的商品時，雖明知按公司政策，該商品尚在規定可退換有效期內，却謊稱已過期限，無法再退。	一老年婦女要求更換購得的圍巾，說原以爲是天然羊毛，回家女兒指出這是混有大量人造毛的，保溫不良。對此始則不理，繼則粗暴拒絕，指責顧客自己粗心，最後發生爭吵，破口大罵顧客。

圖7-4　　百貨店售貨員績效評估行爲錨定等級評估法

考核維度：對待顧客投訴的處理態度與方式。

開發一項行為錨定式評定量表的過程是相當複雜的。主要需經歷以下幾個步驟：①搜集大量的代表工作中的優秀和無效績效的關鍵事件。②再將這些關鍵事件劃分為

不同的績效維度，確定評估員工工作績效的重要維度，列出維度表並對每一維度進行定義。③把那些被專家們認為能夠清楚地代表某一特定績效水準的關鍵事件作為指導評估者評估員工工作績效的行為事例的標準。④為每一維度開發出一個評定量表，用這些行為作為「錨」來定義量表上的評分。管理者的任務就是根據每一個績效維度來分別考察員工的績效，然後以行為錨定為指導來確定在每一績效維度中的哪些關鍵事例是與員工的情況最為相符的。這種評價就成為員工在這一績效維度上的得分。

行為錨定法既存在優點也存在缺點。優點：①它可以通過提供一種精確、完整的績效維度定義來提高評估者信度。②績效評估的反饋有利於員工明確自己工作中存在的問題從而加以改進。缺點：①由於那些與行為錨定最為近似的行為是最容易被回憶起來的，因此它在信息回憶方面存在偏見。②管理者在使用過程中容易和特性評估法混淆。

三、績效管理技術

1. 目標管理

（1）目標管理概述。管理大師彼得·德魯克最早提出了「目標管理」（Management By Objectives，MBO）的概念。德魯克認為，目標管理是根據重成果的思想，先由企業確定並提出在一定時期內期望達到的理想總目標，然後由各部門和全體員工根據總目標確定各自的分目標並積極主動使之實現的一種管理方法。

目標管理的設計思想是通過有意識地為員工設立一個目標，實現影響其工作表現的目的，進而達到改善企業績效的效果。

（2）目標管理考核法操作流程。目標管理考核法的操作流程，如圖7-5所示。

建立員工工作目標列表 ▶ 明確業績衡量方法 ▶ 實施業績評價

圖7-5　目標管理考核法的操作流程圖

①建立員工工作目標列表。員工工作目標列表的編製由員工及其上級主管共同完成。目標的實現者同時也是目標的制定者，這樣有利於目標的實現。②明確業績衡量方法。一旦某項目標被確定用於績效考核，必須收集相關的數據，明確如何以該目標衡量業績，並建立相關的檢查和平衡機制。③實施業績評價。在給定時間期末，將員工業績與目標相比較，從而評價業績，識別培訓需要，評價組織戰略成功性，或提出下一時期的目標。

2. 關鍵業績指標（KPI）

（1）關鍵業績指標概述。關鍵業績指標（Key Performance Indicators，KPI），是通過對組織內部流程的輸入端、輸出端的關鍵參數進行設置、取樣、計算、分析，衡量流程績效的一種目標式量化管理指標，是對企業運作過程中關鍵成功要素的提煉和歸納。

關鍵業績指標設計的思想是通過把影響80%工作的20%關鍵行為進行量化設計，

變成可操作性的目標，從而提高績效考核的效率。關鍵業績指標的個數一般控制在 5~12 個。

（2）關鍵業績指標考核法操作流程。關鍵業績指標考核法操作流程如圖 7-6 所示。①明確企業總體戰略目標。根據企業的戰略方向，從增加利潤、提升盈利能力、提高員工素質等角度分別確定企業的戰略重點，並運用關鍵業績指標的設計方法進行分析，從而明確企業總體戰略目標。②確定企業的戰略支目標。將企業的總體戰略目標按照內部的某些主要業務流程分解為幾項主要的支持性子目標。③內部流程的整合與分析。以內部流程整合為基礎的關鍵業績指標設計，將使員工知道自己的指標和職責是為哪一個流程服務的，對其他部門乃至企業的整體運作會產生什麼樣的影響。所以說，要進行關鍵業績指標細化的前提是進行內部流程整合與分析。④部門級關鍵業績指標的提取。通過對組織架構與部門職能的理解，對企業戰略支目標進行分解。在分解的同時要注意根據各個部門的職能對分解的指標進行調整補充，並兼顧其與部門分管上級的指標關聯度。⑤形成關鍵業績指標體系。根據部門關鍵業績指標、業務流程以及各崗位的工作說明書，對部門目標進行分解。根據崗位職責對個人關鍵業績指標進行修正與補充，建立企業目標、流程、職能與職位相統一的關鍵業績指標體系。

明確企業總體戰略目標 → 確定企業的戰略支目標 → 內部流程的整合與分析 → 部門級關鍵業績指標的提取 → 形成關鍵業績指標體系

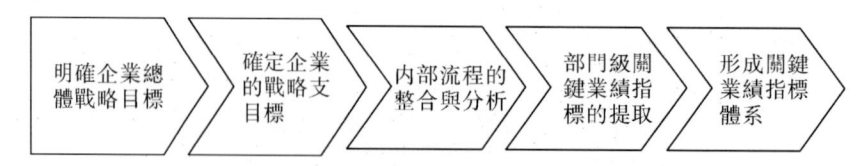

圖 7-6　關鍵業績指標考核法的操作流程圖

3.平衡記分卡

（1）平衡記分卡概述。平衡記分卡（Balanced Score Card）始創於 1992 年，是由哈佛大學商學院教授羅伯特‧卡普蘭和復興國際方案總裁戴維‧諾頓設計的。平衡記分卡將企業的遠景、使命和發展戰略與企業的業績評價系統聯繫起來並把企業的使命和戰略轉變為具體的目標和評測指標，以實現戰略和績效的有機結合。平衡記分卡以企業的戰略為基礎，並將各種衡量方法整合為一個有機的整體，它既包含了傳統績效考核的財務指標，又通過增加顧客滿意度、內部流程、學習和成長等業務指標來補充說明財務指標，使整個績效考核體系更趨完善。

（2）平衡記分卡操作流程。平衡記分卡的操作流程，如圖 7-7 所示。

建立企業的遠景和戰略任務 → 就遠景和戰略任務達成共識 → 量化考核指標的確定 → 企業內部的溝通與教育 → 績效目標值的確定 → 績效考核的實施 → 績效考核指標的調整

圖 7-7　平衡記分卡的操作流程圖

①建立企業的遠景和戰略任務。通過調查採集企業各種相關信息資料，運用態勢（Strengths、Weaknesses、Opportunities、Threats，SWOT）分析、目標市場價值定位分析

等方法對企業內外部環境和現狀進行系統全面的分析，進而確立企業的遠景和戰略任務。②就遠景和戰略任務達成共識。與企業的所有員工溝通企業的遠景與戰略任務，使其對企業的遠景和戰略任務達成共識。根據企業的戰略，從財務、客戶、內部營運、學習發展四個方面設定具體的績效考核指標。③確定量化考核指標。為上述四個方面的目標找出具體的、可量化的業績考核指標。④企業內部的溝通與教育。加強企業的內部溝通，利用各種信息傳輸的渠道和手段，如刊物、宣傳欄、電視、廣播、標語、會議等，對企業的遠景規劃與戰略構想在全體員工中進行深入的傳達和解釋，並把績效目標以及具體的衡量指標逐級落實到各級組織，乃至基層的每一位員工。⑤績效目標值的確定。確定每年、每季、每月的業績衡量指標的具體數字，並與企業的計劃和預算相結合。將每年企業員工的浮動薪酬與績效目標值的完成程度掛勾，形成績效獎懲機制。⑥績效考核的實施。為切實保障平衡記分卡的順利實施，應當不斷強化各種管理基礎工作，完善人力資源信息系統，加強定編、定崗、定員、定額，促進員工關係和諧，注重員工培訓與開發。⑦績效考核指標調整。考核結束後，及時匯報企業各個部門的績效考核結果，聽取員工的意見，通過評估與反饋分析，對相關考核指標做出調整。

4. 全方位績效考核法

（1）全方位績效考核法概述。全方位績效考核法又稱為360度考核法，是一種較為全面的績效考核方法。它強調從與被考核者發生工作關係的多方主體那裡獲得被考核者的信息。這些信息的來源包括：來自上級監督者的自上而下的反饋（上級）；來自下屬的自下而上的反饋（下屬）；來自平級同事的反饋（同事）；來自企業內部的協作部門和供應部門的反饋；來自企業內部和客戶的反饋以及來自本人的反饋。

（2）全方位績效考核法操作。全方位績效考核法的操作流程，如圖7-8所示。

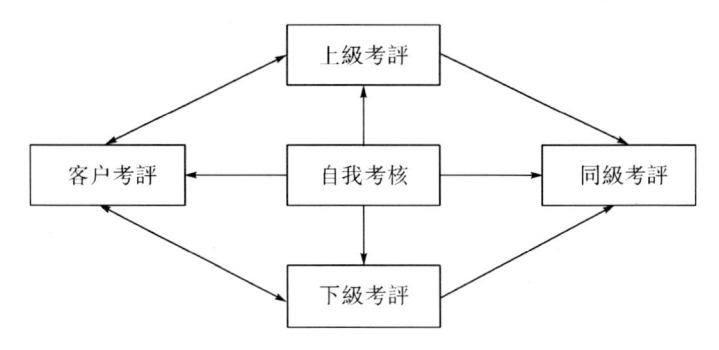

圖7-8　全方位績效考核法的操作流程圖

①上級考評。上級考評的實施者一般為被考評者的直接上級，也是績效考核中最主要的考評者。②同級考評。同級考評者，一般為與被考評者工作聯繫較為密切的人員，他們對被考評者的工作技能、工作態度、工作表現等較為熟悉。③下級考評。下級對上級進行考評，對企業民主作風的培養、企業員工之間凝聚力的提高等方面起著重要的作用。④自我考評。自我考評是被考評者本人對自己的工作表現進行評價的一種活動，它一方面有助於員工提高自我管理能力；另一方面可以取得員工對績效考核工作的支持。⑤客戶考評。對於那些經常與客戶打交道的員工來說，客戶滿意度是衡

量其工作績效的主要標準。

第三節　績效管理的基本流程

一、PDCA循環與績效管理的基本流程

　　PDCA最早由美國質量管理專家戴明提出來的，所以又稱為「戴明環」。PDCA的涵義如下：P（Plan）——計劃；D（Do）——執行；C（Check）——檢查；A（Action）——行動，對總結檢查的結果進行處理，成功的經驗加以肯定並適當推廣、標準化；失敗的教訓加以總結，未解決的問題放到下一個PDCA循環裡。以上四個過程不是運行一次就結束，而是周而復始地進行，一個循環完了，解決一些問題，未解決的問題進入下一個循環，這樣階梯式上升的。PCDA循環實際上是有效進行任何一項工作的合乎邏輯的工作程序。因此在質量管理中，有人稱其為質量管理的基本方法。

　　PDCA循環實際上是有效進行任何一項工作的合乎邏輯的工作程序。在質量管理中，PDCA循環得到了廣泛的應用，並取得了很好的效果，因此有人稱PDCA循環是質量管理的基本方法。之所以將其稱之為PDCA循環，是因為這四個過程不是運行一次就完結，而是要周而復始地進行。一個循環完了，解決了一部分的問題，可能還有其他問題尚未解決，或者又出現了新的問題，再進行下一次循環。如圖7-9所示。

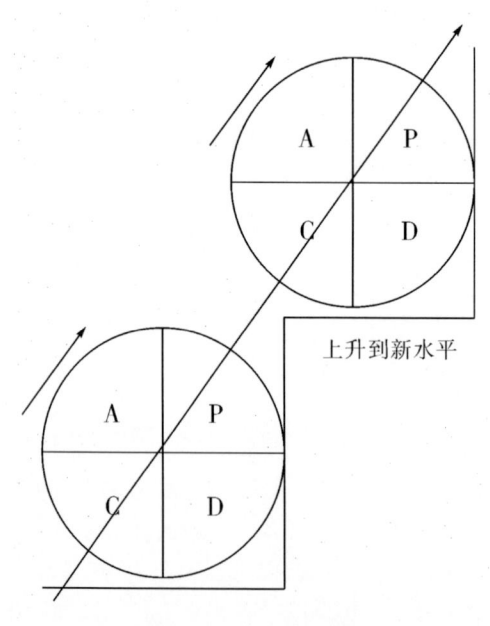

圖7-9　PDCA循環圖

　　PDCA循環的四個階段，「計劃—實施—檢查—改進」的PDCA循環的管理模式，體現著科學認識論的一種管理手段和一套科學的工作程序。PDCA管理模式的應用對我

們提高日常工作的效率有很大的益處，它不僅在質量管理工作中可以運用，同樣也適合於其他各項管理工作。

讓我們按 PDCA 循環向前走，推動人們的工作，登上更高一個臺階，再上一個臺階；推動我們的思想境界，修養情操再上一個又一個新臺階。

績效管理是通過管理者與員工之間持續不斷地進行業務管理的循環過程。實現業績的改進，所採用的流程為 PDCA 循環，見圖 7-10。

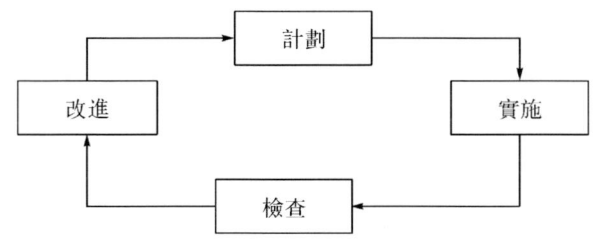

圖 7-10 績效管理的 PDCA 循環流程圖

績效管理的側重點體現在以下幾個方面：

（1）計劃式而非判斷式。①著重於過程而非評價；②尋求對問題的解決；③體現在結果與行為兩個方面而非人力資源的程序；④強調推動性而非威脅性。

（2）績效管理的根本目的在於績效的改進。①改進與提高績效水準；②績效改進的目標列入下期績效計劃中；③績效改進需管理者與員工雙方的共同努力；④績效改進的關鍵是提高員工的能力與素質；⑤績效管理循環的過程是績效改進的過程；⑥績效管理過程也是員工能力與素質開發的過程。

二、績效計劃（P 階段）

績效計劃是整個績效管理流程中的第一個環節，這一階段主要是確定出員工的績效考核目標和績效考核週期。制訂績效計劃的主要依據是員工職位說明書和公司戰略目標以及年度經營計劃。在績效計劃階段，管理者和被管理者之間需要在對被管理者績效的期望問題上達成共識。在共識的基礎上，被管理者對自己的工作目標做出承諾。管理者和被管理者共同的投入和參與是進行績效管理的基礎，也就是說績效管理必須由員工和管理者共同參與，才能真正取得好的結果，獲得成功。對此，管理者必須有一個清醒且堅持的認識；否則，績效管理很難得到有效的實施。

1. 績效考核目標

績效考核目標是對員工在績效考核期內的工作任務和工作要求所做的界定，這是對員工進行績效考核的參照系，績效目標由績效內容和績效標準組成。

（1）績效內容。績效內容界定員工在績效考核期內應該做什麼，它包括績效項目和績效指標兩個部分。

績效項目是指績效的維度，指從哪些方面來對員工進行績效評價。一般來說，績效考核項目有三個：工作業績、工作能力和工作態度。

績效指標則是指績效項目的具體內容，可以理解為是對績效項目的分解和細化。

例如對於某一職位,工作能力這一考核項目就可以細化為分析能力、溝通能力、公關能力、組織能力等具體的指標。

　　對於工作業績,設定指標時一般要從指標的個數、與業績的相關度和考核成本三個方面進行考慮;對於工作能力和工作態度,則要根據各個職位的工作內容來設定指標。績效指標的確定,有助於保證績效考核內容的客觀性。確定績效指標時,應注意以下幾個問題:①績效指標應當有效。就是說績效指標應當涵蓋員工的全部工作內容,這樣才能夠準確地評價出員工的實際績效。這包括兩個方面的涵義:一是指績效指標要全面,員工的全部工作內容都應當包括在績效考核中;二是指與職責無關的指標不應包括其中。一項績效衡量指標要想有效,它就必須是沒有缺陷的或者不受污染的。正如從圖7-11中所看到的那樣,其中的一個圖所代表的是「真實的」工作績效——即與成功地完成工作相關的績效的所有各個方面。而另一方面,公司還必須採用一些績效衡量系統,比如由監督人員根據一套與工作的目標結果有關的維度或者績效衡量指標來對下屬人員的工作績效進行評價。效度所涉及的就是如何使實際工作績效和工作績效衡量系統之間的重疊部分達到最大的問題。如果一種績效衡量系統不能夠衡量出工作績效的各個方面(圖中右邊的半圓),那麼這種系統就是缺失的。受污染的績效衡量系統則會對與績效或者與工作無關的方面(圖中左側的半圓)進行評價。績效衡量系統應當盡力使得污染降低到最低程度,但是要想完全消除污染幾乎是不可能的。②績效指標應當具體。就是說指標要明確地指出到底是要考核什麼內容,不能過於籠統,否則考核主體就無法進行考核。例如,在考核工人的工作業績時,「工作情況」就是一個不具體的指標,因為工作情況涉及多方面的內容,若把它分解為「上班的準時性」、「產量」、「質量」等指標進行考核,考核就更具體和更有針對性。③績效指標應當明確。也就是說指標的涵義應該明確,不要產生歧義。④績效指標應該體現差異性。這包括兩個層次的涵義:一是指對於同一個員工來說,應該按照各個指標對績效的影響程度設置不同的權重;二是指對於不同類型的員工來說,績效指標應該有差異,因為每種類型的工作其工作內容是不同的,例如人力資源經理和市場行銷經理的指標差異就很大,儘管有的指標相同。⑤績效指標應當具有變動性。一方面在不同的考核周

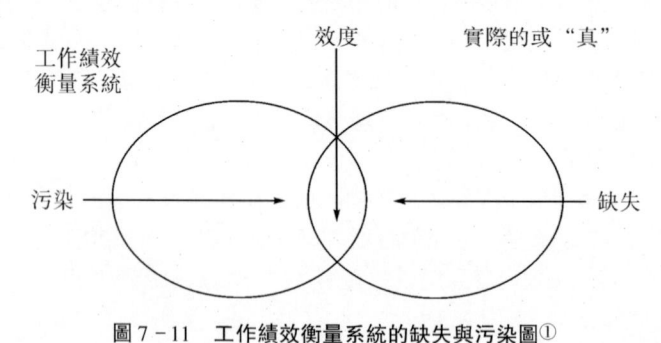

圖7-11　工作績效衡量系統的缺失與污染圖①

---

①　[美]雷蒙德·A. 諾伊,約翰·霍倫拜克,拜雷·格哈特,等. 人力資源管理:贏得競爭優勢 [M]. 劉昕,譯. 北京:中國人民大學出版社,2001:349.

期，績效指標應該隨著工作任務的變化而有所變化。例如，企業的人力資源經理在這個月沒有招聘計劃，就不應該設置與招聘相關的考核指標。另一方面在不同的考核週期。各個指標的權重也應當根據工作重點的不同而有所區別。

（2）績效標準。績效標準明確了員工的工作要求，也就是說對於績效內容界定的事情，員工應當怎麼做或者做到什麼樣的程度。例如，「產品的合格率達到90%」、「接到投訴後兩天內給客戶以滿意的答復」等。績效標準的確定，有助於保證績效考核的公正性，否則就無法確定員工的績效到底是好還是不好。確定績效標準時，應當注意以下幾個問題：①績效標準應當明確。按照目標激勵理論的解釋，目標越明確，對員工的激勵效果就越好，因此在確定績效標準時應當具體清楚，不能含糊不清，這就要求盡可能地使用量化的標準。②績效標準應該有一定的挑戰性。就是說制定的標準要具有一定的難度，但是員工經過努力是可以實現的，通俗的說「跳一跳摸得著」。目標太難或太容易，對員工的激勵效應會大打折扣，因此，績效標準應該有一定的挑戰性。③績效標準應當可變。這包括兩個層次的涵義：一是指對於同一個員工來說，在不同的績效週期，隨著外部環境的變化，績效標準有可能也要變化，例如對於啤酒銷售員來說，由於銷售有淡旺季之分，因此在淡季的績效標準應該低於旺季。二是指對於不同的員工來說，即使在同樣的績效週期，由於工作環境的差異，績效標準也有可能不同，例如兩個電器銷售員，一個在深圳，一個在青海，由於地域經濟發展的差異，兩個電器銷售員的績效標準也應該有差異，深圳的電器銷售員的績效標準應該高於青海的電器銷售員的績效標準。

對於績效目標的設計，應該遵循「SMART」原則：

第一，目標必須是明確的（Specific）。所謂明確就是要用具體的語言清楚地說明要達成的行為標準。明確的目標幾乎是所有成功團隊的一致特點。很多團隊不成功的重要原因之一就是因為目標定得模棱兩可，或沒有將目標有效地傳達給相關成員。例如，目標——「增強客戶意識」。這種對目標的描述就很不明確，因為增強客戶意識有許多具體做法，如：減少客戶投訴，過去客戶投訴率是3%，現在把它降低到1.5%或者1%。提升服務的速度，使用規範禮貌的用語，採用規範的服務流程，也是客戶意識的一個方面。有這麼多增強客戶意識的做法，所說的「增強客戶意識」到底指哪一塊？不明確就沒有辦法評判、衡量。

第二，目標必須是可以衡量的（Measurable）。衡量性就是指目標應該是明確的，而不是模糊的。應該有一組明確的數據，作為衡量是否達成目標的依據。如果制定的目標沒有辦法衡量，就無法判斷這個目標是否實現。例如，領導有一天問「這個目標離實現大概有多遠？」團隊成員的回答是「早實現了」。這就是領導和下屬對團隊目標所產生的一種分歧。原因就在於沒有給他一個定量的可以衡量的分析數據。但並不是所有的目標都可以衡量，有時也會有例外，比如說大方向性質的目標就難以衡量。比方說，「為所有的老員工安排進一步的管理培訓」。進一步是一個既不明確也不容易衡量的概念，到底指什麼？是不是只要安排了這個培訓，不管誰講，也不管效果好壞都叫「進一步」？如果改進一下：準確地說，在什麼時間完成對所有老員工關於某個主題的培訓，並且在這個課程結束後，學員的評分在85分以上，低於85分就認為效果不理

想，高於 85 分就是所期待的結果。這樣目標變得可以衡量。因此，目標的衡量標準遵循「能量化的量化，不能量化的質化」。使制定人與考核人有一個統一的、標準的、清晰的可度量的標尺，杜絕在目標設置中使用形容詞等概念模糊、無法衡量的描述。對於目標的可衡量性應該首先從數量、質量、成本、時間、上級或客戶的滿意程度五個方面來進行，如果仍不能進行衡量，可考慮將目標細化，細化成分目標後再從以上五個方面衡量，如果仍不能衡量，還可以將完成目標的工作進行流程化，通過流程化使目標可衡量。

第三，目標必須是可以達到的（Attainable）。目標是要能夠被執行人所達到的，如果上司利用一些行政手段，利用權力性的影響力一廂情願地把自己所制定的目標強壓給下屬，下屬典型的反應是一種心理和行為上的抗拒：我可以接受，但是否完成這個目標，有沒有最終的把握，這個可不好說。一旦有一天這個目標真完成不了的時候，下屬有一百個理由可以推卸責任：你看我早就說了，這個目標肯定完成不了，但你堅持要壓給我。一般情況下，「控制式」的領導喜歡自己定目標，然後交給下屬去完成，他們不在乎下屬的意見和反應，這種做法越來越沒有市場。今天員工的知識層次、學歷、自己本身的素質以及他們主張的個性張揚的程度都遠遠超出從前。因此，領導者應該更多地吸納下屬來參與目標制定的過程，即便是團隊整體的目標。定目標成長，就先不要想是否能達成的問題，不然熱情還沒點燃就先被畏懼給打消念頭了。因此，目標設置要堅持員工參與、上下左右溝通，使擬定的工作目標在組織及個人之間達成一致，既要使工作內容飽滿，也要具有可達性。可以制定出跳起來「摘桃」的目標，不能制定出跳起來「摘星星」的目標。

第四，目標必須和其他目標具有現實性（Realistic）。目標的實際性是指在現實條件下是否可行、可操作。可能有兩種情形，一方面領導者樂觀地估計了當前形勢，低估了達成目標所需要的條件，這些條件包括人力資源、硬件條件、技術條件、系統信息條件、團隊環境因素等，以至於下達了一個高於實際能力的指標。另外，可能花了大量的時間、資源，甚至人力成本，最後確定的目標根本沒有多大實際意義。例如，一位餐廳的經理定的目標是——早餐時段的銷售在上月早餐銷售額的基礎上提升 15%。算一下知道，這可能是一個幾千塊錢的概念，如果把它換成利潤是一個相當低的數字。但為完成這個目標的投入要花費多少？這個投入比起利潤要更高。這就是一個不太實際的目標，就在於它花了大量的錢，最後還沒有收回所投入的資本，不是一個好目標。有時實際性需要團隊領導衡量。因為有時可能領導說投入這麼多錢，目的就是打敗競爭對手，所以儘管獲得的並不那麼高，但打敗競爭對手是主要目標。這種情形下的目標就是實際的。因此，部門工作目標要得到各位成員的通力配合，就必須讓各位成員參與到部門工作目標的制定中去，使個人目標與組織目標達成認識一致，目標一致，既要有由上到下的工作目標協調，也要有員工自下而上的工作目標的參與。

第五，目標必須具有明確的截止期限（Time–based）。目標特性的時限性就是指目標是有時間限制的。例如，我將在 2009 年 5 月 31 日之前完成某事。5 月 31 日就是一個確定的時間限制。沒有時間限制的目標沒有辦法考核，或帶來考核的不公。上下級之間對目標輕重緩急的認識程度不同，上司著急，但下面不知道。到頭來上司可以

暴跳如雷，而下屬覺得委屈。這種沒有明確的時間限定的方式也會帶來考核的不公正，傷害工作關係，傷害下屬的工作熱情。因此，目標設置要具有時間限制，根據工作任務的權重、事情的輕重緩急，擬定出完成目標項目的時間要求，定期檢查項目的完成進度，及時掌握項目進展的變化情況，以方便對下屬進行及時的工作指導以及根據工作計劃的異常情況變化及時地調整工作計劃。

2. 績效考核週期

績效考核週期，也可以叫做績效考核期限，是指多長時間對員工進行一次績效考核。由於績效考核需要耗費一定的成本，因此考核的週期要適當。考核週期過短，考核的次數就會增加，考核的成本必然會增加；但是，考核的週期過長，又會降低績效考核的準確性，不利於員工工作績效的改進，從而影響績效管理的效果。因此，在準備階段，還應當確定出恰當的績效考核週期。

績效考核週期的確定，要考慮到以下幾個因素：

（1）職位的性質。一般來說，不同的職位有不同的工作內容，因此績效考核的週期也應當不同。通常職位的工作績效越容易考核，考核週期越短。例如，生產工人的考核週期就應當比管理人員的短。此外，職位的工作績效對企業整體績效影響越大，考核週期越短。例如，市場行銷人員的績效考核週期相對人力資源管理人員的要短一些。

一般來講，企業內部人員按照職能和層級劃分為如下幾類，針對不同人員考核週期不同：①中高層管理人員。對中高層管理人員的考核週期實際上就是對整個企業或部門經營與管理狀況的全面評估的過程，這種戰略實施和改進計劃的效果都不是可以通過短期就可以取得成果的，其評價週期適當放長，一般為半年或一年，並且隨著管理人員層級的提高，考核週期也要逐漸延長。另外，對於大型企業的中高層管理人員來說，考核週期一般比小型企業的中高層管理人員的評價週期要長，因為對於大型企業的高層管理者來說，無論是制定戰略還是實施戰略，都會由於組織的複雜性而需要更長的時間。②行銷或業務人員。對於銷售人員的考核，往往是企業中最容易量化的環節，因為其考核指標通常為銷售額、回款率、市場佔有率、客戶滿意度等所謂的「硬指標」，這些指標都是企業經營運作所關注的重要指標，作為企業的管理層人員，需要及時獲取這些重要的信息並做出調整或決策，因此對銷售人員的評價根據實際情況應該盡可能縮短，一般為月度或季度，或者先進行月度再進行季度考核。③生產系統內員工。對於生產系統的基層員工，出於強調質量和交貨期的重要性，強調的是短期的激勵，因此一般應採用短的考核週期，同時加強薪酬管理，縮短發放的時間，以此來強化激勵的效果。因為對於生產系統的基層員工，如普通的操作工人和輔助人員，他們更加關注現實的東西（如薪酬）而不太關心未來，薪酬的激勵作用大，薪酬的及時發放對他們的積極性的影響很大。另外，對於生產週期比較長的生產製造系統員工，如大型設備製造等行業，生產週期普遍較長，因此考核週期與指標週期不匹配的問題就會出現，而對這種生產狀況的考核則可以延長考核週期，按照生產批次週期來進行考核，年底時再以年為單位進行考核，即每個批次開始的時候制定目標，批次或階段結束的時候進行考核，年底算總帳。④售後服務人員或技術服務人員。售後服務人員

的績效與銷售業績有著密切的關係，因此，服務人員的評價週期應與業務人員一樣，盡可能縮短。同樣道理，車間技術服務人員的評價週期也要與生產系統人員的評價週期掛鉤。⑤研發人員。研發系統中普遍存在考核週期與指標週期不匹配的現象，而對研發人員的評價指標一般為任務完成率和項目效果評估，因此一般採用考核週期遷就研發指標週期的做法，即以研發的各個關鍵節點（如概念階段、立項階段、開發設計階段、小批試生產階段、定型生產階段等）作為考核的週期，年底再根據各個關鍵節點和項目完成情況進行綜合的考評。另外對研發人員的評價最忌諱的就是急功近利，因為研發人員需要的是一個寬鬆、穩定的環境，而不應增加太多的管制，如果採用常規的週期進行考核，有可能造成研發人員的逆反心理，這樣不但分散了研發人員的精力，影響研發進度，還有可能因為疲於應付考核，使考核效果適得其反。因此對研發人員按照各個關鍵節點作為週期進行考核，既有利於讓研發人員集中精力於研發工作中，又能公平地考核研發人員的工作成果。⑥行政與職能人員。通常來說，行政與職能人員的考評標準不像業務人員那樣有容易量化的指標，行政與職能人員是考核工作的難點。針對行政人員工作的特點，重點應該評價工作過程的行為而非工作的結果，評價週期應該適當縮短，並採用隨時監控的方式，記錄業績狀況，該類人員的考核以月度考核為主。

（2）績效指標的類型。一般來講，崗位的產出與成果——業績（Performance）是績效考核評價的主要內容，而對於業績評價，一般採用關鍵業績指標（即 Key Performance Index，簡稱 KPI）進行評估，能力和態度指標是支撐關鍵業績指標得以實現的保證（即所謂的績效管理「冰山模型」）。綜合起來，一般的企業進行績效考核，其評價的內容主要分為三大類：業績指標、能力指標和態度指標。①工作業績是工作產生的結果，如數量指標、質量指標、完成率、控制率等，一般為短期之內就要取得的效果，因此業績類指標評價週期應該適當縮短，以使其將注意力集中於短期業績指標。②工作能力包括領導能力、溝通能力、客戶服務能力等，不同序列和層次其會有不同，工作能力評估著眼於關注未來，但這些指標的改變往往不是短期內可以提高的，因此，對於能力指標的評估週期應該加長，一般以年度或半年度作為評價的週期。③態度指標的評價週期應該縮短，因為工作態度往往直接影響到工作的產出，也就是業績指標，正所謂「態度決定一切」，因此將態度指標評價週期縮短有利於引導員工關注工作的態度與作風問題，從而確保業績指標的實現。在實際運用中，可以考慮態度考核與業績考核（KPI）的週期一致。

（3）企業所在行業的特徵。企業所處的行業特徵主要包括所提供的產品類別、生產週期和特點、銷售方式和特點等，不同的行業特徵將對企業績效考核的週期造成影響。產品生產週期長短不同，考核週期必然要受到影響。例如，生產和銷售週期短的行業，如生產日用消費品的企業，其生產週期較短，一般為一個月內就有好幾批成品生產出來或銷售出去，這樣對生產系統和銷售系統都可以以月度為週期進行考核，而某些生產大型設備的行業，或者以提供項目服務為產品的企業，服務週期一般都比較長，其生產週期往往是跨月度、跨季度，甚至是跨年度的，因此，對於此類企業的評價週期如果為月度顯然是不合理的，其考核週期應該加長，或以生產週期（批次）、項

目週期作為考核的週期。

在準備階段，應當採取互動的方式，讓員工參與到績效目標的制定過程中。按照目標管理的說法，只有當員工直接參與到目標制定過程時，這一目標實現的可能性才比較大。

三、績效考核（D階段）

準備階段之後就是實施階段，這一階段主要是完成績效考核任務。績效考核就是指在考核週期結束時，選擇相應的考核主體和考核方法，收集相關的信息，對員工完成績效目標的情況做出考核。

1. 績效考核

（1）考核主體。考核主體是指由誰來考核員工的績效。一般情況下，考核主體包括五類：直接上級、同事、下屬、員工本人和客戶。①直接上級。進行績效考核時，應選擇這樣的評價者：他非常瞭解被評價者的工作績效，在工作的大部分時間內，他有機會直接觀察被評價者的實際工作績效。直接上級屬於這類評價者，他可以把員工個人的績效同部門績效和組織績效聯繫起來。由於他負責下屬的獎懲決策以及整個績效管理過程，毫無疑問，來自直接上級的反饋與工作績效相關最大，這是其他考核主體所無法比擬的。②同事。一些工作，如市場行銷，直接上級很少有機會觀察下屬的實際工作績效（而只能通過間接的書面報告）。在另一些情況下，如自我管理團隊，它沒有指定的管理人員。有時目標指標（如銷售產品的數量）能提供非常有用的績效信息。但在另一些情況下，同事的評價會更好一些，同事與直線上級所站角度不同，他們各自所提供的信息內容就不同。因此，在跨部門工作的團隊中，團隊成員的評價比成員的直接上級所做的評價更為合理有效。研究發現，利用同事的評價獲取個人發展的反饋信息，具有以下特徵：「促使評價者兼顧正反兩方面的反饋信息；有利於收集來自多個評價者的信息；面對面的討論增加了信度、效度和被評價者對反饋信息的接受度，這樣的反饋對於知覺溝通的開放性、績效激勵、群體生存能力、成員關係等具有直接的積極的影響」①。此外，如果反饋在項目執行之前就開始，反饋效果持續的時間最久。③下屬。下屬考核為直接上級的自我開發提供有意義的第一手資料。然而，下級考核對上級幾乎不產生影響，上級不可能基於下屬的評價採取相應的行動。指標確定以後，管理者應扮演輔導員和教練員的角色，以指導者和幫助者的姿態與員工保持積極的雙向溝通，幫助員工理清工作思路，授予與工作職責相當的權限，提供必要的資源支持，提供恰當（針對員工的績效薄弱環節）的培訓機會，提高員工的技能水準，為員工完成績效目標提供各種便利。一個縱向研究發現，重視下屬反饋的經理比忽略下屬反饋意見的經理提高得更快；更進一步的發現是經常在討論之前反饋信息的經理比不常在討論之前反饋的經理發展得更快，這就證實了重視自下而上反饋的重要性。下屬評價採用匿名的方式效果會更好。下屬為了避免報復，希望匿名評價，匿名評價的信息比較真實，不會歪曲對管理人員的總體評價。④自評。是否應該廣泛使用自評，

---

① ［美］韋恩·F. 卡肖. 人力資源管理［M］. 6版. 王重鳴，譯. 北京：機械工業出版社，2006：176.

存在很多爭論。贊成者認為自評可以提高被評價者的動機，降低他對考核面談的抵制。反對者認為，自評容易出現寬大效應，評價變異較小，偏差較大，與別人的判斷缺乏一致性。因此自評更適用於開發和諮詢目的，不適合人事決策目的。⑤客戶。這裡的客戶是一個廣義的概念，不僅包括外部客戶，還包括內部客戶。在一些情境下，客戶為工作績效提供了獨特的視角。儘管客戶的目標與公司的目標並不完全一致，客戶提供的反饋信息還是對人事決策有重要意義，如晉升、培訓需求和人員調動；此外，客戶提供的反饋信息對培訓效果的評價、對自我提高的效果具有重要意義。它的缺點是：客戶更側重於員工的工作結果，不利於對員工進行全面的評價；另外某些職位的客戶比較難以確定，不適於使用這種方法。由於不同的考核主體收集考核信息的來源不同，對員工績效的看法也會不同，為了保證績效考核的客觀公正，應根據考核指標的性質來選擇考核主體，選擇的考核主體應當是對考核對象最瞭解的。因為每個職位的績效標準都由一系列的指標組成，不同的指標又由不同的考核主體來進行考核，因此每個職位的考核主體應有多個組成，盡量消除考核的片面性。

（2）考核方法。績效考核的方法很多，實踐中企業應根據實際情況，按照上一節提供的方法來選擇合適的方法。

2. 績效考核中的評價錯誤

如果績效評價的標準不明確，評價者即使做出了正確的評價也得不到什麼激勵，那麼，績效考核過程中就會出現各種各樣的評價錯誤。這些錯誤，正如表7-10中列出的一樣，對整個績效評價過程的各個階段都會產生影響，但是，具體的影響在最後一個階段會更加明顯。

表7-10　　　　　　　　常見的績效評價錯誤表

暈輪效應	暈輪效應是指在考察員工業績時，由於一些特別的或突出的特徵，而掩蓋了被考核人其他方面的表現和品質。在考核中將被考核者的某一優點擴大化，以偏概全，通常表現為一好百好，或一無是處，要麼全面肯定，要麼全面否定，因而影響考核結果。例如，某經理看到某員工經常加班、忙忙碌碌，對他的工作態度很有好感，在年終考核時對他的評價就較高，從而忽略了對他的工作效率和經濟效益等綜合表現的考察。
寬鬆和嚴厲傾向	績效評定要求評定者具有某種程度的準確性和客觀性，但評定者要做到完全「客觀」是很難的。有的評價者認為什麼都是好的，這樣的人在評定中標準會比較寬鬆。評定中的寬鬆和嚴厲傾向可以通過兩種方法加以控制或消除：一是控制評定結果的分佈狀況，比如要求有一定比例的「優秀」，一定比例的「不合格」，這樣迫使評定者評定標準較一致；一是降低評定量表本身的含糊性，使評定遵循特定的明確要求。
趨中效應	趨中效應是指評定者可能對全部下屬做出既不太好又不太壞的評價。他們避免出現極高和極低的兩個極端，而不自覺地將所有評定向中間等級靠攏。這樣做的結果是使評定結果失去價值，因為這種績效評定不能在人與人之間進行區別，既不能為管理決策的制定提供幫助，也不能為人員培訓提供有針對性的建議。要減少評定中的趨中傾向，關鍵是要讓評定者認識到區分被評價者和評定結果的重要性。必要的時候，組織也可以明確要求評定者盡量減少選擇中間等級的次數。

表7-10(續)

近因效應	評定者對被評價者的近期行為表現往往產生比較深刻的印象，這樣，明明是對被評價者半年的績效評定最後可能變成對評價者近幾周的績效評定。尤其當被評價者在近期內取得了令人注目的成績或犯下過錯時，近期效應會使評定者出現偏高或偏低的傾向。要擺脫這一效應，可以採用諸如關鍵事件法之類的技術，全面考察被評價者在較長時期內的行為表現和工作業績。
對比效應	對比效應是指在績效評定中，他人的績效影響了對某人的績效評定。比如，假定評定者剛剛評定完一名績效非常突出的員工，緊接著評定一名績效一般的員工，那麼很可能將這名績效本來屬於中等水準的人評為「比較差」。對比效應很可能發生在評定者無意中將被評人新近的績效與過去的績效進行對比的時候。一些以前績效很差而近來有所改進的人可能被評為「較好」，即使這種改進事實上使其績效勉強達到一般水準。對比效應也是評定中難以消除的問題。好在這種誤差會隨著時間的推移而累積有關員工績效的更多信息而消失。

為了減少甚至避免這些錯誤，應當採取以下措施：①建立完善的績效目標體系，績效考核指標和績效考核標準應符合「SMART」原則；②選擇合適的考核主體；③選擇適當的考核方法，例如強制分佈法和排序法就可以避免寬鬆和嚴厲傾向和趨中效應；④要對考核主體進行嚴格的培訓，讓他們瞭解這些誤區對考核結果的影響和危害。要盡最大可能消除這些誤區對績效考核結果的影響，保證績效考核結果的客觀公正。

四、績效反饋（C階段）

績效反饋是績效管理過程中的一個重要環節。它主要通過考核者與被考核者之間的溝通，就被考核者在考核週期內的績效情況進行面談，在肯定成績的同時，找出工作中的不足並加以改進。績效反饋的目的是為了讓員工瞭解自己在本績效週期內的業績是否達到所定的目標，行為態度是否合格，讓管理者和員工雙方達成對評估結果一致的看法；雙方共同探討績效未合格的原因所在並制訂績效改進計劃，同時，管理者要向員工傳達組織的期望，雙方對績效週期的目標進行探討，最終形成一個績效合約。由於績效反饋在績效考核結束後實施，而且是考核者和被考核者之間的直接對話，因此，有效的績效反饋對績效管理起著至關重要的作用。

1. 績效反饋的重要性

績效反饋是績效考核的最後一步，是由員工和管理人員一起，回顧和討論考評的結果，如果不將考核結果反饋給被考評的員工，考核將失去極為重要的激勵、獎懲和培訓的功能。因此，有效的績效反饋對績效管理起著至關重要的作用。

（1）績效反饋是考核公正的基礎。由於績效考核與被考核者的切身利益息息相關，考核結果的公正性就成為人們關心的焦點。而考核過程是考核者履行職責的能動行為，考核者不可避免地會摻雜自己的主觀意志，導致這種公正性不能完全依靠制度的改善來實現。績效反饋較好地解決了這個矛盾，它不僅讓被考核者成為主動因素，更賦予了其一定權利，使被考核者不但擁有知情權，更有了發言權；同時，通過程序化的績效申訴，有效降低了考核過程中不公正因素所帶來的負面效應，在被考核者與考核者之間找到了結合點、平衡點。其對整個績效管理體系的完善起到了積極作用。

（2）績效反饋是提高績效的保證。績效考核結束後，當被考核者接到考核結果通知單時，在很大程度上並不瞭解考核結果的由來，這時就需要考核者就考核的全過程，特別是被考核者的績效情況進行詳細介紹，指出被考核者的優缺點，特別是考核者還需要對被考核者的績效提出改進建議。

（3）績效反饋是增強競爭力的手段。任何一個團隊都存在兩個目標：團隊目標和個體目標。個體目標與團隊目標一致，能夠促進團隊的不斷進步；反之，就會產生負面影響。在這兩者之間，團隊目標占主導地位，個體目標屬於服從的地位。

2. 績效反饋的基本原則

（1）經常性原則。績效反饋應當是經常性的，而不應當是一年一次。這樣做的原因有兩點：首先，管理者一旦意識到員工在績效中存在缺陷，就有責任立即去糾正它。如果員工的績效在1月份時就低於標準要求，而管理人員卻非要等到12月份再去對績效進行評價，那麼就意味著企業要蒙受11個月的生產率損失。其次，績效反饋過程有效性的一個重要決定因素是員工對於評價結果基本認同。因此，考核者應當向員工提供經常性的績效反饋，使他們在正式的評價過程結束之前就基本知道自己的績效評價結果。

（2）對事不對人原則。在績效反饋面談中雙方應該討論和評估的是工作行為和工作績效，也就是工作中的一些事實表現，而不是討論員工的個性特點。員工的個性特點不能作為評估績效的依據，比如個人氣質的活潑或者沉靜。但是，在涉及員工的優點和不足時，可以談論員工的某些個性特徵，但要注意這些個性特徵必須是與工作績效有關的。例如，一個員工個性特徵中有不太喜歡與人溝通的特點，這個特點使他的工作績效因此受到影響，這種關鍵性的影響績效的個性特徵還是應該指出來的。

（3）多問少講原則。發號施令的經理很難實現從上司到「幫助者」、「夥伴」的角色轉換。我們建議管理者在與員工進行績效溝通時遵循20/80法則：80%的時間留給員工，20%的時間留給自己，而自己在這20%的時間內，可以將80%的時間用來發問，20%的時間才用來「指導」、「建議」、「發號施令」，因為員工往往比經理更清楚本職工作中存在的問題。換言之，要多提好問題，引導員工自己思考和解決問題，自己評價工作進展，而不是發號施令，居高臨下地告訴員工應該如何做。

（4）著眼未來的原則。績效反饋面談中很大一部分內容是對過去的工作績效進行回顧和評估，但這並不等於說績效反饋面談集中於過去。談論過去的目的並不是停留在過去，而是從過去的事實中總結出一些對未來發展有用的東西。因此，任何對過去績效的討論都應著眼於未來，核心目是為了制訂未來發展的計劃。

（5）正面引導原則。不管員工的績效考核結果是好是壞，一定要多給員工一些鼓勵，至少讓員工感覺到：雖然我的績效考核成績不理想，但我得到了一個客觀認識自己的機會，我找到了應該努力的方向，並且在我前進的過程中會得到主管人員的幫助。總之，要讓員工把一種積極向上的態度帶到工作中去。

（6）制度化原則。績效反饋必須建立一套制度，只有將其制度化，才能保證它能夠持久地發揮作用。

3. 績效反饋的有效方法

（1）反饋前做好充分的準備。「凡事預則立，不預則廢」，如果在反饋前能做好充分的準備（包括瞭解員工的基本情況，安排好反饋面談的時間地點以及大致程序等），就可以很好地駕馭整個反饋面談過程。

（2）與員工建立融洽的關係。不要讓員工覺得有壓力，比如可以談談與反饋內容無關的話題，拉近彼此的距離。

（3）以事實為依據。對事不對人非常關鍵，反饋盡量拿出事實依據來，就事論事。不要傷害員工的人格和尊嚴。

（4）肯定成績。對員工表現好的地方一定要給予充分的肯定，這有利於增強員工的自信和消除員工的緊張心理。

（5）差別化對待。不同類型的員工反饋的重點應該不同，對工作業績和態度都很好的員工，應該肯定其成績，給予獎勵，並提出更高的目標；對工作業績好但態度不好的員工應該加強瞭解，找到態度不好的原因，並給予輔導；對工作業績不好但態度很好的員工應該幫助分析績效不好的原因，制訂績效改善計劃；對工作業績和工作態度都不好的員工則應該重申工作目標，把問題的嚴重性告之對方。

五、結果運用（A階段）

績效管理的最後一個階段是運用階段，就是說要將績效考核的結果運用到人力資源管理的其他職能中去，從而真正發揮績效管理的作用，保證績效目標的實現。

1. 用於員工獎金分配和薪酬調整

績效考核能較為準確地確定員工的勞動貢獻，因此，在企業進行薪酬分配時，應當根據員工的績效考核結果，建立績效工資制度，使不同的績效考核結果對應不同的工資待遇；另外，薪酬的調整也可以根據績效考核結果的比較來決定，實現企業的薪酬體系更加公平化、客觀化的目的。

2. 用於員工職業生涯規劃

績效考核結果與員工職業發展結合起來，達到企業人力資源需求與員工職業生涯需求之間的動態平衡，創造一個高效率的工作環境。一方面績效考核作為企業的一種導向功能，反應了企業的價值取向；另一方面績效考核結果包含著大量的與職業成長相關的信息，有利於員工認真分析自己的職業發展方向，強化、調整、修正自己的職業生涯規劃。

3. 用於員工培訓

通過分析績效考核結果，能夠發現員工的知識和能力有哪些方面的不足，從而採取有針對性的培訓；另外員工培訓的有效性如何也可以通過績效考核結果來衡量。

4. 用於員工的職務調整

職務調整會影響到工資、獎金、工作環境等的變化，是很重要的激勵措施。我們應將績效考核的結果與員工的職務調整結合起來調動員工的工作積極性。對於在績效考核結果中連續取得優秀且大有潛力的員工，可以通過晉升的方式給他們提供更大的舞臺和施展才能的機會；對於那些績效不佳且有潛力待挖掘的員工，可以考慮對其進

行工作調動和重新安排，幫助其創造更佳業績；而對於那些經過多次的職務調整且潛力不大的員工，可以考慮將其解雇。

5. 用於員工的招聘和選拔

員工的招聘、選拔是企業人力資源管理的重要部分。一方面通過對績效考核結果的分析，可以對各職位的優秀員工所應具備的能力與績效特徵會有更加深入的理解；另一方面把員工的工作特長與其績效考核結果相結合，實現工作職位的定位優化。

6. 用於績效體系的校正

績效診斷與提高有兩個方面的涵義，一種是對公司所採用的績效管理體系以及管理者的管理方式進行診斷，另一種是對員工本績效週期內存在的績效不足進行診斷，通過這兩個方面的診斷，得出結論，放到下一輪 PDCA 循環裡加以改進和提高。所以，在績效週期結束時，管理者還應對員工進行績效滿意度調查，通過調查，發現績效管理體系中存在的不足並加以調整，人力資源部也可以據此對整個企業的績效管理體系進行調整，使之不斷地得到改善和提高；同時，根據績效反饋的結果，管理者還要幫助員工制訂個人發展計劃或者稱改進計劃，對員工在知識、技能和經驗等方面存在的不足，制訂發展計劃，放入到下一輪 PDCA 循環加以改進。

第四節 績效管理系統的評價與導入

目前，很多企業都認識到了績效管理的重要性，並建立了績效管理體系。由於企業的規模大小、發展水準、行業性質、企業管理人的素質能力水準的不同，各個企業的績效管理體系存在很大差異，有的以績效考核為主，強調對員工的考核評價，解決工資發放的問題；有的以績效改進為主，希望通過績效管理體系改進經理、員工和組織的績效；有的則把二者有效地結合起來，既改善績效，又評價績效，並將評價的結果運用到諸如調整工資、加薪、晉升、降職等人事決策當中。可以說，有多少家企業就有多少種績效管理體系。

那麼，在眾多的績效管理體系中，哪一家是最好的呢？有沒有可供遵循的評價標準呢？本書通過建立一個對績效管理體系進行評價的模型，幫助企業建立更加有效的績效管理體系。

一、績效管理系統評價模型

如果想對一個企業的績效管理體系做出有效的評價，建議從以下八個維度進行[1]：戰略一致性；角色分工；管理流程；工具表格；績效溝通；績效反饋；結果運用；診斷提高。

---

[1] 趙日磊. 績效管理體系有效性的評價模型 [EB/OL] http：//www.mie168.com/human‐resource/2006‐12/183992.htm.

1. 戰略一致性

戰略一致性是指績效管理系統與企業戰略、組織目標和文化的一致性程度。如果沒有戰略作為基礎，績效管理就沒有了依託，就無法發揮它的綜合效用。它強調的是績效管理系統需要為員工提供一種向導，從而使員工能夠為企業的成功做出貢獻，這就要求一方面績效體系要和企業戰略、企業文化一致，另一方面績效管理體系要具有充分的彈性來適應公司戰略的變化。企業實施績效管理的目的是什麼？是戰略，是幫助企業分解並落實企業的戰略目標，這是績效管理最終要致力達成的目標。圖 7－12 可以說明這個問題。

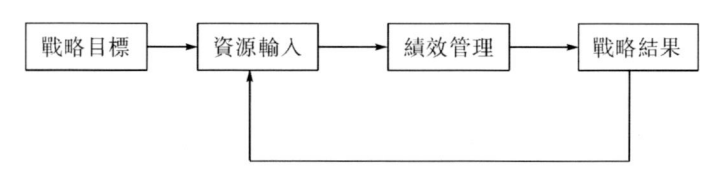

戰略目標 → 資源輸入 → 績效管理 → 戰略結果

圖 7－12　績效管理在戰略實施中的作用圖

戰略目標是績效管理實踐的出發點和落腳點，首先制定戰略目標，並把戰略目標分解到年度，形成年度經營計劃，然後再通過績效管理的目標分解工具（SMART 原則），分解落實到部門，形成部門績效目標，進而落實到具體辦事的員工，形成員工的關鍵績效指標（KPI）。所以，考察一個企業的績效管理體系是否有效的第一個標準是看該企業的戰略目標是否清晰明確，是否已經被企業管理層所熟知，是否已經得到分解。

2. 角色分工

通常，那些沒有做好績效管理的企業都沒有把員工在績效管理中的角色分工做好，因此導致了執行變形，流於形式。所以，我們把角色分工作為第二個評價的緯度。

經驗表明，上至企業老總，下至普通員工，他們通常都不太清楚自己在績效管理中的職責，不知道自己該做些什麼，該怎麼做。因此，很多管理者和員工在績效管理中，往往表現得比較被動，經常需要人力資源部門催促，甚至經常需要企業老總出面協調。

做任何一項工作，首先都要一個科學合理的分工，然後根據分工制定細化的工作細則，只有這樣，工作才可能被理解得好，做得好。那麼，在績效管理中，什麼樣的分工才是有效的呢？通常，我們可以把一個企業績效管理中管理者和員工的角色分成四個層次，分別是企業老總、HR 經理、直線經理和員工。

（1）企業老總。企業老總的角色分工是績效管理的支持者和推動者。其細化的工作細則有：①在績效管理實施動員會上發表講話，給績效管理的實施製造聲勢；②主持制定符合企業實際的績效管理方案；③主持企業管理者績效管理培訓會；④主持企業管理者對企業的績效管理方案的研討會，澄清認識，消除誤解；⑤主持績效管理協調會，使績效管理不斷向深入開展；⑥對副總一級管理者進行績效溝通和考核；⑦主持修訂新的績效管理制度，使績效管理體系不斷地得到改進。

（2）HR 經理。HR 經理的角色分工是績效管理的組織者和諮詢專家。其細化的工

作細則有：①研究績效管理理論，並向企業管理層進行推銷，在企業內部進行宣傳，使績效管理的理論、方法和技巧被廣大員工認識、理解和接受；②組織管理者參加有關績效管理的培訓和研討，使管理者的績效管理技能得到提高；③組織制定符合企業現狀的績效管理制度和工具表格；④組織直線經理為員工制定績效目標；⑤督促直線經理與員工進行績效溝通；⑥督促直線經理建立員工業績效檔案；⑦組織直線經理進行績效考核和反饋；⑧組織直線經理幫助員工制訂績效改進計劃；⑨組織直線經理進行績效管理滿意度調查；⑩對績效管理體系進行診斷並向企業老總匯報；⑪對績效管理制度進行修訂。

（3）直線經理。直線經理的角色分工是績效管理執行者和反饋者，執行企業的績效管理制度，並將執行過程中遇到的問題反饋給人力資源部。其細化的工作細則有：①認真閱讀理解企業的績效管理制度；②為員工修訂職位說明書，使之符合當前實際；③與員工進行績效溝通，制定員工的關鍵績效指標；④與員工保持持續不斷的績效溝通，對員工進行績效輔導；⑤記錄員工的績效，並建立員工業績檔案；⑥考核員工的業績表現；⑦將績效考核結果反饋給員工；⑧對員工進行績效滿意度調查；⑨幫助員工制訂績效改進計劃；⑩將執行過程中遇到的問題反饋給人力資源部門。

（4）員工。員工的角色分工是績效管理的主人，擁有並產生績效。其細化的工作細則有：①認真學習企業的績效管理制度；②與經理一起制定關鍵績效指標；③與經理保持持續的績效溝通，向經理尋求資源支持和幫助；④記錄自己的績效表現，並向經理進行反饋；⑤在經理的幫助下，分析自己在績效週期的表現，並制訂績效改進計劃。

3. 管理流程

很多企業的績效管理體系往往只注重績效考核這一個環節，沒有上升到流程的高度來看待績效，所以經常只是做一些表面的工作，給人留下形式主義的印象。我們如果想要判斷一個績效管理體系是否有效，就一定要從它的流程的完善程度入手，只有具備了完善的績效管理流程，績效管理體系才可能會有效；否則，有效性無從談起。那麼，一個有效的績效管理體系應具備哪些流程呢？我們可以用 PDCA 循環來說明這個問題。圖 7-13 是績效管理的 PDCA 循環圖。

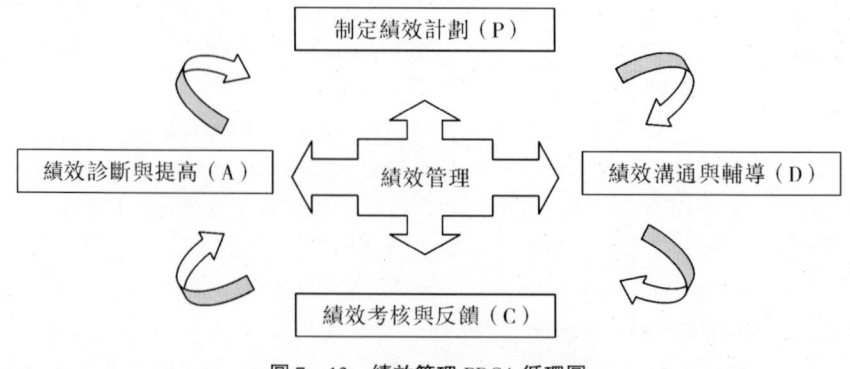

圖 7-13　績效管理 PDCA 循環圖

從圖7-13可以看出，一個有效的績效管理體系應具備以下四個大的流程：①制訂績效計劃（P），確定關鍵績效指標（KPI）；②績效溝通與輔導（D），保證績效管理過程的有效性；③績效考核與反饋（C），對前一績效週期的成果進行檢驗；④績效診斷與提高（A），總結提高並進入下一循環。

4．工具表格

流程制定好了，並不能保證它能被執行得好，要想被執行得好，人力資源部門還要為直線經理設計簡單實用的工具表格，作為績效管理過程的控制工具加以使用。通常，一個完善的員工績效管理體系中應至少包括以下幾個表格：

（1）員工關鍵績效指標管理卡，用來幫助經理為員工確立員工績效指標。注意，是管理卡，而不是考核卡，不是到最後才拿出來，而是在績效溝通與輔導的溝通中需要經常使用的，員工要經常看，以便於明白自己的工作目標，經理也要經常看，以便於準確地知道員工的績效是否在預定的軌道上運行。所以，是否經常使用，也要成為評價績效管理體系是否有效的重要特徵予以重視。

（2）員工業績檔案記錄卡，用來幫助直線經理記錄員工的業績表現並建立業績檔案。建立員工業績檔案，主要是為了保證經理對員工所做出的績效評價是基於事實而不是想像，保證經理和員工進行績效反饋的時候「沒有意外」，這對於保證績效評價公平與公正是相當重要的。

（3）員工績效反饋卡，用來幫助直線經理對員工進行績效反饋。直線經理對員工績效反饋的時候不是泛泛而談，而應基於員工的關鍵績效指標來談，因此，直線經理要憑藉績效反饋卡來記錄溝通的過程，形成績效反饋記錄，為下一步幫助員工制訂績效改進計劃打下基礎。

（4）員工績效改進計劃，用來幫助直線經理為員工制訂績效改進計劃。績效面談結束的時候，直線經理應針對員工在前一績效週期內表現出來的不足，提出建設性的建議，並與員工一起制訂績效改進計劃，放在下一績效週期內加以改進。

（5）員工績效申訴表，用來幫助員工對自己在考核評價中所遭遇的不公正待遇進行申訴，以保證績效管理制度的嚴肅性。

（6）績效管理滿意度調查表，用來幫助企業對所實施的績效管理制度以及直線經理在執行績效制度時的表現進行調查，使企業與直線經理也能不斷做出合適的調整，使績效管理制度得到改進和提高。

5．績效溝通

實際上，績效管理的過程就是一個經理和員工就績效問題進行充分溝通並達成一致理解的過程。在這個過程中，經理要與員工一起確立目標，一起清除障礙，一起完成並超越目標，而要做到這一切，績效溝通必須做好。

所以，我們來對一個企業的績效管理體系進行評價的時候，不能僅僅看它的硬件是否具備，更要看軟件，比如績效溝通的環境是否良好，績效溝通的渠道是否順暢，績效溝通的習慣是否已經建立等。

6．績效反饋

這裡的績效反饋主要是績效評價結束後對評價結果的反饋，通常很多企業這項工

作開展得不好，要麼不反饋，要麼只是簡單地簽字交差，沒有中間的過程。這既是對企業績效管理制度的忽視，也是對員工的不負責。一個階段的績效評價結束後，直線經理一定要將評價結果通過面談的方式告訴員工，與員工就評價結果達成一致理解，並真誠地指出員工存在的不足，提出建設性的改進意見，如果企業沒有做這項工作，我們就不能認為這個企業的績效管理體系是有效的。

　　7. 結果運用

　　通常，績效評價與員工的獎懲是緊密相連的，如果評價結束了，企業沒有兌現當初的承諾，沒有對表現優秀的員工進行激勵，那麼優秀員工的積極性將受到打擊；同樣，如果評價結束後沒有對表現不好的員工進行懲罰，那麼也將對公司的管理環境造成不好的影響。所以，在績效評價結束後，企業一定要按照績效制度的規定，對績效評價的結果進行運用，使績效制度朝良性循環方向發展。

　　8. 診斷提高

　　這裡的診斷與提高是指企業對整個績效管理體系的診斷。一般每隔一年的時間，企業都要對績效管理體系進行系統的診斷，從中發現存在的問題和不足，然後加以改進，使之不斷地得到改善和提高，呈螺旋式上升的態勢。

二、績效管理系統的導入

　　1. 必要的時間和資金等資源支持

　　績效管理作為人力資源管理的關鍵環節，是現代一切管理模式的基礎，好的績效管理，能提高企業的績效水準，實現其戰略目標。因此，雖然中小企業資源有限，但是必須有必要的時間和資金的投入。①必要的資金投入。中小企業在實行績效管理時，必然會涉及績效管理培訓、考評表格的設計開發等，這些均是需要投入的，但這些投入應該是符合企業的根本利益的。②高層領導的參與。高層領導應親自參與到績效管理過程中來，多花一些時間思考績效管理過程中的問題。因為只有「一把手」親自參與，才有可能把公司的戰略目標逐級分解下去，同時將績效管理的理念和方法滲透到企業的各個角落，推動各部門經理和員工參與到績效管理中來。③直線管理者的參與。績效管理不只是人力資源部門的責任，真正的責任主體應該是直接管理者——各部門經理、班組長、主管，他們在績效管理者身上應花費更多的精力和時間，經常與下屬討論績效目標、標準，經常進行檢查，掌握下屬的工作業績，對下屬進行反饋和輔導，評定下屬的績效結果，給予獎勵和懲罰。

　　2. 制定科學的績效考評體系

　　績效考評不等同於績效管理，但卻是績效管理中的關鍵環節，有效的考評體系設計是績效管理成功的保證。在制定績效體系時企業應注意以下方面：

　　（1）選擇合適的考評方法。目前可供選擇的考評方法共計有幾十種，傳統的考評方法主要有比較法、關鍵事件法、圖表等級評定法、行為錨定等級評價法、目標管理法等。現在比較流行的考評方法有經濟增加值法、關鍵績效指標法、平衡計分卡等。不論何種考評方法均有其優點，也有其缺點，沒有絕對完全有效的方法。企業可採取綜合選擇幾點考評方法，彌補單一考評方法存在的缺陷。但也應考慮成本問題，包括

時間成本和經濟成本，應在有效性和成本之間尋找適合企業的平衡點。

（2）選擇合適的考評指標。在確定企業績效指標時，應針對企業的戰略目標，確定關鍵績效領域，突出那些最為關鍵的績效關注點，不能面面俱到。在此基礎上，對企業的績效指標分解到各部門，並結合部門職責，形成部門績效指標。在確定部門績效指標後，將之分解到個人，並結合個人崗位職責，形成員工工作業績指標。另外還需根據不同層級崗位的特徵，考慮工作能力類指標和工作態度類指標，形成員工的績效指標。這樣確定的企業、部門、個人的績效指標形成了一個有機的整體。在確定指標時，應進行工作分析、工作流程分析、績效特徵分析和理論驗證，績效指標應符合 SMART 法則。

（3）設定合適的指標權重和標準。在確定指標權重時，不能只從單個指標出發，而是要處理好各指標之間的關係，合理分配它們的權重。指標權重應能反應企業對成員工作的引導意圖和價值觀念。權重的具體確定方法有許多，包括主觀經驗法、對偶加權法、層次分析法、權值因子判斷法等，中小企業可根據實際選擇。確定好權重後，還要確定每個指標的評價標準，可以依據計劃標準、歷史標準、同行標準或經驗標準確定，標準必須明確具體。

（4）確定合理的考評週期。考評週期過短，考核成本加大，中小企業難以承受；考評週期過長，評價結果難免會產生「近因效應」使考評有誤差，也會使員工失去對績效考評的關注。根據中小企業的特點，一般對員工的工作業績類指標的考核以每月或每季度進行一次為宜，而對工作能力和工作態度類指標的考核則應相對長一些，以每隔半年進行一次為宜，但平時應注意考評信息的累積。

3. 實現績效管理系統內部各環節的有效整合

績效管理是一個循環的動態的系統，績效管理系統的幾個環節緊密聯繫，任何一個環節的脫節都將導致績效管理的失敗，所以中小企業應重視內部各環節的有效整合。

（1）績效計劃。該環節是管理者與員工合作，對下一年度應履行的工作職責、績效的衡量、可能遇到的困難及解決的辦法等一系列問題進行探討，並達成共識的過程。因此績效計劃在幫助員工找準路線、認清目標方面具有一定的前瞻性，是整個績效管理系統中的基本的環節。

（2）績效實施與管理。該環節就是一種雙向交互溝通的過程，而且這種交互溝通必須貫穿於績效管理的整個過程。通過溝通，使員工清楚地瞭解績效考核制度的內容、制定目標的方法、衡量標準、工作業績、工作中存在的問題及改進的方法，也使管理者聽到員工對績效管理的期望及呼聲，這樣績效管理才能達到預期目的。

（3）績效考評。該環節本身也是一個動態的持續的過程，所以，不能孤立地進行績效考評，而應將之放在績效管理系統中考慮，重視考評前期和後期的相關工作。績效計劃和持續的溝通是績效考評的基礎，只有平時認真執行了績效計劃並做好了績效溝通工作，考評產生分歧的可能性才會小。績效診斷與績效改進是績效考評的後續工作。考評結束後，應針對考評結果進行分析，尋找問題，並提供改進方案供員工參考，幫助員工改進績效。同時，應合理地運用考評結果，將之充分用於報酬分配、職位變動、員工培訓與開發、招聘與選拔等，發揮績效管理對員工業績和能力提升的激勵

作用。

（4）績效診斷與績效改進。作為一種有效的管理手段，績效管理提供的絕對不僅僅是一個獎罰手段，更重要的意義在於它能為企業提供一個促進工作改進和業績提高的工具。所以在進行績效考核時，不能停留在績效考評資料的表面，而在於管理部門如何綜合分析考核資料並將之作為績效改進的一個切入點。管理者通過績效考評發現問題，找出原因，並幫助員工出謀劃策，與員工一起排除問題。一個循環結束後，本輪績效管理工作基本完成，這時應進行總結，制訂下一輪績效計劃，進入下一個績效管理循環。可以看出，績效管理各環節的整合，使績效管理成為了一個完整的系統。中小企業如能充分認識到各環節的作用，將各環節有效地整合在到一起，收到的管理效果將大不一樣。

4. 加強績效管理系統配套建設

績效管理系統不是一個孤立的管理系統，它的有效運行還需要中小企業加強配套建設，以達到最佳的管理效果。

（1）明確可運行的戰略目標。績效管理是企業的一種執行力體系，是貫徹企業戰略目標的重要管理手段。績效管理是圍繞績效目標來進行的，沒有績效目標無從談論績效管理。許多中小企業推行績效管理只是就事論事，僅對員工應負的職責進行管理，不能形成企業的合力，結果可能大家的績效結果都很好，但卻看不到企業進步的結果。要想有成功的績效管理，中小企業必須加強戰略管理，形成明確的、可運行的戰略目標，並通過有效的績效體系將績效分解到每個員工身上，真正實現戰略目標的全員管理。

（2）形成高績效企業文化。企業文化的核心是企業的價值準則，企業文化對績效管理體系的實施、運行起著一種無形的指導、影響作用。反過來，企業文化最終要通過企業的價值評價體系（績效管理體系）、價值分配體系來發揮其作用，通過績效管理有助於企業文化的形成，因此企業文化與績效管理之間是一種相輔相成的關係。中小企業應建設以績效為基本導向的企業文化，必須把有關人員的各項規定，比如崗位安排、工資報酬、晉升降級和解雇等看成一個組織的真正「控制手段」。因為，有關人的各項決定將向企業的每一個成員表明管理層的真正要求是什麼。同時，績效管理中溝通是「靈魂」，貫穿於績效管理的整個始終，因此中小企業還要塑造一種上下級之間的無縫溝通的文化氛圍。

（3）建立一致的責權利結構。績效管理是一種授權管理，也是與利益掛勾的管理，它的前提是員工清楚自己的職責範圍，能夠在規定的範圍內對自己的工作有採取措施進行控制的權力，並對自己採取的措施承擔利益和責任。因此中小企業應通過工作分析、組織設計等，圍繞績效管理建立資源管理。各個非人力資源經理需要明確地瞭解本部門與人力資源部門各自的職責，最大限度地避免由於分工協作問題而造成的失誤和衝突。一般而言，整個人力資源管理流程都需要非人力資源部門的參與和配合。這裡需要特別指出的是，現代人力資源管理的發展趨勢表明：非人力資源部門的工作在整個組織的人力資源管理中所占的比例正在逐步提高。

5. 配合人力資源部門做好各項工作

招聘、甄選、培訓、考核等都是人力資源的重要工作。但這些工作如果沒有非人力資源部門的大力配合，僅靠人力資源部門來做，無論如何也難以達到理想的效果。在人力資源工作的四個重要環節即選人、育人、用人、留人中，選人即招聘必須經過人力資源部門以外的其他部門的配合，比如招聘的時候需要直線部門經理的參加等。

實際上每個環節的主要工作都會落實在用人部門。這就要求非人力資源部門除了做好本部門的人力資源工作以外，還需要建立本部門的上崗培訓機制、督導機制以及績效評估機制等，使之與公司的培訓、督導、評估等人力資源管理工作形成完整的系統。可以這麼說，如果沒有非人力資源部門的配合，企業的人力資源管理工作也就成為無水之源，將失去其存在的實際意義。

6. 尊重人力資源管理的專業性規定

對於組織整體而言，部門經理需要尊重人力資源管理的專業性規章制度以減少內部衝突。公司的人力資源規章及管理流程是公司根據經營情況、人才市場以及公司用人要求等綜合因素制定的，它要求公司在招聘人才時必須嚴格按照規定統一實施，決不允許自行其是。如果部門經理不瞭解公司的人事規章及管理流程，等到員工離職後才意識到需要招人，必然會因為崗位缺員使工作受到影響。所以，各部門經理需要對人事規章及流程清晰明了，這樣才能配合人力資源部門做好人力資源工作，及時有效地滿足本部門的人力資源需求。

7. 加強非人力資源部門與人力資源部門的整合與互動

一般說來，部門經理與人力資源的整合大概有以下幾類：①人力資源管理培訓。作為公司的主管和人力資源部經理需要有意識地培養和提高各個部門主管的人力資源管理能力，要對他們開展一定的培訓工作。②定期的會議交流。許多企業常常會召開部門經理會議，在會議中，人力資源部門必須將其在這段時間需要其他部門配合的事情做一個報告。同樣非人力資源部門經理也可以提出在人力資源管理上發現的問題或者遇到的困難，請人力資源部門給予業務上的支持。

（1）正確處理人事問題。部門內的人力資源管理工作會有很多突發事件需要非人力資源經理科學處理。例如，有時候有的員工不和部門經理講而是直接找人力資源部門提出一些人事問題。這時作為部門經理要心平氣和地看待此事，不要對這個員工大發雷霆，而是要先瞭解實情再來決定應該怎麼處理，必要時可向人力資源部門諮詢。

（2）參與制定規章制度。如果非人力資部門的負責人能夠在制定一項人力資源工作流程的規章時參與討論，積極提出一些好的建議，這樣就會對公司人事規章的制定起一定的幫助作用。

總之，企業在實踐中還需要結合企業行業規定、業務特點、機構設置、人力資源部門的專業水準等多權變因素因地制宜地提高非人力資源部門的人力資源管理水準，做好組織的人力源管理工作。管理是從實踐中而來的藝術性科學，人又具有非常複雜的社會性特點，所以非人力資源部門的人力資源管理理論更需要從實踐中摸索和提煉。

本章小結

　　有效的績效管理體系可以發揮如下作用：①績效管理可以促進組織和個人績效的提升；②績效管理可以促進管理和業務流程優化；③績效管理可以保證組織戰略目標的實現。

　　績效管理指標可以分為三種類型：特性指標、行為指標和結果指標。重點介紹了行為導向的評估方法（例如：排序法、配對比較法、強制分佈法、尺度評價法、關鍵事件法、行為觀察量表法和行為定位等級評價法等）和系統性的績效管理技術（360°評價、目標管理、BSC 等）。

　　「PDCA」把績效管理的實施劃分為四個階段：績效計劃（P 階段）；績效評估（D 階段）；績效反饋（C 階段）；結果應用（A 階段）。

　　要檢查績效管理體系的有效性，應該從以下八個方面進行：戰略一致性；角色分工；管理流程；工具表格；績效溝通；績效反饋；結果運用；診斷提高。

　　企業要成功地導入有效的績效管理體系，必須做以下準備：①必要的時間和資金等資源支持；②制定科學的績效考評體系；③實現績效管理系統內部各環節的有效整合；④加強績效管理系統配套建設；⑤非人力資源管理部門要配合人力資源部門做好各項工作；⑥尊重人力資源管理的專業性規定；⑦加強非人力資源部門與人力資源部門的整合與互動。

思考題

1. 什麼是績效？如何理解績效管理？
2. 績效管理的意義何在？
3. 如何制定績效考核目標和績效考核週期？
4. 績效考核的主體有哪些？
5. 績效考核中有哪些誤區？如何避免？
6. 績效考核的方法有幾種類型？

案例分析

目標管理何以「迷失方向」？

　　某公司剛開始實行目標管理時，還屬於試行階段，後來由於人力資源部人員不斷變動，這種試行也就成了不成文的規定執行至今。應該說執行的過程並不是很順利，每個月目標管理卡的填寫或製作似乎成了各個部門經理的累贅，總感覺占了他們大部分的時間或者說是浪費了他們許多的時間。每個月都是由辦公室督促大家寫目標管理卡。除此之外就是一些部門，例如財務部門的工作每個月的常規項目占據所有工作的

90%，目標管理卡的內容重複性特別的大；另外一些行政部門的工作臨時性的特別的多，每一個月之前很難確定他們的目標管理卡⋯⋯

該公司的目標管理按如下幾個步驟執行：

1. 目標的制定

前一財年末公司總經理在職工大會上作總結報告是向全體職工講明下一財年的大體的工作目標。財年初的部門經理會議上總經理和副總經理、各部門經理討論協商確定該財年的目標；每個部門在前一個月的 25 日之前確定出下一個月的工作目標，並以目標管理卡的形式報告給總經理，總經理辦公室留存一份，本部門留存一份。目標分別為各個工作的權重以及完成的質量與效率，由權重、質量和效率共同來決定。最後由總經理審批，經批閱以後方可作為部門的工作最後得分；各個部門的目標確定以後，由部門經理根據部門內部的具體的崗位職責以及內部分工協作情況進行分配。

2. 目標的實施

目標的實施過程主要採用監督、督促並協調的方式，每個月月中由總經理辦公室主任與人力資源部績效主管共同或是分別到各個部門詢問或是瞭解目標進行的情況，直接與各部門的負責人溝通，在這個過程中瞭解到哪些項目進行到什麼程度，哪些項目沒有按規定的時間、質量完成，為什麼沒有完成，並督促其完成項目。

3. 目標結果的評定與運用

目標管理卡首先由各部門的負責人自評，自評過程受人力資源部與辦公室的監督，最後報總經理審批，總經理根據每個月各部門的工作情況，對目標管理卡進行相應的調整以及自評的調整；目標管理卡，最後以考評得分的形式作為部門負責人的月考評分數，部門的員工的月考評分數的一部分來源於部門目標管理卡。這些考評分數作為月工資的發放的主要依據之一。

在最近，部門領導人大多數反應不願意每個月填寫目標管理卡，認為這沒有必要，但是明顯地在執行過程中，部門員工能夠瞭解到本月自己應該完成的項目，而且每一個項目應該到什麼樣的程度是最完美。還有在最近的一次與部門員工的座談中瞭解到有的部門員工對本部門的目標管理卡不是很明確，其中的原因主要就是部門的辦公環境不允許把目標管理卡張貼出來（個別的部門），如果領導每個月不對本部門員工解釋明白，他們根本就不知道他們的工作目標是什麼，只是每個月領導叫幹什麼就幹什麼，顯得很被動⋯⋯可是部門領導如今不願意做目標管理這一塊，而且有一定數目的員工也不明白目標管理分解到他們那裡的應該是什麼。

目前人力資源部的人數有限，而且各司其職。面對以上存在的問題，該公司人力資源部應該怎樣處理？

（資料來源：北大商學網，http://www.beidabiz.com）

討論題

1. 從這個案例中給出的信息來看，該公司的目標管理體系其實還是比較完善的。那麼，為什麼還會出現案例中的問題呢？

2. 假設您是人力資源部經理，面對該問題時，如何解決？試提出您的解決方案。

第八章　培訓管理

【學習目標】

- 重點掌握培訓的涵義。
- 瞭解培訓需求分析的內容。
- 理解並應用培訓需求分析的方法。
- 瞭解培訓計劃的內容。
- 瞭解培訓的組織與發展實施的流程。
- 理解應用培訓的方法。
- 瞭解培訓效果評估與反饋的內容。
- 瞭解新員工導向培訓的內容,掌握新員工導向培訓的技巧。

【導入案例】

施樂公司依靠培訓獲取競爭優勢

作為新任施樂公司的首席執行官,戴維·凱恩斯面臨著一個嚴重的問題。由於複印機行業競爭十分激烈,無論在本土還是在海外,施樂公司正在經歷著嚴重的市場下滑。曾經被稱為「複印機之王」的施樂公司,市場份額從18.5%下降到10%。

凱恩斯先生意識到,要想重新獲取競爭的優勢,施樂公司就不得不大力改善其產品和服務質量。這就意味著必須改變公司雇員的行為,施樂公司從而開發並制訂了一個名為「通過質量來領導」的5年計劃,該計劃有兩項基本的內容,一是使消費者永遠滿意,二是提高質量是施樂每一位雇員的工作。

為了貫徹這一計劃,施樂公司開闢了一系列的培訓課程,這些課程是為了指導雇員們做什麼而設計的,目的是在質量的改善方案中能夠完成他們新的工作任務。為了開發這些課程,施樂公司從遍及全球的每個營運單位引入培訓專業人員,與公司總部的人員一起工作,課程開發出來後,所有教員完成了一個認證過程,通過該過程教授他們怎樣進行質量培訓教學。

培訓從一個取向性階段開始。在這個階段中,管理部門向雇員說明為什麼施樂公司要從事這樣大規模的質量培訓計劃;高層管理部門所認為的質量的涵義是什麼以及每一位雇員的任務是什麼。總經理被指導怎樣成為一個角色的榜樣,並向工人提供必要在職強化培訓。隨後並向部門經理及其雇員提供有效的團隊工作和以解決問題的技能中心的培訓。培訓後,雇員被鼓勵在工作中實踐這些新的技能,他們的經理提供反饋和諮詢來幫助雇員們調整這些技能。

培訓過程十分昂貴並將消耗大量的時間。每次培訓估計要花掉 1.25 億美元和 400 萬個工時。然而，培訓的效果卻遠遠超過它的支出。因為雇員現在作為一個團隊一起工作，以識別和糾正妨礙優質生產和服務的質量問題；消費者對施樂公司的認知戲劇性的改變了，消費者的滿意度增加了 40%，同時對有關質量的投訴降低了 60%。更重要的是，施樂公司已經在美國的市場上奪回了王位。

第一節　員工培訓概述

在企業競爭越來越多地表現為人力資本競爭的今天，培訓無疑是企業培養高素質員工的重要途徑，是打造企業核心競爭力的重要手段。成功和有效的員工培訓和培養計劃，不僅提高了企業員工素質，而且滿足了員工自我實現的需要，從而有助於穩定員工隊伍、增加企業凝聚力。

一、員工培訓的涵義

員工培訓有廣義和狹義的區別。對兩者的劃分，有助於明確企業培訓工作的管理要求與實現途徑。

狹義的培訓是指給新員工或現有員工傳授其完成本職工作所必需的基本技能的過程。

廣義的培訓是指根據企業經營的戰略目標和宗旨，一切通過傳授知識、轉變觀念或提高技能來改善當前或未來管理工作績效的活動。

從本質來說，培訓是一系統化的行為改變過程，這個行為改變的最終目的就是通過工作能力、知識水準的提高以及個人潛能的發揮，明顯地表現出工作上的績效特徵。工作行為的有效提高是培訓的關鍵所在。

我們都知道，普通的教育，只能夠提供一些基本的專業知識和層次很低的技能。而面臨規模化的企業發展，必須進行多元化的培訓，包括技能、觀念、行為、認知等，才能使員工逐步達到企業不斷發展的要求，而這是一個長期持續學習和改變的過程。所以，企業組織員工培訓必須營造鼓勵持續學習的工作環境。在這樣的環境下，幫助員工夠獲得新的技能和知識，並且將它們應用於工作中，同時還能與其他員工共同分享這種信息；為了便於知識共享，管理者應採取信息圖或應用電子會議軟件及互聯網技術，使員工在不同部門共同解決同一難題，共享信息；同時，持續學習要求員工瞭解整個工作系統，其中包括他們的工作、他們所在的部門以及他們所需的公司三者之間的關係；企業管理人員還要明確員工的培訓需求、確保員工將培訓內容應用到工作當中。

為了企業組織的員工培訓能夠更好地發揮培訓的作用，實現培訓的目標，筆者給出以下幾點建議：

(1) 培訓是為了幫助學員建立內在的對成長、發展的渴望，喚醒其內在潛能，而

不僅僅是傳授知識；

(2) 培訓不是幫學員解決所有問題，而是幫其自己從問題中走出來；

(3) 學員參與是最快速而最有效的方法；

(4) 培訓是福利也是投資，培訓投資同樣有風險；

(5) 培訓是企業挖掘自身資源的手段；

(6) 有獎勵的培訓更有效；

(7) 培訓是持續、循序漸進的過程。

二、員工培訓的作用

松下公司有一句廣為企業界所推崇的名言：「出產品之前先出人才。」其創始人松下幸之助更是強調：「一個天才的企業家總是不失時機地把對職員的培養和訓練擺上重要的議事日程。」克里斯·蘭德爾（Chris Landauer）也認為「培訓是一種我們希望能融入每個管理者大腦思維中的東西。」中國政府也把1998年確定為「管理培訓工程年」。由此可見，培訓對所有企業和員工的巨大作用。

1. 培訓對企業的作用

公司擁有完善、系統的專業培訓機制，通過系統專業的培訓，提高員工的職業素養、工作技能，讓員工有更好的發展平臺，滿足員工發展和自我實現的需要。

(1) 吸引人才和留住人才。就企業而言，對員工培訓得越充分，越具有吸引力，越能發揮人力資源的高增值性，從而為企業創造更多的效益。企業重視培訓才能吸引優秀人才的加盟，才能留住自己的優秀員工，因為培訓不僅是企業發展的需要，更是人才自身的需要。據權威機構調查，許多人才在應聘選擇企業時，其中一個重要的因素便是要考慮這個企業是否能對員工提供良好的培訓機會。

(2) 培養人才，增強企業核心競爭力。企業競爭說到底是人才的競爭。培訓能提高員工綜合素質，提高生產效率和服務水準，樹立企業良好形象，增強企業盈利能力。明智的企業家愈來愈清醒地認識到培訓是企業發展不可忽視的「人本投資」，是提高企業「造血功能」，塑造競爭優勢的根本途徑。

(3) 提高企業經營效益。美國權威機構監測，培訓的投資回報率一般在33%左右。在對美國大型製造業公司的分析中，公司從培訓中得到的回報率大約可達20%～30%。摩托羅拉公司向全體雇員提供每年至少40小時的培訓，而摩托羅拉公司每1美元培訓費可以在3年以內實現40美元的生產效益。摩托羅拉公司認為，素質良好的公司雇員們已通過技術革新和節約操作為公司創造了40億美元的財富。哈佛大學一項研究表明，員工滿意度每提高5%，企業盈利隨之會提高2.5%。越來越多的企業家已經明白一個道理：「投在人腦中的錢比投在機器上的錢能夠賺回更多的錢」。

(4) 培訓能促進企業與員工、管理層與員工層的雙向溝通，增強企業向心力和凝聚力，塑造優秀的企業文化。

不少企業採取自己培訓和委託培訓的辦法。這樣做容易將培訓融入企業文化，因為企業文化是企業的靈魂，是一種以價值觀為核心，對全體職工進行企業意識教育的微觀文化體系。企業管理人員和員工認同企業文化，不僅會自覺學習掌握科技知識和

技能，而且會增強主人翁意識、質量意識、創新意識，從而培養大家的敬業精神、革新精神和社會責任感，形成上上下下自學科技知識，自覺發明創造的良好氛圍，也只有重視培訓，企業的科技人才才會茁壯成長，企業科技開發能力會明顯增強。

（5）培養員工的團隊意識。據調查顯實，接受過培訓的員工無論在團隊意識、工作責任、歸屬感、忠誠度方面都比沒有接受過培訓的員工要高。通過培訓可以聯絡員工之間的溝通，增加感情，增強團隊的凝聚力和歸屬感。

2. 培訓對員工的好處

有人認為：培訓只是對企業有利，對員工來說是一種說教。其實不然，通過專業培訓，員工自身綜合素質得到非常明顯的提高，個人的潛力也將得到最大限度的釋放，且能為員工以後的成長打下堅實的基礎。

（1）有利於增強就業能力。現代社會人才的流動性很大，市場需要人才像其他資源一樣按市場供求流動。換崗、換工作主要依賴於自身技能的高低，而培訓是企業員工增長自身知識、技能的一條重要途徑。因此，很多員工要求企業能夠提供足夠的培訓機會。

（2）有利於學到技能以外的知識。培訓不但可以提高員工的工作技能，還能夠滿足其對其他知識渴求的慾望，全面提高員工整體素質，使員工更好地健康發展。

（3）有利於獲得較高收入的機會。員工的收入和其在工作中表現出來的勞動效率和工作質量直接相關。為了追求更高收入，員工就要提高自己的工作技能，技能越高報酬越高，勞動技能越高，創造的成果也就越大。多勞多得在刺激員工努力提高自己的勞動技能的同時，同樣對於企業的管理者也一樣，管理能力的高低也與其收入有直接關係。

（4）有利於增強職業的穩定性。從員工來看，參加培訓、外出學習、脫產深造等就是企業對自己的一種獎勵。員工經過培訓，素質、能力得到提高後，在工作中表現得更為突出，就更有可能受到企業的重用或晉升，也更願意在原企業服務。

三、員工培訓的原則

企業組織員工培訓的最終目的是為了提高員工工作能力，從而提高企業效益，實現企業目標。但是，很多企業雖然實施了培訓，但卻是為培訓而培訓，沒有發揮培訓應發揮的作用。因此，為了保證培訓任務的完成和培訓目標的實現，企業在組織培訓的過程中，要注意把握如下幾項原則：

1. 權變原則

企業員工培訓受社會生產力發展水準、人員素質、企業經濟狀況及需要不同、文化傳統與背景等多種因素的影響。在組織企業培訓時，要考慮其內容應與各類受訓員工的工作、知識、技能的現狀及發展要求相適應，與中國的經濟、科技和社會進步的發展需要相適應，同時還要充分反應新的科學理念、新的知識、新的技術等信息。企業員工培訓的多變與不穩定的特徵，使企業培訓系統成為一個充分考慮個人、企業、社會、經濟、文化的相互作用的動態系統。因此針對不同的工作性質、不同的崗位特點、不同的培訓層次、不同的培訓對象，合理安排培訓工作，選擇適宜的培訓方式和

方法，通過改進創新適應不斷的培訓新需要，使員工有計劃有步驟地補充和改善知識結構、增進技能、提高素質，適應實際工作的不同需要。組織企業員工培訓中應強調權變原則，在培訓過程中要做到「因人而異」、「因時而異」、「因事而異」。

2. 快樂化原則

許多企業的員工培訓工作沒有產生效果，往往是由於員工對參加培訓是不情願的，在培訓中的感覺是「痛苦」的。許多企業對員工培訓是硬性規定，「為培訓而培訓」。有的員工培訓後缺乏可應用的工作環境從而使員工覺得培訓無意義；有的員工在培訓中缺乏同事及家人的支持使員工對培訓缺乏動力；有的員工培訓造成了員工個人負擔增加和脫產培訓帶來的經濟效益下降，使員工對培訓產生躲避行為。另外，在培訓中如果相關的培訓內容單調、枯燥，培訓方法簡單陳舊，培訓過程枯燥無味，就不能提起員工的受培訓興趣。企業員工進行有效培訓首先要使員工在培訓中產生快樂感與滿足感，對學習產生高度的興趣和積極性，而這必須依靠員工個人與企業雙方的共同努力，誓將企業員工培訓「快樂地進行到底」。

3. 長期性原則

企業面臨不斷變化的環境，其戰略、政策也隨之發生相應變化，因此企業員工培訓也應緊跟這些變化，重新定位。因而企業員工培訓過程是一個持續的長期的過程。員工培訓需要企業投入大量的人力、物力和財力，這增加了企業的經營成本並可能會對企業當前工作造成一定影響。有的員工培訓項目有立竿見影的效果，而有的培訓項目在一段時間後才能反應到員工工作績效或企業的經濟效益上，由此企業要正確認識到智力投資和人力培訓的長期性和持續性，摒棄急功近利的態度，堅持長期、持續地做好培訓工作。

4. 實用性原則

企業在員工培訓的實施過程中，應注重培訓的實用性、適應性和先進性，特別是要遵循實用的原則，使培訓做到「學以致用」。在培訓中要一切從員工個人、企業、社會的實際出發，堅持培養目標、堅持教學與生產勞動相結合、堅持培訓與企業營運目標、經營理念相結合，致力於使員工知識和技能更新進步，這樣的培訓才不會偏離方向，造成「訓而無用」。

5. 全方位原則

企業員工培訓涉及多項工作任務及多種知識與技能活動，且它們之間有著十分密切的關係。其中，任何一項活動的成功都有賴於其他活動的成功。對任何一項培訓活動分析、實施的遺漏或忽視，都可能使整個培訓工作出現一個缺憾或薄弱環節。因此，在企業進行員工培訓的活動中應該全方位的考慮所有與培訓相關的問題，盡可能涵蓋所有的活動。

6. 「企業戰略」需要與員工「職業生涯」需要相結合的原則

培訓和員工的職業生涯規劃是密不可分的。企業在進行培訓需求分析的時候也要把員工的職業生涯規劃考慮進去。企業培訓是立足於企業發展戰略需要還是立足於員工職業生涯發展需要，反應出不同的培訓目標取向，從激發員工的學習積極性來說，前者可能偏重「要我學」，後者則更多地讓員工覺得「我要學」。其實，兩個立足點並

不存在天然的矛盾，關鍵在於要將兩方面的培訓需求科學地整合在一起。

7. 職前導向培訓與崗位培訓相結合的原則

職前導向培訓是必需的，而且是一次的、短期的、初級的。使員工在短期內產生對企業的信任感與熱愛心理，使員工基本掌握崗位的性質、特點和要求，使之能順利地正式上崗。但切忌用崗前導向培訓替代崗位培訓，崗位培訓是不斷的、長期的，是從初級到高級不斷提高的培訓，是造就員工具備企業特色專才的一項長期工作。

第二節　培訓的需求分析

隨著經濟發展的迅速，企業對培訓越來越重視，對培訓的投入也越來越大，然而培訓效果卻不盡如人意。據統計，目前約有70%的企業選擇了70%以上不需要的培訓課程，也就是說，企業在選擇培訓時，對自身的需求不明確，不知道自己真正需要的是什麼，這直接導致了企業在選擇培訓時的盲目性，出現了「流行什麼學什麼，別人學什麼我就學什麼」，甚至有些企業是老總拍腦門決定培訓內容，很多是應急式培訓，培訓如「救火」，無法規範操作。其最終的結果必然是培訓不能對症下藥，企業花了許多冤枉錢。那麼，問題出在哪裡呢？原因就在於這些企業在做培訓之前，沒有做培訓需求分析。

培訓需求分析是指在規劃與設計每項培訓活動之前，由培訓部門採取各種辦法和技術，對組織及成員的目標、知識、技能等方面進行系統的鑑別與分析，從而確定培訓必要性及培訓內容的過程。培訓需求分析就是採用科學的方法弄清誰最需要培訓、為什麼要培訓、培訓什麼等問題，並進行深入探索研究的過程。它具有很強的指導性，是確定培訓目標、設計培訓計劃、有效地實施培訓的前提，是現代培訓活動的首要環節，是進行培訓評估的基礎，對企業的培訓工作至關重要，是使培訓工作準確、及時和有效的重要保證。

一、培訓需求產生的原因

有效的培訓需求分析是建立在對培訓需求成因有效性的分析這一基礎之上的，對培訓需求形成的原因進行客觀分析，直接關係到培訓需求分析的針對性和實效性。

產生培訓需求原因可能有下面的一種或幾種：

1. 由於企業經營方向的變化而產生的培訓需求

隨著現代社會科技水準的迅猛發展，越來越多的企業比以往任何時候都靈活地調整著自己的經營方向。這就給整個企業的所有員工提出了重新定位的問題。如何適應一個新的生產和經營環境，並且能夠取得更佳的工作成績，就需要員工培訓來提供平穩過渡的橋樑。

2. 由於工作環境和崗位的變化而產生的培訓需求

即使是在同一企業中繼續工作，許多管理者和手下的員工也必須接受其工作內容、工作環境的顯著變化，或者乾脆重新接受一項嶄新的工作。這在近些年來表現得極為

突出。這些變化的產生源於：新的生產設備、新的加工方法、新的工藝流程、企業管理風格的改變以及企業的重新定位等變化。因此，組織和個人要在這種環境中得以生存並獲得發展，就必須對變化做出靈活的反應。對自身做出某些調節，這就產生了培訓的需求。

3. 由於企業的人員變化而產生的培訓需求

只要人們改變工作，無論是主動選擇，還是被迫選擇，無論其在本企業內或在其他企業內或在其他企業間改變工作，都必須接受相關的培訓，或者必然存在一種潛在的培訓需求。如剛剛踏入社會的年輕人要獲得就業方面的相關培訓；有著多年工作經驗的員工則需要掌握新知識、學習新技能的培訓；對試圖獲得長遠發展和進一步提升的人而言，相關培訓更是不可或缺的。

4. 由於企業績效低下而產生的培訓需求

企業在對待由技術和其他變化所導致的培訓需求時，也同樣重視企業的生產經營績效。事實上，實現企業正常的既定的績效是相當重要的，但現實卻常常令人感到遺憾。某個環節的執行失誤，對具體工作的疏忽大意，工作情緒低落等等都使企業應達到的績效沒有很好的實現。因此針對提高企業績效的員工培訓也應運而生。

二、培訓需求分析的內容

企業的培訓需求是由各個方面的原因引起的，確定進行培訓需求分析並收集到相關的資料後，就要從不同層次、不同方面、不同時期對培訓需求進行分析。

1. 培訓需求的層次分析

需求分析一般從三個層面上進行：戰略層次分析、組織層次分析、人員分析。

（1）培訓需求分析的人員分析

人員分析是以企業員工個體作為分析的對象，主要分析企業員工個體現有狀況與應有狀況之間的差距，在此基礎上確定誰需要和應該接受培訓及培訓的內容。

人員分析的主要作用是幫助管理者確定培訓是否合適以及哪些雇員需要培訓。其要解決的問題主要是如何確定能否通過培訓這種方法，來解決員工的現有績效和企業對他們的期望績效之間的差距。同時，人員分析還要關注員工的個性特點、工作態度、工作動機和工作風格等方面。人員分析還可以幫助企業管理者更好地瞭解組織的人力資源素質。

人員分析主要包括以下一些內容：

①員工個性結構分析。員工個性結構的分析從理論上來講是很重要的，但是幾乎大多數的企業在培訓中都忽視了這方面的問題，他們沒有注意到在培訓中還要根據受訓者的個性因素制定培訓方案以及安排合適的工作崗位。如銷售崗位更適合性格外向的員工從事，而財會崗位更適合性格內向的員工從事，創造性高的員工較宜從事研發工作，創造性低的員工則應安排行政性質的工作等。

②員工知識結構分析。對員工的知識結構進行分析，不但是為了準確地制訂培訓方案，而且是為了充分利用各種有效的資源，使培訓獲得最大的經濟效益。在對員工素質進行知識結構分析時，首先要從員工的教育水準著手，對整個公司來說，需要知道

公司各個文化層次上的員工數目，特別是中層管理者和業務骨幹的文化層次，這是公司制訂培訓方案的基本依據。弄清員工的知識結構，從而結合組織和工作任務的需要，制訂有目的的培訓方案。

③員工專業結構分析。由於員工所在的崗位不同，從事的工作性質不同，承擔的責任不同，可以把員工分為技術研發、生產、銷售、財會、人事行政等類型。不同類型的員工需要不同的專業知識和技能，其培訓也有不同的側重點。員工的培訓可以分為三個層次，即基本操作技能的培訓、綜合素質的培訓和敬業精神的培訓。在進行培訓需求分析時，人員分析要根據企業已有的員工專業結構，結合組織任務制訂相應的培訓方案。

④員工需求分析。對員工的需求分析是為了瞭解員工的需求層次。因為只有滿足需求的培訓才會最大限度地調動人員學習的積極性。沒有進行員工的需求分析，可能會造成培訓與培訓需要的脫節；同時，如果員工對組織分配的培訓沒有積極性，那麼他就會想方設法規避培訓責任；如果員工對派出參加培訓感到不滿意，那麼他往往表現出缺乏培訓熱情，並且在培訓過程中會因缺乏積極投入而影響最終培訓效果。因此，在培訓過程中，如果不進行員工的需求分析，不但培訓很難順利進行，而且培訓效果也很難保證。

當然，有的時候員工的需求和組織的需求可能有衝突，如作為機構和組織，它往往更多的是從組織需要和角度來確定和衡量人員的員工培訓需求，因而員工個人的培訓意願可能與組織的培訓需求不一致。這個時候，就需要組織領導對員工進行指導和幫助，讓他們清楚地知道自己可以利用的各種培訓選擇，最大限度地滿足他們的培訓需求。

（2）培訓需求分析的組織層次分析

組織層次分析主要分析的是企業的目標、資源、環境等因素，準確找出企業存在的問題，並確定培訓是否是解決問題的最佳途徑。組織層次的分析應包括以下一些內容：

①組織目標的分析。組織目標作為一定時期內組織及其成員的行為動力和前進方向，既對組織的發展起決定性作用，也對培訓規劃的設計與執行起決定性作用。一般說來，組織目標決定培訓目標，培訓目標為組織目標的實現服務。有什麼樣的組織目標，就會有什麼樣的培訓目標，組織目標與培訓目標具有內在的一致性。當組織目標不清晰、不明確時，培訓目標便難以確定，培訓規劃也難以設計與執行，詳細說明培訓過程中應用的標準也不可能。因而在培訓需求分析中，詳細說明組織目標顯得尤為重要。

既然明確、清晰的組織目標有助於培訓目標的確定、培訓規劃的設計與執行，那麼當組織目標不清晰而組織績效低下時，應如何處理呢？在該種情況下，對於組織來說，應通過組織變革等方式首先確定組織目標，然後再決定是否是培訓問題。

②組織氣候的分析。所謂組織氣候是指在組織內存在的，能夠影響培訓效果的諸因素的總稱，包括價值觀、人際關係狀況、態度、制度構成、領導水準等。一般情況下，培訓與組織氣候的關係是辯證的，一方面，組織氣候決定、影響和制約培訓效果，

組織氣候的變化必然導致培訓效果的變化；另一方面，培訓效果對組織氣候具有反作用。

很多研究看到了組織氣候對培訓的重要作用。有研究者指出，當培訓規劃與工作現場的價值不一致時，培訓效果將很難保證；有研究者警告說，培訓部門對知識、技能的獲得投入了大量的精力，而對培訓後將要發生的情況考慮不足；還有研究者認為，如果受訓者同事的行為方式同受訓者在培訓中學習到的行為方式相一致，那麼受訓者在工作中將會被提醒而運用所學到的行為方式。上述幾種觀點都說明了培訓轉換中的組織氣候問題的重要性。

③資源分析。資源分析主要包括組織人員的安排、設備類型、財政資源的描述，其中最重要的是人力資源分析。

人力資源分析主要是對組織內現有人力資源狀況的分析，它往往涉及組織工作人員的數量、質量、結構等方面。一般說來，由於人們調離原單位到其他不同的組織工作、退休、在組織內部獲得晉升，生產結構、工藝流程的改變導致的人員下崗以及組織內產生新任務等，都會造成人力資源的不足。這就促使組織想方設法彌補人力資源之不足，或者到組織外重新雇傭一批人員，或者是迅速設計培訓規劃為現有工作人員提供指導，為新工作任務作準備。這些工作都必須建立在人力資源分析基礎之上。

(3) 培訓需求分析的戰略層次分析

隨著企業變革速度的加快，人們把目光投向未來，不僅針對企業的過去和現在進行培訓需求分析，而且重視對企業未來進行培訓需求分析，即戰略層次分析。戰略層次分析要考慮各種可能改變組織優先權的因素，如引進一項新的技術、出現了臨時性的緊急任務、領導人的更換、產品結構的調整、產品市場的擴張、組織的分合以及財政的約束等；還要預測企業未來的人事變動和企業人才結構的發展趨勢（如高中低各級人才的比例），調查瞭解員工的工作態度和對企業的滿意度，找出對培訓不利的影響因素和可能對培訓有利的輔助方法。

①組織優先權的改變。一般說來，組織優先權是指組織當前的工作重心，或組織當前必須優先考慮的問題。隨著外界環境的變化，組織優先權也不斷發生變化。

組織優先權的改變，說明了這樣一種觀點：培訓部門不能僅僅考慮現在的需要和建立在過去傾向基礎上的服務提供，它必須具有一定的前瞻性；必須分析組織的未來需要，並盡量為組織未來的可能變化作準備。

②人力資源預測。人力資源預測是對組織未來人力資源狀況的一種預先分析，主要包括需求預測和供給預測兩部分內容。需求預測主要考察一個組織所需的人員數量及這些人員必須掌握的技能。供給預測不但要考慮可能參加工作的人員數量，而且也要考查這些人員所具有的技能狀況。例如，通過需求預測，運輸部門可能預測到需要增加一部分工程技術人員。而通過供給預測，運輸部門就可以發現全國，尤其是一些關鍵地區和部門工程技術人員的短缺狀況，就可以利用這些信息制定一個包括培訓、工資待遇、職務晉升、新員工錄用的計劃，以保證所需人員的雇傭、培訓和再培訓。

③組織態度分析。在培訓需求的戰略分析中，收集全體人員對其工作、工資、晉升、同事等的態度和滿意程度的信息是非常重要的。這主要是因為，首先，對態度和

滿意程度的調查能幫助查出組織內最需要培訓的領域；其次，對態度與滿意程度的調查不僅可以表明是否需要培訓以外的方法，而且也能確認那些阻礙改革和反對改革的領域。

工作人員可以根據滿意程度的不同，標出他們對調查問題的看法。根據工作人員的態度狀況，我們又可以形成一些問題；如組織中的個人或團體是否缺乏技術技能？是否缺乏處理人際關係的技能？組織是否被認為觀念複雜和整體和諧？組織利益同個人利益是一致還是衝突？對這些問題的不同回答，將會產生不同的培訓與組織開發衝動。如果認為技術能力欠缺，那麼進行傳統培訓可能是適宜的。如果人際關係技能比較欠缺，那麼管理培訓可能是適宜的。如果觀念認同是一個問題，那麼組織目標的重新解釋或重新確定可能是適宜的。如果工作人員同組織之間的一致性比較差，那麼強化職業生涯開發可能是適宜的。因此，在培訓需求的戰略分析中，對組織成員態度進行系統的分析，有助於瞭解組織未來的培訓需求及培訓內容。

必須明確的是，培訓需求分析的三大層次並不是截然開的，而是相互關聯、互有交叉。具體表現為：個體分析是組織分析和戰略分析的基礎，無論是組織分析，還是戰略分析，最終均體現為工作人員個體的培訓需要的確定；戰略分析是個體分析和組織分析的延伸和深化，個體分析和組織分析集中於組織及其成員的現有培訓需要，戰略分析集中於組織及其成員的未來培訓需要，都是對組織及其成員培訓需要的分析。因此，在進行培訓需求分析時，應把三個層次綜合起來，同時進行，以保證培訓需求分析的有效性。

2. 培訓需求的對象分析

（1）新員工培訓需求分析

新員工由於對企業文化、企業制度不瞭解而不能融入企業，或是由於對企業工作崗位的不熟悉而不能很好地勝任新工作，此時就需要對新員工進行培訓。對於新員工的培訓需求分析，特別是對於從事低層次工作的新員工的培訓需求分析，通常使用任務分析法來確定其在工作中需要的各種技能。

（2）在職員工培訓需求分析

在職員工培訓需求是指由於新技術在生產過程中的應用，在職員工的效能不能滿足工作需要等方面的原因而產生的培訓需求，通常採用績效分析法評估在職員工的培訓需求。

3. 培訓需求的階段分析

（1）目前培訓需求分析

目前培訓需求是指針對企業目前存在的問題和不足而提出的培訓要求。目前培訓需求分析主要分析企業現階段的生產經營目標、生產經營目標的實現狀況、未能實現的生產任務、企業運行中存在的問題等方面。找出上述問題產生的原因，並確認培訓是解決問題的有效途徑。

（2）未來培訓需求分析

未來培訓需求是為滿足企業未來發展過程中的需要而提出的培訓要求。未來培訓需求分析主要採用前瞻性培訓需求分析方法，預測企業未來工作變化、員工調動情況、

新工作崗位對員工的要求以及員工已具備的知識水準和尚欠缺的部分。

三、培訓需求分析的方法

培訓的成功與否在很大程度上取決於需求分析的準確性和有效性。如果需求分析不準確，就會讓接下來的培訓偏離軌道，做無用功，花費了企業的人力、物力和財力，卻收不到應有的效果。因此，企業要進行有效的需求分析，就必須採取合適的方法。

1. 培訓需求分析的方法

（1）績效差距分析法

績效差距分析法也稱問題分析法或者結果分析法，主要集中於組織或組織成員存在的問題，即在分析組織及其成員現狀與理想狀況之間的差距的基礎上，確認和提出造成差距的癥結與根源，明確培訓是否是解決這些問題、提高組織績效的有效途徑。它可以歸納為有邏輯的三個步驟：

第一步，找出部門或個人績效差距。有關培訓的理論認為培訓應當從績效差距入手：培訓之所以必要，傳統理論認為是因為企業工作崗位要求的績效標準與員工實際工作績效之間存在著差距；新的理論則認為也應包括企業戰略或需要的員工能力與員工實際能力之間的差距，這種差距導致低效率，阻礙企業目標的實現。只有找出存在績效差距的地方，才能明確改進的目標，進而確定能否通過培訓手段消除差距，提高員工生產率。

第二步，尋找分析差距產生的原因。發現了績效差距的存在，並不等於完成了培訓需求分析，還必須尋找存在差距的原因，因為不是所有的績效差距都可以通過培訓的方式去消除。有的績效差距屬於環境、技術設備或制度的原因，有的則屬於員工個人難以克服的個性特徵原因，只有在員工不是因為難以克服的個性特徵原因，而僅是存在知識、技能和態度等方面能力不足的情況時，培訓才是必要的。

第三步，確定解決方案，產生培訓需求。找出了差距原因，就能判斷應該採用培訓方法還是非培訓方法去消除差距。企業根據差距原因有時採用培訓方法，有時採用非培訓方法，有時也採用培訓與非培訓結合的方法，一切都根據績效差距原因的分析結果來確定。

績效差距分析法主要集中在問題而不是組織系統方面，其推動力在於解決問題而不是系統分析。績效差距分析方法是一種廣泛採用的，非常有效的培訓需求分析方法。

（2）問卷調查法

利用調查問卷調查員工的培訓需求也是培訓組織較常採用的一種方法。一般由培訓部門設計一系列培訓需求的相關問題，以書面問卷的形式發放給培訓對象，待培訓對象填寫之後再收回進行分析。

採用調查問卷法進行培訓需求分析時，可以遵循以下五個步驟，見表8-1。

表 8-1　　　　　　　　　調查問卷法的實施步驟

步驟	內容	說明
1	制訂調研計劃	明確調研目標及任務，並具體化，調研才能緊緊圍繞目標展開
2	編製問卷	調研問卷（表）是調研問卷分析法的基本工具，通常採用選擇題和問答題的方式（如表 8-2 所示）
3	收集數據	發放調研問卷（表），並組織回收、整理
4	處理數據	統計數據，將問題進行匯總、分析
5	得出結論	根據分析結果得出結論，編寫調研報告，提交調查結果

在設計調研問卷的問題時，應該注意下幾個問題：

①問題盡量簡短，並注意使用簡單的、固定用法的術語，避免使用讀者不瞭解或者容易引起歧義的名詞；

②一個問題只涉及一件事，避免「結構複雜」的問句；

③題目設計要簡單，不要使作答者作計算或邏輯推理；

④避免出現誘導答案的問題，保證作答者完全陳述自己觀點。

調查問卷的設計看似是一份簡單的工作，但是要設計出一份高水準的問卷，並不是一件很容易的事。表 8-2 是一份培訓需求調查表的樣例，供讀者參考。

表 8-2　　　　　　　　　培訓需求調研問卷例表

姓名：		部門：			崗位：	
您對現在崗位的工作程序	非常熟悉	比較熟悉	一般		不太熟悉	很不熟悉
您對本行業的新知識	非常熟悉	比較熟悉	一般		不太熟悉	很不熟悉
以您現有的知識，您對您現在的工作	非常勝任	比較勝任	一般		不大勝任	很不勝任
備選課程	培訓需要程度					
	很高	高	中		低	不需要
專業知識						
專業技能						
創新性思維						
目標管理						
成本管理						
時間管理						
溝通與表達技能						
會議管理與技巧						
團隊領導與協作						
商業禮儀						
辦公室自動化						
心態培養和壓力管理						
潛能開發						
	年　　　　月　　　　日					

備註：填表時在對應的內容下面用「✓」標明。

（3）訪談法

訪談法是指培訓組織者為了瞭解培訓對象在哪些方面需要培訓，就培訓對象對於工作或對於自己的未來抱有什麼樣的態度，或者說是否有什麼具體的計劃，並且由此而產生相關的工作技能、知識、態度或觀念等方面的需求而進行面談的方法。訪談法是為了得到培訓需求的數據和信息，與訪談對象進行面對面交流的活動過程。這個過程不只是收集硬性數據，比如事實、數據等，包括印象、觀點、判斷等信息。

訪談法可以遵循以下幾個步驟進行，見表8–3。

表8–3　　　　　　　　　　訪談法的實施步驟表

步驟	內容	說明
1	訪談計劃	確定訪談目的、項目，準備相關資料，確定相關人員名單
2	訪談預演	進行訪談練習，總結經驗，發現問題及時更正
3	訪談開始	向訪談對象做簡單介紹，營造適合交流的訪談氛圍
4	收集數據	通過向訪談對象提問獲得信息，基本工具為訪談記錄表（如表8–4所示）
5	訪談結束	對訪談內容進行小結並讓訪談對象確認，重問沒有充分回答的問題
6	訪談總結	整理訪談記錄表，總結訪談記錄並收集歸檔
7	訪談綜合	對訪談資料進行總結，綜合訪談中的發現及結論

培訓者在利用訪談法來講進行培訓需求分析之前，要對即將要訪談的問題做充分的準備，並在訪談中加以引導。如表8–4所示。

表8–4　　　　　　　　　　訪談記錄例表

訪談對象：	職位：
訪談人：	訪談時間：
具體問題	訪談記錄
員工的性格特徵、個人素質如何	
員工特別出色的知識、技能表現在什麼方面	
員工特別需要學習的知識和技能有哪些	
員工對工作的熱忱、關心度如何	
員工有望取得的成績或者晉升的職務	
對員工參加培訓的意見和建議	
其他需要說明的內容	
備註：	
記錄人：	日期：

（4）觀察法

觀察法多用於生產型或服務性行業，是指到培訓對象的實際工作崗位上去瞭解其工作技能、態度、表現以及在工作中遇到的主要問題等具體情況的一種方法。為了提高觀察效果，一般要設計一份觀察記錄表，以作為需求分析的參考依據，如表8–5所示。

表 8-5　　　　　　　　　　　　觀察記錄表

觀察對象：		部門：		崗位：	
觀察地點：			觀察時間：		
觀察內容		記錄		評價	
工作態度					
工作方法					
工作熟練程度					
工作制度遵守					
工作溝通與協作					
靈活性與創新性					
工作效率					
工作完成情況					
時間管理					
突發事件應對					
備註：					
記錄人：			記錄時間：		

（5）檔案資料法

檔案資料法即利用現有的有關企業發展、組織目標、崗位工作、人員分析等方面的文件資料，對培訓需求進行綜合分析的方法。由於檔案資料信息紛雜，通常需要利用表格工具進行提煉歸納，如表 8-6 所示。

表 8-6　　　　　　　　　　　　資料信息歸納例表

歸納人：		歸納時間：	
歸納方式（用「√」標出）：	□資料收集	□資料整理	
資料份數：			
資料完整情況：			
資料信息分類		內容	
企業信息			
外部信息			
管理層信息			
部門信息			
崗位信息			
個人信息			
備註：			
整理人：		日期：	

（6）關鍵事件法

關鍵事件法是指通過分析企業內外部對員工或者客戶產生較大影響的事件以及其

暴露出來的問題，確定培訓需求的一種方法。常見的典型事件如顧客投訴、重大事故等。表8-7給出了關鍵事件法的工具示例。

表8-7　　　　　　　　　　　關鍵事件收集例表

員工姓名：		部門：		崗位：
訪問者：		訪問時間：		訪問地點：
訪問背景陳述：					
訪問內容及其描述	工作中遇到哪些重要事件				
	事件發生的情境				
	採取了怎樣的應對行動				
	事件結果				
	經驗教訓				
分析及評價	導致事件發生的原因和背景				
	員工的特別有效或多餘的行為				
	關鍵行為的後果				
	員工自己能否支配或控制上述後果				
	員工事件處理欠缺的方面				
備註：					
製表人：			日期：	

（7）自我分析法

自我分析法即通過培訓對象的自我評價，比如對崗位知識、技能、掌握程度等內容的分析，來判斷個人培訓需求的一種方法。表8-8為一份自我分析例表。

表8-8　　　　　　　　　　　自我分析例表

姓名：	部門：	崗位：
項目	分析	
崗位任務所需條件		
崗位工作勝任情況		
工作成績		
工作失誤及遇到的問題		
自身優點		
個人不足		
應加強哪些方面的學習		
學習目標及學習標準		
學習方式		
部門主管意見：		
備註：		
		年　月　日

220

2. 需求分析方法的使用
1）各方法優劣比較

上面提到的培訓需求分析的這些方法各有優劣（如表8-9所示），企業可以根據自身狀況自由選擇。

表8-9　　　　　　　　　　培訓需求分析方法對比表

方法	說明	優點	缺點
績效差距分析法	主要集中在問題而不是組織系統方面，其推動力在於解決問題而不是系統分析	能及時找到解決問題的方法，簡單明了，易於實施，制定出的措施也有針對性，近期容易出成績，效果較佳	易失去方向性，對於整體中的輕重緩急，不易把握，長期可能造成發展的偏差
調查問卷法	將有關事項轉化成問題以問卷形式進行調查	成本低；信息比較齊全；可大規模開展	針對性強；很難收集具體信息；難保證回收率
訪談法	可根據訪談的對象和內容靈活變換形式	方式靈活；信息直接；易得到支持和配合	主觀性強；分析難度大；需要高水準訪談員
觀察法	到員工的工作崗位上瞭解員工的具體情況	可以得到有關工作環境的信息；所得資料與培訓需求相關性較高	可能會影響觀察對象的行為方式；觀察結果只是表面現象
檔案資料法	利用現有文件資料綜合分析培訓需求	耗時少；成本低；信息質量高	不能顯示解決辦法；需要分析專家
關鍵事件法	以影響較大的事件來收集培訓需求信息	易於分析和總結	事件具有偶然性；易以偏概全
自我分析法	通過個人情況來判斷自己的培訓需求	信息真實、直接	只代表個人情況

2）確定需求分析方法

培訓需求分析方法的選擇主要取決於培訓本身的要求，因此，企業必須首先依據自身條件，再結合各方法的優點和缺點，最後確定培訓需求的分析方法。

以下給出三點建議，見表8-10。

表8-10　　　　　　　　　確定培訓需求分析方法的建議表

建議	說明
多種方法混合使用	選擇兩種或多種方法進行組合，可以彌補缺點，提高效果
允許自由意見	允許培訓對象就他們認為重要的問題自由發表意見
做好充分準備	分析進行之前一定要明確目標，找準關鍵數據和關鍵人

不同的企業使用調研分析方法的側重點也有所不同。例如：一個20人的小企業通過訪談就可以知道每個員工的基本培訓需求和崗位差距；而一個2000人的企業的培訓需求調查靠訪談卻很難實現，而用調查問卷法則更容易，也更能瞭解到普遍的情況。又例如在具體方法的使用過程中，調查問卷法和訪談法都是自上而下進行，由於職務、工作等緣故，被訪對象反應的問題不一定是真實情況，因此就沒有現場觀察的方法那

麼直觀和可靠；但是現場觀察法在使用的時候也有一定的局限性，不能覆蓋企業管理的各個層面。

因此，企業在實際操作中，可以結合自身特點，綜合利用各種方法進行培訓需求分析，得出培訓需求結論。

第三節　培訓計劃的制訂

所謂培訓計劃（Training Program）是指按照一定的邏輯順序排列的記錄，從組織的戰略出發，在全面、客觀的培訓需求分析基礎上做出的對培訓時間、培訓地點、培訓者、培訓對象、培訓方式和培訓內容等的預先系統設定。

培訓計劃必須滿足組織及員工兩方面的需求，兼顧組織資源條件及員工素質基礎，並充分考慮人才培養的超前性及培訓結果的不確定性。

一、培訓計劃的作用

從某種意義上講，培訓計劃的作用就如同駕車外出旅行時常需的道路指南。有了它，培訓者就能夠知道起點在哪，終點在哪，所要經過地方的確切位置；否則，雖可出發旅行，但卻無從得知去什麼地方，或能否抵達目的地。

具體地說，培訓計劃給管理和控制帶來的好處有五條：

（1）它保證不會遺忘主要任務。

（2）它清楚地說明了誰負責、誰有責任、誰有職權。

（3）它預先設定了某項任務與其他任務的依賴關係，這樣也就規定了工作職能上的依賴關係。

（4）它是一種尺度，可用於衡量對照各種狀態，最後則用於判斷項目、管理者及各成員的成敗。

（5）它是用做監控、跟蹤及控制的重要工具，也是一中交流和管理的工具。

二、影響培訓計劃制定的因素

在制訂培訓計劃時，必須顧及以下的因素：

1. 員工的參與

讓員工參與設計和決定培訓計劃，除了加深員工對培訓的瞭解外，還能增加他們對培訓計劃的興趣和承諾。此外，員工的參與可使課程設計更切合員工的真實需要。

2. 管理者的參與

各部門主管對於部門內員工的能力及所需何種培訓，通常比負責培訓計劃者或最高管理階層更清楚，故他們的參與、支持及協助，對計劃的成功有很大的幫助。

3. 時間

在制訂培訓計劃時，必須準確預測培訓所需時間及該段時間內人手調動是否有可能影響組織的運作。編排課程及培訓方法必須嚴格依照預先擬訂的時間表執行。

4. 成本

培訓計劃必須符合組織的資源限制。有些計劃可能很理想，但如果需要龐大的培訓經費，就不是每個組織都負擔得起的。能否確保經費的來源和能否合理地分配和使用經費，不僅直接關係到培訓的規模、水準及程度，而且也關係到培訓者與學員能否有很好的心態來對待培訓。

三、培訓計劃的類型

以培訓計劃的時間跨度為分類標誌，可將培訓計劃分為長期、中期和短期培訓計劃三種類型。這三種是一種從屬的包含關係，中期培訓計劃是長期培訓計劃的進一步細化，短期培訓計劃則是中期培訓計劃的進一步細化。

1. 長期培訓計劃

長期培訓計劃一般指時間跨度為 3～5 年以上的培訓計劃。時間過長有些變數無法做出預測，時間過短就失去了長期計劃的意義。長期培訓計劃的重要性在於明確培訓的方向性、目標與現實之間的差距和資源的配置，此三項是影響培訓最終結果的關鍵性因素，應引起特別關注。

2. 中期培訓計劃

中期培訓計劃是指時間跨度為 1～3 年的培訓計劃。它起到了承上啟下的作用，是長期培訓計劃的進一步細化，同時又為短期培訓計劃提供了參照物。

3. 短期培訓計劃

短期培訓計劃是指時間跨度在 1 年以內的培訓計劃。在制訂短期培訓計劃時需要著重考慮的兩個要素是：可操作性和效果。因為沒有它的點滴落實，組織的中、長期培訓目標就會成為空中樓閣。

四、培訓計劃的內容

我們可以利用 5W1H 的原理，來分析培訓計劃應該包含的內容。

所謂「5W1H」，是指以 WHY（為什麼?）、WHO（誰?）、WHAT（培訓的內容是什麼?）、WHEN（什麼時候、時間?）、WHERE（在哪裡?）、HOW（如何進行）等六個單詞的第一個字母組成的「5W1H」。

如果將其所包含的內涵對應到制訂企業培訓計劃中來，即要求我們明確：我們組織培訓的目的是什麼？（WHY）培訓的對象是誰？並由誰負責？授課講師是誰？（WHO）培訓的內容如何確定？（WHAT）培訓的時間、期限有多長？（WHEN）培訓的場地、地點在何地？（WHERE）以及如何進行正常的教學（HOW）等六要素。這六個要素所構成的內容就是組織企業培訓計劃的主要依據。

1. 企業培訓的目的（WHY）

企業培訓管理員在進行培訓前，一定要明確企業培訓計劃的真正目的，並且要將培訓的目的與公司的發展、員工的職業生涯緊密結合起來，這樣，才可以使培訓效果更佳，針對性也更強。因此，我們在組織一個培訓項目的時候，一定要很清楚地知道此次培訓的目的，並且還需要用簡潔、明了的語言將它描述出來，以成為我們培訓的

綱領。

2. 企業培訓的負責人（WHO）

負責企業培訓的管理員，雖然依企業的規模、行業及經營者的經營方針、策略不同而歸屬的部門各有不同，但大體上，規模較大的企業，一般都設有負責培訓的專職部門，如訓練中心等，來對公司的全體員工進行有組織、有系統的持續性訓練。因此，當我們在設立某一培訓項目時，就一定要明確具體的培訓負責人，使之全身心地投入到有培訓計劃的策劃和運作中去，避免出現培訓組織的失誤。另外，在遴選培訓講師時，如公司內部有適當人選時要優先聘請，如內部無適當人選時，再考慮聘請外部講師。受聘的講師必須具有廣泛的知識、豐富的經驗及專業的技術，才能受到受訓者的信賴與尊敬；同時，還要有卓越的訓練技巧和對教育的執著、耐心與熱心。

3. 企業培訓的對象（WHO）

人力資源開發的企業培訓對象，可依照階層別（垂直的）及職能別（水準的）加以區分。階層別大致可分為普通操作員級、主管級及中、高層管理級；而職能別的培訓又可以分為生產系統、行銷系統、質量管理系統、財務系統、行政人事系統等項目。我們在組織、策劃培訓項目時，首先應該決定培訓人員的對象，然後再決定企業培訓計劃的培訓內容、時間期限、培訓場地以及授課講師。培訓學員的選定可由各部門推薦，或自行報名再經甄選程序而決定。

4. 企業培訓的內容（WHAT）

企業培訓的內容包括是否為開發員工的專門技術、技能或知識？或為改變工作態度的企業文化精神教育？或者是為改善工作意願等的問題，可依照培訓人員的對象不同而分別確定。在擬訂企業培訓計劃的培訓內容以前，應先進行培訓需求的分析調查，瞭解企業及員工的培訓需要，然後研究員工所擔任的職務，明確每項職務所應達到的任職標準，然後再考察員工個人的工作實績、能力、態度等，並與崗位任職標準相互比較。如果某員工尚未達到該職位規定的任職標準時，該不足部分的知識或技能，便是我們的培訓內容，需要通過企業的內部培訓，給予迅速的補足。

5. 企業培訓的時間、期限（WHEN）

企業培訓計劃項目的時間和期限，一般而言，可以根據培訓的目的、培訓的場地、講師及受訓者的能力、上班時間等而決定。一般新進人員的培訓（不管是操作員還是管理人員），可在實際從事工作前實施，培訓時間可以是一週或十天，甚至一個月；而在職員工的培訓，則可以以培訓者的工作能力、經驗為標準來決定培訓期限的長短。企業培訓計劃中時間的選定以盡可能不過多影響工作為宜。

6. 企業培訓的場地（WHERE）

企業培訓場地的選用可以因培訓內容和方式的不同而有區別，一般可分為利用內部培訓場地及利用外面專業培訓機構和場地兩種。內部培訓場地的訓練項目主要有工作現場的培訓（即工作中培訓）和部分技術、技能或知識、態度等方面的培訓，主要是利用公司內部現有的培訓場地實施培訓，優點是組織方便、費用節省，缺點是培訓形式較為單一且受外來環境影響較大；外面專業培訓機構和場地的培訓項目主要是一些需要借助專業培訓工具和培訓設施的培訓項目，或是利用其優美安靜的環境實施一

些重要的專題研修等的培訓，其優點是可利用特定的設施，並離開工作崗位而專心接受訓練，且應用的企業培訓技巧亦較內部培訓多樣化，缺點是組織較為困難，且費用較大。

7. 企業培訓的方法（HOW）

在各種企業培訓計劃的教育訓練方法中，選擇那些方法來實施教育訓練，是企業培訓計劃的主要內容之一，也是培訓成敗的關鍵因素之一。根據培訓的項目、內容、方式的不同，所採取的培訓技巧也有區別。從培訓技巧的種類來說，可以劃分為講課類、學習類、研討類、演練類和綜合類，而每一類培訓技巧中所包含的內容又各有不同，如講課類中可以分為 MGO—自我管理架構、監督能力提高法、講課法等；學習類技巧中可以分為 SAAM 法、博覽式學習法、讀書法等；研討類技巧中可以分為 PTI 個人心理療法、案例分析法、管理原則貫徹法等；演練類技巧中可以分為 SCT 現場感受性訓練法、TCA 溝通能力分析訓練法、衝突化解法等；綜合類技巧中可以分為函授教育法、科學決策法、離職外派教育法、面談溝通法、視聽教育法等。不同的技巧與方法所產生的培訓效果是不同的，需要我們在制定企業培訓計劃時與授課講師共同研討與確定，以達到培訓效果的最大化。

第四節　培訓的組織與實施

培訓計劃的組織與實施是把培訓計劃付諸實施的全過程，是達到預期的培訓目標的基本途徑。一個完善的培訓計劃在擬定階段，必然會涉及許多在實施中將發生的事情。包括：學員、培訓師的選擇，培訓時間、場地的安排，教材、講義的準備，培訓經費的落實，培訓評估方法的選擇等。所以，培訓計劃能否成功實施，除了有一個完善的培訓計劃外，培訓師的素質、培訓人員的學習成效及環境、時間等相關因素的配合都不可忽視。因此為了實現預期的培訓目標，培訓的組織與實施必須要按照一定的科學的流程來操作，如圖 8－1 所示。

由圖 8－1 可以看出整個培訓的組織與實施過程可以歸納為三個階段：準備階段、實施階段和效果評估階段。

一、準備階段

根據培訓需求分析制訂出培訓計劃之後，為了保證培訓的順利實施，必須要先做好一系列的準備工作，主要包括以下一些內容：

1. 確認並通知參加培訓的學員

如果先前的培訓計劃已有培訓對象，在培訓實施前必須先進行一次審核，看是否有變化，須考慮的相關因素如下：學員的工作內容、工作經驗與資歷、工作意願、工作績效、公司政策、所屬主管的態度等。

要確保每一個應該來的人都收到通知，因此，最後有一次追蹤，使每個人都確知時間、地點與培訓的基本內容。

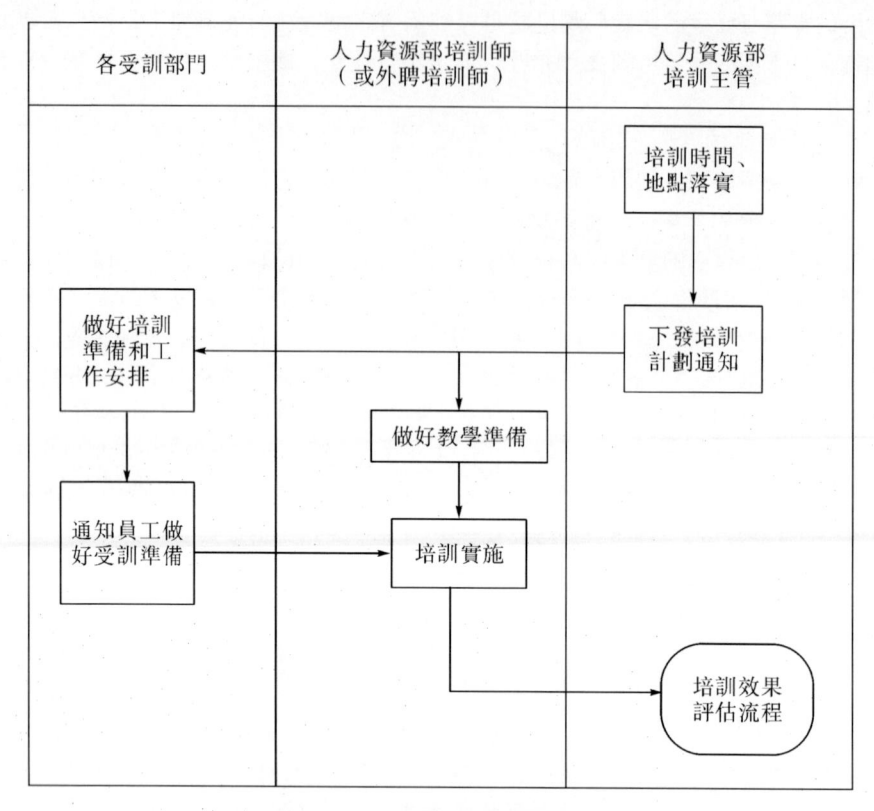

圖 8-1　培訓組織與實施流程圖

2．確定培訓師

要尋找到一位合適的培訓師並不是一件容易的事，而培訓師的好壞直接影響到培訓的效果。一般而言，對於培訓師的選擇可以有兩種途徑，一是內部培養，二是進行外聘。

（1）內部培養

企業要培養一位合格的培訓師成本很高，因為一位優秀的培訓師既要有廣博的理論知識，又要有豐富的實踐經驗，既要有紮實的培訓技能，又要有吸引人的高尚人格。

（2）外聘

外聘培訓師是目前很多企業常用的一種方式，因為這種方式比起內部培養成本要低得多，而且選擇面也很廣。但值得注意的是，很多企業在首次培訓中選擇培訓師的標準可能只是其名氣聲望或者是一些人的推薦，但這並不能代表其真實能力。所以每次培訓項目完成以後，培訓組織者應該對培訓教師進行相關評估，這樣可以確切地反應其在培訓中所發揮的作用。對於教學效果較好的教師，可以長期保持聯繫，為以後的培訓儲備資源。

3．確定教材

培訓一般由培訓師確定教材。教材來源主要有四種：外面公開出售的教材、企業

內部的教材、培訓公司開發的教材和培訓師編寫的教材。一套好的教材應該是圍繞目標，盡可能考慮到趣味性，深入淺出，易記易懂。充分利用現代化的培訓工具，採用視聽材料，以增加感性認識。書面材料力求形式多樣化，多用圖表，簡明扼要。

4. 確定培訓地點

培訓地點的優劣也會影響到培訓的效果。培訓地點一般有以下幾種：企業內部的會議室、企業外部的會議室、賓館內的會議室。

對於培訓地點的選擇，須考慮的相關因素如下：培訓性質、交通情況、培訓設施與設備、行政服務、座位安排、費用（場地、餐費）等。

5. 準備好培訓設備

培訓設備基本包括：電視機、投影儀、屏幕、放像機、攝像機、幻燈機、黑板、白板、紙、筆等等。一些特殊的培訓，可能會需要一些特殊的設備，事前一定要準備好。

6. 相關資料的準備

培訓的相關資料主要包括：課程資料編製、活動資料準備、座位或簽到表印製、結業證書等。

7. 決定培訓時間

培訓時間須考慮的相關因素：能否配合員工的工作狀況，是在白天，還是在晚上，工作日還是週末，旺季還是淡季，何時開始，何時結束，等等。

二、實施階段

培訓的實施過程是講師與學員互動的過程。培訓過程中的培訓記錄將為培訓評估和下一階段的培訓方案設計和培訓實施提供必要的依據。

1. 課前工作

課前準備工作包括：

（1）準備茶水、播放音樂。

（2）學員報到，要求在簽到表上簽名。

（3）引導學員入座。

（4）課程及講師介紹。

（5）學員心態引導、宣布課堂紀律。

2. 培訓開始的介紹工作

培訓開始的介紹工作包括：

（1）培訓主題介紹。

（2）培訓者的自我介紹。

（3）後勤安排和管理規則介紹。

（4）培訓課程的簡要介紹。

（5）培訓目標和日程安排的介紹。

（6）學員自我介紹。

3. 知識或技能的傳授

傳授新知識或技能的方法有很多，培訓師可以根據培訓內容和培訓目標選擇如下一種或多種方法結合使用。

（1）演示法

演示法又分為講座法、視聽法。

①講座法

講座法是指培訓者用語言傳達想要受訓者學習的內容。這種學習的溝通主要是單向的——從培訓者到聽眾。不論新技術如何發展，講座法一直是受歡迎的培訓方法。

講座法是按照一定組織形式有效傳遞大量信息的成本最低、時間最節省的一種培訓方法。講座的形式之所以有用，也是因為它可向大批受訓者提供培訓。除了作為能夠傳遞大量信息的主要溝通方法之外，講座法還可作為其他培訓方法的輔助手段，如行為示範和技術培訓。

講座法也有不足之處。它缺少受訓者的參與、反饋以及與實際工作環境的密切聯繫，這些都會阻礙學習和培訓成果的轉化。講座法不太能吸引受訓者的注意，因為它強調的是信息的聆聽，而且講座法使培訓者很難迅速有效地把握學習者的理解程度。為克服這些問題，講座法常常會附加問答、討論和案例研究。

②視聽法

視聽教學使用的媒體包括投影膠片、幻燈片和錄像。錄像是最常用的方法之一。它可以用來提高學員的溝通技能、談話技能和顧客服務技能，並能詳細闡明一道程序（如，焊接）的要領。但是，錄像方法很少單獨使用，它通常與講座一起向雇員展示實際的生活經驗和例子。

錄像也是行為示範法和互動錄像指導法借助的主要手段之一。在培訓中使用錄像有很多優點：第一，培訓者可以重播、慢放或快放課程內容，這使他們可以根據受訓者的專業水準來靈活調整培訓內容；第二，可讓受訓者接觸到不易解釋說明的設備、難題和事件，如設備故障、顧客抱怨或其他緊急情況；第三，受訓者可接受相同的指導，使項目內容不會受到培訓者興趣和目標的影響；第四，通過現場攝像可以讓受訓者親眼目睹自己的績效而無須培訓者過多的解釋。這樣，受訓者就不能將績效差歸咎於外部評估人員。

（2）傳遞法

傳遞法是指要求受訓者積極參與學習的培訓方法。

①現場培訓是指新雇員或沒有經驗的雇員通過觀察並效仿同事或管理者工作時的行為來學習。現場培訓是一種很受歡迎的方法，因為與其他方法相比，它在材料、培訓者的工資或指導方案上投入的時間或資金相對較少。某一領域內的管理者和同事都可作為指導者。

但是使用這種缺乏組織的現場培訓方法也有不足之處：管理者和同事完成一項任務的過程並不一定相同；或許既傳授了有用的技能，也傳授了不良習慣。

②自我指導學習是指由雇員自己全權負責的學習，包括什麼時候學習及誰將參與到學習過程中來。受訓者不需要任何指導者，只需按照自己的進度學習預定的培訓內

容。培訓者只是作為一名輔助者而已。

自我指導學習的一個主要不足在於它要求受訓者必須願意自學，即有學習動力。

自我指導學習在將來會越來越普遍，因為公司希望能靈活機動地培訓雇員，不斷使用新技術，並且鼓勵雇員積極參與學習而不是迫於雇主的壓力而學習。

③師帶徒是一種既有現場培訓又有課堂培訓的工作—學習培訓方法。大部分師帶徒培訓項目被用於技能行業，如管道維修業、木工行業、電工行業及瓦工行業。

師帶徒培訓的一個主要優點是可讓學習者在學習的同時獲得收入。因為師帶徒培訓會持續好幾年，學習者的工資會隨著他們技能水準的提高而自動增長。而且，師帶徒培訓還是一種有效的學習經歷，因為它包括由地方商業學校、高中或社區大學提供的課堂指導，其中指出了為什麼及如何執行一項任務。一般情況下，會在培訓結束後將受訓者吸納為全職雇員。

師帶徒培訓的一個缺點是無法大量進行培訓；另一個缺點是無法保證培訓結束後還能有職務空缺；最後一點就是師帶徒項目只對受訓者進行某一技藝或工作的培訓。

④仿真模擬是一種體現真實生活場景的培訓方法，受訓者的決策結果能反應出如果他在某個崗位上工作會發生的真實情況。模擬可以讓受訓者在一個人造的、無風險的環境下看清他們所作決策的影響，常被用來傳授生產和加工技能及管理和人際關係技能。

⑤案例研究是關於雇員或組織如何應對困難情形的描述，要求受訓者分析評價他們所採取的行動，指出正確的行為，並提出其他可能的處理方式。

⑥商業游戲要求受訓者收集信息，對其進行分析並作出決策。主要用於管理技能的開發。游戲可以刺激學習，因為參與者會積極參與游戲而且游戲仿照了商業的競爭常態。

⑦角色扮演是指讓受訓者扮演分配給他們的角色，並給受訓者提供有關情景信息（如，工作或人際關係的問題）。

角色扮演與模擬的區別在於受訓者可選擇的反應類型及情景信息的詳盡程度。角色扮演提供的情景信息十分有限，而模擬所提供的情景信息通常都很詳盡。模擬注重於物理反應（如，拉動槓桿、撥號碼），而角色扮演則注重人際關係反應（尋求更多的信息、解決衝突）。

⑧行為示範是指向受訓者提供一個演示關鍵行為的示範者，然後給他們機會去實踐這些關鍵行為。其更適合於學習某一種技能或行為，而不太適合於事實信息的學習。

(3) 團隊建設法

團隊建設法是用以提高小組或團隊績效的培訓方法，旨在提高受訓者的技能和團隊的有效性。團隊建設法讓受訓者共享各種觀點和經歷，建立群體統一性，瞭解人際關係的力量，並審視自身及同事的優缺點。

①冒險性學習注重利用有組織的戶外活動來開發團隊協作和領導技能，也被稱作野外培訓或戶外培訓。冒險性學習最適合於開發與團隊效率有關的技能，如自我意識、問題解決、衝突管理和風險承擔。

②團隊培訓協調一起工作的單個人的績效，從而實現共同目標。團隊績效的三要

素為：知識、態度和行為。

③行為學習是指給團隊或工作小組一個實際工作中面臨的問題，讓他們共同解決並制訂出行為計劃，然後由他們負責實施該計劃的培訓方式。

4. 對學習進行回顧

做任何一件事情都要有始有終，培訓也是一樣。但培訓者通常都是很重視開始和整個培訓過程，而忽略了結束部分。當然，好的開始可以給學員和培訓者帶來信心，而整個培訓過程更是傳授新知識和技能的主要環節，所以能留給總結部分的時間就不多了。但是只要能給結束部分留出相當於全部培訓時間的5%左右的時間，就能取得意想不到的效果。

值得注意的是，即使是在培訓的總結階段，也不能忘記學員的參與培訓是成功的關鍵。

三、評估階段

培訓效果的評估是在所收集的評估資料的基礎上，尋找確定培訓中的不足，對培訓進行深入分析與不斷改進的過程，以逐步提高企業員工培訓的質量和效果，促進企業員工培訓與開放目標的最終實現。這部分內容將在下一節做詳細闡述。

第五節　培訓效果的評估與反饋

培訓效果評估與反饋是培訓流程中的最後一個環節，是組織管理中對培訓工作修正、完善和提高的重要手段，也是員工培訓流程必不可少的組成部分。培訓效果評估既能對培訓組織部門的業績做出評價，也能瞭解接受培訓的人員的培訓效果；培訓效果評估可以作為對培訓投入產出的收益進行定性的統計分析的基礎，為企業人力資本投資和管理提供依據；培訓評估能夠幫助決策者做出科學的決策，在不同的培訓項目之間做出科學的選擇，確保培訓項目實現所確定的目標。

需要注意的是，培訓效果評估的工作儘管位於一個培訓流程的末端，但這種評估工作不是在培訓結束後才開始的，它要貫穿在整個培訓體系流程的始終，也就是說，我們所做的不僅是對結果的評估，而是對整個培訓過程的評估。

一、培訓效果評估與反饋的基本原則

「沒有評估就沒有管理」。通過評估，可以有效開展與監控培訓的過程，反應並突顯培訓的價值，支持並促進人才資源管理其他業務板塊的持續改進。

（1）培訓效果評估要貫穿培訓過程始終，堅持過程評估與結果評估相結合。培訓評估不僅僅是收集反饋信息，衡量結果，其根本意義在於檢驗與促進培訓目標的達成。因此從制訂培訓計劃開始，到培訓過程結束，評估都發揮著不可或缺的作用。

（2）關注培訓評估與人力資源其他業務板塊的有序聯動以及培訓效果的實踐轉化力，依據現階段培訓戰略，確定相應的評估策略重點，指導評估的有序進行。

（3）依據培訓目標，選擇相應的培訓評估方法組合。保證培訓持續有效開展的關鍵環節之一在於培訓評估的方法系統，具體涉及根據培訓目標、對象確定評估層面以及相關的工作等內容。

（4）營造評估文化。培訓管理者要對培訓評估整個環節負責；學員要對培訓應取得的成果負責；各級直線管理者要參與培訓評估的各個階段，為培訓效果的實踐轉化提供支持。

二、培訓效果評估與反饋的內容

培訓評估包括績效評估和責任評估兩項。

1. 培訓績效評估

績效評估是以培訓成果為對象進行評估，包括接受培訓者的個人學習成果和他在培訓後對組織的貢獻，這是培訓評估的重點。

根據唐·柯克帕特里克（Donald L. Kirkpatrick）的柯氏「四級評估模型」，將評估活動分為四個級別，如圖8－2所示。

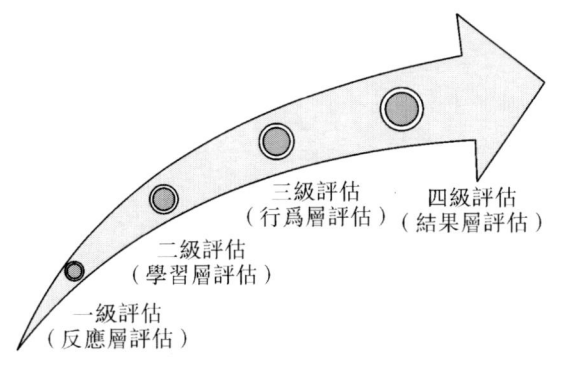

圖8－2　柯氏「四級評估模型」圖

（1）一級評估：反應層面。它是最基礎的評估，是學員對課程的滿意程度。比如培訓的整體安排、課程內容、講師的滿意度等。

因此，反應層面需要評估以下幾個方面：內容、講師、方法、材料、設施、場地、報名的程序等。

這個層面的評估易於進行，是最基本、最普遍的評估方式，主要採用問卷調查、面談、座談的方式來進行。

（2）二級評估：學習層面。這個層面的評估就進入評估的實質性階段，從學習的收穫入手，考察學員對所學原理、技能、態度的理解和掌握的程度。

該層面的評估方法有：考試、演示、講演、討論、角色扮演等多種方式。

（3）三級評估：行為層面。其主要是指培訓後的學員在實際崗位工作中的行為改變。培訓的目的就是改變學員的行為，因此這個層面的評估可以直接反應課程的效果；可以使高層領導和直接主管看到培訓的效果，使他們更支持培訓。

該層面的評估，主要有採用觀察、主管的評價、客戶的評價、同事的評價等方式。

（4）四級評估：結果層面。其主要是指培訓後學員的績效有沒有帶來變化，例如次品率降低、產量提高、缺勤率和離職率降低等。這一層面的評估是把企業或學員的上司最關注的並且可量度的指標，如質量、數量、安全、銷售額、成本、利潤、投資回報率、員工流動率等，與培訓前進行對照。如果能在這個層面上拿出翔實的、令人信服的調查數據，不但可以打消高層主管投資於培訓的疑慮心理，而且可以指導培訓課程計劃，把有限的培訓費用用到最可以為企業創造經濟效益的課程上來。但是，結果層面的評估不好評，主要是因為培訓的收穫有可能是馬上見效，當月的績效就可以看得出來，但有的是為適應未來長遠發展而進行的培訓，這個時候績效不能馬上顯現，還有一種情況是在運用學習到的新技能、技巧改變的時候，可能出現業績的臨時下滑，這就會有一個試錯成本。另外，結果層面的評估需要公司有相關的數據提供支撐，因此對於結果層面的考評對部門主管的要求最高，對公司的管理規範的要求也最高。

2. 培訓責任評估

責任評估是以負責培訓或培訓者的責任為對象的評估，目的是進一步明確培訓工作方向，改進培訓工作。主要包括以下幾個方面：

（1）培訓計劃評估，包括培訓計劃是否以企業長期經營規劃為基礎；培訓有無必要、有無客觀需求；培訓目標是否正確；培訓時間是否適當。

（2）培訓設施評估，包括環境是否良好、安靜；教室和訓練場地是否適用；設備是否充足；輔教器材是否運用得當。

（3）培訓師資評估，包括專業知識是否充分；語言是否清晰流暢；表達能力是否令人滿意；教材準備是否充分；教學方法是否合適。

（4）培訓教材評估，包括內容是否符合培訓目標，並切合受訓者的程度；教材編寫是否自成體系，並突出重點；內容是否深入淺出、針對性和實用性強。

（5）培訓成果評估指標，包括受訓者對所學原理、技能、態度的掌握程度如何；培訓結果對受訓者工作績效的影響如何；受訓者對培訓工作的意見如何；接受受訓者的意見，改善了哪些工作；培訓與人力資源管理措施的結合程度如何。

培訓責任評估工作，主要由負責培訓的部門及其責任者進行自我總結和評估，以便肯定成績，找出差距，改進培訓工作。採用的方法有問卷法、追蹤法、現場驗證法及對照法等。

三、培訓投資效果分析

培訓是一種投資，因此，對這一投資的結果必須加以測定和評估。一般來講，對組織內培訓投資的分析，可以使用「成本—收益分析」的方法，測定投資的效果。

1. 培訓成本

培訓成本可以分為直接成本和間接成本兩個方面。直接成本包括組織所支付的講課費、外請教師的食宿、交通費、圖書文具、受訓者的津貼等實際金額。間接成本包括受訓者在培訓期間損失的工作量、返回工作崗位後的生疏感和工作的遲緩以及因離開工作崗位而引起的人際關係疏遠等因素。

2. 培訓收益

培訓收益也可分為直接效果和間接效果兩個方面。培訓收益的直接效果，是指受訓人勞動生產率的提高。因為培訓使受訓人工作能力提高，使工作態度改善。這裡的「工作能力」包括工作上所必需的知識、對工作指令的理解力、業務處理的速度、分析能力、計劃能力、傳達能力、領導力、獨創力、判斷力、果斷力、視野等。「工作態度」包括協調性、指導性、勤勉性、自信、責任感等。培訓收益的間接效果，是指由於培訓讓受訓者個人的工作能力提高、工作內容改善和獲得晉升等利益，促進群體內從業人員間的競爭意識、奮發向上，提高員工士氣，從而提高勞動生產率。

第六節　新員工導向培訓

一、新員工導向培訓的涵義

「導向」一詞是直接譯自英語單詞 orientation，意為指引方向。所以從淺層意義看，新員工導向培訓活動是指對剛被招聘進入企業，對內外情況都很生疏的新員工進行指引，使之對新的工作環境、條件、人員關係、應盡職責、工作內容、規章制度、組織的期望有所瞭解，使其盡快而順利地安下心來，融合到企業中來並投身到工作中去，進入職位角色並創造優良績效的活動。

然而，從更深層的作用上去分析，新員工導向培訓活動對於培養員工的組織歸屬感意義重大。員工的組織歸屬感是指職工對自己的工作單位從思想、感情及心理上產生的認同、依附、參與和投入，是對自己單位的忠誠、承諾與責任感。越來越多的企業發現，可以將導向活動運用於其他目的，包括使新雇員熟悉企業的目標和價值觀。美國豐田汽車製造公司的上崗引導（被稱作「同化」）計劃就是這方面的一個案例。這個計劃包括像公司福利一類傳統的內容，但更重要的目的是潛移默化地使豐田的新雇員接受該公司的質量意識、團隊意識、個人發展意識、開放溝通意識以及相互尊重意識。

二、新員工導向培訓的意義

1. 有助於減少新員工的焦慮感

剛剛步入一個組織的新員工，會產生心理上的緊張和不安。這是因為：一方面，由於面對一個全新的環境，頭腦中會有一連串的問題，思想上會出現一種不確定感，行動上不知所措；另一方面，由於原來對公司有新員工入職培訓的期望，進入企業後發現事實並非像個人預想或者該組織所介紹的那樣好，心中會感到震驚和焦慮，美國學者霍爾稱之為現實震動。為此，進行新員工培訓，有助於穩定新員工的情緒。

2. 有利於縮小新員工與所分配職位之間的差異

新員工進入企業後做的第一份工作都是新的工作，不管他（她）以前是否做過類似的工作。即使他們已經有了紮實的基本知識和豐富的實踐經驗，也需要瞭解本企業

在這方面是怎麼做的，這正是培訓要解決的，通過熟悉和領悟，讓新員工盡快進入角色。如果崗位有特殊的技術和人際關係方面的要求，還應該對此進行特殊的培訓。

3. 是新員工進入群體過程的需要

新的環境給員工一種不確定感。新員工會擔心他是否會被組織中的其他成員接受，其他成員是否會喜歡自己以及他在生理和心理上是否會受到傷害，同事是否會主動與新員工交往並告訴他如何達到作業標準，企業給自己的第一項任務如何分配及其原因以及是否要加班工作。只有解決了這些問題，他才可能感到心情舒暢。

4. 可以培養員工的歸屬感

員工對於企業的歸屬感，就是員工對企業從思想、感情和心理上產生的認同、依附、參與和投入，是對企業的忠誠和責任感。歸屬感是培養出來的。新員工剛剛加入一個組織，一方面，迫切希望得到同事的認同和接受，得到上司的重視和賞識；另一方面，他們又覺得自己是新來的，還不屬於這個組織。在這時，周到而充實的培訓安排、管理者和老員工的熱情態度都會給新員工帶來員工培訓大綱的心理感受。

5. 使新員工感到受尊重

如果新員工到來無人過問，或者隨便讓一個一般員工引領到工作地點便撒手不管，會使新員工感覺受到冷落，感到自己在此組織中無足輕重，自然會對此組織產生疏離感。

三、新員工導向培訓的內容

對於每個公司來說，由於企業規模大小不一，情況各有不同，因此其員工導向培訓的內容各有不同。新員工導航培訓大致包括如下兩塊的內容：

1. 人力資源部門的一般性導向內容

（1）企業簡介：企業簡史、企業文化與價值觀、企業的經營範圍、企業組織結構與企業運作方式、所屬分支機構等。

（2）政策與制度：休假請假制度、培訓制度、晉升調職制度、獎懲制度和作息制度等。

（3）工資：工資及給付制度、加班及加班費給付制度。

（4）福利：各項福利設置及待遇、醫療、養老保險、住房政策、交通、工作餐及其他福利等。

（5）安全生產：有關政策與制度規定、火災防護、防災設備、安全組織機構等。

（6）工會：領導及行政人員、組織活動、加入手續等。

（7）實體設備：公司辦公室配置，或是工廠車間、食堂、浴室、運動場所等。

2. 新員工所屬部門特殊導向內容

（1）部門的功能：部門目標、業務、組織結構以及與其他部門之間的關係。

（2）工作職責：部門各崗位的工作職責、新進員工的工作職責（崗位說明書）、各崗位之間的關係。

（3）政策與規定：該部門特有的規定，如休息時間、午餐時間、安全問題等。

（4）參觀整個部門環境：辦公或生產設備、安全設施、更衣室等。

（5）介紹部門同事。

四、新員工培訓的技巧

在對新員工進行崗前培訓時我們要注意運用一些小技巧，使他們對企業有親近感。下面列舉一些對新員工培訓的常用技巧：

1. 使新進人員有賓至如歸的感受

當新進人員開始從事新工作時，成功與失敗往往取決於最初的數小時或數天中。而在這開始的期間內，也最易形成好或壞的印象。新工作對新上司與新進員工一樣提出考驗。由於這份工作需要他，不然他就不會被聘用，所以主管人員成功地給予新進聘用人員一個好的印象，亦如新進人員要給予主管人員好印象同樣重要。因此，主管人員首先要瞭解新員工所面臨的各種問題。

2. 介紹同事及環境

新進人員會對環境感到陌生，但如果很快把他介紹給同事們認識時，這種陌生感將盡快會消失。當我們置身於未經介紹的人群中時，大家都將會感到困窘，而新進人員同樣也感到尷尬。不過，如果把他介紹給同事們認識，這個困窘就消除了。友善地將公司環境介紹給新同事，使他消除對環境的陌生感，可協助其更快地進入狀態。

3. 讓新進人員對工作滿意

盡量能在剛開始時就使新進人員對工作表示稱心。這並不是說，人為地使新進人員對新工作過分樂觀，但無論如何要使他對新工作有良好的印象。應當回憶自己是新進人員時的體驗，回憶自己最初的印象，然後推己及人，以自己的感覺為經驗，在新進人員參加到本單位工作時去鼓勵和幫助他們。

4. 與新進人員做朋友

以誠摯及協助的方式對待新員工，可使其克服許多工作之初的不適應與困難，降低因不適應環境而造成的離職率。

本章小結

培訓是一個系統化的行為改變過程，這個行為改變的最終目的就是通過工作能力、知識水準的提高以及個人潛能的發揮，明顯地表現出工作上的績效特徵、工作行為的有效提高，這是培訓的關鍵所在。本章主要闡述培訓對企業和員工的重要作用、培訓的需求分析、培訓的組織與實施、培訓效果的評估與反饋、新員工的導向培訓等。通過上述內容介紹，使學生掌握相關的原理和知識，並獲得在實踐中可應用的技能。

思考題

1. 簡述培訓對企業和員工的作用。
2. 培訓需求產生的原因有哪些？
3. 可以從哪些方面來進行培訓需求分析？

4. 培訓需求分析的方法有哪些？
5. 培訓計劃的內容有哪些？
6. 簡述培訓組織與實施的流程。
7. 培訓的方法有哪些？
8. 培訓效果評估的內容有哪些？
9. 新員工導向培訓的內容有哪些？

案例分析

案例一　RB公司的培訓

RB製造公司是一家位於華中某省的皮鞋製造公司，擁有近400名工人。大約在一年前，公司因產品有過多的缺陷而失去了兩個較大的客戶。RB公司領導研究了這個問題之後，一致認為：公司的基本工程技術方面還是很可靠的，問題出在生產線上的工人、質量檢查員以及管理部門的疏忽大意、缺乏質量管理意識。於是公司決定通過開設一套質量管理課程來解決這個問題。

質量管理課程的授課時間被安排在工作時間之後，每週五晚上7:00—9:00，歷時10周，公司不付給聽課的員工額外的薪水，員工可以自願聽課，但是公司的主管表示，如果一名員工積極地參加培訓，那麼這個事實將被記錄到他的個人檔案裡，以後在涉及加薪或提職時，公司將予以考慮。

課程由質量監控部門的李工程師主講。主要包括各種講座，有時還會放映有關質量管理的錄像片，並進行一些專題講座，內容包括質量管理的必要性，影響質量的客觀條件，質量檢驗標準，檢查的程序和方法，抽樣檢查以及程序控制等。公司所有對此感興趣的員工，包括監管人員，都可以去聽課。

課程剛開始時，聽課人數平均60人左右。在課程快要結束時，聽課人數已經下降到30人左右。而且，因為課程是安排在週五的晚上，所以聽課的人員都顯得心不在焉，有一部分離家遠的人員聽到一半就提前回家了。

在總結這一課程培訓的時候，人力資源部經理評論說：「李工程師的課講得不錯，內容充實，知識系統，而且很幽默，使得培訓引人入勝。聽課人數的減少並不是他的過錯。」

案例二　「特色」培訓引爭議

2008年9月，沸沸揚揚的「喝廁所水」事件見諸各大主流媒體。原來南京有一家玉器公司，新員工進公司，該企業老總親自培訓，要求員工洗馬桶，直到敢於喝下一杯自己洗乾淨的馬桶中的水才算合格。

老總喝過5次衝廁水

用洗廁所的方式訓練新員工，在南京恐怕只有一家玉器公司敢這麼做。據該公司的主任林楓（化名）介紹：「他們老總不喜歡別人稱呼他『總經理』、『董事長』，而是

偏愛別人稱他為『創始人』或『領路人』。」林楓說，平時他們還叫「倪總」，不過背後會叫「老大」。

提及「老大」，林楓不禁豎起大拇指，「新員工進來，基本上都是倪總親自培訓」。林楓稱，老總培訓員工的方式在南京堪稱獨一無二。就說這洗廁所吧，老總不許員工戴手套，而且每次他都會親自示範一遍：自己洗乾淨馬桶，然後自信地從馬桶裡舀上一杯水喝下。

看著老總將一杯馬桶水坦然喝下，員工們都覺得不可思議。「設計院新來的女孩曾對我說過，『要不是親眼所見，簡直不敢相信』。」林楓回憶道。

對此，該公司的張主任解釋：「倪總是要求將廁所洗乾淨，乾淨並不意味著要喝下衝廁水，或者用衝廁水洗臉，而是指邊邊角角都不要放過。倪總是從細節上考驗大家。」

當然，也有部分新員工做不到而離開公司的。「留下和離開的比例約是6：4」，林楓感慨地表示留下來的都是優秀的。

員工到小區免費擦鞋

除了洗廁所，該公司老總訓練新員工的絕招還很多。「我剛進公司時，倪總讓我們身無分文地去小區給人免費擦鞋，看能不能吃上飯。」想起當年的情形，林楓很有感觸。那是某年最熱的一天，他們四人一組到衛崗附近的小區，擦鞋掙飯吃。

起初，很多人都不願擦鞋，他們懷疑林楓等人是推銷鞋油的。經過一遍遍誠懇地解釋，人們漸漸接受了他們的免費服務。「我第一個服務對象是個中年男子，他的皮鞋很舊，我幫他擦完後，他很滿意，還讓我上門服務，將家中的皮鞋、皮手套、皮夾克都拿了出來。」說起當年的經歷，林楓很有感慨。

據悉，那次擦鞋，有的員工受邀吃了一頓午飯，有的「顧客」則給他們買了麵包，也有人什麼都沒得到。

對此，公司老總表示，員工們悟出的道理雖不同，但都真真切切，這就夠了。

（資料來源：世界經理人網. http://www.icxo.com/. 2008-09-24）

討論題

1. 結合案例一，您認為這次培訓在組織和管理上有哪些不合理的地方？
2. 結合案例一，如果您是RB公司的人力資源部經理，您會怎樣安排這個培訓項目？
3. 結合案例二，你認為該企業的培訓方法好還是不好，說說你的理由。
4. 企業內部培訓如何變得讓人易於接受，走企業特色培訓路線要注意哪些問題？

第九章　職業生涯規劃與管理

【學習目標】

● 重點掌握職業生涯的相關概念、內容,並學會運用所學知識進行個人職業生涯規劃;

● 熟悉職業生涯規劃的主要內容與方法;

● 瞭解職業生涯管理各階段的特點及任務。

【導入案例】

職業如何規劃?

小李是經濟學本科畢業,工作背景並不複雜。小李畢業後便留校當了兩年經濟學教師,可是卻對那種排資論輩、媳婦熬成婆的形式十分反感,而且也覺得自己並不適合在教育領域發展,於是便跳槽到一家國有風險投資公司,主要負責客戶投資及產品銷售業務。四年後因為家庭原因,小李來到了北京,通過朋友介紹進入一家國有證券公司任職,除了負責以前的部分工作之外,還要負責部門內部的管理工作。這樣的工作一直持續到現在。國企絕對的穩定性使她從根本上喪失了晉升的慾望和念頭,甚至已經有近兩年的時間失去了對工作的興趣和激情,而且薪資根本就沒有什麼大的提升。許多同事早已跳槽,過得也都還不錯,薪資也是自己的兩三倍,以自己的能力和資歷絕不應該只拿這點錢。周圍也有一些公司在向自己示意,但除了薪資稍稍提高之外,工作內容並無大的改變,小李拒絕了。小李也想過跳槽,趁著年關試探性地投出二十多份簡歷,但是已經35歲的她對於自己還能否經受得起職場的大風大浪的考驗,顯得毫無信心,且投出的簡歷近兩個月了都杳無音信。沒有前途的困惑和尋求發展的理想以及害怕風險的本能使小李感到恐慌,且極大地磨滅了她尋求發展的信心。

討論題

如何解決小李職業規劃中的問題?

第一節　職業生涯規劃

一、職業生涯概述

1. 職業生涯的涵義

「生涯」一詞源於《莊子‧養生主》：「吾生也有涯，而知也無涯」，意思是我的生命是有限的，而知識是無限的。這裡的生涯指的是每個人的全部人生歷程。在英文中，生涯一詞是 career，有整個生命的歷程、人生道路、事業發展、職業，乃至某一段經歷的涵義。因此，從某種意義上說，生涯有廣義和狹義兩個層面的涵義。廣義地說，生涯指人的一生所經歷的全部過程；而狹義的生涯則主要是圍繞職業，指的是職業生涯。

關於職業生涯的概念，西方學者從不同的角度出發做了不同的定義，如沙特列（Shartle）認為職業生涯是指一個人在工作生活中所經歷的職業或職位的總稱。

薩帕（Donald E. Super）認為職業生涯是生活中各種事件的方向與歷程，它統合了人的一生中各種職業和生活角色，是個人終其一生所扮演的角色的整個過程，由時間、廣度和深度構成。

格林豪斯（Jeffrey, H. Greenhaus）對西方學者的觀點進行了歸納和總結，認為傳統的觀點主要分為兩類：一類觀點是從某一類工作或某一組織出發，把職業生涯看做其中一系列職位構成的總體；而另一類觀點則把職業生涯看做一個人的功能，而不是某種工作或某一組織的功能。後一類定義尤其嚴格，其以提升的職業生涯觀、專業的職業生涯觀、穩定的職業生涯觀為代表，認為職業生涯必須伴有地位、金錢方面的提升或者必須具有專業化的特點，或從事一種穩定的職業才算得上是職業生涯。在總結歸納的基礎上，格林豪斯認為以上對職業生涯概念的界定過於嚴格，他提出職業生涯是指與工作相關的整個人生歷程。它包括：客觀事件或情境，如工作崗位、工作職責或行為；與工作相關的各種決策；對與工作有關的事件的主觀解釋，如工作志向、期望、價值觀、各種需求以及對特殊工作經歷的感受。

中國學者也從不同的角度對職業生涯的概念進行了界定。

南開大學童天認為職業生涯是指「一個人一生所從事的工作、職業活動」，「職業生涯占據了人生的大部分時間，它是一個人投入時間和精力最多的人生組成部分，是人生存和發展的前提條件」。

南開大學曹振杰認為「職業生涯有兩層涵義：廣義的職業生涯包括了從職業能力的獲得、職業興趣的培養、選擇職業、就職，直至最後完全退出職業勞動這樣一個完整的職業發展過程；狹義的職業生涯包括從踏入社會、從事工作之前的職業訓練或職業學習開始直到職業勞動最終結束、離開工作崗位為止的過程。狹義的職業生涯更多地被人們使用」。

綜上所述，職業生涯是指一個人一生所經歷的和工作相關的所有活動的總和，這些活動和職業的關係可以是直接的也可以是間接的，可以是連續的也可以是間斷的，

可以是客觀的也可以是主觀的。

2. 職業生涯影響因素的分析

正如世上沒有完全相同的兩片葉子，人與人的職業生涯也是不盡相同的，有的人一帆風順，有的人歷經坎坷，有的人功成名就，有的人抑鬱而終。之所以造成這麼大的差異，是因為個人的職業生涯自始至終都會受到很多因素的影響，歸納起來，不外乎有外部環境和自身因素兩方面。

（1）外部環境

外部環境對個人職業生涯的影響是不言而喻的，主要包括社會的政治經濟形勢、涉及人們職業權利方面的管理體制、社會文化與習俗、職業的社會評價及其時尚等大環境以及個人所在的學校、社區、工作單位、家族關係、家庭環境、個人交際圈等小環境。

大環境如經濟政治形勢決定著社會上職業崗位的數量與結構，如在全球金融危機的大環境下，不少企業紛紛破產，更多企業面臨的是裁員與減薪，這勢必導致社會職業崗位數量的減少，隨後一系列的經濟刺激政策也勢必導致社會職業結構的進一步變化。職業的社會評價也對個人的職業生涯產生影響，在不同時期，職業的社會評價也不相同，導致個體在職業生涯的發展過程中受到不同程度的影響。如20世紀80年代，社會上普遍認為進國有企業是最好的選擇；在20世紀90年代，大家紛紛下海；而如今，人們又對公務員的工作趨之若鶩，這些都決定了處於這種大環境下的個體對不同職業的認定以及在面臨職業生涯選擇或變更時可能做出的選擇。

小環境決定了一個人具體活動的範圍、內容以及氛圍，從而在某種程度上影響著一個人對某類職業的認知程度和偏好程度以及個人的職業生涯的具體際遇，諸如職業選擇得合理不合理、該職業有沒有發展前途、自己所在的工作單位是不是有利於自身的發展等，其中家庭環境對個人職業生涯的影響尤為明顯。有人說「家長是孩子做人的第一任老師，家庭是孩子第一所生活的學校」。人的一生中和家人所處的時間占了很大一部分，在幼年時期，就開始受到家庭潛移默化的影響，在這種影響下，人會形成一定的價值觀和行為模式。很多人因為家庭成員的影響會在平常生活中不自覺地習得某些職業知識和技能，這種價值觀、行為模式、職業知識和職業技能的習得，必然會從根本上影響一個人的職業理想和職業目標，影響其職業方向和種類的選擇，決定選擇中的冒險與妥協程度、對職業崗位的態度、工作中的種種行為和表現等。而一個人在其擇業和就業後的流動上，往往會因為家庭成員在某一職業領域的經驗或經歷能得到一定的幫助，這也會影響一個人的職業生涯。

當然，環境對個人職業生涯的影響作用要辯證地看待。

（2）自身因素

自身因素對個人職業生涯的影響是根本性的。個人的需求與心理動機決定了其對職業生涯的選擇，同樣的工作或職業對於不同的個人有著不同的價值，同一個人對不同的職業有著不同的態度與抉擇。而人們出於自己的主客觀條件，在不同的年齡階段、不同的閱歷特別是職業經歷狀況下，在生涯的選擇和調整方面，都會有不同的心理需求與動機，如人在年輕時擇業往往以自我價值實現為目標，而人過中年則越來越

趨向於追求穩定。個人需求與動機以及由此導致的職業行為，是影響個人生涯發展的極其重要的動力因素。

而個體所接受的教育及由此而形成的個體素質則是個人職業生涯發展的約束因素。獲得的教育水準及由此形成的高低不一的個體素質決定了個人擇業時的能量以及之後的職業生涯發展是否順利；同時，個人所接受的教育類別對其職業生涯路徑有著決定性的影響，往往決定了一個人前半部分乃至一生的職業類別。此外，個體所接受的不同類型的教育思想及所處的學習環境，會使其形成具備某類特徵的思維模式，從而會以不同的態度對待所從事的職業。

二、職業生涯規劃的重要性

職業生涯規劃（Career Planning）簡稱生涯規劃，又叫職業生涯設計，是指個人與組織相結合，在對一個人職業生涯的主客觀條件進行測定、分析、總結的基礎上，對自己的興趣、愛好、能力、特點進行綜合分析與權衡，結合時代特點，根據自己的職業傾向，確定其最佳的職業奮鬥目標，並為實現這一目標作出行之有效的安排。無論對員工個人還是對組織而言，職業生涯規劃對其都起到極其重要的作用。

1. 個人的職業生涯規劃

個人職業生涯規劃是指個人根據自身的主觀因素和客觀環境的分析，確定自己的職業生涯發展目標，選擇實現這一目標的職業，以及制定相應的工作、培訓和教育，並按照一定的時間安排，採取必要的行動實施職業生涯目標的過程。其重要性體現在以下幾個方面：

（1）職業生涯規劃能讓員工更好地認識自己，從而更充分地發揮自己的潛力。個人目標應該建立在對自己的客觀評價和認識的基礎之上，通過職業生涯規劃，組織可以幫助員工瞭解自己的特點及其所在組織的目標和要求，為自己制定切實可行的發展目標，並不斷從工作中獲得成就感。

（2）職業生涯規劃可以幫助員工提高自身的專業技能和綜合能力，增加自身競爭力。通過職業生涯規劃提高員工進行職業生涯自我管理的能力，增強其對工作環境的把握能力和對工作困難的控制能力，幫助他們養成對環境和工作目標進行分析的習慣，合理分配時間與精力，最大程度實現自身價值。

（3）職業生涯規劃可以幫助員工協調好工作與家庭的關係，更好地實現人生目標。家庭生活與工作的關係正如水與舟的關係，水能載舟，亦能覆舟。科學合理的職業規劃可以幫助員工更理智地看待工作和家庭生活中的各種問題和選擇，考慮問題能更系統全面，從而使決策更科學合理。同時，職業生涯規劃能夠幫助員工綜合地考慮工作同個人追求、家庭目標等其他生活目標的平衡，從而達到共贏的局面，避免出現顧此失彼、左右為難的窘境。

（4）職業生涯規劃可以使員工不斷實現和提升自我價值，能滿足需求中較高層次的尊重需要和自我實現的需要。職業生涯規劃可以發掘出促使員工努力工作的最本質的動力。

2. 組織的職業生涯規劃

組織的職業生涯規劃是組織根據自身的發展目標，並結合員工的發展需求，制定組織職業需求戰略、職業變動規劃與職業通道，並採取必要的措施加以實施，以實現組織目標與員工就業發展目標相統一的過程。組織進行職業生涯規劃，能提高員工的工作質量，使員工形成積極的職業態度，提高員工對企業的忠誠度。其重要性體現在以下幾方面：

（1）職業生涯規劃將員工的成長與企業的發展聯繫在一起。在當今世界競爭加劇、環境不斷變化的大背景下，實施職業生涯規劃可以有效地實現員工和組織的共同發展，通過不斷更新員工的知識、技能，提高員工的創造力和社會競爭力，從而使企業不斷獲得高質量的人才，滿足組織對人才的需要，也是確保組織在激烈的競爭中立於不敗之地的關鍵所在。

（2）職業生涯規劃可以幫助組織瞭解內部員工的現狀及其需求，瞭解職業方面的需要和變化，幫助員工提高技能，克服困難，實現組織和員工的發展目標。

（3）職業生涯規劃可以使組織更加合理有效地利用人力資源。因為職業生涯規劃是組織針對員工各自的特點「量身定做」的，同一般獎懲激勵措施相比具有較強的獨特性和排他性。相對於獎金、福利和榮譽等單純的物質激勵或精神激勵而言，切實針對員工自身職業需要的職業生涯規劃具有更直接更有效的激勵作用。

（4）職業生涯規劃為員工提供平等的就業機會，使其獲得公平持續的發展。職業生涯規劃考慮了員工不同的特點和需要，並據此設計不同的職業發展途徑和道路，以利於不同類型員工在職業生活中揚長避短，且不同的發展方向和途徑為員工在組織中提供了更為平等的就業和發展機會。通過職業生涯規劃可以使全體人員的技能水準、創造性、主動性和積極性保持穩定乃至提升。

（5）職業生涯規劃是組織吸引和留住人才的重要措施。職業生涯規劃通過瞭解新員工在職業生涯方面想要什麼和應該得到什麼，協調並制定規劃，幫助其實現職業生涯目標，這樣可以有效地提高員工對企業的認同度和歸屬感，降低員工的流失率，從而更高效地實現企業的組織目標。

三、職業生涯規劃的步驟

規劃職業生涯是一個周而復始的連續過程，包括職業考查、確定目標、制定並實施戰略、評估與反饋四個步驟。

1. 職業考查

職業考查能夠幫助人們進一步認識自身和環境，從而制定出適合自己的目標和職業生涯戰略。職業考查包括自我測評和環境考查兩部分。

自我測評，就是通過對自身人格、興趣、能力、價值觀等方面做全面的分析，認識自己，瞭解自己。因為只有認識了自己，才能對自己的職業做出正確選擇，才能制定出適合自己的職業生涯目標以及科學可行的戰略。自我測評是職業生涯必需的步驟之一，它回答了諸如「我對什麼樣的工作感興趣」、「我的優勢和劣勢是什麼」、「對我來說，什麼樣的回報是最重要的」、「我從工作中想得到什麼」等問題。忽視了這一步，

或者自我測評不全面，將會從根本上影響個體的職業生涯規劃。

每個人都處在一定的環境中，離開了這個環境，便無法生存與成長。所以，在規劃個人的職業生涯時需要考查所處環境的特點、環境的發展變化情況、自己與環境的關係、自己在這個環境中的地位、環境對自己提出的要求以及環境對自己的有利條件和不利條件等。只有對這些環境因素充分瞭解，職業生涯規劃才能做到在複雜的環境中避害趨利，職業生涯規劃也才具有實際意義。因此，積極地研究所處的環境，有助於職業生涯規劃的順利實施。環境考查主要是從職業（包括任務內容、對才能或培訓的要求、經濟回報、安全性、社會關係、工作場所的物質條件、生活方式問題）、工作（除了與職業方面相同的信息之外，還包括該工作獨立自主的程度、與其他工作的關係）、組織（行業前景、組織的財務狀況、經營戰略、職業生涯道路的靈活性、職業生涯管理的做法和政策、組織規模和結構、薪酬制度）以及家庭（配偶的職業生涯志向、配偶的情感需求、子女的情感需求、其他家庭成員的需求、家庭的財務需求、家庭期望的生活方式、家庭的發展階段、本人和配偶在職業生涯上所處的階段）四個方面展開。

2. 確定目標

通過自我測評及環境考查為自己的職業生涯確定一個明確的目標。目標的設定，是規劃職業生涯的核心。在確定目標時，要充分考慮到自身的特點，即自己的性格、興趣、特長及價值觀；同時也要充分考慮到環境因素對自己的影響。對這些因素的分析是確定目標的前提條件。分析自我、瞭解自己，分析環境、瞭解職業世界，使自己的性格、興趣、特長與自己的職業目標相吻合，這一點對剛步入社會、初選職業的年輕人來說非常重要。相關統計研究發現，具有明確的、有挑戰性目標的個人比那些沒有明確目標或目標不切實際的個人表現得要好。目標能以多種方式影響人們的行為和業績，從而影響人們的職業生涯。在確定目標時要注意長期目標與短期目標相結合以及概念目標與行動目標相結合。長期目標以及概念目標能給人以明確的願景，而職業生涯的行動目標越具體，劃分越細緻，就越可能制定出有效的戰略來實現這一目標。

3. 制定並實施戰略

職業生涯戰略是為了幫助個人實現職業生涯目標而設計制定的各種行動。在確定生涯目標後，行動便成了關鍵的環節。沒有行動，就不能達到目標，也就談不上職業生涯的成功。這裡所指的戰略，是指落實目標的具體措施，主要包括工作、訓練、教育、構建人際關係網、謀求晉升等方面的措施。例如，為達到目標，在工作方面，計劃採取什麼措施來提高工作效率；在業務素質方面，計劃如何提高業務能力；在潛能開發方面，計劃採取什麼樣的措施開發潛能，等等，這些都要有具體的計劃與明確的措施。並且這些計劃要特別具體，以便於自己定時檢查。格林豪斯的研究表明，人們用來增強其職業生涯成功和實現職業生涯目標的戰略共有七大類型。

（1）勝任現職：希望有效地進行現職工作。

（2）延時工作：決定在自己的工作中投入大量的時間、精力和心思。這經常被認為有助於做到對當前工作的稱職，但可能影響家庭和個人生活。

（3）開發技能：試圖通過教育、培訓或做實際工作來獲取或提高與工作相關的技

能。其目的在於提高現任職位上的績效，或者將來工作時用得上。

（4）拓展機會：設計一些方法，把自己的興趣和志向告知他人，以瞭解與自身志向相符的工作機會。

（5）拜師結友：用來尋找重要人士並與其建立良好關係的那些行為，目的是為了得到或提供有關信息、指導、支持和各種社會機會。建立師徒關係的過程，儘管主要是為了接收（或發送）信息，但是這種師徒關係遠遠不止簡單地交換信息，還包含比較深厚的感情成分。

（6）樹立形象：目的在於通過交流，使別人瞭解自己可被別人接受的能力、成功或成功的潛力等情況。還包括接受並完成首要職務的能力，以便在組織內樹立自己的聲譽。

（7）組織政治：試圖以奉承、服從、聯盟以及有利的交易和影響等手段去獲得預期的結果。這包括公開的和私下的行動，例如「使壞」和其他利己的行為。這些行為都能提高自己的地位，但可能要以犧牲別人的利益為代價。

4. 評估與反饋

評估與反饋是指在達到職業生涯目標的過程中自覺地總結經驗和教訓，修正對自我的認知和職業目標。俗話說：「計劃趕不上變化。」影響生涯規劃的因素有很多，有的變化因素是可以預測的，而有些變化因素則難以預測。因此，要使生涯規劃行之有效，就需要通過反饋不斷地對生涯規劃進行評估與修訂。其修訂的內容包括：職業目標的重新選擇，戰略的重新制定等。

第二節　職業生涯管理

一、職業選擇理論

無論是在個人還是在組織所進行的職業生涯管理過程中，其面臨的核心問題是職業選擇問題，即如何在正確的時間做出正確的選擇，如何達到職業和個人的匹配，這無論對於組織抑或是個人，其重要性都是不言而喻的。以下介紹幾種典型的職業選擇理論。

1. 帕森斯的特質—因素理論

特質—因素理論（Trait - Factor - Theory）最早由美國波士頓大學的帕森斯（Parsons）教授提出，是用於職業選擇的最經典的理論之一，應用範圍也較為廣泛。該理論的前提是：個體差異現象普遍地存在於個人心理與行為中，每個人都有一系列獨特的特性，並且可以對其進行客觀而有效的測量；每個人的獨特特質又與特定的職業相關聯，每種特質的人都有與其相適應的職業；為了取得成功，不同職業需要配備具有不同個性特徵的人員；個人特性與工作要求之間配合得越緊密，職業成功的可能性也就越大。帕森斯教授提出了職業選擇的三大要素和條件。

（1）應清楚地瞭解自己的態度、能力、興趣、智謀、局限和其他特徵。

（2）應清楚地瞭解職業選擇成功的條件、所需知識，在不同職業工作崗位上所佔有的優勢、不利和補償、機會和前途。

（3）上述兩個條件的平衡。該理論認為職業選擇即個人與職業間實現匹配，以使個人的興趣得到滿足或使工作產生令人滿意的績效。

「特質」是指通過測驗所測量出的個人特質；「因素」指產生令人滿意的工作績效所需要的特質。在此基礎上，威廉森（Willamson）等很多學者又對該理論進行了補充和完善。該理論原理清晰，簡單易行，因此被廣泛運用，它為人們的職業選擇和決策提供了最基本的指導原則，即人職匹配理論。

2．霍蘭德的人職匹配理論

人職匹配理論是美國約翰‧霍普金斯大學心理學教授、著名的職業指導專家霍蘭德創立的。這是一種在特質—因素理論基礎上發展起來的人格與職業類型相匹配的理論。

該理論認為在我們的文化環境中，大多數人的人格類型可以歸為六種人格類型中的一種：現實型（Realistic）、研究型（Investigation）、藝術型（Atistic）、社會型（Social）、企業家型（Enterprise），或者是傳統型（Conventional）；同時，現實中存在著與上述人格類型相對應的六種環境類型：現實型、研究型、藝術型、社會型、企業家型以及傳統型。每一種特定人格類型的人，便會對相應職業類型中的工作或學習感興趣，人格與職業環境的匹配是形成職業滿意度、成就感的基礎。各類個體的人格特點及相對應的職業如表9－1所示。

表9－1　　　　　　　　人格類型與職業類型的匹配模型表

類　型	勞動者的人格特點	相對應的職業類型
現實型（R）	（1）願意使用工具從事操作性強的工作； （2）動手能力強，做事手腳靈活，動作協調； （3）不善言辭，不善交際	主要指各類工程技術工作、農業工作。通常需要一定體力，需要運用工具或操作機械 主要職業：工程師、技術員；機械操作、維修安裝工人，木工、電工、鞋匠等；司機；測繪員、描圖員；農民、牧民、漁民等
研究型（I）	（1）抽象能力強，求知欲強，肯動腦，善思考，不願動手； （2）喜歡獨立和富有創造性的工作； （3）知識淵博，有學識才能，不善於領導他人	主要指科學研究和科學試驗工作 主要職業：自然科學研究和社會科學方面的研究人員、專家；化學、冶金電子、無線電、電視、飛機等方面的工程師、技術人員；飛機駕駛員、計算機操作人員等
藝術型（A）	（1）喜歡以各種藝術形式的創作來表現自己的才能，實現自身價值； （2）具有特殊藝術才能和個性； （3）樂於創造新穎的、與眾不同的藝術成果，渴望表現自己的個性	主要指各種藝術創作工作 主要職業：音樂、舞蹈、戲劇等方面的演員、藝術家編導、教師；文學、藝術方面的評論員；廣播節目的主持人、編輯、作者；繪畫、書法、攝影家；藝術、家具、珠寶、房屋裝飾等行業的設計師等

表9-1(續)

類　型	勞動者的人格特點	相對應的職業類型
社會型（S）	(1) 喜歡從事為他人服務和教育他人的工作； (2) 喜歡參與解決人們共同關心的社會問題，渴望發揮自己的社會作用； (3) 比較看重社會義務和社會道德	主要指各種直接為他人服務的工作，如醫療服務、教育服務、生活服務等。 主要職業：教師、保育員、行政人員；醫護人員；衣食住行服務行業的經理、管理人員和服務人員；福利人員等
企業家型（E）	(1) 精力充沛、自信、善交際，具有領導才能； (2) 喜歡競爭，敢冒風險； (3) 喜歡權力、地位和物質財富	主要指那些組織與影響他人共同完成組織目標的工作。 主要職業：企業家、政府官員、商人、行業部門和單位的領導者、管理者
傳統型（C）	(1) 喜歡按計劃辦事，習慣接受他人的智慧和領導，自己不謀求領導職位； (2) 不喜歡冒險和競爭； (3) 工作踏實，忠誠可靠，遵守紀律	主要指與文件檔案、圖書資料、統計報表之類相關的各類科室工作。 主要職業：會計、出納、統計人員；打字員、辦公室人員；秘書和文書，圖書管理員；旅遊、外貿職員，保管員、郵遞員、審計人員，人事職員等

　　霍蘭德用一個六邊形將上述現實型、研究型、藝術型、社會型、企業家型、傳統型六種類型標示出，並將其之間的相互關係用不同的線加以表示，形成了一個六類型的人職匹配關係圖，如圖9-1所示。

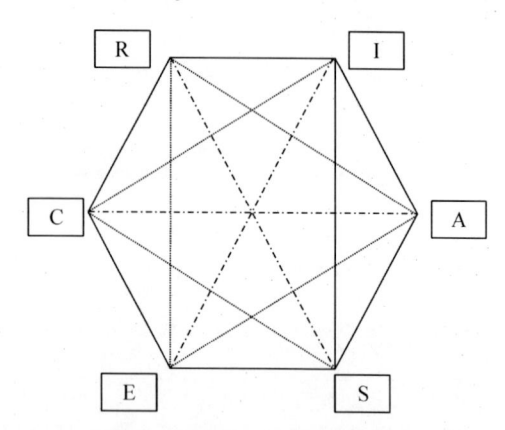

圖9-1　霍蘭德人職匹配關係圖

　　圖9-1中關係密切的類型之間用實線表示，如藝術型與社會型、傳統型與企業家型之間；關係一般的用虛線表示，如現實型與藝術型之間；關係相排斥的用點連線表示，如傳統型與藝術型之間。相鄰職業環境與人格類型間的相關最大，相隔的職業環境和人格類型次之，相對的則相關最小。反應在職業選擇上，最好能選擇相關度較高的職業環境。

　　3. 佛隆的擇業動機理論
　　美國心理學家佛隆（Victor H. Vroom）通過研究提出解釋員工行為激發程度的期

望理論。期望理論的基本公式為：

$$F = V \cdot E$$

式中：F 為動機強度，是指積極性的激發程度，表明個體為達到一定目標而努力的程度；V 為效價，是指個體對目標重要性的主觀評價；E 為期望值，是指個體對實現目標可能性大小的估計，即是目標實現的概率。

佛隆將這一期望理論用來解釋個人的職業選擇行為，具體化為擇業動機理論。擇業動機的強弱表明了擇業者對目標職業的追求程度，或對某項職業選擇意向的大小。即：

$$擇業動機 = 職業效價 \times 職業概率$$

職業效價是指擇業者對某項職業價值的評價，它取決於擇業者的職業價值觀以及擇業者對某項具體職業的要素，如興趣、勞動條件、工資、職業聲望等的評估。職業概率是指擇業者獲得某項職業可能性的大小。職業概率的大小通常取決於以下幾個因素：①某項職業的社會需求量；②擇業者的競爭能力，即擇業者自身工作能力和求職就業能力；③競爭系數，是指謀求同一種職業的勞動者人數的多少；④其他隨機因素。擇業動機公式表明，某項職業的效價越高，獲取該項職業的可能性越大，那麼擇業者選擇該項職業的傾向性就越大，反之則越小。在進行橫向比較之後，擇業者往往選擇擇業動機分值較高的職業作為自己的最終目標。

二、不同時期的職業生涯管理

職業生涯管理是一個長期的動態過程，不同的階段具有不同的特點，面臨不同的任務。一個人職業生涯的成功有賴於自身和所在組織對不同階段的職業生涯進行有效的管理。一般員工的職業生涯發展階段可分為職業生涯早期、職業生涯中期和職業生涯晚期，在不同的時期，因為個人特徵以及所處環境的不同，其面臨的職業生涯發展問題和任務也各不相同。

1. 職業生涯早期階段的管理

（1）職業生涯早期階段的特點

職業生涯早期是指一個人由學校進入組織並在組織內逐步「組織化」，為組織所接納的過程。這一階段一般發生在 20～30 歲之間，是一個人由學校走向社會，由學生變成雇員，由單身生活變成家庭生活的過程，一系列角色和身分的變化，必然要求經歷一個適應過程。在這一階段，個人的組織化以及個人與組織的相互接納是個人和組織共同面臨的、重要的職業生涯管理任務。[1] 在早期階段，從生理方面上看，個人正處於青春期，尚未成立家庭或成立家庭不久，家庭負擔比較輕，有足夠的精力應付工作中的困難；從心理方面上看，剛開始參加工作，進取心強，每個人都有遠大的理想和抱負。在這一階段，個人所面臨的主要問題是如何綜合考慮自身情況及環境特點科學合理地選擇職業，並合理地確定職業生涯目標，在進入組織後如何避免個人與組織文化

---

[1] 周文霞. 職業生涯管理 [M]. 上海：復旦大學出版社，2004.

的衝突，順利地完成個人的組織化過程，如何很好地適應工作群體。這些都需要個人和組織主動地進行職業生涯管理。

（2）個人的職業生涯早期管理

對於員工個人而言，早期的職業生涯管理應該注意以下幾個方面：

①在進入職業前應當做好充分的思想準備，樹立正確的價值觀，保持積極的心態，對自己以及客觀環境進行積極地認知和理解，在選擇職業時能做出合理的決策。

②在進入組織後的短期內，要從各方面尤其是細節方面樹立良好的形象，適應組織環境，如著裝要適當講究，和組織相適應，初次接觸尤其要注意時間觀念，利用各種場合積極地熟悉周圍的同事等。

③進入組織後要盡快地掌握職業技能，弄清崗位職責，明確工作任務，並且要逐步克服初入職業的依賴心理，獨立自主地開展工作。

④最重要的是要適應組織環境，瞭解並接受組織中現實的人際關係，尋找個人在組織中的位置，建立心理認同，融洽地和上司及同事相處。

（3）組織的職業生涯早期管理

對於組織而言，早期的職業生涯管理要注意以下幾個方面：

①對新員工進行上崗引導和崗位配置，讓員工充分瞭解工作的基本情況，以消除他們初期的不安心理及心理落差。同時通過對員工進行相關的培訓，如關於組織歷史、使命、結構等，促進員工的社會化。

②為新員工安排正式或非正式的導師，幫助員工更快地建立較高的工作標準，同時對他們的工作提供有力支持。這是實踐中被證明的成功經驗。

③由上司和員工本人進行協商從而達成共識，確立職業生涯目標，制定職業生涯規劃。它可以幫助組織和員工都明確努力方向。通過多種方式支持員工的職業探索，並盡可能地為其提供相應的機會與空間。

2. 職業生涯中期階段的管理

個人經過職業生涯早期，完成和組織的相互接納以後，就進入了職業生涯中期階段。

（1）職業生涯中期階段的問題

在職業生涯中期，人們可能遇到的有代表性的問題包括：職業生涯發展的瓶頸問題，機會越來越少，個人的生涯發展不能很好地進行；工作與家庭的衝突問題，工作和家庭會產生時間性衝突、緊張性衝突以及行為性衝突，這個問題對於某些特定的崗位可能尤為嚴重；中年危機問題，人到中年，無論是工作上還是家庭中的壓力及負擔都比較重，該階段是人生最勞累的階段，但往往面臨事業發展、子女教育、父母贍養等重大問題，如果不能很好地處理，往往容易在身體及心理上出現問題。

（2）個人的職業生涯中期管理

對於員工個人而言，中期的職業生涯管理應該注意以下幾個方面：

①保持積極進取的精神和樂觀的心態，正確地控制自己的感情，正視客觀現實，尋找解決矛盾和問題的方案，努力將中年危機轉變為新的機會。

②重新審視自身的生活目標和價值觀，以更加實際的態度根據自身及周圍環境調

整自己的職業生涯目標，並考慮尋求新的發展機會。如轉換角色，成為一名導師，擔當起言傳身教的責任。

③調整好個人的工作、健康以及家庭這三者之間的關係，求得這三者的適當均衡。

（3）組織的職業生涯中期管理

對於組織而言，中期的職業生涯管理要做好以下幾個方面：

①制訂綜合性的職業生涯管理和內部晉升計劃，充分發揮員工技能，豐富工作內容，以多種方式提高員工的能力，幫助員工進行繼續教育和不斷成長。

②為員工提供更多的職業發展機會，可以通過形式多樣的培訓以及輪崗，幫助員工提高自身競爭力，認識瞭解不同的崗位，豐富工作經驗，以形成新的職業自我概念。

③協助員工解決中年危機。可採取一些政策和措施，如設立日托機構，設計靈活的職業發展通道，實行彈性工作制等，以減輕員工的家庭負擔，幫助員工平衡工作與家庭的責任。

3. 職業生涯後期階段的管理

職業生涯後期一般是指員工45～50歲至退休的這一段時間。對後期的職業生涯管理非常關鍵，處理得好，會使這一部分人力資源變成財富，但處理不當，則可能會產生很多問題。

（1）職業生涯後期階段的特點

處於職業生涯後期的員工雖然在生理上有所衰退，但往往知識經驗比較豐富，無論是在工作還是人際關係上基本都處於成熟時期，有的甚至處於巔峰狀態，同時此階段的個人往往經過多年的累積，取得了一定的地位，擁有更大的影響力。但同時在生理上表現為身體機能老化，疾病增多，無論在經濟上還是心理上都有不同程度的不安全感。同時，他們的有些觀念以及知識技能相對老化，且對新生事物比較保守，面臨職業生涯的終結，往往不能很好地過渡到退休生活中去。

（2）個人的職業生涯後期管理

對於員工個人而言，後期的職業生涯管理應該注意以下兩個方面。

①在心理上做好退休準備，員工應抱著平和的心態接受這一客觀事實，客觀認識和對待退休，以減輕因退休而帶來的失落感。

②可以通過多種形式培養個人興趣，策劃退休後的生活，如可以進入老年大學，發展多種興趣愛好；或參與集體活動廣交朋友，豐富退休生活；或可以通過兼職、顧問等其他形式發揮餘熱。

（3）組織的職業生涯後期管理

對於組織而言，後期的職業生涯管理應該注意以下幾個方面：

①組織應該對處於職業生涯後期的員工給予真誠的關懷，從心理和物質上對其進行關心和照顧，如辦好養老保險、醫療保險等事宜，舉辦退休座談會和研討會幫助其正確認識退休，定期組織活動等。

②鼓勵和幫助該階段的員工在能力許可的範圍內繼續發揮一技之長，對那些具有豐富經驗的老職工，組織應鼓勵他們多做些「傳、幫、帶」的工作，在組織內部繼續發揮餘熱。

③提前安排好退休計劃，盡早地選拔和培養崗位接替人員，做好新老交接工作，以確保工作的正常運行；對即將退休的員工進行退休準備教育，採用多種方式鼓勵員工對自己退休以後的生活進行自我設計與規劃。

第三節　職業生涯發展

一、職業生涯發展理論

當人們的職業選擇確定以後，面臨的迫切問題即是如何發展自己的職業生涯。人與人之間存在著千差萬別的差異，在職業生涯發展過程中也將面臨不同的環境和迥異的際遇。很多專家學者對職業生涯發展的過程進行了專門研究，通過歸納與綜合，將人的職業生涯分為幾個不同的發展階段，在每個階段又分別面臨不同的任務和問題，其中具有代表性的觀點有以下幾種：

1. 金茲伯格的職業生涯發展理論

金茲伯格（Eli Ginzberg）是職業生涯發展理論的典型代表人物之一，也是職業生涯發展理論的先驅者。他研究的重點是從童年到青少年階段的職業心理發展，他把青年的職業性成熟程度分為三個階段。

（1）空想期（11歲以前）

空想期實際上是兒童少年時期，兒童往往會想像他們將來會成為什麼樣的人，這種職業想像是由其興趣所決定的，不受現實限制，似乎想幹什麼將來就能幹什麼，其實是幼兒的一種模仿行為。

（2）嘗試期（11~18歲）

嘗試期大約從10~12歲開始，到16~18歲結束。在這個時期，年輕人開始脫離了兒童盲目隨意的幻想，開始有規律地擴大對自己職業選擇因素的考慮，不僅注意自己的職業興趣，而且已能夠比較客觀地認識到自己的能力和價值觀，並意識到職業角色的社會意義。

（3）現實期（16~18歲開始）

現實期一般從16~18歲開始，是人們正式的職業選擇決策階段。在該階段的選擇是將個人的主觀意願與個人客觀條件、外界客觀條件及社會需求相結合的選擇。具體來說，現實期又分為三個階段。

①探索階段，青年人嘗試將個人選擇與社會需求結合起來。
②具體化階段，青年人對一種職業目標有所專注，並努力推進這一選擇。
③特定化階段，依據自我選擇的目標，做具體的準備，如接受培訓或進修。

2. 薩帕的職業生涯發展理論

美國學者薩帕（Donald E. Super）是一位有代表性的職業管理專家，他認為可以根據年齡將人生階段與職業發展配合，並將生涯分為五個階段：成長（Growth）、探索（Exploration）、建立（Establishment）、維持（Maintenance）、衰退（Decline）。

（1）成長階段

成長階段大致可以界定為出生至 14 歲。在這一階段隨著對家庭成員、老師、朋友的認同及相互作用，逐步建立起自我概念，並經歷對職業的好奇、幻想到感興趣，再到有意識地培養職業能力的成長過程。具體又分為幻想期、興趣期和能力期。

（2）探索階段

探索階段從 15～24 歲，在這一階段中自我概念和職業概念逐步形成，個人會不斷通過不同的活動和角色進行自我檢視和探索。具體又分為試探期、過渡期和嘗試期。

（3）建立階段

建立階段從 25～44 歲，該階段主要確定前一階段的職業決定是否正確，若正確則會努力經營並使其成為自己的永久職業；若不合適則改為其他職業，在這以後，人們逐漸在某一領域穩定下來。

（4）維持階段

維持階段從 45～64 歲，在這一階段人們主要維持目前的工作，按既定方向繼續將它做好，並為將來退休做計劃。在此階段極少有人會冒險探索新領域。

（5）衰退階段

衰退階段是指 65 歲以後，人們的體力和心理能力逐漸衰退，工作生活模式將發生改變，並將逐漸退出職業領域。

薩帕除了在時間維度上將人的職業生涯分為五個階段之外，他還提出了著名的職業生涯層面理論，即彩虹理論。他認為，人生的整體發展是由時間、領域和深度決定的，即職業生涯包括時間、領域和深度三個層面。

時間層面，按人的年齡和生命歷程劃分為成長、探索、建立、維持、衰退五大階段。

領域層面，指一個人終生所扮演的各種不同角色，有孩童、學生、休閒者、公民、工作者、持家者等。

深度層面，即投入程度，指一個人在扮演某一個角色時所投入的程度。

薩帕的生命彩虹圖如圖 9-2 所示。

3. 格林豪斯的職業生涯發展階段理論

格林豪斯（Jeffrey H. Greenhaus）研究人生不同年齡階段職業發展的主要使命，並將職業生涯發展分為五個階段。

第一階段：選擇職業，為工作做準備。這一階段的年齡大部分是從出生到 25 歲，在這一時期的主要使命包括：建立職業方面的自我形象，對所選擇的職業進行評價，初選職業，繼續接受必要的教育。

第二階段：參加工作。其典型的年齡階段是 18～25 歲，主要使命是獲得所向往的組織的工作，根據準確的信息選擇合適的工作。

第三階段：職業生涯早期。其典型的年齡階段是 25～40 歲，主要使命是學會工作，學習組織規則和標準，適應所選職業和組織，提高能力，實現夢想。

第四階段：職業生涯中期。其典型的年齡階段是 40～55 歲，主要是再次評價早期

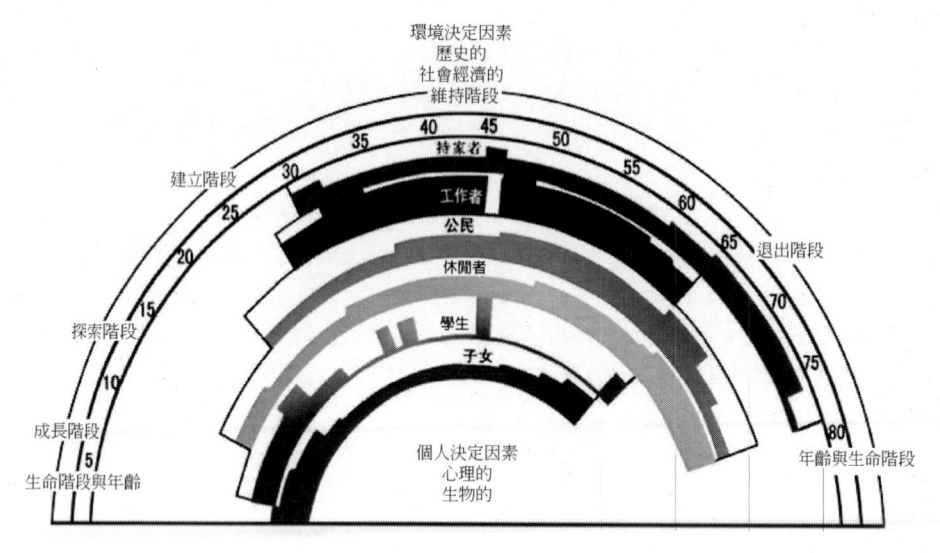

圖 9-2　生命彩虹圖

職業和青年時的使命，再次肯定或修正夢想，為中年時期做出適當的選擇，保持工作能力。

第五階段：職業生涯晚期。其典型的年齡階段是 55 歲至退休，主要使命是保持工作能力，維持他人對自己的尊重，為實際退休做準備。

4. 薛恩的職業生涯發展階段理論

薛恩（Edgar H. Schein）是美國著名的心理學家和管理學家，他把個人的發展與個人在組織中的角色緊密聯繫起來，在職業生涯發展方面有著深刻的見解及實用價值。薛恩根據職業週期的特點，對職業生涯發展階段進行了劃分，分為以下幾個階段：

（1）成長、幻想、探索階段。
（2）進入工作世界階段。
（3）基礎培訓階段。
（4）早期職業的正式成員資格階段。
（5）正式成員資格、職業中期階段。
（6）職業中期危機階段。
（7）非領導者角色的後期階段。
（8）處於領導角色的後期階段。
（9）衰退和離職階段。
（10）退休階段。

同時，指出了每個階段的年齡跨度、在該階段所擔任的角色、面臨的廣義問題以及涉及的具體任務。

薛恩對於職業生涯領域的理論貢獻不只這些，他通過對麻省理工學院的三屆管理系碩士進行了長達十幾年的追蹤研究，進行了大量的採訪、面談和測試，並根據這些

資料進行研究分析，提出了職業生涯系留點理論，即職業錨理論。它反應的是人們在有了相當豐富的工作閱歷後，真正樂於從事某種職業，反應了一個人進入成年期的潛在的需求和動機，並把它作為自己終生的職業歸宿的思想原因。根據研究結果，薛恩將職業錨分為技術性能力、管理能力、創造力、安全與穩定、自主性、基本認同、服務、權力欲及擴展、多樣化九種類別。

二、職業生涯發展通道

雖然每個員工的職業生涯都是由不同的發展階段構成，但具體到個人的職業生涯，他在整個過程中的一系列經歷又是截然不同的。職業生涯通道（Career Path）是指組織為內部員工設計的自我認知、成長和晉升的管理方案。職業生涯通道指明了組織內員工可能的發展方向及發展機會，組織內每一個員工可能沿著本組織的發展通道變換工作崗位。職業生涯通道是個體在一個組織中所經歷的一系列結構化的職位。職業生涯通道的設計是為了幫助員工瞭解自我的同時使組織掌握員工職業需要，以便排除障礙，幫助員工滿足需要。另外，職業生涯通道通過幫助員工勝任工作，確立組織內晉升的不同條件和程序，對員工職業發展施加影響，使員工的職業目標和計劃有利於滿足組織的需要。

一般來說，組織內的職業生涯發展通道有四種發展模式。

1. 傳統的職業生涯通道

傳統的職業生涯通道是員工在組織中從一個特定的職位到下一個職位縱向向上發展的一條路徑，是一種基於過去組織內員工的實際發展道路而制定的發展模式。每位員工必須由下至上，一級接一級地從一個職位到更高的一個職位進行變動，並在此過程中獲得必要的經歷和準備。如某一組織的銷售部門的職業生涯通道從下而上依次為銷售助理、銷售代表、銷售經理、銷售總監四個等級。這種職業生涯通道強調組織和員工關係的穩定，其最大的優點是直觀性和垂直性，員工很清晰地知道自己向前發展將會走到哪裡，會是怎樣的職業序列，員工的工作目標是和晉升密切相關的。但是隨著組織的發展、技術的進步，這種職業生涯通道的弊端也逐漸顯露出來。隨著組織結構日益趨向扁平化，管理層次大大減少，傳統組織路徑上的上層職位越來越少，以及隨著內外部環境的變遷，員工的忠誠度也有所改變，這種職業生涯通道開始不再適應員工的職業生涯發展需求。

2. 網狀職業生涯通道

網狀職業生涯通道是一種建立在對各個工作崗位上的行為需求分析基礎上的職業發展通道設計。它認為在某類崗位所獲得的技能和經驗在其他崗位上也會起作用。它要求組織首先進行工作分析來確定各個崗位對員工的素質和技能的要求，然後將具有同等要求的工作崗位劃為一類，然後在其內進行職業生涯設計，包括縱向職位序列、橫向發展機會及核心方向的發展，從而交錯形成網狀。網狀職業生涯通道更好地、更現實地刻畫了員工在組織中的發展機會。這樣，除了傳統職業通道之外，員工還可以在網內進行職業流動，從而打破了員工職業發展的限制。這種呈網狀分佈的職業發展通道設計能夠給員工和組織帶來很大的便利：對員工來講，這種職業發展設計為員工

帶來了更多的職業發展機會，尤其是當員工所在部門的職業發展機會較少時，員工可以轉換到一個新的工作領域，開始新的職業生涯；這種職業發展設計也便於員工找到真正適合自己的工作，找到與自己興趣相符的工作。對組織來講，這種職業發展設計增加了組織的應變性。這種職業生涯通道的缺點在於沒有一條固定的職業發展通道，可能會使員工在職業發展過程中感到困惑，使他們難以確立長遠的發展目標；同時，組織也很難在具體的實施中保證絕對的公平性。

3. 橫向職業生涯通道

隨著組織結構扁平化趨勢的不斷加強，組織內部將沒有足夠多的高層職位為每個員工都提供升遷的機會。同樣，隨著員工個人興趣的變化以及出於鍛煉技能的需要，如果長期從事同一項工作會使人們感到枯燥乏味，從而影響其工作效率。因此，組織也常採取橫向調動來使工作具有多樣性，使員工煥發新的活力、迎接新的挑戰。這種橫向調動一般指組織中各平行部門之間的調動。雖然沒有加薪或晉升，但員工可增加自己對組織的價值，也使他們自己獲得了新生。按照這種思想所制定的組織職業生涯通道就是橫向技術通道，它進一步打破了行為職業生涯通道設計對員工行為和技能要求的限制和約束，實現了員工在組織內更加自由的流動。對員工而言，他獲得了更為豐富的專業知識和經驗，增強了自身的競爭力；對組織而言，它獲得了擁有多種專業知識與技能的員工，這將大大增強企業或組織滿足顧客需求的能力。

4. 雙重/多重職業生涯通道

雙重/多重職業生涯通道是西方發達國家企業組織中激勵和挽留專業技術人員的一種很普遍的做法，主要用來解決某一領域中具有專業技能，但並不期望或不適合通過正常升遷程序調到管理部門的員工的職業發展問題。傳統的對專業技術人員的獎勵方式就是將其提拔到管理層，但這種做法顯然有嚴重的弊病。管理工作可能不符合某些技術人員的職業目標，管理工作也可能不適合某些員工的人格特質，如果硬是將他們推上管理崗位，一方面會因為無興趣或無能力干不好管理工作，另一方面又會使他們的技術和知識、經驗和能力都不能發揮作用，這對企業組織來說是一種極大的浪費。所以，應該給專業技術人員提供一種不同於管理生涯路徑的升遷機會，出於這樣的需要，雙重/多重職業生涯通道應運而生。這種體系提供兩條或多條平等的升遷路徑，一條是管理路徑，另外幾條是技術路徑。幾種路徑層級結構是平等的，每一個技術等級都有其對應的管理等級，一般來說，要給予不同路徑中相同級別的人同樣的待遇。有了這種體系，沒有管理興趣或能力的專業技術人員就可以在技術職業生涯通道上升遷，這樣既保證了對他們的激勵，又使他們能充分發揮自己的技術特長。這無疑有助於專業技術人員在專業方面取得更大的成績。

總體來看，四種不同的職業生涯通道都具有各自的特點及針對性，各組織可以根據自己的特色和面臨的問題選擇適當的職業生涯通道，更大地發揮職業生涯管理的作用。

三、職業生涯發展中的現代問題

1. 壓力問題

在激烈的競爭下，每一個員工在職業生涯發展的過程中都會面臨或多或少的壓力。壓力本身並不一定有害，適度的壓力能給人以挑戰性以及積極向上的動力，甚至能提高績效和健康水準，但過多的壓力會嚴重損害個人的身體和精神健康，影響個人的職業生涯，從而影響組織的績效。根據統計，72%的工人因工作壓力而經常患病，34%的人由於壓力而想到過辭職，27%的人認為工作是他們生活壓力的唯一原因。顯而易見，如對壓力不加管理，則會對員工和組織產生破壞性的影響，壓力問題是員工和組織管理者都要考慮的問題。

產生壓力的原因是多種多樣的，可能是來自工作本身的要求，或是組織所實施的某項政策，或是來源於自身的原因；也可能是由工作以外的原因產生，如就業歧視、事業威脅等。歸納起來，產生工作壓力的原因有以下三類：

(1) 個人因素

個人的行為模式、思考模式、對自己的期望、個人的能力、人際關係、經濟狀況、健康狀況以及曾經經歷過的工作和生活等因素都會影響員工的工作壓力水準。

(2) 組織因素

組織內有許多因素能引起員工的壓力，如組織結構、組織變革、組織生命週期、工作環境、文化整合、溝通障礙、領導風格、工作過載或欠載、角色要求、任務要求等都會給員工帶來壓力。

(3) 環境因素

環境的不確定性會影響員工的壓力水準，包括：經濟的不確定性，如商業週期的變化會造成經濟的不確定性，經濟蕭條總會伴隨勞動需求減少、被解雇員工增多、薪水下調等，人們會為自己的經濟和生活保障而倍感壓力；政治的不確定性，如在政治體制不穩定的國家或企業，政治變革和政治威脅總會誘發不穩定感和壓力感；技術的不確定性，如技術更替會使員工的技術和經驗在很短的時間內變得陳舊，技術創新會威脅到許多人，使他們面臨淘汰的威脅。

對於工作壓力管理主要應從員工和組織兩個層面入手。對員工自身而言，應注重提高個體控制壓力的能力，並採取必要措施從心理和生理上提高自身的抗壓能力。在組織管理層面上，應從工作壓力來源、員工壓力反應以及員工的自身特點這三個方面入手，通過調整與減少壓力來源並幫助員工改變自身，來促使員工更好地應對壓力，降低壓力反應，如對工作進行重新設計，為員工設計多種職業生涯通道等，以使員工能更好地面對壓力問題，使其職業生涯順利發展，和組織達到共贏的局面。

2. 職業生涯高原問題

職業生涯高原，是指企業內的員工在職業發展的過程中，由於組織內外環境變化以及員工自身因素的影響，使員工在職業階梯上進一步向上移動的可能性變得很小的職業發展階段。根據巴德維克等人的觀點，在任何一個企業中，大約近99%的員工在其職業生涯中將不得不經歷至少一次職業生涯高原階段。

產生職業生涯高原現象的原因有很多,其中最直接的原因是組織結構扁平化和網絡化導致管理層次的大大減少以及中間管理崗位的大量消失,這使組織中原本就十分激烈的職位競爭變得更為嚴峻,並客觀上促使企業中的絕大部分員工面臨著達到晉升條件但卻沒有晉升空間的尷尬局面,即職業生涯高原。同時,員工個人知識技能及其結構的老化也會導致員工職業生涯高原狀態的產生,在職業生涯的特定階段,員工會產生對職業的倦怠感,對工作喪失興趣,對工作的投入程度降低,甚至將其工作當成一項任務或負擔,而不再直接把它當做一種職業發展的機會。

正確處理員工所面臨的職業高原問題,對於員工個人職業生涯的發展以及組織而言都意義重大。關於如何應對職業高原,許多學者都提出了自己的看法,如朗茲(Rantze)和費勒(Feller)提出了員工個體應對職業高原的四種策略:心態平衡策略、跳房子游戲策略、跳槽策略、內部企業家精神策略。羅東多(Rotondo)則把個體對職業高原的應對分為「關注問題」的應對策略(Problem - Focused Coping)和「關注情緒」的應對策略(Emotion - Focused Coping)。坦(Tan)和薩勒摩(Salomone)則認為職業高原是個人和組織應該共同關心的問題,組織應採取一定的辦法對職業高原問題進行干預,這種干預可以通過崗位設計、工作計劃、輪崗制度、激勵制度、培訓制度等諸多的組織內部制度進行安排與設計,為處於職業高原狀態的個體提供組織與制度支持。

除此之外,隨著社會的發展,在職業生涯的發展過程中也遇到越來越多的新問題,比如如何解決工作和家庭的關係,如何解決雙職工家庭所面臨的特有挑戰,如何看待員工的職業忠誠與組織忠誠等。

本章小結

職業生涯是一個人一生所經歷的和工作相關的所有的活動的總和,其受到個人自身因素及外部環境的多重影響。

職業生涯規劃對個人和組織都非常重要。對個人而言,職業生涯規劃能讓員工更好地認識自己,幫助員工增加自身競爭力,並協調好工作與家庭的關係,最大程度實現自身價值。對組織而言,職業生涯規劃將員工的成長與企業的發展聯繫在一起,可以幫助組織瞭解內部員工的現狀及需求,為員工提供平等的就業機會,使組織更加合理有效地利用人力資源,是組織吸引和留住人才的重要措施。職業生涯規劃一般包括職業考查、確定目標、制定並實施戰略、評估與反饋四個步驟。

無論對於個人或是企業,職業選擇問題是職業生涯管理中的核心問題。職業選擇理論主要有帕森斯的特質—因素理論、霍蘭德的人職匹配理論以及佛隆的擇業動機理論。一個人職業生涯的成功有賴於自身和所在組織對不同階段的職業生涯進行有效的管理。一般員工的職業生涯可分為職業生涯早期、職業生涯中期和職業生涯晚期,在不同的時期,因為個人特徵以及所處環境不同,其面臨的職業生涯管理問題和任務也各不相同。

人與人之間的差異性決定了其在職業生涯發展過程中也會面臨不同的環境和際遇。

很多專家學者對職業生涯發展的過程進行了專門研究，通過總結將人的職業生涯分為幾個不同的發展階段，在每個階段又分別面臨不同的任務和問題。具體到個人，其在組織內的職業生涯發展通道一般有傳統、網狀、橫向、雙重/多重四種發展模式。

思考題

1. 什麼是職業生涯？一個人的職業生涯成功與否與哪些因素密切相關？
2. 根據你對身邊不同個體職業經歷的觀察，你更贊同職業生涯發展理論中的哪一個？
3. 簡述帕森斯、霍蘭德的職業選擇理論。
4. 具體分析四種不同的職業生涯發展通道分別在什麼樣的環境中更加適用。
5. 運用所學知識，嘗試規劃自己的職業生涯。

案例分析

阿莫可公司的職業管理系統

阿莫可公司（Amoco）是設在芝加哥的一家石油公司。公司經理知道保持職業通道完全暢通的重要性，因此，他們關心才能通道就如同關心石油通道一樣。當公司在戰略、結構和技術上發生了變化時，阿莫可公司的員工可以迅速地調整以適應新技能的需要。為了確保成功，還需要仔細地對個人才能和企業需要之間的矛盾進行有效地平衡。

H. 勞倫斯主席的「Larry」漂洗工計劃使公司獲得重生，其中一部分內容是，它將一個工作小組集中在一起，共同設計職業管理系統。這個工作小組包括高層經理人員（得到了人力資源部門的大力支持）；另外，工作小組的每一個成員要對他或她將與之合作的員工進行一次人員「諮詢會」。通過職業管理系統的設計，500多個來自阿莫可公司各個階層的員工形成了一種合夥關係。

阿莫可的職業管理系統（Amoco"s Career Management System，ACM）花了兩年半的時間才形成。它有四個關鍵的組成部分：①教育；②評估；③發展；④結果。教育是由每一個企業的高層管理通過召開動員大會而發起的，並要求所有員工出席。接著，就是一個稱之為「開發ACM」的半天自願教育計劃。ACM的第二個組成部分是評估，它是通過培訓會議完成的。在這個會議上，要分析員工與公司目標有關的技能。員工可以在兩個評估小組之間進行選擇：一個主要集中在當前的技能上，另一個稱為最大化職業選擇，主要集中在未來的職業計劃和工作豐富上。在這兩個工作小組中，管理者和員工一起工作，共同識別與他們職業目標相關的優勢和劣勢。

發展是ACM的第三個組成部分。在員工和他們的管理者之間要進行職業討論。員工要將完成的個人發展計劃帶到會議上來，同時管理者也要帶來一個表述清晰的團隊發展計劃。用這種方法可以使員工和管理者共同為職業發展作出貢獻。

最後，ACM 要將能夠測量的企業結果有機地聯繫在一起。由於 ACM 的目標是將員工的能力和組織的目標結合在一起，所以要根據對小組和組織所作出貢獻的大小對其結果進行測量。

阿莫可公司不斷從 ACM 系統中獲得有用的知識。經理們認為，以下幾點對 ACM 的實施是非常關鍵的：

(1) 為了獲得來自高層管理者的支持，職業發展必須依靠於企業的戰略。

(2) 必須允許個人改造計劃，而不是試圖強制實行一個「適合於人人」的方法。

(3) 至少應該將溝通看得與設計和完善一樣重要。

(4) 職業管理必須同其他人力資源的實際操作聯繫在一起，如招聘和培訓，以形成強化組織和個人目標的協同作用。

(5) 這個系統的最終目標——讓人們思考如何使自己能夠一直保持長期突出的狀態，而不僅僅只是短期得到提升。

圍繞著職業管理的公司文化已通過 ACM 得到了增強。阿莫可公司的員工正在擔負起他們的職業責任來，並且公司有了這樣一個通道，使得人們可以將正確的能力在正確的時間上用在正確的崗位上。

討論題

你如何評價阿莫可公司的職業管理系統？如果需要作進一步的改進，你可以提供什麼樣的建議？為什麼？

第十章　人員素質管理

【學習目標】
- 理解素質、勝任力、勝任力模型的內涵；
- 掌握勝任力模型的構建步驟和方法；
- 理解員工素質測評及主要方法。

【導入案例】

世界500強企業中已有過半數的企業在建立和應用勝任力模型。在高露潔公司，勝任力與績效考核、人員發展計劃以及360度反饋體系緊密相連。他們的全球人力資源高級副總裁這樣闡述到：「素質模型讓公司有一個統一的，簡易的方法來進行全球化管理，使我們的人力資源管理更加公平和高效。我們在全球銷售高露潔牙膏，在包裝、配方、廣告及至對抗競爭對手的價格定位都力求一致。在管理員工的方式上也應遵循這一原則，確立同樣的素質要求，以達到滿意的績效」。高露潔公司追蹤所有分佈在全球各家子公司的高潛質人才。從他們進入高露潔公司的第一天起，就有專門的系統追蹤他們在高露潔的表現，掌握他們的績效以及在組織中的流動情況。通過多年的追蹤發現，那些經過以素質模型為基礎的人員選拔系統而進入公司的員工，在後來的實際工作中確實有很好的表現，有相當一部分人進入了公司的高潛質人才庫。這個方法幫助高露潔公司在全球各地選定了最頂尖的人才，為後續的人力資源管理奠定了良好的基礎。

（資料來源：李峰，方素珍. 衛生機構管理者崗位勝任力［M］. 北京：人民衛生出版社，2007.）

討論題

勝任力模型在人力資源管理中有哪些作用？

近年來，員工素質、勝任力、勝任力模型已成為人力資源管理人員談論的熱門話題，越來越多的組織開始重新構建基於員工素質、勝任力模型的人力資源管理系統，開發員工潛能，培養員工的核心能力，以促進組織發展，實現組織目標。本章將論述員工素質、勝任力、勝任力模型的構建和應用等內容。

第一節 概述

一、素質及其構成

1. 素質的概念

隨著人力資源管理的發展，以員工素質為基礎，建立勝任力模型，並以此為基準開展一系列人力資源管理活動，已經成為當今乃至未來人力資源管理發展的重要趨勢。

素質是多學科研究的對象，不同學科的學者對素質有不同的理解或解釋。素質一詞原本是生理學概念，指人的先天生理解剖特點，主要指神經系統、腦的特性及感覺器官和運動器官的特點，素質也被視為人們心理活動發展的前提，離開素質這一前提就談不上心理發展。

教育、心理學家認為，素質是指人天生具有的某些生理心理特點，是人能力發展的自然前提和基礎。他們指出，素質有廣義和狹義之分。廣義的素質是指以個體的先天禀賦為基礎，在後天環境、教育影響下，由個體自身在社會實踐活動中形成並發展起來的內在的相對穩定的身心特點及其基本品質；狹義的素質主要是指遺傳素質，即生物體從上代繼承下來的解剖生理上的特點，如機體結構、形態、感官和神經系統的特點。

在人力資源管理領域，素質也稱為勝任力，不同學者的翻譯不盡相同，有些學者傾向於譯為「人的能力、技能及資質」等；有的學者傾向於譯為「工作能力」、「職業技能」、「勝任力」、「勝任力特徵」等。上述兩種觀點各有側重，在實踐領域可能出現不必要的混淆。

根據上述有關專家對素質的解釋，我們認為，素質是指個體在先天生理遺傳特點的基礎上所具有的，獨特的、相對穩定的身體、心理特點和基本特質。這些特點和特質構成了個體學習或從事某種職業的身體、心理、社會等方面潛在或顯在的基礎。這一素質概念強調以下幾個要點：第一，素質以個體先天具有的生理遺傳為前提條件，沒有這一前提，談不上素質；第二，素質是一種相對穩定的身心特點，素質的這種穩定性為預測其行為表現提供了可能；第三，素質是獨特的，每一個體都具有區別於其他人的素質特徵；第四，素質的內容一般包括身體、心理和社會三個方面；第五，素質構成了個體學習或從事某種職業的基礎和前提。

2. 素質的構成

素質是指個體作為一個社會成員所具備的身體、心理和社會等方面的基本資質或要求，素質強調的是基礎的、必要的身心條件，不一定與工作相關聯。在人力資源管理系統中，素質是指員工完成其工作職責所必須具備的身體、心理和社會等基本資質或要求。素質是一個由多種基本要素構成的整體，這些構成素質的基本要素稱之為素質要素。素質要素往往形成一定的結構或模式。素質一般由三個方面的要素所組成：

（1）生理素質，如身高、體重、體型等。

(2) 心理素質，如智力、情緒、意志力以及興趣、氣質、性格傾向、價值觀等。

(3) 社會素質，如職務、責任、職業興趣、工作技能、道德素質、價值觀等。

不同的學者認為素質應該分成不同的類別。從層次上看，存在組織層面的能力和員工個人層面的能力。組織層面能力的界定源自於 Prahalad 和 Hamel，兩位學者將其稱為核心能力，認為核心能力是組織競爭優勢的源泉（Prahalad & Hamel, 1990）。與組織核心能力相應的是個人能力，個人能力是基於能力的人力資源管理中的核心概念，當前在個體能力概念的界定上仍存在很多的爭論（Currie & Dard, 1995；Garavan & McGuire, 2001）。對個體能力類型的劃分，由於劃分的方法和角度不同，所以在理論上遠未達成一致。Sandwith（1993）根據各類能力性質的差異，將能力分為五類，即概念能力；領導能力；人際能力；行政能力和技術能力。Swan（2000）分析優秀的職業人員的能力時，將能力劃為三大類：人際能力、認知能力和內在能力（intrapersonal competencies）。他們認為人際能力主要包括關係構建、融合他人、影響他人和協商能力；認知能力包括信息收集、抽象思維、分析思維和計劃能力；內在能力包括成就導向、毅力、客觀和自我控制的能力。Cheetham 和 Chivers 認為職業能力由 5 類相互聯繫的能力構成，它們分別是元能力、知識/認知能力、職能能力、行為能力以及價值道德能力，其中元能力是聯繫其他四類能力的橋樑。SaPrrow 和 Hiltorp（1994）認為能力可以分為行為能力、管理能力和核心能力三類。Devisch（1998）將能力分為核心能力、職能能力和特殊能力三類。Kuijipers（2000）從更寬的角度，認為能力由三個層次的能力構成，即通用的工作能力，學習能力和職業相關的能力。Kanungo 和 Misra（1992）在研究管理人員的能力時，認為管理能力由三個基本類構成：情感能力；智力能力；行為類能力。Hunt 和 Wallace（1995）認為管理能力由六類關鍵子能力構成，即戰略管理能力；領導和團隊構建能力；組織和環境意識能力；解決問題和決策能力；政治、勸說和影響技能；行政和運作管理能力。

閱讀材料：

微軟的素質觀——要選擇什麼樣的人

- 迅速掌握新知識的能力
- 僅需片刻思考即可提出尖銳問題的能力
- 可以在不同領域的知識中找出它們之間的聯繫
- 掃視一眼即可用通俗語言解釋軟件代碼的能力
- 關注眼前的問題，不論是否在工作中都應如此
- 非常強的集中注意力的能力
- 對自己過去的工作仍然記憶猶新
- 注重實際的思想觀念、善於表達、勇於面對挑戰、快速反應

二、素質、行為與工作績效

在人力資源管理系統中，人是處於核心的要素，在其素質基礎上所表現出的行為

特點，則直接影響其工作績效。因此，在組織中，員工的素質、行為與工作績效具有非常獨特且密切的聯繫。從系統論的觀點看，在組織人力資源管理中，員工的素質、行為與工作績效表現為一個投入與產出的活動過程。

1. 素質與工作行為

「素質推動行為」，員工的內在素質，諸如動機、興趣、價值觀、態度、社會角色與知識技能奠定了其外在工作行為的基礎，直接或間接地影響或決定其行為方式、技術動作、操作過程等，進而影響著員工的工作行為特點和行為效果，如圖10-1所示。

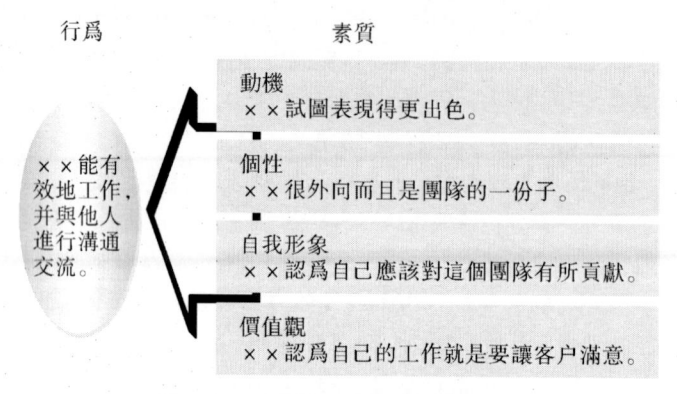

行為　　　　　　　　　　素質

××能有效地工作，并與他人進行溝通交流。

動機
×× 試圖表現得更出色。

個性
×× 很外向而且是團隊的一份子。

自我形象
×× 認為自己應該對這個團隊有所貢獻。

價值觀
×× 認為自己的工作就是要讓客戶滿意。

圖10-1　素質與行為驅動的關係舉例

由圖10-1知，素質與工作行為的關係具有以下特點：

（1）一般而言，素質處於素質這一行為關係中的發起端，是引起行為過程的內在原因或動因，實際上，表現優秀得到正強化的行為也會影響個體的動機；

（2）素質由多種要素構成，主要包括動機、個性、知識技能、自我形象、價值觀等要素；

（3）各種素質要素對人的工作行為具有喚起、促動、推進等作用；

（4）素質可能使人們的行為具有某種特點或色彩，換言之，素質影響或決定人們的行為方式或行為表現。

2. 行為與工作績效

如果從投入—產出的角度分析，素質—行為—績效構成了一個系統體系，其中，工作績效處於投入—產出體系中的產出端，員工特定的行為方式可能影響或決定其工作績效。可以說，績效是行為的最終目標和方向。在人力資源管理的投入—產出體系中，如果忽視了員工的素質及其行為，就難以獲得相應的工作績效。在組織管理實踐中，員工在各種素質的影響下，產生相應的行為方式，這種行為方式，可能是被人們客觀觀察到的身體姿勢或動作，也可能是完成某一特定的工作行為。總之，這裡所指的行為主要是指員工的「工作行為」或與工作相關的行為。進而，我們還應當看到，員工的工作行為必然能夠產生相應的工作績效——一種勞動產出形式。

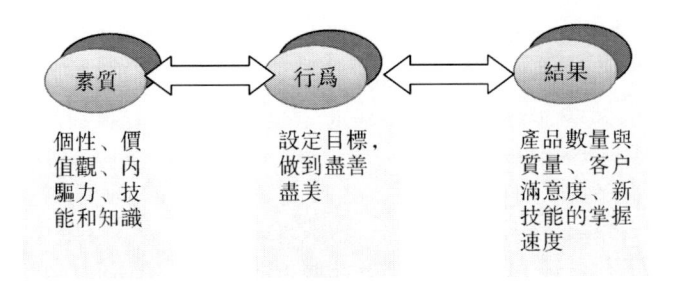

```
素質 ⇄ 行為 ⇄ 結果
個性、價      設定目標，    產品數量與
值觀、內      做到盡善      質量、客戶
驅力、技      盡美          滿意度、新
能和知識                    技能的掌握
                            速度
```

圖 10-2　素質—行為—績效之間的作用機制

素質—行為—績效之間的關係或相互作用機制，對我們理解人力資源管理，開發組織人力資源具有重要意義。

（1）素質—行為—績效構成了一個完整的人力資源操作系統，要充分地認識到素質—行為—績效之間的驅動關係。

（2）在實踐中要落實和體現三者的關係，要從素質—行為—績效這一完整系統中去認識人力資源開發，而不只是孤立地強調某一方面，提高員工績效，既要求員工具備一定的素質、知識技能、動機、價值觀等，又要指導員工遵循有效的行為方式。

（3）利用和開發組織人力資源可以有多個開端，既可以從提高員工素質入手，也可以從規範工作行為、提高操作技能入手，還可以採取措施提高工作績效。

（4）要注意績效也會對行為和素質產生反作用。

三、勝任力與勝任力模型

1. 勝任力

勝任力一詞的概念來源於英文單詞「competency」，其中文解釋為「才干」、「勝任素質」、「勝任特質」、「素質」、「勝任力」、「資質」、「資格」、「才能」、「能力」、「受雇傭能力」等。這一概念是 20 世紀 50 年代初，由哈佛大學著名的心理學教授麥克利蘭（David C. McClelland）提出來的。麥克利蘭認為，勝任力是員工從事某項工作需要具備的知識、技能和能力及其相應的行為方式。這些行為應該是可指導的、可觀察的、可衡量的，而且對個人和企業成功極其重要。這一定義體現了勝任力的三個特徵，即可指導性、可觀察性和可衡量性。正是他提出的勝任力的這三個特徵，成為構建勝任力模型的理論來源。

在麥克利蘭之後，諸多學者對勝任力進行了更為廣泛而深入的研究，使得勝任力概念日臻完善。目前，人們比較普遍接受的是美國心理學家萊爾. M. 斯潘賽（L. M. Spencer, 1993）提出的勝任力概念，即勝任力是指能把某一工作（或組織、文化）中表現優異者與表現平平者區分開來的個人潛在的、深層次特徵（Underlying Characteristic），它可以是動機、特質、自我形象、態度或價值觀、某領域的知識、認知或行為技能——任何可以被可靠測量的並且能夠顯著區分優秀與一般績效的個體的特徵。

我們認為，這一概念包含有三個方面的內容：

首先，勝任力是一種深層次的心理特徵。這是指勝任力處於員工心理的較深層次，主要包括技能、知識、社會角色、自我概念、特質和動機等。這一特徵強調了勝任力的

構成要素——素質特徵,也印證了素質與勝任力的關係,即素質是構成勝任力的基礎要素。

其次,勝任力與工作績效具有因果關聯性,使用它能夠在廣泛的環境和工作任務中預測人的工作行為及工作績效。一般而言,通過勝任力可以預測人的行為反應方式,進而,行為反應方式又能夠影響工作績效。這一特徵突出了勝任力與工作行為及工作績效之間的密切聯繫。

最後,勝任力具有效度標準作用,即按照某一效度標準,勝任力具有預測員工績效優劣的效標作用。只有某種標準具有預測個體從事某種工作的表現為優異或一般時,才能夠稱之為勝任力。人力資源管理實踐中,最常用於勝任力的效標有兩種:基準效標和優異效標。前者是指最低的、可接受的入門工作標準;後者是指工作績效表現卓越、處於績效排序前10%之內的優秀標準。這一特徵強調了勝任力在人力資源管理實踐中區分「優異」與「一般」的鑑別作用。

閱讀材料:

勝任力的不同概念

1. Knowles(1970):勝任力是指執行特定功能或工作所包含的必需知識、個人價值觀、技能及態度。

2. Spencer(1993):勝任素質是指一個人所具有的潛在特質,其深藏於個人個性最深處並穩定存在,即使在不同的環境中,都可以從這些基本特質中預測個人的可能思考與行為表現;這些潛在的基本特徵不僅與其工作所承擔的職務有關,更可以由其瞭解個人預期或實際反應,以及影響行為與績效的表現。

3. 美國 Hay 公司:勝任力指在既定的工作、任務,組織或文化中區分績效水準的個性特徵的集合,它決定一個人是否能夠勝任某項工作或很好地完成某項任務,它是驅使一個人做出優秀表現的個人特徵的集合。

4. 美國薪酬協會(ACA):勝任力是指個體為達到成功的績效水準所表現出來的工作行為,這些行為是可觀察的、可測量的、可分級的。

2. 勝任力模型

勝任力模型(Competency Model)是指組織員工承擔某一工作職責所要求的與高績效相關的知識、技能和性格特點等素質的特殊組合。這些素質是可分級的、可測評的,是能夠區分績效優秀者和績效一般者的,通常由多項素質要素構成的素質集成模塊。通常可表示為:

$$CM = \{C_i, i = 1, 2, 3, \cdots, n\}$$

CM 表示勝任力模型,Ci 即第 i 個勝任特徵,n 表示勝任特徵的數目。

一些常見的勝任特徵有:學習能力、團隊合作、主動性、思維能力、堅韌性、成就導向等。例如,某商業銀行客戶經理勝任力模型可表示為:CM = {把握信息,參謀顧問,關係管理,自我激勵,拓展演示,協調溝通}

這一概念可以從不同的角度來理解:

一是從組織戰略角度看,勝任力模型是從組織戰略發展的需要出發,以強化組織競爭力、提高組織績效為目標的一種獨特的人力資源管理的思維方式、工作方法、操作流程。

二是從方法論的角度看，可以把勝任力模型視為對員工核心能力進行不同層次的定義以及相應層次的行為描述，確定關鍵能力和完成特定工作所需求的熟練程度。

三是從要素構成的角度看，勝任力模型是以素質為材料，以勝任力為構件而建立的勝任力要素集成模塊。單一的素質或勝任力不能夠稱之為勝任力模型。

四是從績效的關聯角度看，勝任力模型與工作績效具有必然聯繫，它可以預測員工未來的工作業績並能區分優秀業績者與普通業績者。所有的勝任力要素都應該與工作績效具有相關性，不能對績效水準進行預測和衡量的要素就不能稱之為勝任力要素。

總之，勝任力模型是在素質的基礎上，承擔特定工作職責，與工作績效相連的勝任力（知識、技能、品質和工作能力）結構整體。

3. 素質、勝任力與勝任力模型的關係

在人力資源管理中，素質、勝任力、勝任力模型是三個相互獨立又密切聯繫的重要概念。

首先，素質強調的是基礎的、必要的身心條件，是勝任力的基礎材料，主要包括基礎素質和工作素質，其中身體素質、心理素質和社會素質為基礎素質，知識、技能和態度等為工作素質。

其次，勝任力是與工作密切相連的多種素質的組合。在現代人力資源管理理論中，有不少人把素質稱之為勝任力。我們認為，素質不同於勝任力，素質只是構成勝任力的基礎材料，而不是勝任力本身，在組織中，與某一職位相關的各種素質的組合，我們才稱為勝任力。

最後，勝任力模型是由多種素質構成的結構整體。知識、技能和性格等素質是勝任力模型的主要構成材料，當我們進一步把勝任力與員工工作績效聯繫起來，並將其視為能夠區分績效優秀者與一般者的各種素質的結構整體時，就構成了勝任力模型。

閱讀資料

海爾勝任力模型

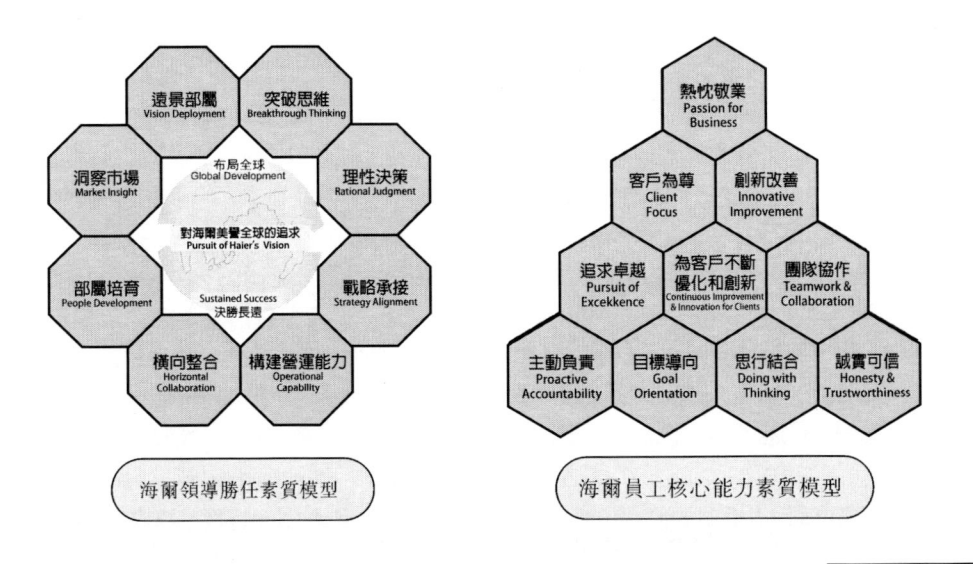

圖 10－3　海爾公司勝任力模型

四、勝任力模型的研究及其發展

1973 年，麥克利蘭博士在《美國心理學家》雜誌上發表了一篇文章：《人才測量：從智商轉向勝任力》（Testing for Competency Rather Than Intelligence）。這篇文章的發表，標誌著勝任力研究的開端。在麥克利蘭之後，有很多心理學家和管理學家沿著他的研究思路，對勝任力理論進行了進一步的研究。

從 20 世紀 70 年代，國外對勝任力的研究範圍進一步擴大，從勝任力的涵義、定義到建立勝任力模型，進而提出有關建立勝任力模型的方法、步驟及行為事件訪談的具體操作等。更多的學者結合各行業和職位的特點，研究了相應的勝任力模型，而一些學者則開始深入探討能力特徵和行為事件訪談的有效性等問題。

1970 年，McBer 和美國管理協會（AMA）開展了第一次大型的勝任力模型項目研究。其通過五年的時間對 1800 名管理者進行了研究，結果發現，優秀的管理者工作成功的五個重要的能力特徵是：專業知識、心智成熟度、企業家成熟度、人際間成熟度、在職成熟度。在這五個關鍵的能力特徵中，只有專業知識是優秀管理者和普通管理者都具有的。

約科爾（Yukl）把管理者的能力特徵劃分為三類：技術、人際和概念。技術技能包括方法、程序、實用工具和操縱設備的能力；人際技能包括人類行為和人際過程、同情心和社會敏感性、交流能力和合作能力；概念能力包括分析能力、創造力、解決問題的有效性、認識機遇和潛在問題的能力。這三種類型將個體技能在處理事、人、觀念及概念方面進行了區分。

其他學者也進行了類似的劃分，例如，帕維特（Pavett）等人劃分了四種類型，包括概念、技術、人際和政治技能。蒙特（Mount）等測量了 250 名經理人員，得到了三個管理能力維度：人際關係、管理和技術技能。波亞茨（Boyatzis）提出了績效優秀經理的有效能力特徵模型，評價了 12 個組織 41 個不同管理崗位 2000 人的 21 個特徵。該模型認為，良好績效管理人員具備 6 個方面的能力特徵，分別是：目標和行動管理（包括關注影響、概念的中斷使用、效率導向、始發性），領導（包括概念化技能、自信、演講），人力資源管理（包括管理群體過程、使用社會權力），指導下級技能（包括培養他人、自發性、使用單方面權力），其他（包括客觀知覺、自我控制、持久性、適應性），特殊知識（經歷及其特殊社會角色的特殊知識）。

斯潘賽（1993）總結他 20 年中研究能力特徵的成果，提出了 5 個通用勝任力模型，包括專業技術人員、銷售人員、社區服務人員、管理人員和企業家，每個模型都由 10 多個不同的素質組成。其中，企業家勝任力模型包括以下能力特徵：①成就：主動性、捕捉機遇、信息搜尋、關注質量、守信、關注效率；②思維和問題解決：系統計劃、問題解決；③個人成熟：自信、具有專長、自學；④影響：說服、運用影響策略；⑤指導和控制：果斷、監控；⑥體貼他人：誠實、關注員工福利、關係建立、發展員工。在勝任力模型的應用方面，美國政府為了對高級公務員進行有效管理，開發

了「高級公務人員的核心任職條件系統」。該評價體系評價的是候選人是否具備能在上述各種高級行政職位上獲得成功的一般性管理能力。

五、勝任力模型的構成要素

許多學者對素質及其構成要素具有獨特的認識和理解，在此基礎上，提出了具有特色的勝任力模型。這裡，僅介紹兩種模型：一是冰山模型；二是洋蔥模型。

1. 冰山模型

美國學者萊爾・M. 斯潘賽（1993）等在《工作勝任力：高績效模型》一書中提出，勝任力是在工作或情境中，產生高效率或高績效所必需的人的潛在特徵，同時只有當這種特徵能夠在現實中帶來可衡量的成果時，才能稱作勝任力。基於此，他提出了冰山模型，如圖10-4所示。

圖10-4　冰山模型

這一模型把人的勝任力分為五個要素：知識（行為與技能）、價值觀（態度）、自我形象、個性（品格）、內驅力（社會動機）。冰山模型認為，員工的全部素質由顯性素質和隱性素質所構成，該模型把人的全部素質看成是一座漂在水中的冰山。其中，浮在水面上的是他所擁有的顯性資產——知識、行為和技能，是員工的顯性素質。顯性素質也包括外在形象、技術能力、各種技能等，可以通過各種學歷證書、職業證書來證明，或者通過專業考試來驗證。這些素質就像浮於海面上的冰山一角，事實上是非常有限的。但由於其是顯性的，人們隨時可以調用，因此，在人力資源管理中一般會受到重視，相對而言也比較容易改變和發展。例如，通過培訓就比較容易收到成效，但很難從根本上解決員工綜合素質問題。

潛藏在水面之下的東西，包括職業道德、職業意識和職業態度等，稱之為隱性素質。隱性素質在更深層次上影響著員工的行為和發展，也正是隱性素質部分支撐了一個員工的顯性素質，構成了員工顯性素質的基礎。員工的素質就像一座冰山，呈現在人們視野中的往往只有少數部分，看不到的隱性素質在員工整體素質中佔有絕大部分，深刻地影響著員工的顯性素質。如果不加以激發，往往不易被發現，這是人力資源管理中容易被忽視的部分。在日常人力資源管理中，如果員工的隱性素質能夠得到足夠的培訓，將有助於員工潛能的發揮，同時對組織的發展也將具有深遠的影響。

2 洋蔥模型

波亞茲提出了勝任力的洋蔥模型,他認為,勝任力從內至外由各個構成要素組成了一個漸進的可以被觀察、衡量的洋蔥模型結構,如圖10-5所示。

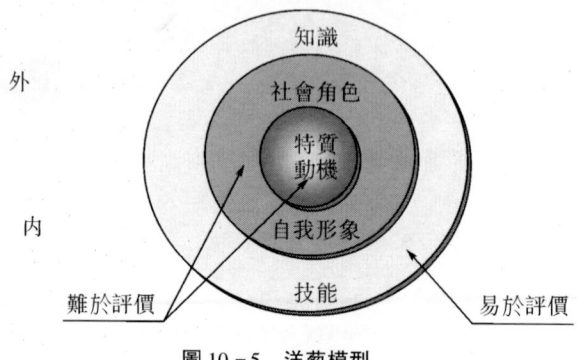

圖10-5 洋蔥模型

從圖10-5可以看出,模型的最內核部分是個性/動機,動機是推動個人為達到一定目標而採取行動的內驅力。它可能推動和指導個體的行為方式,使之朝著有利於行動目標的方向前進,並防止行動偏離方向。個性是個體表現出來的對環境與各種信息的反應方式、心理傾向與行為特徵的總和。通過瞭解個體的動機和個性,能夠在一定程度上預測個體的工作狀態等。由於動機和個性處於最內核部分,所以往往難以評價和培養。

模型的中間部分是自我形象、社會角色、態度和價值觀等素質要素,它處於知識、技能層次的內部,處於動機與個性的外圍。自我形象是個體對自身內外特徵的認識和評價。這種評價源自自我觀念和價值觀範疇內對自我的評價與解釋等。自我形象作為動機的反應,具有預測個體短期行為方式的作用。社會角色是個體對其所屬社會地位、職位相應的行為模式,反應了個體對自身具有特徵的認識,也包含了他人的期望。態度是指個體對一定社會現象所持有的,具有一定結構、相對穩定和內化了的心理反應傾向,它是動機、個性等因素與外部環境相互作用的結果。

洋蔥模型結構的最外層是知識和技能,知識是員工在某一特定領域所擁有的事實型與經驗型的信息,技能則是個體結構化地運用知識完成某項具體工作的能力,是通過持續地練習所形成的動作能力。

一般而言,知識技能是能夠通過培訓和教育而獲得的素質層次,也是最容易被人們認識、評價和利用的素質層次。洋蔥模型中的三個層次,也可以稱之為核心層、中間層和外圍層。三個層次並非相互孤立、互不聯繫,而是相互影響,相互作用,彼此間形成了一個既相對穩定,又不斷發展的結構模式。

3 冰山式模型與洋蔥模型的聯繫

通過深入分析,我們可以發現冰山模型與洋蔥模型雖然具有差異,但也具有一些共同點。

首先,素質是模型最基本的構成要素。無論是冰山式模型或洋蔥模型都具有基礎

的構成要素——素質。

其次，模型要素呈現一定的層次性。冰山模型中的素質結構，諸如，隱性與顯性素質類似於洋蔥模型中的不同層次。這恰恰反應了員工素質結構的某種共同本質特徵。

最後，兩種模型只是從不同的側面，反應了素質的結構性特點，為人們瞭解和研究素質，進而利用和發揮素質的作用，奠定了理論基礎，並提供了結構或層次參照系統。

第二節　勝任力模型的構建

一、構建的原則

1. 戰略導向原則

勝任力不僅僅是人力資源管理工具，更是為實現企業戰略目標服務的。在設計組織的勝任素質模型之前應該首先審視組織的使命、願景以及戰略目標，確認其整體需求；進而以企業戰略導向的人力資源戰略和組織架構和職責為基礎，在企業的使命、目標明確的條件下，開發、設計、運用勝任力模型。這要求企業在確定某一職位的勝任力時，必須從上往下分解，即由「企業使命」確定「企業核心戰略勝任力」，由「企業核心戰略勝任力」確定「企業業務發展需要的勝任素質」，由「企業業務發展需要的勝任素質」確定「職位需要的勝任素質」，將勝任力概念置於人員—組織匹配的框架中，根據特定職位需要的勝任力，招聘、選拔符合職位要求的人，確定該職位人員的績效考核內容、培訓主體、職業生涯發展等。這樣才能確保員工具備的能力素質是與組織的核心競爭力相一致，能為企業的戰略目標服務，確保所培養的員工是滿足真正長期需要的而不只是為了填補某個崗位的空缺。

2. 行業適用原則

由於不同行業及其崗位對員工的素質要求各異，因而不同職位的勝任力模型可能會有所差異。在實際工作中，要深入企業進行調研，組成各層次人員的評價小組進行工作分析和評價，充分瞭解行業及崗位特點，體現不同職位序列和職位對員工勝任力要素的要求，在此基礎上，結合行業總體特徵，構建具有行業適應性的勝任力模型。

3. 構建能力素質模型應關注企業所在的行業特點和業務流程特點

根據戰略人力資源管理理念，對人力資源管理各項工作流程進行全方位的審查、梳理，然後再重新設計能力素質模型，體現不同序列和崗位之間能力要求的差異，強調將企業戰略目標、核心能力、員工業績水準、員工能力素質特徵、行為特徵結合起來，利用標杆分析，挖掘其中存在的內在聯繫。能力素質模型的建立必須系統分析企業的戰略方向、業務特點、文化價值理念，不能片面照搬和模仿其他公司現成的形式和方法，導致資源的浪費而達不到預期的效果。

4. 能力素質模型應與其他人力資源管理環節匹配

其主要是指能力素質模型應該建立在其他人力資源管理環節完善的基礎之上，沒

有人力資源管理工作大系統的健全,企業不可能有效利用能力素質模型。能力素質模型和其他人力資源管理環節的關係某種程度上類似於企業中的戰略管理和人力資源管理兩種職能的關係,不是非此即彼的關係,而是協同關係,要持續不斷地健全和完善。基於戰略與核心價值理念的人力資源管理只有同現有能力素質模型理論及實踐結合,才能使戰略目標進一步固化落實在人力資源管理的各個環節。

5. 人力資源管理者素質的影響

素質模型質量直接關係到運用效果,衡量素質模型的質量標準在於其是否反應了職位所需要的任職資格,尤其是個體深層次特徵方面的任職資格。構建勝任力模型所運用的行為訪談法(BEI)、信息編碼、建模方法等,技術門檻高、操作難度大,而且還經常依靠操作者的主觀判斷,因此勝任力模型的質量既要取決於操作者的技術水準,更要取決於操作者的管理經驗和閱歷。這些要求遠非企業自身乃至小型管理諮詢公司所能達到的,即使在西方發達國家,大多數企業也主要依靠外部有實力的諮詢公司進行素質模型開發。而在國內,很多企業出於成本等多方面考慮,往往採取自主或者委託實力較弱的管理諮詢公司開發勝任力模型,模型本身質量就難以得到保證,運用效果更是可想而知了。有了高質量的模型,在運用實踐中還需要使用人員對模型要熟練並能深刻理解,避免「好經」被念歪。由於管理學界與實踐界的勝任力模型開發技術和運用能力均處於初級階段,真正有開發實力、有成功經驗的諮詢公司和專業人員不多,更多的諮詢公司在巨大的市場利潤誘惑下,採取「不管能不能做,先接單再說」的策略。辨別管理諮詢公司實力最簡單和最有效的方法不是看其名氣和招牌,而是要求其提供以往的客戶名單,對這些客戶的運用效果進行調查取證和比較分析。

二、構建流程

建立勝任力模型一般有以下八個階段的工作要做:

1. 組建建模小組

為了確保能夠順利開發勝任力模型,必須組建專家建模小組。小組成員包括企業高層領導、人力資源管理者、外部勝任力模型專家顧問以及勝任力模型目標部門負責人。人員規模10~15人為宜。

2. 企業戰略目標、文化、願景調查

構建勝任力模型的目的,是借助模型將個人因素(知識、技能、能力、性格、態度、價值觀、興趣)與企業戰略目標、文化價位觀、願景聯繫起來,找出最勝任職位的人選。因此,首先必須清楚地瞭解企業戰略目標、文化價值觀和願景。只有這樣,構建出來的勝任力模型才切合企業的實際,企業的人才戰略才能為發展戰略服務,從而發掘出符合企業未來要求的最勝任的人才。資料的收集方法,一般採取問卷調查法、無領導小組討論法和員工訪談法。

3. 職位劃分

根據企業的人力資源規劃,通過專家建模小組討論,對組織需求崗位的職類和職級進行科學劃分,界定出核心崗位和一般崗位、中高層崗位和基層崗位、技術型崗位和管理型崗位。企業不是一個研究機構,不必對所有職位建立模型,但是必須有針對

性和選擇性，充分考慮企業發展規模、組織架構、文化理念、政策制度等，結合企業實際，以增加企業效益為基點，最終確定模型開發的目標層級。

4. 確定招聘甄選標準

簡單地說，招聘甄選標準就是能夠鑑別出優秀員工的標準與規定，或鑑別出符合特定核心崗位要求的標準與規定。確定招聘甄選標準，一般採取職務分析法和專家小組討論法。職務分析，也叫工作分析，是指根據工作的內容，分析其執行時所需要的知識技能與經驗及其所負責任的程度，進而確定工作所需要的資格條件的系統過程。

職務分析是人力資源管理最基本的工作，也是人力資源管理中十分重要的一項工作，它為應聘者提供了真實、可靠的需求職位的工作職責、工作內容、工作要求和人員的資格要求；為選拔應聘者提供了客觀的選擇依據，提高了選拔的信度和效度。

專家小組討論法，則是由優秀的領導者、人力資源管理者和研究人員組成小組，專家通過對能出色完成工作的各種素質與能力進行討論，最終確定招聘甄選標準。小組成員需要掌握基本素質和能力要素的定義以及行為特徵，以免得出的素質與能力不全面或不準確，甚至把重要的基本素質與能力要素遺漏。

5. 勝任力要素調研、樣本訪談

根據制定的招聘甄選標準，在全企業範圍內針對各個職級、職類的不同職位，抽選相同數目的優秀績效樣本員工和普通績效樣本員工，進行訪談和調查。通過分析和比較得出各個職位勝任力要素的初步描述。

6. 獲得勝任力模型數據

勝任力模型數據的獲得通常採取行為事件面談法、問卷調變法、360度行為評估法、專家小組討論法和現場觀察法。由於勝任力模型的開發必須遵守實用性和可操作性的原則，因此，筆者認為，以行為事件面談法為主，以問卷調查和360度全方位行為評估法為輔獲得的勝任力模型數據比較有效。

行為事件面談法因為其時效性和模擬性，越來越受到人力資源管理者的重視，成為勝任力模型開發的主要測評工具。該方法通常是向應聘者提出一些假設性的或者突發性的場景問題，通過瞭解應聘者過去的行為來預測其將來在工作上可能的表現，並且發現應聘者除了知識、技能以外的性格、自我概念、價值觀、動機等潛在特質。問卷調查法和360度行為評估法通過大範圍、多層次收集信息和訪談，瞭解該職位的上級、下級以及相關職位員工對該職位提出的任職要求和標準，有效地彌補了行為事件面談法所遺漏的勝任特徵。

7. 勝任力模型數據統計分析，提煉勝任力要素

首先，將行為事件面談的資料整理成行為事件訪談報告，對訪談報告內容進行分析，並對訪談主題進行編碼，記錄各種勝任特徵在報告中出現的頻次；其次，對優秀組和普通組的要素指標發生頻次和相關程度的統計指標，運用SPSS統計軟件進行描述性統計和T檢驗，找出兩組的共性與差異性特徵；最後將差異顯著的勝任力因子提取出來，並對提取出的勝任力因子進行命名。

在進行勝任力因子等級評價確定時，先要對行為事件進行分層，將處於同一層級的行為事件進行歸納總結，描述成等級評價，然後將相應的行為事件附在等級評價下

面作為行為描述，形成一個完整的勝任力因子。用同樣的方法編製其他勝任力因子，以構成一類勝任力模型。以此類推構建完整的勝任力模型。

8. 檢驗並確定勝任力模型

在構建勝任力模型的過程中，非常重要的一步就是為保證模型的準確性，必須對其進行檢驗。勝任力模型的檢驗方法一般有以下三種：

其一，選取第二個效標樣本，再次用行為事件訪談法來收集數據，分析建立的勝任力模型是否能夠區分第二個效標樣本。分析員事先並不知道誰是優秀組或普通組，即考查「交叉效度」。

其二，根據勝任力模型編製評價工具，來評價第二個樣本在上述勝任力模型中的關鍵因素，考查績效優異者和一般者在評價結果上是否有顯著差異，即考查「構念效度」。

其三，使用行為事件訪談法或其他測驗進行選拔，或運用勝任力模型進行培訓，然後跟蹤這些人，考查他們在以後工作中是否表現更出色，即考查「預測效度」。

通過有效的勝任力評估，找出出色完成工作所必須具備的勝任力結構，包括素質的不同類型、不同水準和重要性程度順序等信息，從而形成某一類型職位的勝任力模型。在不同的行業領域或企業組織內部，通過人員勝任力評估和建立勝任力模型，也可以最終形成自己的勝任特徵。

三、構建勝任力模型的主要方法

勝任素質模型的建立方法有很多，包括專家小組、工作分析法、問卷調查等。但是，目前得到公認、且最有效的方法是麥克利蘭教授提出的行為事件訪談法。這幾種方法可以單獨使用，如行為事件訪談法；有些則需要綜合使用，如採用問卷調查法搜集第一手數據，然後再採用勝任力要素編碼方法整理數據，進而概括出勝任力要素等。

1. 專家小組評價法

專家小組評價法是把專家小組評價所獲得的資料，與行為事件訪談的結果進比較和驗證的方法，旨在獲取特定的勝任力模型資料數據。專家評價法一般採用座談方式，也可以採用問卷調查方式。由於專家的經驗有較大差異，專家小組人數不多，所以採用這種方法更注重經過討論後所達成的一致意見，根據專家的意見統一整理出構建勝任力模型的有用資料。

2. 行為事件訪談法

行為事件訪談法（Behavioral Event Interview，BEI），是20世紀70年代初由麥克利蘭率領的研究小組在實施FSIO項目（即為美國政府甄選駐外聯絡官，Foreign Service Information Officers，FSIO）的過程中所創立的。

行為事件訪談法是一種開放式的行為回顧式調查技術，類似於績效考核中的行為事件法。它事先要求把被訪者分為兩個組，即優秀組和一般組，要求每一組的被訪談者列舉出他們在工作中發生的行為事件，也就是說對自己影響最深的事件，這種事件中包括成功事件、不成功事件或負面事件，每件事項各列舉出三例，並且讓被訪者詳盡地描述整個事件的起因、過程、結果、時間、相關人物、涉及的範圍以及影響層面

等。同時也要求被訪者描述自己當時的想法或感想以及事後自己想法有何改變。例如是什麼原因使被訪者當時產生類似的想法以及被訪者是如何去達成自己的目標等。

在行為事件訪談結束時最好讓被訪談者自己總結一下事件成功或不成功的原因。行為事件訪談一般採用調查問卷和面談相結合的方式。訪談者會有一個提問的提綱以此可以把握面談的方向與節奏。並且訪談者事先不知道訪談對象屬於優秀組或一般組，避免造成先入為主的誤差。訪談者在訪談時應盡量讓被訪者用自己的語言盡量詳細地描述他們成功或不成功的工作經歷，他們是如何做的、感想又如何等。由於訪談的時間較長，一般需要1~3小時，所以訪談者在徵得被訪者同意後應採用錄音設備把內容記錄下來，以便整理出詳盡的有統一格式的訪談報告。

運用行為事件訪談法建立勝任力模型的具體步驟包括：

（1）定義績效標準。績效標準一般採用工作分析和專家小組討論的辦法來確定，即採用工作分析的各種工具與方法明確工作的具體要求，提煉出鑑別工作優秀的員工與工作一般的員工的標準。專家小組討論則是由優秀的領導者、人力資源管理層和研究人員組成的專家小組，就此崗位的任務、責任和績效標準以及期望優秀領導表現的勝任特徵行為和特點進行討論，得出最終的結論。如果客觀績效指標不容易獲得或經費不允許，一個簡單的方法就是採用「上級提名」。這種由上級領導直接給出的工作績效標準的方法雖然較為主觀，但對於優秀的領導層也是一種簡便可行的方法。

（2）選擇效標樣本。選擇效標樣本即根據已確定的績效標準，選擇優秀組和一般組，也就是達到績效標準的組和績效標準沒有達到或完成很普通的組。

（3）獲取效標樣本有關素質的數據資料。收集數據的主要方法有行為事件訪談（BEI）、專家小組、360度評定、問卷調查、勝任力模型數據庫專家系統和直接觀察。

（4）分析數據資料並建立勝任力模型。通過行為訪談報告提煉勝任力，對行為事件訪談報告進行內容分析，記錄各種素質特徵在報告中出現的頻次。然後對優秀組和普通組的要素指標發生頻次和相關的程度統計指標進行比較，找出兩組的共性與差異特徵。根據不同的主題進行特徵歸類，並根據頻次的集中程度，估計各類特徵組的大致權重。

（5）驗證勝任力模型。「行為事件」的意義在於通過訪談者對其職業生涯中的某些行為事件的詳盡描述，揭示並挖掘當事人的素質，特別是隱藏在素質冰山下的潛能部分，用以對當事人未來的行為及其績效做出預期，並發揮指導作用。

訪談過程中，對於行為事件的描述必須至少包括以下內容：

這項工作是什麼？

誰參與了這項工作？

你是如何做的？

為什麼？

這樣做的結果怎樣？

3. 勝任力要素的編碼方法

在構建勝任力模型的過程中，需要對所搜集到的勝任力特徵以及相關要素進行歸納整理，編碼方法就是歸納整理勝任力要素的重要方法。具體講，編碼方法就是通過

對關鍵事件訪談資料的分析，對績優人員與一般人員的對比，發現決定績效優劣的關鍵因素，即從事該職位工作所需要的勝任力要素。在進行主題分析的時候，需要注意以下幾個步驟和關鍵環節：

（1）勝任力要素是什麼？通過主題分析的方式，一方面可以直接發現績優人員與一般人員的差異，提煉相應的勝任力要素（例如，組織協調能力等）；另一方面，要進一步挖掘導致績優人員與一般人員的行為差異的深層次原因，提煉相應的勝任力要素。

（2）勝任力要素要求的級別程度怎樣？辨識與準確界定勝任力要素的層級非常重要，因為相同勝任力要素的層級差異能夠導致工作績效的不同。

（3）定義勝任力要素。根據勝任力要素的提煉以及級別的確定，參照企業的勝任力要素手冊給出對應勝任力要素的級別定義；對於那些企業個性化以及補充的勝任力要素，要按照統一的語言方式賦予素質相應的解釋。正因為如此，這個步驟的工作對於從事分析的人員的專業知識與技能要求非常高。

主題分析的主要步驟為：
①組建主題分析小組；
②對被訪者個體進行分析；
③主題分析小組成員共同研討，界定勝任力要素定義、內容與級別；
④結合勝任力要素手冊，編製勝任力要素代碼；
⑤主題分析小組討論，統一勝任力要素編碼；
⑥對提煉的勝任力要素主題進行統計分析與檢驗；
⑦最後，根據統計分析的結果，由主題分析小組再次對勝任力主題進行修正，形成最終的勝任力模型與相應的編碼手冊。

4．問卷調查法

問卷調查法是採用事先編製的崗位調查問卷，對員工進行實際調查，以獲取較全面的職位勝任力要素信息的一種方法。問卷調查法可以作為構建勝任力模型的輔助方法。在實踐中，問卷調查法往往與行為事件訪談法結合使用。在程序上，一般先發放調查問卷，對某一職位的員工進行調查，掌握更為廣泛的職位關鍵要素方面的重要信息資料，在此基礎上，編寫訪談提綱，根據訪談提綱對該職位的人員進行關鍵事件訪談，以深入掌握該職位的關鍵要素，並構建該職位的勝任力模型。

四、構建勝任力模型的注意事項

1．勝任力模型的「落地」問題

勝任力模型的建立要投入巨大的人力、物力和資金，建模過程要求廣泛的資源支持，它能否落到實處是企業最擔心的問題。事實上，模型往往不能被真正有效地運用到上述領域，這是因為，很多企業對勝任力模型的認識還處在初級階段，誤以為建模本身就是終極目標。建模的目的是運用提供的「標杆」去指導招聘、培訓、發展、績效等人力資源管理工作。大多數勝任能力是可以被評估的，通過科學有效的評估，真正實現勝任力模型的落地。

2．如何彌補企業管理基礎薄弱的問題。

作為一種特定的管理模式，勝任力模型有其特定的假設系統、框架體系和技術方法。但由於目前中國企業管理的基礎較為薄弱，尤其對國企來說，用人和招聘的渠道並非全部市場化，內部人力資源管理非常複雜，有些人才的留用不是看他的能力，而是關係。這就導致勝任力模型技術的開發和運用尚缺乏豐厚的實踐土壤，對勝任力模型的研究大都還停留在對國外理論和技術的引入層面上，缺乏基於本土實踐的系統性的勝任力模型理念、技術和方法的創新。這在一定程度上制約了中國企業勝任力模型的有效運用。

3. 在構建招聘甄選流程的過程中面臨的兩個技術性難題

（1）如何界定企業的核心競爭力、發展戰略和企業文化對員工要求的問題。心理學研究表明，很多心理特徵往往具有負向關聯性，比如說溝通協調能力與誠實踏實，敢於冒險與組織忠誠度等。在現實生活中，每個個體都是一個矛盾的結合體，其身上的很多能力素質之間具有一定的矛盾性。而企業戰略文化是有價值取向的，在實施勝任力模型時，企業面對如此眾多的能力，如何進行取捨則完全取決於組織的戰略文化導向。

（2）如何清晰地界定優秀員工、普通員工、不合格員工的問題。勝任力模型強調利用標杆分析。標杆的確定應借助有效的衡量和區分工具，否則無法有效地「測量」企業戰略目標實現所需勝任力的尺度。但是，優秀、一般和不合格員工之間的區分並不是一個簡單的問題。某些職位的績優標準顯而易見，指標易於獲得，比較容易衡量且能確保準確性。而也有些崗位，高績效、一般績效及不合格績效之間缺乏有效的衡量和區分工具，確定的時候要從多個層面進行績效評價，可能會更多地融入一些人為的、主觀性的評價指標。此外，勝任力模型應用過程中時常會受到一些情境性和實踐性因素的影響，如工作績效的可觀察性與動態性，組織計劃變動對工作進程和工作績效的影響程度，應用過程中對法律限制和工會阻力的規避等，從而影響到勝任力模型結構的嚴謹性。

4. 勝任力模型與相應的測評體系匹配使用的問題

如果勝任力模型是汽車，測評體系則是汽油，沒有汽油的汽車是無法馳騁的。如果沒有相應的測評體系，不同的人力資源管理者在運用勝任力模型去評價員工的時候，都有各自不同的評價標準，往往出現較大偏差。測評體系在人才選拔、人力資源配置和培養等方面具有很強的針對性、適應性和科學性。測評體系能夠使企業的人力資源得到優化和協調，與勝任力模型配合使用能夠提高模型的有效性和準確性。

5. 從關鍵職位入手，採取循序漸進的開發策略

在開發勝任力模型時，由於對勝任力模型開發的方法和技巧沒有很熟練地掌握，公司選取了一些關鍵崗位，從關鍵崗位入手，而不是全面鋪開進行全面的勝任力模型開發。從關鍵職位入手，不僅可以節約成本、規避風險，而且可以使人力資源管理部門避免因失誤而處於被動的位置，待累積了一定經驗後再全面鋪開。

6. 對勝任力模型進行動態管理

企業的勝任力模型一旦建立，就成為一個靜止的描述體系。而實際上，企業本身由於行業發展瞬息萬變、企業內部崗位調整頻繁、員工流動性大也會導致企業文化氛

圍的變動，因此需要對勝任力進行動態管理。在勝任力模型初步建立後，還要通過管理實踐對勝任力模型進行驗證和修正。驗證主要是運用勝任力模型對具體崗位上的員工進行評價，以檢查其效度；同時，對企業來講，在不同的戰略時期，不同的崗位對勝任力的要求也會有所不同。所以，在勝任力模型確定之後，在實際應用時要根據實際情況對勝任力模型進行相應的修正。

第三節 勝任力模型在人力資源管理中的應用

勝任力模型歸納了員工產生高績效的影響因素，為整合組織人力資源提供了一個整體的框架。隨著知識經濟的發展，以及知識型員工的增多，勝任力模型的研究逐漸成為戰略性人力資源管理的基礎，在人力資源管理實踐中發揮著越來越重要的作用。具體而言，傳統人力資源管理與基於勝任力的人力資源管理區別主要表現在以下幾個方面。

一、勝任力模型與工作分析

工作分析是人力資源開發與管理的起點和基礎。它是對組織中某個特定職務的工作目標、特徵、任務或職責、任職資格等相關信息進行收集與分析，以便對該崗位的工作做出明確的規定，並確定完成該崗位工作所應有的行為、條件、人員配置的過程。工作分析包括兩個方面的內容：①工作描述；②任職資格說明。

1. 基於勝任力的工作分析的特點

工作分析作為人力資源管理的一項基礎工作，它為人力資源管理的其他職能如招聘選拔、培訓開發、績效考核和薪酬管理等提供必要的依據。人力資源管理者只有掌握工作分析的方法和技術，才能為組織建立合理的職務系列框架，才能瞭解各個崗位的工作職責和職務要求，使人力資源管理做到有的放矢。同時，科學的工作分析有助於管理人員明確下屬的崗位職責和考核要求，進行公平、客觀的績效考核，發揮考核評價的作用和提高員工的滿意度。工作分析是一個過程，它不是靜態不變的，而是動態的。傳統的工作分析較為注重工作的組成要素，過分關注工作本身，是一種崗位導向的分析方法。隨著信息技術的發展，組織的業務流程重組，結構的扁平化、團隊管理的應用，職務工作內容的變化很快，工作分析需要不斷、及時地修改和補充，而且人們越來越意識到人才是組織經營管理的核心，需要對人的內在素質，包括特質、自我認知、動機等因素與工作績效之間的聯繫深入研究。傳統的工作分析不能在動態的人力資源管理環境中發揮中心、基礎的作用，基於勝任力的人力資源管理越來越受到理論界及實踐界的關注。

2. 基於勝任力的工作分析的優勢

和傳統工作分析相比，基於勝任力的工作分析有4個顯著特徵：①強調優秀員工的核心勝任力；②與組織經營目標和戰略緊密聯繫，強調與組織的長期匹配；③除了尋找崗位之間在勝任要求上的差異外，注重尋找崗位、職務系列之間在勝任要求上的

相似點；④ 注重勝任力的過程開發，把個體和組織緊密聯繫。Anntoinette 等（1998）發現美國被調查的 292 家企業中有 75% 都採用了基於勝任力的工作分析方法。

　　從發展趨勢來看，工作分析和勝任特徵建模之間的界限正在變得模糊，如果將兩種方法綜合起來，就能使其相互補充、相得益彰。工作分析能夠為勝任特徵模型提供大量的實證數據，例如關於工作任務、工作要求等具體信息，這也就為抽象的勝任特徵的提取提供了豐富的資料；不僅如此，從具體工作情境中得到工作分析結果還可以對這些勝任特徵進行具體解釋。而另一方面，勝任特徵可以體現組織特性和工作未來需要，它能夠彌補工作分析對於組織層面信息和工作未來需求的不足。因此，體現勝任特徵的工作分析能夠把工作分析和勝任特徵兩種方法的優點結合起來，能夠為建立組織的核心競爭力提供更為有效的實證數據，這也應該成為未來工作分析發展需要探索的重要方向之一。但是，雖然基於勝任力的工作分析在很大程度上克服了以往工作分析的局限，但是這種開發思路的局限在於把工作分析停留在一個或某幾個具體崗位，而沒有考慮到其工作群組（Job Group）甚至整個組織工作分析的需要，適應未來戰略發展需要和環境變化的能力仍顯不足。

　　雖然基於勝任力的分析和傳統的工作分析有著很大的不同，但兩者之間並非沒有聯繫。勝任力分析是在傳統的工作分析基礎上發展起來的。從發展趨勢看，兩者之間的界限將會趨於模糊，出現融合趨勢，兩者如何優勢互補，這也是未來工作分析需要探索的。

二、勝任力模型與招聘配置

　　在員工招聘和配置中使用勝任力模型，使招聘工作具有特定的結構化模式，並且有了更強的客觀性，減少了可能出現的一些主觀人為因素帶來的阻力。另外，各級管理者普遍認為，在招聘或甄選時使用這一模型，既可以提高新僱員的質量，也更易於衡量人才。在整個招聘活動過程中，勝任力模型具有基礎性和前提性作用。在運用勝任力模型時，企業必須做好以下幾方面的工作：

　　1. 確立客觀標準

　　這是運用勝任力模型進行招聘面試的首要標準。確立一個經過檢驗的、可以預測工作成功的勝任力模型，將保障聘用決策以預測工作成功的具體標準作為基礎條件，而不是依據某個面試官的主觀印象。實踐工作中，錯誤的選擇可能會付出較大的代價，如對新聘人員進行培訓、重新招聘、低工作效率等；反之，如果使用客觀的評價標準評價擬聘用的員工，則會提高招聘的效益，並為企業帶來額外的經濟收益。

　　2. 做好面試前的準備

　　在運用勝任力模型進行面試之前，要做好面試前的各項準備工作，包括準備一系列規範的面試問題，可以幫助面試官決定某一應試者是否具備所需的能力，或者是否具備潛能。一旦確認了高績效所需的各項能力，面試官就要判定某一面試者是否具有這些能力，或者是否能夠開發這些能力。為此，要對應試者提出相應的問題。這些問題與勝任力之間不是一種簡單的對應關係，可能同時涉及幾種勝任力的考察。使用精心組織的問題，鼓勵應試者提供他們當前和過去的經歷，可能使組織得到關於應試者

的個性特點和性格傾向方面的信息。

3. 培訓面試官

優秀的面試官是運用勝任力模型進行招聘的重要條件之一。受過培訓而且經驗豐富的面試官能夠更好地對應試者的能力或潛力做出正確的評估。面試官要根據面試題庫進行提問，並且追問細節，根據勝任能力來分析應試者的回答。此外，使用以下幾個原則可以幫助面試官做出正確的判斷：①過去的行為表現能夠很好地預測未來的行為。曾經使用過某種能力的人可能會重複地運用這種能力。②人的行為是一致的。如果某人在某一情形下使用了某種能力，他可能在類似的情形中使用該能力。③預測失敗比預測成功容易。要獲得成功需要多種因素，而一項能力的缺乏就可能導致失敗。面試官常常需要為此接受訓練而發現應試者的不足，而不僅僅是發現那些符合工作要求的能力。在提出問題和探求具體細節時，運用這些原則有助於面試官在簡短的面試過程中判斷某一應試者是否具備某些能力，或者能否開發這些能力。

三、勝任力模型與薪酬管理

目前的薪酬設計主要基於兩種思路：一種是以行為為導向（實際隱含著部分的能力標準）；一種以能力為導向。隨著組織結構向彈性化和扁平化的方向發展，「無邊界工作」、「無邊界組織」成為組織追求的目標，工作說明書由原來細緻的規範崗位任務和職責轉變為規定崗位的工作性質、任務以及任職者的能力和技術。相應的，薪酬體系也經歷了以職位為基礎到以個人能力為基礎的變化。基於能力的薪酬體系是對傳統的基於工作的薪酬體系的一次革命。在這種新體系中，員工自身的「素質」，諸如動機、個性特徵、技能、自我形象、社會角色和知識體系，這些能帶來傑出績效的潛在特徵，取代了一般的工作特徵，諸如職責、必備的學歷、經驗、知識和技能水準，成為支付薪酬的依據。這無疑會使組織結構更趨於扁平化和彈性化，給予素質卓越的員工較多的工資獎勵，使那些有高績效的組織貢獻者脫穎而出，進而優化組織配置。

通過建立勝任力模型，能夠幫助企業全面掌握員工的需求，有效利用薪酬槓桿，有針對性地採取員工激勵措施。從管理者的角度來說，勝任力模型能夠成為管理者提供管理並激勵員工努力工作的依據；從企業激勵管理者的角度來說，依據勝任力模型可以找到激勵管理層員工的有效途徑與方法，提升企業的整體競爭實力。

四、勝任力模型與績效管理

傳統的績效考核往往關注的是工作結果即績效水準，而基於勝任力的績效管理更關注員工的勝任力，它代表了員工的潛在能力，關注的是行為過程，預示了未來員工的能力和績效、員工是否能適合未來的工作需要，以及不斷地去解決新的問題。勝任力模型的本質所在就是找到區分優秀與普通的指標，因此以它為基礎而確立的績效考核指標，正是體現了績效考核的精髓，能真實地反應員工的綜合工作表現。它能讓工作表現好的員工及時得到回報，提高員工的工作積極性；對於工作績效不夠理想的員工，可通過培訓或其他方式幫助員工改善工作績效。

1. 基於勝任力模型的績效考核指標設計

勝任力模型的前提就是找到區分優秀和普通的指標，也就是針對崗位分析所確定的績效有效標準。在這基礎上確立的績效考核指標，能真實地反應員工的綜合工作表現。基於勝任力模型所設計的績效考核指標包括硬指標和軟指標，既要設定績效目標（硬指標），又要設定能力發展目標（軟指標）。績效目標是指和經營業績掛勾的目標，能力發展目標是指那些和提高員工完成工作和創造績效的能力有關的目標。在設定績效目標時，現行一些績效考核指標設置方法如關鍵績效指標（KPI）方法、平衡積分法等都可以廣泛使用。所設定的能力發展指標更多的是從員工崗位勝任力出發。如企業在對一名區域銷售經理進行績效考核時，一方面設置如銷售額、市場佔有率等一些硬指標來考核他現有的績效水準，另一方面設置一些軟性指標如市場分析能力、行銷策劃實施能力等，通過對這些軟性指標的考核，來更準確地判斷該區域銷售經理是優秀的還是普通的。

2. 基於勝任力模型的績效考核評估

企業在績效評估時，應從目標的完成、績效的改進和能力的提高三個方面來進行。考核方法包括填表打分法、訪談法、關鍵事件調查法等。

五、勝任力模型在培訓管理中的作用、意義及應用方法

傳統企業培訓需求來自當前工作要求，面向適應崗位要求的技能培訓，主要側重於從崗位知識的角度分析問題的所在。儘管這種傳統培訓方式在提高員工工作業績效果方面的效果是顯著的，但它的缺陷也日益凸顯出來。

由於培訓主要是針對當前工作需求，未能考慮組織和員工未來發展的需求，因此不利於提高組織的核心發展能力，被培訓者缺乏主動性，培訓存在較大風險。所以這種培訓方式在理念與技術上不符合面向未來的組織人力資源管理與開發的需要。培訓的目的就是幫助員工彌補不足、達到崗位要求；所遵循的原則就是投入最小化、收益最大化。

基於勝任力分析，針對崗位要求結合現有人員的素質狀況，可以為員工量身定做培訓計劃，幫助員工彌補自身「短板」的不足，有的放矢突出培訓重點，從而提高培訓效用，取得更好的培訓效果。基於勝任力模型的培訓需求則來源於組織和崗位當前和未來發展的潛在需要。這種新的培訓方式從傳統的傳授知識、建立技能及改變態度的層面，轉移到深層全面的勝任力的建立上來。

基於勝任力模型的人力資源培訓與開發是依照勝任力模型的要求，通過對員工承擔特定職位所需的關鍵勝任力的培養，來提高個體和企業整體的勝任力水準，不斷完善充實勝任力模型，以提高人力資源對企業戰略的支持能力。這種以個人勝任力為基點的培訓模式，更多關注了外部環境的變化趨勢對培訓的影響，有助於避免將眼光局限於當前，有助於企業未來發展的需要。而且以勝任力模型為基礎的培訓，也讓員工感受到了上級的信任、組織的支持以及更多的公平感，從而極大地提高了被培訓者參與的積極性和主動性。

基於勝任力模型的培訓將對員工的勝任力水準進行全面的評估，通過對人員勝任力評估，一是可以發現個體的勝任能力優勢和劣勢，針對崗位要求並結合人員素質狀

況，制訂培訓計劃，突出培訓重點，使培訓項目更有針對性；二是可以幫助員工瞭解自身的能力與素質及發展需要，指導員工進行符合個人特徵的職業發展規劃，這樣不僅能幫助員工實現自身的職業發展目標，而且能促進企業核心競爭力的提升和企業發展；三是勝任力對人格特質、工作動機和價值觀等內隱特徵提出了要求，因而基於勝任力模型的培訓要求把人置於人與組織相匹配的框架中，對員工的內隱特徵進行改進，這樣有利於避免培訓後員工的流失，提高企業培訓收益。

六、勝任力模型在薪酬管理中的作用、意義及應用方法

傳統的薪酬管理是建立在崗位分析的基礎之上的，其薪酬體系主要依據崗位的工作責任、工作複雜程度、工作強度和工作環境等對崗位進行價值評價，以崗位評價結果確定員工的工資。它假設的前提是每個崗位的工作範圍和工作內容非常固定，從而能夠明確界定其崗位內涵，並能據此進行較為準確的評價。但對於知識型工作及其員工已不能完全適應，應更多地注重與工作相關的知識、技能、能力等的高低。但能力並不等於現實的業績，若鼓勵員工通過提高能力增加報酬，而企業並沒有獲得相應的經濟價值，只會讓企業成本大幅度增加。此外，能力的評價帶有很多的主觀性，保持薪酬的內部一致性將有很大的困難。

將勝任力模型應用於薪酬管理就是基於勝任力來設計薪酬體系，在考慮崗位價值體現對員工激勵的同時，更重要的是傳遞管理導向。這樣做有利於員工提升自己的知識、技能，從而提升人力資源的素質，可以打破傳統的崗位等級的官本位特點。對於知識型員工來說，職業成長空間和機會、薪酬的彈性是提高他們對企業的忠誠度，留住他們的重要手段。建立在勝任力模型基礎上的薪酬體系，能夠幫助企業全面掌握員工的需求，根據需求層次有針對性地採取員工激勵措施。

七、勝任力模型在員工職業生涯規劃與職業發展中的作用

指導員工進行職業生涯規劃，幫助下屬實現職業發展，是現代人力資源開發的一個基本理念，也是人本管理的一項基本要求。人本管理就其本質而言應是：企業用系統的觀點看待自己的目標與使命，尊重和平衡處理各相關者的利益關係（包含員工、顧客、股東、供應商、社會等），用人性化和個性化的方式領導和激勵員工，把促進發展，實現其合理的願望和夢想作為管理的出發點，在尊重、真誠、信任和支持的環境中實現企業和員工的共同發展，讓員工對自己的未來充滿憧憬和信心，在工作中感受到生命的價值與意義。成長與發展是人的一項基本而重要的需求，提高崗位勝任力和就業能力是員工職業發展的重要方面，同時員工的發展又促進了企業競爭力的提升和企業發展。通過開發勝任力模型，對員工的勝任力進行評價，幫助員工瞭解個人特質與工作行為特點及發展需要，指導員工設計符合個人特徵的職業發展規劃，並在實施發展計劃的過程中對員工提供支持和輔導。這樣不僅能幫助員工實現自身的發展目標及職業潛能，也能促使員工努力開發提高組織績效的關鍵能力和行為，實現個人目標與組織經營戰略之間的協同，達到員工和企業的共同成長和發展。

八、勝任力模型在員工素質測評中應用

1. 員工素質測評的概念及作用

隨著人力資源管理工作的深入發展，人力資源管理人員更加深刻地認識到員工素質及其測評的重要作用，隨之也越來越重視員工素質的測評。

（1）概念

員工素質測評是通過多種科學、客觀的方法，對人才的知識、能力、技能、個性特徵、職業傾向、工作勝任力等特定素質進行測試和評價，以判斷員工與其從事的工作崗位是否相匹配的活動過程。員工素質測評在人力資源管理的各項職能（諸如，招聘配置、績效管理、職業生涯規劃、培訓與開發及員工關係）活動中，都具有重要作用，逐步成為提升組織人力資源管理水準的一種有效的管理工具。

（2）主要作用

員工素質測評在人力資源管理體系中具有獨特的作用，這種作用既體現在人力資源戰略決策之中，也體現在日常人力資源管理活動中。概括而言，素質測評的主要作用體現在以下幾個方面：

①評價員工素質。人力資源管理是在瞭解員工素質特點的基礎上，因人而異，採取相應的管理措施，發揮員工的素質特長，使之取得卓越的工作績效。「知人善任」的前提是要「知人」，而做到「知人」則首先要對人及其素質進行評價。因此，員工素質測評的首要作用是對員工進行素質評價。素質評價就是對員工的知識、能力、技能、個性特徵、興趣特長、職業傾向等素質因素進行測試與評價的過程。通過科學的評價，對組織所需要的人才素質做到心中有數，為工作安排，團隊匹配奠定科學基礎。

②人才選拔。科學的素質測評具有一定的預測功能，通過對員工的個性、職業興趣、能力類型等測評結果，能夠使管理者瞭解員工對特定職業類型的適應程度，有助於把合適的管理人才選拔到相應的管理崗位上來，把勇於鑽研和創新的技術人才選拔到科研攻關團隊之中。因此，素質測評對組織科學選拔人才具有重要的參考價值和作用。

③發展預測。素質測評可以根據員工的素質特點，預測其在某一職位上發展的可能性，預測其在工作崗位中能否有卓越表現。一方面，通過對員工個性特徵、職業興趣的測評，有效地預測他們對特定職位的適應程度，預測該員工適合做哪些工作；另一方面，通過素質測評能夠對員工未來的工作績效進行預測。通過對勝任力模型的分析，預測該職位需要哪些關鍵勝任力要素，進而可以預測某員工在該職位能否會有卓越的表現，這就大大提高了人員配置的實際效率。

④團隊匹配。團隊活動要求團隊成員具有合作意識和協調能力，也要求其具有完成團隊工作所必需的工作技能和特長，在團隊中發揮其獨特的作用。通過素質測評有助於瞭解員工的氣質特點、合作意識、人際交往及協調行為等，進而為工作團隊選拔合適的成員。同時，素質測評還有助於管理者把不同個性的人員組合在一起，合理匹配，優化組合，充分發揮每一個成員的優勢，進而發揮團隊凝聚力的作用，組建一支

高績效的工作團隊。

⑤輔助人事決策。素質測評能夠為中、高層管理者的人事決策提供技術支持，包括在選拔人才、內部晉升、工作輪換、裁員決策等人事決策中發揮其獨特的作用。例如，組織在採用緊縮戰略時，希望通過裁員降低營運方面的人工成本，但是如何確定人員去留，需要有科學的測評與鑒定，而素質測評則可為其有效的鑑別決策提供服務。

⑥培訓提高。素質測評可以瞭解員工的能力水準、工作技能、發展前景，這就為組織人力資源管理部門開展員工培訓奠定了良好的基礎，使得員工培訓工作做到有的放矢，更有針對性。概括而言，素質測評在培訓開發活動中具有兩個方面的作用：一是通過培訓需求分析，瞭解哪些員工需要提高哪些方面的素質，考察員工在工作環境中的表現，確認適合於他/她的培訓方式、培訓內容和培訓項目，以使其盡快地適應本職工作的要求；二是促進員工培訓方法的多樣化，員工素質測評為員工培訓提供了多樣化的方法，諸如，可以利用科學測評方法、情景模擬方法、深度訪談方法提高員工的整體素質，發揮其獨特的培訓開發作用。

2. 測評的主要方法

測評素質的方法有多種多樣，主要包括：紙筆測驗、情景模擬方法、評價中心技術、實踐操作方法、計算機測評方法等。

（1）紙筆測驗

紙筆測驗是指通過筆試進行測驗的方法，其中主要是心理測驗和知識測驗以及部分情景測驗。比如，心理測驗中的人格測驗、能力測驗、職業興趣測驗、工作動機測驗、態度測驗，這些方法一般都採用筆試的方式，要求被測試人員在答題卡、卷面上直接完成測試題目。大部分知識考試都需測試者直接在卷面上給出答案。另外，情景模擬測試中公文筐測驗和案例分析等也可以歸之為紙筆測驗。

標準化的紙筆測驗有許多其他類型的測量方法所無法替代的優點：

①方便性。測驗一般有詳細的實施說明。一般就單一的測驗而言，一位沒有受過任何心理測驗訓練的主試，可以在很短的時間內學會如何操作測驗的施測過程。這就使一些非專業人士也可以很好地使用這些測驗。

②經濟性。這些測驗通常可以團體施測，可以節約大量的精力和時間，能在較短的時間內獲得被試者的大量信息。

③客觀性。紙筆類測驗較為客觀，往往有標準化的實施說明、計分系統和解釋系統。測驗結果受測驗實施者和計分人員的主觀因素的影響小，可以保證在公平的前提下進行測驗，應試者比較容易接受和信服。

當然，標準化的紙筆測驗同樣有它的不足之處，主要表現在以下兩方面：受測驗的形式所制約，它無法對被測者的實際行為表現進行測量，如言語表達能力、操作能力等；紙筆測驗的實施較為程序化，只能收集到測驗中所考察的信息，而對於測驗外的信息我們一無所知。

（2）情景模擬方法

情景模擬方法是測試人員設計一個與被測試者工作情境、工作環境非常相似的場

景，讓被測試者在這一場景中完成一系列工作任務，測試人員通過觀察被測試者完成任務過程中的行為、心理表現，對其基本素質，主要是工作素質及其工作潛能進行科學地測試和評價。由於情景模擬的測評方法具有直觀性、實踐性強，與被測試者未來的工作業績等具有較高的相關性等特點，目前已經成為企業各界非常重視的一種素質測驗方法。情景模擬方法又可以分為無領導小組討論、公文筐測驗、管理游戲、角色扮演等。

(3) 評價中心技術

評價中心技術是一種測驗員工素質的綜合性測評方法，往往由多位測試人員採用多種方法對員工的素質進行測評，以測評被測試人員的崗位勝任程度和未來在該崗位上的發展潛能。評價中心技術根據測評目的，確定一定的評價指標，把心理測驗、面試與情境測驗和工作場景調查等方法有機地結合起來，既能夠避免單一測評方式的局限性，又能夠發揮多種測評方法的綜合性和整體性的特長，以便更全面測評員工的綜合素質。目前，評價中心技術已經發展成為組織人力資源管理素質測評的有效測評方法。

(4) 實踐操作方法

實踐操作方法是指測評人員要求被試者按照標準化行為，完成特定操作任務的一種素質測評方法。在組織人力資源管理中，實踐操作方法的主要目的是預測員工實際操作的熟練程度、動作的協調性與標準化程度。例如，某機械廠招聘電焊工，要求應聘者在操作現場切割並焊接 2.5 厘米的鋼板，目的是測評被試者是否能熟練地操作電焊工具，是否熟悉電焊工操作流程，是否達到組織所要求的熟練的電焊操作技術。

(5) 計算機測評方法

隨著計算機、網絡技術的迅猛發展，員工素質測評方法與現代信息技術、網絡技術密切結合在一起，成為一種重要而獨特的素質測評方法。目前，較為普遍的做法是，由心理學專業人員與計算機網絡技術人員相結合，開發出諸如卡特爾 16 種人格因素的心理測驗軟件、銷售人員選拔測試系統軟件、SCL90 心理健康水準測試軟件，以幫助人力資源管理人員在實踐中利用心理測驗工具和計算機技術對員工進行測評。近年來，在互聯網技術的衝擊下，許多心理測評軟件及編程人員把測評軟件放在網絡上，以供測試者隨時進行測評。也有不少組織根據自身發展的需要，聘請專門技術人員開發符合本企業要求的員工素質計算機測評工具或軟件，使得計算機測評方法得到了更為迅速的發展，並逐漸成為企業員工素質測評的重要方式。

本章小結

人力資源管理在對整個組織的生存和發展起著重要作用。組織戰略、組織文化、組織結構對人力資源管理有著重要的影響。本章主要包括三部分的內容：第一節介紹了素質、勝任力以及勝任力模型的內涵，重點闡述了勝任力模型及其構成。第二節介紹了勝任力模型的構建，這一部分是本章的重點內容，詳細介紹了勝任力模型的構建

原則、步驟、方法和注意事項，要求大家掌握勝任力模型的構建方法和步驟。第三節簡要介紹了勝任力模型在人力資源管理中的應用。

思考題

1. 什麼是素質、勝任力、勝任力模型？
2. 怎樣構建勝任力模型？
3. 勝任力模型在人力資源管理中有何作用？

案例分析

上海對外服務公司區域分公司經理勝任素質模型構建

一、選拔、招聘、考核區域分公司經理遇到的問題

上海市對外服務有限公司成立於1984年，是一家專業提供人力資源服務的企業，其服務領域包括人才派遣、人才招聘、薪酬管理、福利管理、人才培訓、人力資源管理諮詢、人力資源衍生服務等。為實現「成為真正全國第一的人力資源服務旗艦企業」的戰略發展目標，推動「建設全國範圍服務網絡」的全國布點計劃，該公司將在長三角、環渤海經濟區、珠三角以及西北地區設立分公司，建立基本覆蓋全國的服務網絡，擴大市場份額。因此，選派足夠數量的高素質、懂管理、善經營、具有開拓精神的區域分公司經理就成為實現公司戰略發展目標的重要環節，這給公司人力資源工作帶來極大的挑戰。目前區域分公司經理隊伍的建設主要存在以下問題：

第一，在甄選和招聘優秀的區域分公司經理方面有較大不足。

滿足同樣的選派條件，經理們的工作業績卻差異很大，這顯示現有的選派標準和選派條件缺少一些勝任此項工作的關鍵性條件，如戰略性思考、影響力等，難以選拔到勝任此項工作的優秀人員。

第二，在評價、考核區域分公司經理業績方面存在問題。

目前的績效考核體系指標單一，只關注利潤，而忽視影響分公司可持續發展的其他因素，如團隊建設、客戶滿意度等。

第三，在如何培訓區域分公司經理，使他們成為一名優秀的管理者方面流於形式，針對性不強。

二、構建區域分公司經理勝任素質模型

將勝任素質理論應用於人力資源管理工作，構建勝任素質模型起著極其重要的作用。勝任素質模型是對既定的職位上實現高績效工作產出所需要具備的勝任素質的規範化的文字性描述和說明，是這些勝任素質的組合。本文將基於如下流程圖（見圖1）對區域分公司經理勝任素質模型進行構建。為提高模型的信效度，在構建區域經理勝任素質模型時，採用了專家評價法、行為事件法和調查問卷法等多種方法相結合的構

建方式。

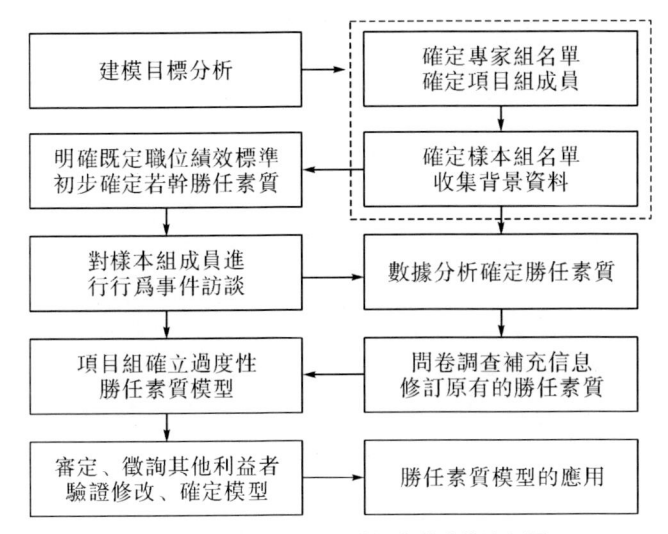

圖 1　區域分公司經理勝任素質建模流程圖

1. 建模目標分析

建模過程中首要同時也是最重要的步驟是清晰而具體地確定建模目標（Anne F. Marrelliet al., 2005）。這一步，企業需要回答如下四個關鍵問題：

（1）是否需要構建勝任素質模型？

首先需要深思熟慮企業通過構建並應用勝任素質模型所能解決的問題，所能獲得的收益以及所能利用的機會。構建勝任素質模型需要花費大量的時間和精力，因此只有在企業對其有強烈的需求時，做出建模的決策才是明智的。在本案例中，公司的全國布點計劃帶來的壓力和當前在區域分公司經理選拔招聘、績效考核等方面存在的問題都構成了公司對構建區域經理勝任素質模型的強烈需求。

（2）相應的時間範圍是什麼？

這些勝任力是需要現在關注呢，還是在未來才加以識別呢？很多組織選擇同時識別現在需求的勝任力和將來需求的勝任力。然而，預測未來需求的效度很大程度上依賴於變化的速度以及所研究領域的影響因素。

（3）如何應用勝任素質模型？

它將用於戰略人力資源計劃、員工選拔、職位升遷、績效管理、培訓開發、繼任者計劃、薪酬計劃，還是職業生涯規劃？應用目的是決定構建方法以及最終模型確定的一個主要因素。本案例中，勝任素質模型將被應用於員工選拔、績效管理、培訓開發等方面。

2. 建模中的團隊選擇

應用理論構建模型是一項複雜的系統工程，受到的制約因素很多，其中最為複雜的是「人」的因素。表 1 反應出建模團隊的組成人員。

表1　　　　　　　　　　行為事件訪談的有關人員表

領導、決策層面	專家、學者層面	技術層面	受試者層面
董事會、董事長、總經理、總裁等	心理學專家管理專家等	訪談專門人員統計專門人員編碼分析人員	績優組人員普通組人員小組訪談及調研人員

把相關人員分為四個層面，其作用無一可以忽視。沒有領導決策層面的認同與支持，建模工作不可能進行。在財政經費上，在人員配備、研究工作開展的支持上，都需要領導的支持與保障。目前能在觀念上認同，並有足夠財力支撐的企業、公司還不是很多。專家與學者層面對整個研究工作的指導，專業上的把握是建模成功與否的一個關鍵。從整個建模工作來講，有關專門人員的操作水準、敬業精神與科學態度同樣制約著整個研究工作的質量。多達幾十人，每次訪談時間在兩個小時以上的工作，沒有專業水準與敬業精神是難以勝任的。編碼水準、繁雜的數據統計，也是勝任素質模型建立的一項任務，需要聘請專業人員計算。最後，受試人員的配合與支持當然是一項更為艱鉅的任務。這不只是因為占用了他們的時間與精力，還因為受試者關心此項測試與自己的利害關係。在訪談與問卷調查中不予合作的例子還是時有發生的。樣本組對象的選擇可由專家組和項目組來確定。在這一過程中，最重要的一點就是要確定區分績效的有效標準。

1973年，麥克米蘭（McClelland）在提出有效測驗的六個原則中首要原則就是「最好的測驗是效標取樣」。目前中國學者在此方面暴露出許多問題，如在對效標樣本進行行為事件訪談之前並沒有確定績效標準（李爽等，2006），或者提供的績效標準過於單一（周偉，2005），等等。本文通過收集如下兩方面的背景資料確定績效標準：①經理類管理人員的勝任素質模型已有不少成功的探究，可借鑒部分現成的研究成果，如勝任素質模型辭典；②公司現有的對區域分公司經理進行考核的績效標準。

3. 初步確定優秀績效的若干勝任素質

在對區域分公司經理職位分析的基礎上，由建模小組和專家一起討論和分析優秀區域分公司經理的績效標準。根據專家組、項目組成員在初步調查研究、小組訪談並參考已有的領導勝任素質通用模型的基礎上，初步確定了影響區域分公司經理優秀績效的勝任素質共20項（見表2），將其確立為數據收集的重點領域。在初步確定這些勝任力時，需要注意傳統的工作分析存在的局限性。傳統的工作分析所獲得的勝任素質是針對所有雇員的，往往沒有對他們的績效進行優秀和普通的區分。而勝任素質模型中的勝任力是優秀的工作績效所需求的，需要獲得最優秀績效者的精確數據（Gilbert，1996；Kellyey & Caplan，1993）。

表 2　　　　　　　區域分公司經理優秀績效的初步勝任素質項目表

大局意識	客戶服務導向
合作交流	企業文化
社交網絡	發展他人
理論修養	團隊建設
信息傳達	事業心、責任感
監控協調	信守承諾
影響力	業務專長
引導變革	公平處事
認可與支持	承受壓力
問題解決	鼓勵創新

4. 訪談過程實施

對樣本組成員進行調查以獲取相關數據可採用行為事件訪談法和調查問卷驗證相結合的方法。行為事件訪談法（Behavioral Event Interview，簡稱 BEI）是目前為止在勝任素質的測定和模型構建中應用最為廣泛的方法，該方法通過對優秀績效者和一般績效者進行開放式的行為回顧探察訪談，歸納出影響績效的勝任素質，主要差異，再確定該職位的關鍵勝任素質的組合。這一過程主要包括如下幾個步驟：

第一步，編製訪談提綱。

為提高訪談效率，在行為事件訪談前要編製好訪談要點提綱，主要有以下內容：

①介紹訪談者姓名、身分，說明本次訪談是為了更好地理解工作的性質，面臨的問題和成功的做法；

②承諾對採訪內容保密，所提供的信息將會和採訪中的其他採訪者信息一起綜合考慮；

③對被採訪者的理解、支持表示感謝；

④被採訪者的工作主要職責及主要內容，目前面臨的主要任務、問題或挑戰，打算怎麼應對；

⑤為完成工作，需涉及哪些單位、部門，打算怎樣合作，合作狀態如何；

⑥詳細描述 1~3 個成功解決問題的例子，說明什麼情景？涉及哪些人？

⑦詳細描述 1~3 個沒能成功解決或處理得很糟糕的問題，做了些什麼？為什麼這麼做？

⑧詳細描述一個非常棘手的問題或者情景，發生了什麼事？如何解決？

⑨哪些行為、能力、知識、品質是促使所承擔工作成功的最主要原因。

⑩哪些行為、能力、知識、品質是自己所缺乏的？個人的學習、發展的願望有哪些。

第二步，實施行為事件訪談。

根據專家小組和項目組成員設計的行為事件訪談提綱，由經驗豐富的心理學工作

者對被試者進行行為事件訪談。訪談採用「雙盲設計」，即被訪談者不知道樣本選取時的優秀組與一般組之分；訪談者也不知道受訪者屬於哪一個組。

第三步，訪談結果編碼。

對訪談結果編碼共分為三步。首先，將訪談錄音整理成文稿。其次，進行編碼訓練：採用 Spencer 等的勝任特徵編碼辭典，由 3 人組成的編碼小組對一份錄音文稿進行試編碼。在編碼過程中結合實際情況進行修訂補充，同時對這份文稿的編碼達成一致意見。在編碼標準基本統一後，由 3 人再對另一份錄音文稿進行編碼，通過討論達成一致意見。最後，進行正式編碼：選擇編碼訓練過程中編碼一致性較高的二人形成正式的編碼小組，根據商定的編碼標準對餘下的 18 份錄音文稿獨立編碼。

5. 數據分析確定勝任素質

為獲得具有顯著性差異的勝任素質，數據分析這一環節主要包括以下幾個方面的工作：

(1) 訪談長度（時間與字數）的分析。

為了確保優秀組和普通組在各勝任素質上的差異不是由訪談長度所引起的，先要對兩個組的訪談長度進行差異顯著性檢驗，只有確定勝任素質差異不是由於訪談的時間和訪談的錄音文稿字數上的差異引起的，才能繼續進行下一步的工作，否則要重新進行行為事件訪談。

(2) 計算概化系數。

計算概化系數是為了在總體上考察勝任素質評價方法的信度指標。根據概化理論，先進行 G 研究，然後分析不同的「面」對於總體方差的貢獻。

(3) 區域分公司經理勝任素質模型的建立。

編碼者確定每一個被試者在每項勝任素質上的平均分數，然後對優秀組和普通組的各項勝任素質的平均分數進行差異顯著性檢驗。分析結果表明，優秀組與普通組在如下 11 項勝任力的平均分數上存在差異：大局意識，社交網絡，事業心和責任感，影響力，引導變革，客戶服務導向，信守承諾，承受壓力，認可與支持，發展他人，團隊建設。因此，區域分公司經理勝任素質模型應該包括這 11 項勝任力。

6. 勝任素質模型的驗證

為了進一步對確定的勝任素質進行驗證，採用調查問卷的形式對區域分公司經理勝任素質的 20 個項目進行重要性評定，以確認所選出的 11 個項目的認可度。調查問卷要求被試者用 5 點量表評定這些勝任素質對稱為優秀的區域分公司經理的重要程度。對問題數據也使用 SPSS11.0 進行統計處理。根據分公司經理勝任素質重要性評定結果（按高低排序），所列的 20 個勝任素質評定的平均值都大於 3.50，說明選取的這些勝任素質都具有一定程度的重要性。值得注意的是：建模小組最後確定的決定區域分公司經理優秀績效的 11 個勝任素質均列在重要性程度較高的前 12 位。唯一差異的是「鼓勵創新」這項素質列出的位置居於第 5 位。這說明，「勇於創新」這項素質對於區域分公司的績效有重要關聯。經專家組商討，決定將此項素質列入區域分公司經理勝任素質（總數為 12 項）。

7. 確立過渡性勝任素質模型

在確定了 12 個勝任素質後，需要對它們進行因素分析，以確定這些勝任素質的內在結構。可採用主成分分析方法（Principal Component Analysis），選取特徵值大於 1 的因子，並用最大變異數法進行正交旋轉。本文研究結果共抽取了 5 個因子，解釋了方差總變異的 56.76%，並按照各因子所包含的勝任素質的意義對各因子進行了命名。

第一主成分主要包括「大局意識」、「事業心、責任感」，反應外派分公司屬於外服公司的總體領導，是一個有機的組成部分，解釋總變異量 13.58%，主要涉及公司的全局利益，命名為「大局觀」。第二主成分包括「客戶服務導向」、「社交網絡」、「發展他人」等 3 個勝任素質，反應分公司經理在經營與管理活動中對外、對內的理念與宗旨，尤其是身處異域，開展企業外交，構建社交網絡的重要性，解釋總變異量 12.17%，主要涉及分公司經營管理，命名為「管理分公司」。第三主成分包括「影響力」、「引導變革」、「鼓勵創新」，解釋總變異量 11.05%，主要涉及分公司在面對市場，應對變化中的變革能力，命名為「管理變革」。第四主成分包括「團隊建設」、「認可與支持」，解釋總變異量 10.43%，主要涉及公司的企業文化建設，命名為「管理文化」。第五主成分包括「信守承諾」、「承受壓力」，解釋總變量 9.63%，主要涉及個性品格、特點，命名為「個性特質」。經過這樣的因子分析，可以得出上海市對外服務有限公司外派公司經理勝任素質模型的結構示意圖，見圖 2。

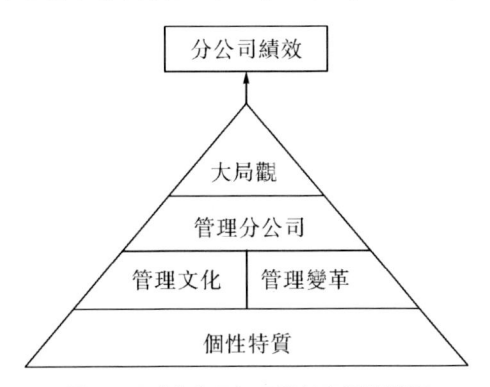

圖 2　區域分公司經理勝任素質結構圖

從圖 2 可以清楚地看到，上海市對外服務有限公司區域分公司經理的勝任素質可分為五大部分，即在貫徹總公司意圖，實施總公司發展戰略方面的素質；作為分公司經理，科學地管理公司，實現高績效目標方面的素質；在建設、發展、營造分公司文化方面的能力與素質；面向市場、分析、預測和應對變化等素質；個性特質（如承受壓力、毅力和誠信道德）方面的素質。這五項素質中第一、第二兩項相對是較為顯性的，也是比較易於測量的，所以位於金字塔的上端，而後三項相對隱性，特別是第五項（個性特質）素質，能夠感覺到，起著深層次的作用，但比較難以測量。所以，在應用模型時對此項素質的測試可能要以較長時間的觀察或考察為基礎。勝任素質模型建立以後，通常有兩種表述方式：圖形結構法和列表陳述法。列表陳述法，就是以表格形式把各項勝任素質列出，並逐一加以文字描述。

8. 勝任素質模型的應用

勝任素質模型的價值體現於對它的應用。在一個整合的基於勝任素質模型的人力資源系統中，我們可以根據已識別出來的高績效所需求的勝任力來甄選、招聘、開發、管理以及激勵員工。同時，員工也可以很明確地知道獲得成功所需具備的勝任力以及他們將如何被評價。

綜上所述，勝任素質模型的構建是一個複雜的系統過程，需要詳細的計劃、領導的支持以及其他利益相關者的理解。儘管構建模型的過程要耗費大量的時間和費用，但是其潛在收益對於企業而言也是不可估量的。

（資料來源：姚凱，《中國人力資源開發》，2008。）

討論題

1. 結合案例，談談勝任素質模型的構建。
2. 結合案例，談談勝任素質模型構建的流程和方法。

第十一章　人力資源成本管理

【學習目標】

- 理解人力資源成本管理的意義。
- 掌握人力資源成本與人力資源成本會計的涵義。
- 認識人力資源成本與人力資源成本會計核算的種類。
- 瞭解人力資源成本的計量與人力資源成本核算的具體方法。

【導入案例】

「附屬」工人成本低嗎？

這些年，美國使用「附屬」工人的現象很普遍，尤其是在像建築業這樣的行業更是如此。「附屬」工人包括臨時工、兼員工、轉包工和租用工等。使用「附屬」工人的基本利益之一在於，在諸如保健和養老金等項目上，工資成本較低；這些工人被認為能使公司在調整員工隊伍的規模和結構方面具有靈活性，可以更好地適應市場的變化而無須承諾長期雇用這些工人。但是，使用「附屬」工人有幾個不易計算的缺點：勞動生產率較低，缺少忠誠，培訓方面投資不足。這留下了很多未獲解答的問題：當這些成本都被考慮進去時，臨時工真的比固定工便宜嗎？成本和靈活性方面的短期收益比員工凝聚力和技術水準較低這樣潛在的長期無形成本更重要嗎？

（資料來源：中山大學校網絡教學平臺. http://netclass.csu.edu.cn/.）

討論題

你能從人力資源成本會計核算的角度出發回答這些問題嗎？

第一節　人力資源成本概述

一、人力資源成本的定義、對象與項目

1. 人力資源成本的定義

在會計上，成本一般是指為取得某些預期的效益或服務所付出的代價。它可能是為了獲得有形的物體或無形的效益而發生的。從成本定義來看，一切成本都應由「資產」和「費用」兩個部分組成。資產是指可望在未來會計期間提供效益的那一部分成本；費用是指在當前的會計期間消耗掉的那一部分成本。

人力資源成本這一概念是從一般的成本概念中推演出來的。人力資源成本是指為取得或重置人員而付出的代價。它包括取得人力資產使用權、提高人力資產使用價值、維持人力資產使用價值、結束人力資產使用價值、保障人力資產暫時或長期喪失使用價值時的生存權及其他為取得、開發和保全人力資產使用價值而付出的總代價。這些代價包括企業已支付的實際成本和企業應承擔的損失成本。

從人力資源成本包含的內容，可以將人力資源成本分為人力資產直接成本和人力資產間接成本。人力資產直接成本是指為取得、開發、保全不同等級人員的使用價值而發生的直接費用。這些費用是對作為人力資產的人進行開發、維持、保障、辭退等活動所發生的費用。人力資產間接成本是與取得和開發人力資產使用價值有關的人事管理活動的職能成本，這些費用是進行人事管理活動的費用。人力資產直接成本，加上進行人事管理職能活動而發生的行政管理費用的間接成本，構成人力資產總成本。

2. 人力資源成本的對象

人力資源成本的對象可以是單個的人、相同技術等級的一組人，也可以是同期進入企業的一批人。一般情況下，人力資源使用價值越大，其成本對象單位應該越小，如企業經理人員、高級技術人員、高級管理人員，其使用成本可以單個人為一個成本對象；與之相反，人力資源使用價值越小，其成本對象單位反而越大。

3. 人力資源成本的項目

人力資源成本的項目應按照人力資源從進入企業到退出企業生產經營的過程進行分類，即按照人力資產投入企業、在企業工作及發展、最後退出企業的過程進行成本項目的分類。因此，人力資源成本項目應該包括取得成本、開發成本、使用成本、保障成本和離職成本五大類。

二、人力資源成本項目內容的確認

所謂對人力資源成本項目的確認，就是確定有關人力資源投資成本的每個項目的範圍，凡是涉及人力資源的取得、開發、使用、保障和離職等投入成本的交易或事項，都應加以反應。人力資源投資作為人力資源成本會計的反應對象，具體應分別確認為以下五個項目：

1. 人力資源的取得成本

人力資源取得成本是企業在招募和錄取員工的過程中發生的成本，包括在招募和錄取員工的過程中招募、選拔、錄用和安置所發生的費用。

（1）招募成本

招募成本是為吸引和確定企業所需內外人力資源而發生的費用，主要包括招募人員的直接勞務費用、直接業務費用（如招聘洽談會議費、差旅費、代理費、廣告費、宣傳材料費、辦公費、水電費等）、間接費用（如行政管理費、臨時場地及設備使用費）等。招募成本既包括企業內部或外部招募人員的費用，又包括吸引未來可能成為企業成員的人選的費用，如為吸引高校研究生與本科生所預先支付的委託代培費。

（2）選拔成本

選拔成本是企業為選拔合格的員工而發生的費用，包括各選拔環節如初選、面試、

測試、調查、評論、體檢等過程中發生的一切與決定錄取或不錄取有關的費用。選拔成本隨著應聘人員所要從事的工作的不同而不同。一般來說，選拔外部人員的成本比選拔內部人員的成本要高，選拔技術人員比選拔操作人員的成本要高，選拔管理人員的成本比選拔一般人員的成本要高。總之，選拔成本隨著被選拔人員的職位增高以及對企業影響的加大而增加。

（3）錄用成本

錄用成本是企業為取得已確定聘任員工的合法使用權而發生的費用，包括錄取手續費、調動補償費、搬遷費等由錄用引起的有關費用。但是從企業內部錄用員工僅是工作調動，一般不會再發生錄用成本。錄用成本一般是直接成本。

（4）安置成本

安置成本是指企業將被錄取的員工安排在確定工作崗位上的各種行政管理費用；錄用部門為安置人員所損失的時間費用；為新員工提供工作所需裝備的費用；從事特殊工種按人員配備的專用工具或裝備費；錄用部門安排人員的勞務費、諮詢費等。在企業大批錄用人員時，這種成本會較高。安置成本一般是間接成本。

2. 人力資源的開發成本

為了提高工作效率，企事業單位還需要對已獲得的人力資源進行培訓，以使他們達到預期的、合乎具體工作崗位要求的業務水準。這種為提高員工的技能而發生的費用稱為人力資源的開發成本。人力資源開發成本是企業為提高員工的生產技術能力，為增加企業人力資產的價值而發生的成本，包括崗前培訓成本、崗位培訓成本、脫產培訓成本等。

（1）崗前培訓成本

崗前培訓成本又稱為定向成本，是企業對上崗前的新員工在思想觀念、規章制度、基本知識、基本技能等基本方面進行教育所發生的費用。崗前培訓成本包括培訓者與受訓者的工資、培訓與受訓者離崗的人工損失費用、培訓管理費、資料費用和培訓設備折舊費用等。

（2）崗位培訓成本

崗位培訓成本是企業為使員工達到崗位要求，在員工不脫崗的情況下對其進行培訓所發生的費用。崗位培訓成本包括上崗培訓成本和崗位再培訓成本。上崗培訓成本是為使員工上崗後達到崗位熟練員工技能要求所花費的培訓費用，包括培訓和被培訓人員的工資福利費用、培訓人員離崗損失費用、被培訓人員技術不熟練給生產所造成的損失費用、因培訓而消耗的材料等物資費用以及由於新員工與熟練員工工作能力的差異給生產造成的損失費用等。崗位再培訓成本是崗位技能要求提高後對員工進行的再培訓費用，包括為培訓而消耗的材料費用和人工費用以及在培訓過程中因培訓人員占用時間學習新技術等而給生產造成的損失費用。

（3）脫產培訓成本

脫產培訓成本是企業根據生產和工作的需要，允許員工脫離工作崗位進行短期或長期培訓而發生的成本。脫產培訓成本分為企業內部脫產培訓成本及企業外部脫產培訓成本，包括企業為培訓脫產員工而發生的一切人工費用和材料費用等。在企業外部

培訓機構的脫產培訓成本，包括培訓機構收取的培訓費、被培訓人員工資及福利費、差旅費、資料費等；在企業內部培訓機構的脫產培訓成本，包括培訓所需聘任教師或專家工資福利費用、被培訓人員工資及福利費、培訓資料費、企業專設培訓機構的各種管理費用等；同時，無論在企業內部還是外部進行培訓，還都會發生被培訓人員的離崗損失費用。

3. 人力資源的使用成本

人力資源使用成本是指企業在使用員工的過程中發生的成本，包括維持成本、獎勵成本、調劑成本等。

（1）維持成本

維持成本是保證人力資源維持其勞動力生產和再生產所需的費用，是員工的勞動報酬，包括員工計時或計件工資、勞動報酬性津貼（如職務津貼、生活補貼、保健津貼、法定的加班加點津貼等）、勞動保護費、各種福利費用（如住房補貼、幼托費用、生活設施支出、補助性支出、家屬接待費用等）、年終勞動分紅等。

（2）獎勵成本

獎勵成本是企業為激勵員工，對其超額勞動或其他特別貢獻所支付的獎金。這些獎金包括各種超產獎勵、革新獎勵、建議獎勵和其他表彰支出等。獎勵成本是對企業員工超額勞動所給予的補償。

（3）調劑成本

調劑成本類似於對其他資產進行所謂的「維修」和「加固」而支付的費用。這種成本的作用是調劑員工的工作與生活節奏，使其消除疲勞而發揮更大作用；也是滿足員工必要的需求、穩定員工隊伍並吸引外部人員進入企業工作的調節器。調劑成本包括員工療養費用、員工娛樂及文體活動費用、員工業餘社團開支、員工定期休假費用、節假日開支費用、改善企業工作環境的費用等。

4. 人力資源的保障成本

人力資源的保障成本是指保障人力資源在暫時或長期喪失使用價值時的生存權而必須支付的費用，包括勞動事故保障、健康保障、退休養老保障、失業保障等費用。這些費用往往以企業基金、社會保險或集體保險的形式出現。這種成本既不能提高人力資源的價值又不能保持其價值，其作用只是保障人力資源在喪失使用價值時的生存權。這種成本是人力資源發揮其使用價值時，社會保障機構、企業對員工的一種人道主義的保護。

（1）勞動事故保障成本

勞動事故保障成本是企業承擔的員工因工傷事故應給予的經濟補償費用，包括企業承擔的工傷員工的工資、醫藥費、殘廢補貼、喪葬費、遺屬補貼、缺勤損失、最終補貼費等。

（2）健康保障成本

健康保障成本是企業承擔的員工因工作以外的原因（如疾病、傷害、生育、死亡等）而引起的健康欠佳，不能堅持工作而需給予的經濟補償費用，包括醫藥費、缺勤工資、產假工資及補貼、喪葬費等。

（3）退休養老保障成本

退休養老保障成本是社會、企業及員工個人承擔的保證退休人員老有所養和酬謝其辛勤勞動而應給予的退休金和其他費用，包括養老金、養老醫療保險金、死亡喪葬補貼、遺屬補償金等。

（4）失業保障成本

失業保障成本是企業對有工作能力但因客觀原因造成暫時失去工作的員工所給予的補償費用，包括一定時期的失業救濟金。其主要是為了保障員工在重新就業前的基本生活需求。

5. 人力資源的離職成本

人力資源的離職成本是指由於員工離開企業而產生的成本，包括離職補償成本、離職前低效成本、空職成本等。

（1）離職補償成本

離職補償成本是企業辭退員工或員工自動辭職時，企業所應補償給員工的費用，包括至離職時間為止應付員工的工資、一次性付給員工的離職金、必要的離職人員安置費等支出。

（2）離職前低效成本

離職前低效成本是員工即將離開企業而造成的工作或生產低效率損失費用。在員工離職前由於辦理各種離職手續或移交本崗位的工作，其工作效率一般都會降低而造成離職前的低效率損失。這種成本不是支出形式的費用，而是其使用價值降低而造成的收益減少。

（3）空職成本

空職成本是員工離職後職位空缺的損失費用。由於某職位空缺可能會使某項工作或任務的完成受到不良影響，從而會造成企業的損失。這種成本是一種間接成本，主要包括：由於某職位空缺而造成的該職位的業績的減少以及由於空職影響其他職位的工作而引起企業整體效益降低所造成的相關業績的減少。這種成本與離職前低效成本相同，是隱性成本。

第二節　人力資源成本的計量

一、人力資源成本的計量模型

人力資源成本項目的內容確認之後，就要選擇一定的計量基礎和計量方法，將人力資源成本加以數量化。人力資源成本的計量方法有歷史成本、重置成本和機會成本三種。

1. 歷史成本下的計量模型

歷史成本是指為獲得某項資源而實際付出的代價，又稱「原始成本」。人力資源的歷史成本是以取得、開發、使用人力資源時發生的實際支出計量人力資源成本的方法。

它反應了企業對人力資源的原始投資。構成人力資源歷史成本的要素可分為三類。

（1）成本的自然類，是指支出的原始項目。如工資薪酬、廣告費、代理費等。

（2）特定人事管理職能的成本。如招募、選拔、培訓等成本。

（3）包含在人力資源歷史成本中的人力資源管理職能的基本成本——取得和開發成本。這種方法符合傳統會計的核算原則和核算方法，提供的會計信息具有客觀性並易於驗證。它是一種人們廣為接受並易於理解的人力資源成本的核算方法。

2. 重置成本下的計量模型

重置成本是指重置現在擁有的或使用的某一項資源所必須付出的代價。人力資源的重置成本是指企業為重置目前所擁有或控制的人力資源所必須付出的代價。具體地說，就是在現實的物價條件下企業要重新得到目前所擁有或控制的已達到一定水準的某一員工或部分員工或全體員工所必須發生的所有支出，它反應的是企業為取得和開發目前所擁有或控制的部分或全部人力資源而發生的實際成本的現時價值，其意義在於人力資源成本的價值保全。構成人力資源的重置成本有三項要素：取得成本、開發成本和離職成本。取得成本和開發成本可以用歷史成本進行計量，而離職成本，是指任職者離開某企業所產生的成本，包括離職補償成本、離職前低效成本和空職成本。這種方法具有一定的缺陷，即重置成本的確定帶有很大的主觀性，脫離了實際成本原則，使人們難以接受。但是，重置成本法提供的信息可以作為企業管理者在現時做出人力資源取得決策和開發決策時的參考。

3. 機會成本下的計量模型

人力資源的機會成本是指企業員工脫產學習期間不能為企業進行生產經營活動所帶來的經濟損失和遣散人員在離職前因工作業績下降和離職後該職位空缺而給企業造成的經濟損失等。機會成本法是以企業員工脫產學習或離職時使企業遭受的經濟損失為依據進行人力資源成本計量的一種方法。機會成本不是實際的支出，而是企業可能要為所作出的人力資源決策承擔的犧牲。如果將機會成本作為企業人力資源損益而計入當期損益，顯然也是不恰當的，也會造成會計信息的失真。機會成本法提供的信息也可以作為企業管理者做出人力資源管理決策時的參考。

二、人力資源成本的具體計量

1. 人力資源歷史成本的計量

人力資源的歷史成本包括人力資源的取得成本、開發成本和使用成本。它通常應分為企業員工的招募、選拔、錄用、安置等取得成本，員工崗前教育、崗位培訓、脫產培訓等開發成本以及人力資源的維持、獎勵、調劑等使用成本。這些成本的一部分是直接成本，另外一部分屬於間接成本。例如，在對企業的新招員工進行培訓時，付給接受培訓者的工資是直接成本，而負責該項培訓工作的管理人員的時間耗費則是一種間接成本。

（1）人力資源取得成本的計量

人力資源的獲得並不是無償的，任何企事業單位都需要按照一定的程序，付出一定的代價，才能得到所需要的人力資源，這些費用構成了人力資源取得成本。人力資

源取得成本主要包括招募成本、選拔成本、錄用成本和安置成本。

①招募成本。招募成本由企事業單位用於招募人力資源的直接勞務費、直接業務費、間接管理費用、預付費用構成。直接勞務費由在企事業單位內部和外部兩方面進行人員招募時發生的招募人員的工資和福利費用構成。直接業務費由在企事業單位內部和外部兩方面進行人員招聘業務時發生的直接費用構成，包括招聘洽談會議費、差旅費、代理費、廣告費、宣傳材料費、辦公費、水電費等。間接管理費用由行政管理費和臨時場地設施使用費等構成。預付費用由吸引未來可能成為企事業成員人選的費用構成。招募成本的計量採用歷史成本法，其計算公式如下：

招募成本＝直接勞務費＋直接業務費＋間接管理費用＋預付費用

②選拔成本。選拔成本由對應聘人員進行鑑別選拔，以作出決定錄用或不錄用這些人員時所支付的費用構成。一般情況下，主要包括以下幾個方面：

初步口頭面談，進行人員初選；

填寫申請表，並匯總候選人員資料；

進行各種書面或口語測試，評定成績；

進行各種調查和比較分析，提出評論意見；

根據候選人員資料、考核成績、調查分析評論意見，召開負責人會議討論決定錄用方案；

最後口頭面談，與候選人討論錄取後職位、待遇等條件；

獲取有關證明材料，通知候選人體檢；

體檢，在體檢後通知候選人錄取與否。

以上進行每一步驟所發生的選拔費用不同，其成本的計算方法也不同，如：

選拔者面談的時間費用＝（每人面談前的準備時間＋每人面談所需時間）×選拔者工資率×候選人數

匯總申請資料費用＝（印發每份申請表資料費＋每人資料匯總費用）×候選人數

考試費用＝（平均每人材料費＋平均每人的評分成本）×參加考試人數×考試次數

測試評審費用＝測試所需時間×（人事部門人員的工資率＋各部門代表的工資率）×次數

（本單位）體檢費＝［（體檢所需時間×檢查者工資率）＋檢查所需器材藥劑費］×檢查人數

③錄用成本。錄用成本是指經過招募、選拔後，把合適的人員錄用到某一企事業單位中所發生的費用。錄用成本包括錄取手續費、調動補償費、搬遷費和旅途補助費等由錄用引起的其他有關費用。這些費用一般都是直接費用。一般情況下，被錄用者職務越高，錄用成本也就越高。若是從企業內部錄用員工，這僅僅是工作調動，一般不會再發生錄用成本。錄用成本以實際發生額計量。其計算公式如下：

錄用成本＝錄取手續費＋調動補償費＋搬遷費＋旅途補助費等

④安置成本。安置成本是指為安置已錄取員工到具體的工作崗位上時所發生的費用。安置成本包括為安排新員工的工作所必須發生的各種行政管理費用，為新員工提

供工作所需要的裝備條件而發生的費用以及錄用部門因安置人員所損失的時間成本，這些費用一般是間接費用。被錄用者職務的高低對安置成本的高低有一定的影響，一般情況下，被錄用者職務越高，安置成本也就越高。其計算公式如下：

安置成本＝各種安置行政管理費用＋必要裝備費＋安置人員時間損失成本

（2）人力資源開發成本的計量

為了提高工作效率，企事業單位還需要對已獲得的人力資源進行培訓，以使他們達到預期的、合乎具體工作崗位要求的業務水準。這種為提高員工的技能而發生的費用稱為人力資源的開發成本。在人力資源開發過程中，所發生的費用也有所不同，主要包括以下三部分：

①崗前培訓成本。崗前培訓成本由教育和受教育者的工資、教育和受教育者離崗的人工損失費用、教育管理費、資料費用和教育設備折舊費用等組成。其計算公式如下：

崗前培訓成本＝〔（負責指導工作者平均工資率×培訓引起的生產率降低率＋新員工的工資率×員工人數）〕×受訓天數＋教育管理費＋資料費用＋教育設備折舊費用

②崗位培訓成本。崗位培訓成本由上崗培訓成本和崗位再培訓成本組成。上崗培訓主要通過以老帶新的形式完成。

上崗培訓成本和崗位再培訓成本中的直接成本，是由在培訓期發生的培訓人員和受訓人員相關的工資費用構成。其計算公式如下：

上崗培訓直接工資成本＝（指導工作者平均工資率×培訓引起的生產率降低率＋新員工的平均工資率×被指導次數）×指導所需時間

用上述公式計算出上崗培訓直接工資成本的單位成本，即人均數，再乘以每批被培訓人數，則為該批被培訓員工上崗培訓的直接工資總成本。

上崗培訓的間接成本，是指由於開展崗位培訓活動而間接使有關部門或人員的工作效率下降，而使企業受到的損失，實際上也是企業對人力資源的投資，包括培訓人員離崗損失費用、被培訓人員工作不熟練對企業生產造成的損失、培訓材料費用、各種管理費用等。其計算公式如下：

上崗培訓間接成本＝培訓人員離崗損失費用＋被培訓人員不熟練損失＋培訓材料費＋各種管理費用

崗位再培訓成本計算與上崗培訓成本計算類似，只是再培訓成本比上崗培訓成本損失費用要小些，時間可能短些。其計算公式如下：

崗位再培訓間接成本＝崗位再培訓人工費用＋材料費用＋管理費用＋各種培訓損失費用

③脫產培訓成本。脫產培訓成本主要分為委託外單位培訓成本和企業自行組織培訓成本兩種。其計算公式分別如下：

委託外單位培訓成本＝培訓機構收取的培訓費＋被培訓人員工資及福利費＋差旅費＋資料費＋被培訓人員的離崗損失費用

企業自行組織培訓成本＝培訓所需聘任教師或專家工資及福利費用＋被培訓人員

工資及福利費＋培訓資料費＋專設培訓機構的各種管理費用＋被培訓人員的離崗損失費用

（3）人力資源使用成本的計量

人力資源使用成本包括維持成本、獎勵成本和調劑成本等。

①維持成本。維持成本包括員工計時或計件工資、勞動報酬性津貼（如職務津貼、生活補貼、保健津貼、法定的加班加點津貼等）、各種福利費用（如住房補貼、幼托費用、生活設施支出、補助性支出、家屬接待費用等）、年終勞動分紅等。其計算公式如下：

維持成本＝員工計時或計件工資＋勞動報酬性津貼＋各種福利費＋年終勞動分紅等

②獎勵成本。獎勵成本包括各種超產獎勵、革新獎勵、建議獎勵和其他表彰支出等。其計算公式如下：

獎勵成本＝各種超產獎勵＋革新獎勵＋建議獎勵＋其他表彰支出

③調劑成本。調劑成本包括員工療養費用、員工娛樂及文體活動費用、員工業餘社團開支、員工定期休假費用、節假日開支費用、改善企業工作環境的費用等。其計算公式如下：

調劑成本＝Σ員工人數×調劑成本率

2. 人力資源保障成本的計量

人力資源保障成本是指保障人力資源在暫時或長期喪失使用價值時的生存權而必須支付的費用。人力資源保障成本包括勞動事故保障、健康保障、退休養老保障、失業保障等費用。這些費用往往以企業基金、社會保險式集體保險的方式出現。這種成本既不能提高人力資源的價值，又不能保持其使用價值，其作用只是保障人力資源喪失使用價值時的生存權。這種成本是人力資源發揮其使用價值時，社會、企業對員工的一種人道主義的保護。

（1）勞動事故保障成本

勞動事故保障成本包括企業承擔的工傷員工的工資、醫藥費、殘廢補貼、喪葬費、遺屬補貼、缺勤損失、最終補貼費等。其計算公式如下：

勞動事故保障成本＝Σ員工勞動事故人員工資等級×事故補貼率

（2）健康保障成本

健康保障成本包括醫藥費、缺勤工資、產假工資及補貼、喪葬費等。其計算公式如下：

健康保障成本＝Σ員工病假人員工資等級×病假補貼率

（3）退休養老保障成本

退休養老保障成本包括養老金、養老醫療保險金、死亡喪葬補貼、遺屬補償金等。其計算公式如下：

退休養老保障成本＝Σ退休養老人員工資等級×養老補貼率

（4）失業保障成本

失業保障成本包括一定時期的失業救濟金。其主要是為了保障員工在重新就業前

的生活基本需求。其計算公式如下：

失業保障成本 = ∑失業人員工資等級 × 失業救濟率

3. 人力資源離職成本的計量

(1) 人力資源的重置成本

人力資源的重置成本是指由於置換目前正在使用的人員所必須付出的代價。重置成本一般包括由於現有人員的離職而發生的成本以及獲得並開發替代者所發生的成本兩部分。人力資源重置成本是一個具有雙重意義的概念，即職位的重置成本和個人的重置成本。前者指的是用一位能夠在某既定職位提供同等服務的人來代替目前正在該職位工作的人所必須付出的代價，其重置成本相對較低；後者是指用一位能夠提供完全同等的服務的人來代替正在雇傭的人所付出的代價，其重置成本相對較高。人力資源重置成本主要根據當前的市場狀況進行具體估算。人力資源重置成本核算著重於職位重置成本的核算。

人力資源重置成本包括取得成本、開發成本、離職成本（或遣散成本）。由於人力資源重置成本主要討論人力資源離職成本，而重置成本中的取得成本、開發成本與重置成本外的取得成本、開發成本內容重複，可以看做重新取得和開發一批人力資源的成本。因此著重討論人力資源的離職成本。

(2) 人力資源的離職成本

人力資源的離職成本是指由於員工離開企業而產生的成本，包括離職補償成本、離職前低效成本、空職成本等。

①支付給離職者的工資和離職補償金。離職補償費用的多少一般沒有固定數額，可多可少，甚至沒有，主要根據企業和離職者的具體情況而定。但是，中國《勞動法》規定，當出現以下三種情況，由於解除勞動合同而使員工離職時，應該依照規定給予勞動者經濟補償。

第一，經勞動合同當事雙方協商一致解除勞動合同的。

第二，勞動者患病或非因公負傷，醫療期滿後，不能從事原工作，也不能從事由用人單位另行安排的工作的；勞動者不能勝任工作，經過培訓或調整工作崗位，仍不能勝任工作的；勞動合同簽訂時所依據的客觀情況發生重大變化，致使原勞動合同無法履行，經當事人協調後不能就變更勞動合同達成協議而解除勞動合同的。

第三，用人單位瀕臨破產進行法定整頓期間或生產經營狀況發生嚴重困難而依法裁減人員的。

在上述三種情況下，支付給離職者的工資和離職補償金應根據中國《勞動法》及有關的具體規定，按照離職者離職前的工資標準及離職後所應得的保障進行計算。

②離職管理費用。離職管理費用是企業管理人員因處理離職人員有關事項而發生的管理費用。員工在離職過程中，企業管理人員與離職員工要進行談話協商；要進行必要的調查，如為確定離職員工的加權平均工資率而進行的調查；協商同意其離職後，還要為其辦理離職手續等。進行這些管理活動需要支付一些管理費用，這些費用的計量主要通過以下計算公式來進行：

面談時間成本費 = （與每人面談前的準備時間 + 與每人面談所需時間） × 面談者

工資率×企業離職人數

離職員工的時間費用＝每人面談所需時間×離職員工的加權平均工資率×企業離職人數

與離職有關的管理活動費用＝各部門對每位離職者的管理活動所需時間×有關部門員工的平均工資率×離職人數

上述這些管理費用均屬於人力資源離職的直接成本，需要直接計入人力資源離職成本。

③離職前的效率損失。離職前的效率損失也稱遣散前業績差別成本，是指員工在離開單位前，由於員工情緒變化而使原有的生產效率受到損失而造成的成本。一般情況下，職員離職前的工作效率與其正常期間的工作效率相比較，有下降的趨勢，這部分損失可通過下面的計算公式進行計量：

差別成本（效率損失）＝正常情況平均業績－離職前期間內平均業績

④空職成本。空職成本是指企業在招聘到離職者的替代人之前，由於某一職位空缺，可能會使某項工作或任務的完成受到不良影響，由此而引起的一種間接成本，主要包括：由於某職位空缺而造成的該職位的業績的減少以及由空職涉及其他工作而引起相關方面的業績的減少。因此，空職成本往往大於離職造成的直接成本損失。

第三節　人力資源成本的核算

一、人力資源成本核算的作用

傳統會計將所有與人力資源相關的支出都當做「期間成本」來處理，都直接列入「期間費用」（如管理費用、銷售費用等）或「生產成本」帳戶。但由於這些支出並不是完全為當期服務，傳統處理方法不符合會計中的配比原則，使企業會計報表中相關的資產、收益數據失真。因此，需要對人力資源成本進行核算。其具體作用主要有以下幾點：

1. 為企業管理者提供人力資源決策所需信息

企業管理者常會碰到如下問題：企業是從外界招聘還是在內部培訓專業人才，二者成本孰低？經濟蕭條時期，企業是否應採取裁員政策？裁減員工可立即削減人工成本，提高當期收益，但此後企業將為重新雇傭、培訓新員工花費巨資；高層管理者和技術人員的成本遠高於普通員工，但其人力資源價值也遠高於普通員工，企業若裁員應裁何類員工？不裁員可增強企業凝聚力，提高員工對企業的親和力，但是否能與已裁員的同業競爭並順利度過不景氣時期？顯然，只有人力資源成本核算才能為企業管理者提供決策的相關信息。

2. 向外部投資者、債權人提供決策信息

隨著中國經濟發展戰略的轉變和產業結構的調整，第三產業蓬勃興起，從業人數增長較快。作為人才密集型、知識密集型的服務業，其主要特徵便是以人力資源為重

點，具有技術裝備低、用人多、產品成本中人工成本所占比重大的特點。傳統會計不將人力資源列為會計資產，報表的外部使用者也就不清楚企業的人力資源狀況，人力資源成本的信息更是無從得知。在資產負債表中，人力資源相關的資產、負債和權益都沒有反應；損益表中由於人力資源投資被當期全部費用化，而未按預期使用年限分期攤銷，低估了當期收益。因此，人力資源的變化情況在會計報表中未能被反應，使得會計報表傳遞的信息被歪曲。要解決這些問題，企業的外部投資者、債權人也只能寄厚望於企業的人力資源成本核算。

3. 有利於企業內部各部門有效使用人力資源，調動員工積極性

傳統的會計計量模式中，僅對人力資源投入作當期費用化處理而未涉及人力資源的收入。各部門人力資源的利用效率、投入產出比、是否存在閒置人員等問題都難以用會計方法體現出來。這樣處理不利於企業有效利用人力資源，也歪曲了企業的當期收益。當今社會中，企業若想在激烈的競爭中取得成功，必須充分重視人力資源的開發、引進和培訓。為了使員工能清楚地衡量自身在企業中的價值，激勵員工充分發揮生產積極性，就必須借助富有說服力的數字資料予以說明，通過人力資源會計提供的各種信息資料，提高人力資源的使用效率。中國企業提倡員工發揚「主人翁意識」，為企業的發展獻計獻策，與此同時，企業也應為員工在工薪、福利、生產條件、崗位培訓、職位晉升等方面提供具有競爭力的待遇。這樣不但可以調動員工的積極性，而且能吸引外部的優秀人才。這也在客觀上呼籲人力資源成本核算的實際操作、運用能早日實現。

由上可見，中國的經濟發展迫切需要建立和發展人力資源成本核算，為各利害關係人提供充分、準確的信息以便決策。

二、人力資源成本核算帳戶的設置

人力資源成本會計是將傳統會計中作為當期費用處理的與人力資源有關的支出單獨進行核算，並將其中的資本性支出進行資產化處理。而有關的人力資源成本的數據都是以原始記錄為依據，都可以根據發生的結果直接獲得，因此將人力資源成本納入傳統會計帳內進行核算是簡便可行的。

人力資源成本會計的核算分為帳戶設置、帳務處理與財務報告三部分。人力資源成本會計應在傳統會計帳戶設置的基礎上，增設人力資源取得成本、人力資源開發成本、人力資源使用成本、待攤人力資源費用、人力資源取得成本攤銷、人力資源開發成本攤銷和人力資源損益帳戶進行人力資源成本核算。

1. 人力資源取得成本帳戶

人力資源取得成本帳戶核算企業屬於資本性支出的人力資源取得成本的增加、減少及其餘額。帳戶的借方登記企業為獲取人力資源所發生的屬於資本性支出的人力資源取得成本的增加額，貸方登記員工退出企業時所沖減的與該員工有關的屬於資本性支出的人力資源取得成本的數額。期末帳戶借方餘額是企業為獲取目前所擁有或控制的人力資源所發生的屬於資本性支出的取得成本總額。該帳戶按人員設置明細帳進行明細核算。

2. 人力資源開發成本帳戶

人力資源開發成本帳戶核算企業屬於資本性支出的人力資源開發成本的增加、減少及其餘額。帳戶的借方登記企業所發生的屬於資本性支出的人力資源開發成本的增加額，貸方登記員工退出企業時所沖減的與該員工有關的屬於資本性支出的人力資源開發成本的數額。期末帳戶借方餘額是企業為獲取目前所擁有或控制的人力資源所發生的屬於資本性支出的開發成本的總額。該帳戶按人員設置明細帳進行明細核算。

3. 人力資源使用成本帳戶

人力資源使用成本帳戶核算企業人力資源使用成本的增加、減少及其餘額。帳戶的借方登記企業的人力資源使用成本的增加額，貸方登記作為費用計入當期損益而轉出的人力資源使用成本。期末結轉後該帳戶無餘額。該帳戶按人員或部門類別設置明細帳進行明細核算。

4. 人力資源離職成本帳戶

人力資源離職成本帳戶核算企業在人力資源的離職方面投資支出總額的增加、減少及其餘額。該帳戶借方登記企業人力資源離職時所發生人力資源投資的增加額；貸方登記作為費用計入當期損益而轉出的人力資源離職成本；期末結轉後該帳戶無餘額。該帳戶按人員或部門類別設置明細帳進行明細核算。

5. 待攤人力資源費用帳戶

待攤人力資源費用帳戶核算企業屬於收益性支出的人力資源取得成本和開發成本的增加、減少及其餘額。借方登記屬於收益性支出的人力資源取得成本和開發成本的增加額，貸方登記屬於收益性支出的人力資源取得成本和開發成本應由當期分攤而計入當期費用的數額以及沖減離開企業的人員的部分成本尚未轉銷完的數額。期末借方餘額為目前屬於收益性支出的人力資源取得成本和開發成本尚未攤銷的數額。該帳戶按人員設置明細帳進行明細核算。

6. 人力資源開發成本攤銷帳戶

人力資源開發成本攤銷帳戶核算屬於資本性支出的人力資源開發成本的累計攤銷額。帳戶貸方登記企業當期應分攤計入費用的屬於資本性支出的人力資源開發成本的數額；借方登記員工退出企業時與該員工有關的屬於資本性支出的人力資源開發成本的累計攤銷額。期末帳戶貸方餘額為與企業目前所擁有或控制的員工有關的屬於資本性支出的人力資源開發成本的累計攤銷額。該帳戶應該按「人力資源開發成本」明細帳戶的人員來設置明細帳進行明細核算。

7. 人力資源損益帳戶

人力資源損益帳戶核算因企業員工變動而產生的損益。帳戶借方登記員工退出企業時與該員工有關的人力資源取得成本和開發成本尚未攤銷的數額、企業辭退員工時所發放的遣散費；貸方登記員工退出企業時向企業交納的賠償金（例如，該員工在合同期內違約離開企業，按合同約定應向企業交納的賠償金）。期末時，如果借方發生額大於貸方發生額，則將其差額從該帳戶的貸方轉入「本年利潤」帳戶借方，沖減本年利潤；如果借方發生額小於貸方發生額，則將其差額從該帳戶的借方轉入「本年利潤」帳戶的貸方，增加本年利潤；期末結轉後「人力資源損益」帳戶無餘額。

三、人力資源取得成本和開發成本的攤銷期限和每期攤銷金額的確定

人力資源取得成本和開發成本的攤銷期限和每期攤銷金額的確定是一個必須解決的問題。屬於收益性支出的人力資源取得成本和開發成本，因為受益期在一年或超過一年的一個營業週期內，金額也相對較小，因此攤銷期限和每期攤銷金額的確定相對比較簡單，在此不進行討論。以下主要討論屬於資本性支出的人力資源取得成本和開發成本的攤銷期限和每期攤銷金額的確定問題：

1. 人力資源取得成本攤銷期限和每期攤銷金額的確定

如果員工和企業之間簽訂的合同中規定有服務期限的，人力資源取得成本的攤銷期限可以確定為合同所規定的服務年限；如果合同中沒有規定服務期限的，攤銷期限可以根據同類人員在企業的平均服務年限來確定。每期攤銷金額，可以採取在攤銷期限內平均攤銷的方法來確定。例如，企業與那些畢業後願意前來企業工作的在校大學生簽訂用人合同後，為其支付培訓費用、發放獎學金等。而合同則規定大學生畢業後必須為企業提供若干年的服務，那麼，企業所支付的這些支出及其他相關的取得成本，都應在有關學生進入企業開始工作時起在合同期內分期平均攤銷。

當員工離開企業時，結轉該員工的人力資源取得成本和人力資源取得成本的累計攤銷額，將兩者的差額計入人力資源損益。

企業員工的人力資源取得成本的累計攤銷額以與該員工有關的人力資源的實際取得成本為限額，在累計攤銷額與實際取得成本相等時，不再對該員工的人力資源取得成本繼續進行攤銷。

2. 人力資源開發成本的攤銷期限和每期攤銷金額的確定

與新員工有關的人力資源開發成本的攤銷期限的確定，應結合對有關人員進行培訓使其掌握的知識、技能的有效應用期限和有關人員可能為企業提供服務的年限來共同決定。當員工所掌握的知識、技能的有效應用期限大於或等於其可能為企業提供服務的年限時，攤銷期限按後者來確定；當其所掌握的知識、技能的有效應用期限小於其可能為企業提供的服務年限時，攤銷期限按前者來確定。攤銷方法一般可採用平均年限法。但對於企業中那些知識、技能更新快的部門的人員，開發成本的攤銷也可以採用與固定資產的加速折舊法類似的加速攤銷法。

當員工以前參加培訓所掌握的某些知識、技能已經過時，即不能再有效地應用時，若相關的人力資源開發成本尚未攤銷完，則可以不再繼續攤銷下去，而將有關的人力資源開發成本及人力資源開發成本的累計攤銷額分別從相關帳戶中轉出，其差額計入人力資源損益。

員工進入企業以後，企業在適當的時候還會對員工進行培訓，還將繼續發生新的人力資源開發成本。對於這部分新的人力資源開發成本的攤銷期限可結合新的培訓使員工所掌握的知識、技能的有效應用期限與預期該員工能為企業繼續提供服務的年限來共同確定，每期攤銷金額也可採用平均年限法或加速攤銷法，即在這種情況下，對新發生的人力資源開發成本的攤銷期限和每期攤銷金額的確定與前述的新員工的情形類似。如果與企業員工有關的新的人力資源開發成本發生之時，與該員工有關的以前

發生的人力資源開發成本尚未攤銷完，則以前所發生的人力資源開發成本尚未攤銷完的部分繼續按以前所確定的期限和每期攤銷金額在剩餘的攤銷期內進行攤銷，即在以後的一定時期內，所攤銷的人力資源開發成本由兩部分組成，一部分是以前的培訓所產生的人力資源開發成本的攤銷額，一部分是新發生的人力資源開發成本的攤銷額。

企業員工離開企業時，應結轉與該員工有關的人力資源開發成本和人力資源開發成本的累計攤銷額，兩者的差額計入人力資源損益。

企業員工的人力資源開發成本的累計攤銷額以與該員工有關的人力資源的實際開發成本為限額，在累計攤銷額與實際開發成本相等時，不再對該員工的人力資源開發成本繼續進行攤銷。

四、人力資源成本會計的帳務處理

人力資源成本會計的帳務處理如下：

(1) 企業在招聘、培訓員工時發生屬於收益性支出的人力資源取得成本和開發成本，應編製如下會計分錄：

借：待攤人力資源費用
　　貸：銀行存款或現金
　　　　存貨（原材料、其他材料等）
　　　　管理費用
　　　　應付工資等

(2) 企業招聘員工時發生屬於資本性支出的人力資源取得成本，應編製如下會計分錄：

借：人力資源取得成本
　　貸：銀行存款或現金
　　　　存貨（原材料、其他材料等）
　　　　管理費用
　　　　應付工資等

(3) 企業為使所招聘的員工獲得在確定的崗位上任職時所必需的技能或知識，為提高企業人力資源素質而發生資本性支出，應編製如下會計分錄：

借：人力資源開發成本
　　貸：銀行存款或現金
　　　　存貨（原材料、其他材料等）
　　　　管理費用
　　　　應付工資等

(4) 每月計發工資、福利費等支出時（與招聘和培訓員工有關的，應分別計入「待攤人力資源費用」帳戶、「人力資源取得成本」帳戶、「人力資源開發成本」帳戶），應編製如下會計分錄：

借：人力資源使用成本
　　貸：應付工資

應付福利費等

（5）期末結轉人力資源使用成本時，將其分別計入有關的成本費用，應編製如下會計分錄：

借：基本生產
　　輔助生產
　　製造費用
　　管理費用等

　貸：人力資源使用成本

（6）期末攤銷應分攤計入當期成本費用的屬於收益性支出的人力資源取得成本和開發成本時，應編製如下會計分錄：

借：基本生產
　　輔助生產
　　製造費用
　　管理費用等

　貸：待攤人力資源費用

期末攤銷應分攤計入當期成本費用的屬於資本性支出的人力資源取得成本和開發成本時，應編製如下會計分錄：

借：基本生產
　　輔助生產
　　製造費用
　　管理費用等

　貸：人力資源取得成本攤銷
　　　人力資源開發成本攤銷

（7）企業的員工退出企業時，應編製如下會計分錄：

借：人力資源損益

　貸：待攤人力資源費用（與該員工有關的屬於收益性支出的人力資源取得成本和開發成本尚未攤銷的數額）

借：人力資源取得成本攤銷（與該員工有關的屬於資本性支出的人力資源取得成本的累計攤銷額）
　　人力資源開發成本攤銷（與該員工有關的屬於資本性支出的人力資源開發成本的累計攤銷額）
　　人力資源損益（與該員工有關的屬於資本性支出的人力資源取得成本和開發成本尚未攤銷的數額）

　貸：人力資源取得成本（與該員工有關的屬於資本性支出的人力資源取得成本）
　　　人力資源開發成本（與該員工有關的屬於資本性支出的人力資源開發成本）

（8）企業向辭退的員工支付遣散金時，應編製如下會計分錄：

借：人力資源損益

　貸：銀行存款或現金

(9) 企業員工退出企業、企業收到該人力資源支付的賠償金時，應編製如下會計分錄：

借：銀行存款或現金
　　貸：人力資源損益

(10) 期末，結轉人力資源損益時，如果借方發生額大於貸方發生額，應編製如下會計分錄：

借：本年利潤
　　貸：人力資源損益

如果借方發生額小於貸方發生額，應編製如下會計分錄：

借：人力資源損益
　　貸：本年利潤

本章小結

本章主要闡述了人力資源成本的內容和人力資源成本會計核算方法。

人力資源成本是指為取得或重置人員而付出的代價。這些代價包括企業已支付的實際成本和企業應承擔的損失成本。人力資源的總成本包括人力資源直接成本和人力資源間接成本兩類。按照人力資源在企業生產經營全過程劃分，人力資源成本項目包括取得成本、開發成本、使用成本、保障成本和離職成本。人力資源成本的計量是指用一定的計量基礎和方法，將人力資源成本數量化。其方法有歷史成本計量法、重置成本計量法和機會成本計量法三種。

人力資源成本核算在當代人力資源管理中具有重要意義。人力資源成本會計是將傳統會計中作為當期費用處理的與人力資源有關的支出單獨進行核算，並將其中的資本性支出進行資產化處理。人力資源成本會計的核算分為帳戶設置、帳務處理與財務報告三部分。人力資源成本會計在傳統會計帳戶設置的基礎上，增設人力資源取得成本、人力資源開發成本、人力資源使用成本、待攤人力資源費用、人力資源取得成本攤銷、人力資源開發成本攤銷和人力資源損益帳戶進行人力資源成本核算。

思考題

1. 人力資源成本的特點主要體現在哪些方面？人力資源成本主要有哪些構成項目？敘述每個構成項目的具體內涵。

2. 發生與人力資源成本有關的經濟業務時，如何進行人力資源成本會計核算的帳務處理？

3. 人力資源歷史成本計量模型是如何對與人力資源成本有關的業務進行帳務處理的？它存在哪些不足？

案例分析

EEC 電子公司的裁員爭議

EEC 電子公司成立於 1975 年，主要生產新型家庭電子娛樂產品，如音響設備。

哈瑞斯先生是 EEC 公司董事長。由於公司產品受到美國客戶歡迎，其市場份額不斷增加。從 1975 年成立到 1980 年，公司快速成長。1975 年公司銷售額為 60 萬美元，到 1980 年已經超過了 2.4 億美元，員工數量增加到大約 1000 人，包括 100 名經理人員，而且工人大都技術熟練。哈瑞斯先生認為公司已經形成了高度有效的團體，他說：「我們在頭幾年是非常成功的，不僅利潤大幅增長，而且具有一級水準的管理層和勞動力，我們的員工是最有價值的資產。」

1981 年，公司的銷售額開始下降，全年銷售額預計為 2.2 億美元，另外，公司的成本不斷增加。3 月，哈瑞斯先生對利潤下降表示了關切，他說：「如果利潤繼續下降，我們應該進行公司內部改革，應削減一些固定成本如工資，可以解雇一些員工，從而使剩餘的員工工作效率提高。」

5 月，公司的經營情況還沒有得到改善，哈瑞斯先生請公司的總經理分別對 3 個星期、6 個星期、9 個星期之內解雇 10% 的員工節省的工資費用作出估計。總經理的估計結果見表 1。根據估計，公司在第 12 周到第 14 周銷售額將增加，屆時，大部分員工將被重新雇傭。

表 1　　　　　　解雇 10% 員工節省的工資費用估計　　　　　　單位：美元

解雇時間（星期）	3	6	9	12
節省的工資費用	90,000	180,000	270,000	360,000

在作出決定之前，1981 年 5 月 12 日，哈瑞斯先生召開高層管理會議，財務總監同意總經理的估計，認為解雇員工 9 個星期將提高公司本年的利潤。他說：「解雇 10% 的員工 9 個星期可以節約工資費用 27 萬美元，這可以使今年的淨收益更合理。」然而，人事部門經理巴克先生不同意解雇員工，他認為：「解雇員工從長遠來說，對公司的損失將大於公司的收益。我們已經建立了一個良好的組織結構，解雇員工會傷害員工士氣。另外，在 8 月底公司會需要這些員工，到那時這些員工已經找到了其他工作，如果我們再招聘新人，需要重新培訓，成本很高。」

總經理認為：「巴克先生說得有道理，但巴克先生的觀點還不能得到證實。公司解雇 10% 的員工 9 個星期可以節約工資費用 27 萬美元，但是重新聘用員工的成本我們不清楚。我想在作最後決定時，必須考慮無形成本的因素。」

討論題

1. 根據案例提供的信息，你同意 EEC 公司解雇員工 3 個星期、6 個星期、9 個星期或 12 個星期嗎？為什麼？

2. 對於 EEC 公司總經理說的解雇員工的「無形成本」的計量需要哪些信息？

國家圖書館出版品預行編目（CIP）資料

人力資源管理 / 藍紅星 主編. -- 第一版.
-- 臺北市：財經錢線文化, 2019.10
　　面；　公分
POD版

ISBN 978-957-680-388-8(平裝)

1.人力資源管理

494.3　　　　　　　　　　　　　108016862

書　　名：人力資源管理
作　　者：藍紅星 主編
發 行 人：黃振庭
出 版 者：財經錢線文化事業有限公司
發 行 者：財經錢線文化事業有限公司
E-mail：sonbookservice@gmail.com
粉絲頁：　　　　　網址：
地　　址：台北市中正區重慶南路一段六十一號八樓 815 室
8F.-815, No.61, Sec. 1, Chongqing S. Rd., Zhongzheng Dist., Taipei City 100, Taiwan (R.O.C.)
電　　話：(02)2370-3310 傳　真：(02) 2370-3210
總 經 銷：紅螞蟻圖書有限公司
地　　址：台北市內湖區舊宗路二段 121 巷 19 號
電　　話：02-2795-3656 傳真：02-2795-4100　網址：
印　　刷：京峯彩色印刷有限公司（京峰數位）

　　本書版權為西南財經出版社所有授權崧博出版事業有限公司獨家發行電子書及繁體書繁體字版。若有其他相關權利及授權需求請與本公司聯繫。

定　　價：450元
發行日期：2019 年 10 月第一版
◎ 本書以 POD 印製發行